普通高等教育"十一五"国家级规划教材

"十二五"江苏省高等学校重点教材

数字电子技术基础

第3版

主　编　成　立　王振宇

参　编　陈　勇　刘跃峰　尹　星

主　审　胡仁杰　杨春玲

机械工业出版社

本书是编者根据教育部高等学校电工电子基础课程教学指导委员会颁布的"数字电子技术基础"课程的教学基本要求,结合长期执教电气电子类专业电子技术课程的经验,根据第2版教材的使用情况认真修订(编写)而成的。全书共分9章,内容有:数字电路基础、集成逻辑门电路、组合逻辑电路、锁存器和触发器、时序逻辑电路、半导体存储器和可编程逻辑器件、数-模与模-数转换器、脉冲波形的产生与变换、数字电路虚拟实验与数字系统设计基础等。教材的主要知识点都配备有精选的例题和习题,为学生课后复习、练习和总结提供必需的资料。书末还配备有学习"数字电子技术基础"课程所需的附录和部分习题答案。此外,编者专门编写了与主教材配套的学习指导和题解书。

全书思路流畅,层次分明,文字精练,适合于理工科高等院校电气、电子信息类专业和机电、测控类专业(含自动化、电气工程、电子信息工程、电子信息科学与技术、生物医学工程、测控、机电一体化、光信息技术、农业电气化及自动化等)"数字电子技术基础"或"数字集成电路"等课程的教学工作,也可供从事电子信息技术和电气类专业的工程技术人员参考。

图书在版编目(CIP)数据

数字电子技术基础/成立,王振宇主编. —3 版. —北京:机械工业出版社,2016.2(2020.1 重印)
普通高等教育"十一五"国家级规划教材 "十二五"江苏省高等学校重点教材(2014-1-060)
ISBN 978-7-111-52647-6

Ⅰ. ①数… Ⅱ. ①成… ②王… Ⅲ. ①数字电路-电子技术-高等学校-教材 Ⅳ. ①TN79

中国版本图书馆 CIP 数据核字(2016)第 001599 号

机械工业出版社(北京市百万庄大街 22 号 邮政编码 100037)
策划编辑:贡克勤 责任编辑:贡克勤 徐 凡
责任校对:陈延翔 封面设计:张 静
责任印制:郜 敏
北京圣夫亚美印刷有限公司印刷
2020 年 1 月第 3 版第 3 次印刷
184mm×260mm · 22.5 印张 · 554 千字
标准书号:ISBN 978-7-111-52647-6
定价:46.00 元

第 3 版前言

《数字电子技术（第 2 版）》自 2008 年 12 月出版、使用以来，至今已有 7 年的时间。在此 7 年的时间内，教材曾 5 次印刷，印数超过 20000 册，深受广大师生的喜爱。此外，第 2 版教材作为江苏省精品课程"模拟和数字电子技术"的支撑材料，2010 年以来相继获得了江苏大学教学成果奖、江苏省教学成果奖，2009 年被评为普通高等教育"十一五"国家级规划教材，2014 年被评选为"十二五"江苏省高等学校重点教材建设项目。对此，编者深受激励和鼓舞，倍感修订第 3 版教材所肩负的重任。

首先，该版教材基于"数字电子技术"在电气、电子信息类和机电、测控类专业技术基础课程中的地位和作用，在原书名后增加了"基础"两个字，突出了技术基础课程教科书的属性。其次，编者根据电气、电子信息类和机电、测控类专业基础课程应完成的教学任务和原版教材的使用情况，本着修订版应满足 21 世纪数字电子技术快速发展的要求，经过参编教师多次讨论，逐步形成了以下的修订原则：

（1）根据 30 多年来积累的教学经验，精益求精，适度更新内容，打造优质精品教材。第 3 版教材在培养学生运用所学知识分析问题、解决问题、实验动手的能力和设计技能以及实行启发式、互动式教学和精讲多练等方面下了功夫。教材在调整并更新内容时，立足于电子创新设计活动和数字集成电路（IC）的应用；教学内容重点转移，难点分散，注重知识性与实用性的结合；做到授课学时数与重点、难点讲授章节相对应；例题和习题合理选配，章后习题与学习指导及题解书彼此呼应，方便于教学和学生设计时用书。

（2）现代数字电路和数字系统已经基本不用中、小规模集成芯片搭建，而是采用 CPLD 或 FPGA 实现，甚至将数字系统集成在片上系统（SoC）上。但在设计数字电路以及用 CPLD 或 FPGA 实现时，又离不开逻辑门电路、组合和时序逻辑电路等中、小规模集成芯片。所以，第 3 版教材在精炼并弱化中、小规模集成芯片的同时，将门电路、组合和时序逻辑电路等作为宏模型介绍，着重介绍它们的外部逻辑功能，适当增加大规模集成电路应用技术的内容，例如重新编写了第 6.5 节可编程逻辑器件（PLD），包括 CPLD、FPGA 和 ISP – PLD 等芯片的应用知识，改编了第 9 章数字电路虚拟实验与数字系统设计基础等内容。

（3）因为 CMOS 集成电路业已成为数字电路的主流产品，且便携式设备、消费性电子产品的电源电压越来越低，致使低电压、超低电压集成电路的广泛使用。基于此，教材在讲解顺序、应用层次和题目选配上都突出了 CMOS 集成芯片的内容介绍，同时部分削减了 TTL 系列产品的内容。例如第 2 章采用了"先 CMOS 后 TTL 电路"的写法，还在第 2、3、4、5、6、8 等章节中增加了 CMOS 芯片介绍和应用题的比例。

（4）第 3 版教材写进了介绍教师科研成果、指导毕业设计和课程设计、指导大学生科研立项课题和赛前指导电子设计活动的内容，编入了反映电子技术领域新技术、新进展、集成电路新品研发的章节内容，例如写进数字技术的发展及其应用、新型的 BiCMOS 逻辑门电路、新颖的集成 555 定时器综合应用题等，做到科技活动反哺于教学，教学又反过来推进学生开展科研活动，力求做到举一反三、融会贯通，最大限度地调动师生的教学热情。

（5）将广泛查阅、并经过比对的数字电路应用题和设计题写入教材，每一章都选配有灵活、新颖的练习题。全书重新筛选了例题和章后习题，特别是选择题和应用题，并配套新编了《数字电子技术基础学习指导与习题解答》一书。

（6）凡是打"＊"的章节和练习题可作为选讲或自学内容。这部分内容提供给兄弟院校参考。

全书修订（编写）分工如下：江苏大学成立、王振宇担任主编，成立编写前言和第 2、3 章，并负责全书的统稿和定稿等工作；尹星编写第 1、9 章；王振宇编写第 4、5 章和部分习题答案；刘跃峰编写第 6 章和附录；陈勇编写第 7、8 章。

江苏省教育厅高等教育处委托东南大学胡仁杰教授、哈尔滨工业大学杨春玲教授担任主审，参加审稿的还有东南大学堵国樑教授、江苏科技大学张尤赛教授、田雨波教授。各位教授审阅了全部书稿，提出了许多宝贵的意见和建议，给编者以启示，编者在此表示衷心的感谢。

由于编者的水平有限，书中难免存在着错误和不妥之处，恳请读者们予以批评指正。

编　者

第 2 版前言

"数字电子技术"是一门实践性、应用性都很强的技术基础课程。随着集成电路制备技术的迅速发展，中、大规模和超大规模数字集成电路(MSI、LSI 和 VLSI)在各个领域广泛应用，数字电子技术已成为 21 世纪数字经济时代的强大推动力。为了反映数字电子技术的新发展，使教学适应"十一五"后期和"十二五"前期教学改革的需要，我们结合 20 多年来的教学经验和十多年来的教改实践，在"数字电子技术(第 1 版)"的基础上修订出这部教材。修订教材的总体框架思路是：更新知识，充实内容，为创新设计和集成电路应用服务。具体考虑如下：

1. 根据 2004 年 8 月教育部高等学校电子信息科学与电气信息类基础课程教学指导委员会颁布的"数字电子技术基础"课程的教学基本要求，修订了第 1 版的第 1 ~ 8 章，充实了国内外最新的数字集成电路(IC)，例如引入双极型互补金属氧化物半导体(BiCMOS)逻辑门电路、高速通信系统用快闪式存储器、快闪式 A – D 和 D – A 转换器、在系统可编程逻辑器件(ISP – PLD)和 ABLE 硬件描述语言等软硬件应用知识；编写时避开 SSI 和 MSI 数字 IC 芯片内部电流、电压的计算，着重介绍其外部逻辑功能；加强了 MSI 芯片连线应用知识的阐述和例题的选配；收集并整理了章后练习题，编制出单项选择题，作为每章基本概念和应用方法的小结；重点改写了第 6 章"半导体存储器和可编程逻辑器件"，新增了第 9 章"EDA 软件工具应用"，以培养学生数字电路和系统创新设计以及软件编程工具的使用能力。

2. 以上调整或充实的内容有的可作简介，作为了解的知识，有的可列入选学或自学内容，也有的可重点讲解；而新增的第 9 章可作为 EDA 课程设计或创新设计集训的讲授内容。

3. 为了满足"微机原理与应用"、"单片机原理与应用"和"微机控制技术"等课程提前一个学期的教学需要，第 2 版教材采用"先数字后模拟"的顺序，所以增加了 1.7 节："数字电路中的半导体器件"。但对于采用"先模拟后数字"的院校，1.7 节可以不在"数字电子技术"课程中讲解。

4. 本书的主要知识点都配备有例题，为学生课后阅读和练习提供分析问题的思路。另外，书中精选了一定数量的练习题以供选做，书后还给出了部分习题的答案。

5. 凡是打"＊"的章节可作为选讲或自学内容，每章打"＊"的练习题也是如此。讲授本教材所需的总学时数约为 60，建议各章学时数分配如下：

章号	1	2	3	4	5	6	7	8	实验
学时	9	6	6	6	8	8	4	5	8

本书编写分工如下：江苏大学成立教授担任主编，并编写第 1、2、3 章和第 2 版前言、目录、部分习题答案及统稿和定稿等，王振宇副教授担任副主编，编写第 7、8、9 章和附录等，汪洋讲师编写第 4、5 章，杨建宁副教授参编第 6 章。本书由南京理工大学周连贵教授

和江苏科技大学张尤赛教授主审，两位老师认真地审阅了书稿，提出了许多宝贵的意见和建议，编者在此表示衷心的感谢。

由于编者的水平有限，书中难免存在着错误和不当之处，恳请读者们批评指正。

编　者

第 1 版 前言

本书是全国高校电子技术基础课程协作组组织编写的高等学校系列教材之一，也是江苏省"十五"教育科学规划立项课题"走向信息技术（IT）本位的教学改革与大学生信息素质培养"的一项研究成果。

自从20世纪70年代末以来，在国内电气类、电子信息类和自动化类专业电子技术基础课程方面已经出版了几套教材，这些教材的使用范围广，一般已经数版修订，深受高校工科电类专业广大师生的欢迎，有的已荣获国家级奖励或部、省级奖励。在这种情况下，还有没有必要于新世纪初叶在同一门课程上再编写新的教材？如有必要，新编教材又应该具有怎样的特色？这是两个首先要解决的问题。

在同一门课程上，协作组认为，应该允许和鼓励教师编写不同风格的教材，因为不同风格教材有的内容详尽且完备，有的剪裁得体而精炼，只有这样才能做到推陈出新，相得益彰。多年来国家教育部工科院校电子技术基础课程教学指导小组正是这样做的。在多年的教学实践中，许多教师的共同感受是：在数字电子技术这门课程上，内容与学时的矛盾一直很尖锐，而且新技术、新器件、新应用层出不穷。21世纪是数字革命的时代。而现有的某些教材虽编写水平较高，但篇幅过大，教与学都感到不便。有的教材内容颇为陈旧，甚至已经落伍，有的教材存在的问题较多，学生意见较大。因此，编写一本既要内容精炼，时代气息强烈，又能较好地满足教学应用需求的数字电子技术教材，是协作组高校共同的愿望。

经过协作组研究决定，要求参加协作组的各院校通力合作，编写一本符合上述要求的数字电子技术教材。于是拟参编院校随即召开了会议，会上对编写思路、具体要求和相关事宜，以及具体分工等问题进行了详尽的讨论，并与机械工业出版社联系，取得了出版社的热情支持。经过长达一年紧张而有序的工作，编写出了这本教材。与国内同类教材相比，本教材具有如下特点：

1. 紧扣大纲，培养信息素质和处理信息知识的能力。紧紧扣住1993年全国电子技术课程教学指导小组颁发的高校工科电子技术基础课程（数字部分）教学基本要求，注重培养学生分析问题和解决问题的能力、实验动手和设计技能、实际应用能力和实行启发式教学，以及启发思考、归纳小结和精讲多练等方面下了功夫。

2. 更新知识，注重应用。写进了反映国内外数字电子技术日新月异的研发成果和发展趋势等内容，充实了国内外最新的数字电子技术、数字电路和系统的有关知识。例如，射极耦合逻辑（ECL）电路、双极型互补金属氧化物半导体（BiCMOS）数字逻辑电路，通信用[包括软件无线电和数字信号处理器（DSP）用]快闪式存储器、A-D和D-A转换器、电子设计自动化（EDA）和可编程逻辑器件（PLD）的高科技产品及其使用方法等内容。以上所充实的内容有的可以简介，作为需了解知识，有的可列入选讲内容，有的则可作重点介绍。

3. 处理得当，精工细作，打造精品。所编教材易教易学，具有一定的可教性、可读性和可操作性，适合于学生阅读。例如：书中不介绍SSI、MSI芯片内部电流、电压的计算，加强了MSI组合逻辑电路和时序逻辑电路芯片应用内容的介绍，并从例题和习题的选配上加大了这一方面的教学力度，简明而实用；对于学生能够看懂的内容，提供给学生课外阅读，这样做既可培养学生自学能力，又可节省课内学时数；另外，因为新编教材可供制作多媒体课件之用，所以编写时在教材的条理性、图文并茂以及基本概念和分析方法的归纳和升华上下了功夫。

4. 精选例题和习题。所编教材的主要知识点都配备有例题，为学生课后阅读和练习提供了分析和解题的思路。另外，精选了一定数量习题供教学选用，书后给出了部分习题答案。

全书共分为8章。书中凡是章节打"＊"处为选讲内容，章后习题也是如此。讲授本书所需的总学时数约为60，其中各章的学时数建议分配如下：

章号	1	2	3	4	5	6	7	8	实验
学时	5	6	8	6	9	8	4	6	8

编写本教材的具体分工如下：由江苏大学成立教授担任主编，并编写其中的第1~3章和前言、目录以及统稿、修改和定稿等，华北工学院王康谊副教授参编第4~5章，兰州理工大学杨新华副教授参编第6章，江苏大学高平讲师编写第7~8章和附录。在统稿和修改过程中，王振宇工程师、江苏大学高平讲师和唐平讲师协助主编完成了大量的计算机图文处理和习题解答工作，在此表示由衷的感谢。

本书由南京理工大学周连贵教授和南京工程学院郭永贞教授担任主审，江南大学赵曾贻副教授和江苏科技大学徐和杰副教授亦参加了本书的审稿工作。4位老师在炎热的暑期中，认真、仔细地审阅了全书的文稿和图稿，提出了许多宝贵的修改意见和建议，给本人改稿以启示。本书于2003年9月6日在江苏大学召开了审稿会，与会老师又对修改稿提出了一些中肯的意见和建议，主编随即夜以继日地重新修改，仔细斟酌，这对于提高书稿质量起到了重要的作用。值此新教材出版之际，编者衷心地感激4位审稿老师、机械工业出版社领导和编辑老师给予本教材的热情支持和帮助。

限于编者的水平，所编教材还存在着许多不完善的地方，恳请各位老师和广大读者给予批评指正。

编　者

目　　录

第1章 数字电路基础

引言 随着现代电子技术的发展，21世纪的人们正处于电子信息时代。人们在每天的工作、学习和生活中，都可以通过广播、电视、互联网和智能手机等多种媒体获取大量的信息。而现代信息的存储、处理和传输越来越趋于数字化。人们常用的计算机、电视机、音像设备、手机、视频记录仪、远距离通信等电子设备或电子系统，无一不采用数字电路或数字系统。因此，数字电子技术与人类关系越来越密切，应用自然也就越来越广泛。

本章首先概述数字信号和数字电路、数制和编码、数字技术发展和应用等内容，然后讨论逻辑代数的应用知识，接着讲解两种逻辑函数的化简方法：公式法和卡诺图法，最后介绍数字电路中常用的半导体器件。本章将为学习数字电子技术全课程打下基础。

1.1 数字信号与数字电路

1.1.1 模拟信号和数字信号

1. 模拟信号

人们在自然界获取的许多物理量，比如速度、压力、温度、声音和位置等，都具有一个共同的特点，即无论从时间上看，还是从信号幅度上看，其变化都是连续的，这些物理量被称为模拟量。当然，表示模拟量的电信号称为模拟信号，处理模拟信号的电子电路即为模拟电路。在工程技术中，为了便于处理和分析，通常用传感器将模拟量转换为与之成比例的电压或电流，然后再输入电子系统作进一步处理。图1-1a给出了用热电偶获取的模拟电压信号 u 的波形图。

2. 数字信号

与模拟量相对应的另一类物理量称为数字量。它们在一系列离散时刻取值，数值大小和每次的增减都是量化单位的整数倍，即它们是一系列时间离散、信号大小也不连续的信号，此类信号被称为数字信号。工程技术上将工作于数字信号下的电子电路称为数字电路。

举例来说，用温度计测量某一天内的温度变化，仅在整点时刻读取数据，且对数据进行量化。若此温度计的读数为 $30.35\cdots\text{℃}$，取1℃作为量化单位，则温度记录值为30℃。如此记录，一天内温度在时间和数值上都是离散的，因为温度以1℃为单位增减。显然，用数字信号可以表示各种物理量的大小，只是存在着一定的误差。此误差取决于量化单位大小的选择。

随着计算机的广泛应用，绝大多数电子系统都采用计算机对信号进行处理。由于计算机无法直接处理模拟信号，所以需将模拟信号转换成数字信号。

3. 模拟量的数字表示

图1-1给出模拟信号转换成数字信号中的几幅波形图。首先对图1-1a的模拟信号取样。图1-1b显示了此模拟信号经过取样电路后，变成时间离散、幅值连续的取样信号，图中 t_0、

t_1、t_2、…为取样时间点。此处，幅值连续指各取样点的幅值没有变化，仍然与对应的模拟信号幅值相同，例如图 1-1a 和图 1-1b 中 t_1 处的幅值均为模拟量 0.915V。然后对取样信号进行量化，即数字化。接着选取一个量化单位，将取样信号除以量化单位并取整数结果，得到时间离散、数值也离散的数字量。最后对所得数字量进行编码，生成用 0 和 1 表示的数字信号，如图 1-1c 所示。图中以 0.1V 作为量化单位，对 t_1 处的幅值 0.915V 进行量化，量化后的数值为 9。对应的 8 位二进制数为 **00001001**。如果取样点足够多，而量化单位足够小，则数字信号即比较真实地反映出模拟信号。有关模 – 数和数 – 模转换的讨论详见第 7 章的内容。

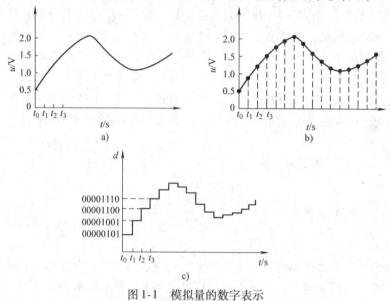

图 1-1　模拟量的数字表示

a）模拟电压信号　b）取样信号　c）数字信号

*1.1.2　数字技术的发展及其应用

电子技术是 20 世纪中期以来发展最迅速、应用最广泛的技术之一，如今已渗透到人类生活的各个方面，特别是数字电子技术现已取得了令人感叹的进展。

电子技术的发展是以开发电子器件为基础的。20 世纪初期直至中期，人们主要采用真空管，亦称电子管。随着固体电子学的研究与进展，第一只晶体管于 1947 年问世，开创了电子技术的新领域。随后，20 世纪 60 年代后期场效应晶体管应运而生，模拟和数字集成电路产品相继上市。20 世纪 70 年代末微处理器问世，电子器件应用出现了崭新的局面。到 20 世纪 80 年代末，微处理器每个芯片晶体管数目突破百万大关；20 世纪 90 年代末，制造出包含有千万个晶体管的芯片。然而，当前的工艺技术可在芯片上集成几十亿个晶体管。在过去 40 多年间，集成电路的集成度和性能以惊人的速度发展着，从而印证了摩尔定理，即单个芯片上集成的晶体管数量每 18 个月翻一番。当今以集成电路为核心的电子信息产业已超过汽车、石油和钢铁工业，成为第一大产业。

数字技术应用的典型代表是电子计算机，它伴随着电子技术的进展而发展，经历了电子管、晶体管、集成电路和超大规模集成电路 4 个发展阶段，目前它的体积越来越小，功能越来越强，价格越来越低，应用范围越来越广，正朝着智能化的方向发展。实际上计算机技术的影响遍及人类经济、生活各个领域，由此掀起了一场"数字革命"。数字技术已被广泛应用于广播、电视、通信、医学诊断、测量、控制、文化娱乐和家庭生活等领域。由于数字信息具有易于存储、处理和传输的特点，所以许多传统的应用模拟技术的领域转而运用数字技术。最近 20 多年来，数字电子技术的应用层出不穷。现举例说明如下：

(1) 音频信息存储　20 世纪 90 年代以前，声音的存储主要以模拟信号方式，将声波记录在唱片或磁带上，但两者携带和保存都不方便，后来是将声音转换成数字信号存储在 CD（Compact Disc）上。存储音乐的 CD 通常选用的取样频率为 44.1kHz，量化位数为 16 位，同时有两股声音被录制（分别流向立体声系统的两个扬声器），且可以存储长达 74min 的音乐。这样一张 CD 盘上储存的数字信息总量超过 700MB。事实上，CD 盘可以用来存储不同格式的数据，最常见的格式是音频数据和计算机数据。

(2) 视频信息存储　早期的视频信息存储主要以记录模拟信号的录像带为主，但录像带不便于保存和携带。DVD（Digital Video Disk）与 CD 的外观相像，但在数据存储技术、数据容量及功能等方面都有本质的区别。因为 CD 存储无数据压缩的音频信息，而 DVD 采用 MPEG2 压缩技术，以数字格式存储音频和视频信息。此外，DVD 可以分为单面单层、单面双层、双面单层和双面双层 4 种物理结构，其数据容量非常大，画质和音质皆佳。单面单层、直径 12cm 的 DVD – 5 光盘能存储 4.7GB 数据，影片播放时间达 133min。双面双层DVD – 18 的最高存储容量为 17.6GB，影音光盘播放时间可达 6h 以上。因此，DVD 业已成为家庭影院的重要组成部分。

(3) MPEG（Moving Picture Experts Group）　它是由世界数字视频和音频压缩比的标准化组织制定的，用于多媒体运动图像和伴音的数据压缩编码国际标准。MPEG 标准主要包括 MPEG1、MPEG2、MPEG4、MPEG7 和 MPEG21 等，以适合于不同带宽和数字影像质量的要求。MPEG 的压缩比最高可达 200∶1，与此同时，数据损失很小。MPEG 标准改变了以模拟方式记录声音和影像的传统方法，令视听传播耳目一新，人们亲身体验到数字化时代的优越性和成就感。

(4) 数码相机　传统的模拟相机是用卤化银感光胶片记录影像，胶片成像过程不但需要严格的加工工艺技术，而且胶片不便于保存和传输，而数码相机将影像的光信号转换为数字信号，以像素阵列形式进行存储。存储信息包括色彩、光强度和位置等。例如在 1024×768 的像素阵列中，每个像素的红、绿、蓝 3 原色均是 8 位，则该阵列的数据位数超过 1800万。如果用 JPEG 图形格式压缩处理，压缩比率采用 20∶1，处理后的数据量仅为原来的 5%，便于网络信息的远距离传输。当下，数码相机已经完全取代了模拟胶片相机。

(5) 数字信号处理器（DSP）　它是一种高速专用的微处理器，其主要特点是：运算功能强大，具有高速数字信号输入/输出以及高速率传输数据的能力；专门处理以运算为主的不允许延迟的实时数字信号；有特殊的寻址方式，可高效进行快速傅里叶变换；方便地使用 C 语言和汇编语言编程；有灵活可变的 I/O 接口和片内 I/O 管理、高速并行数据处理算法的优化指令集，故修改、升级、置换都相当灵活；数据处理精度高，其数字系统可做到 10^{-5} 的精度；可靠性高，数字器件加软件的工作方式能降低热漂移、老化效应及对噪声的敏感度；成本低，芯片可编程，硬件简化、数量少，有完整的开发与调试工具，开发周期较短。自从美国德州仪器公司（TI）在 20 世纪 80 年代初推出第一代商用 DSP 芯片以来，DSP 产品不断更新换代，现已渗透到电子通信与自动控制等领域。因而可以认为，DSP 从专用器件转变为电子数字化时代的主流器件，其发展速度之快，应用实效之佳，是目前没有一种电子器件能与其相提并论的。

　　随着微电子技术的发展，将会有更多的数字电子产品陆续问世。数字技术的发展、计算机的应用正在改变着人类的生产方式、生活方式及思维方式，使得工业自动化、农业现代化、办公自动化、消费信息化、通信网络化成为现实。但是，无论数字技术如何发展，也不能取代模拟技术。因为自然界中绝大多数物理量都是模拟量，数字技术不能直接接受模拟信号进行处理，也无法将处理后的数字信号直接送到外部物理世界。基于此，模拟技术在电子系统中是不可缺少的。然而，模拟电路技术难度远高于数字电路，其发展自然较慢。由于电子系统一般是模拟电路和数字电路的结合，所以在发展数字技术的同时，也应当重视模拟技术的发展。

1.1.3　数字集成电路的特点及其分类

1. 数字信号的电压范围与逻辑电平

　　在数字集成电路中用 0 和 1 表示数字信号。这里的 0 和 1 不是人们熟知的十进制数中的数字，而是逻辑 0 和逻辑 1，因而称为**二值数字逻辑**。逻辑 0 和逻辑 1 反映在数字电路上就是高电平和低电平。表 1-1 列出了一种 CMOS 器件在正逻辑约定下，其电压范围与逻辑电平之间的对应关系。由表可见，信号电压在 3.5 ~ 5V 范围内都表示高电平；而在 0 ~ 1.5V 的范围内都属于低电平。上述表示数字电压的高、低电平通常称为**逻辑电平**。需要注意的是，逻辑电平不是物理量，而是物理量的相对表示。

　　图 1-2 是用逻辑电平描述的数字信号波形，用逻辑 0 表示低电平，逻辑 1 表示高电平。其中图 1-2a 所示波形标出了时间及幅值。通常在分析一个数字电路时，由于该电路约定用相同的逻辑电平标准，所以可以不标出高、低电平的电压值，时间坐标轴也不标，如图 1-2b 所示。这被称为数字信号波形的简化表示法。**值得注意的是**：教材后续章节大都采用这种简易表示数字信号的波形图（或称脉冲数字电压波形简图）。

表 1-1　电压范围与逻辑电平的关系（正逻辑约定）

电压/V	二值逻辑	电平
3.5 ~ 5	1	H（高电平）
0 ~ 1.5	0	L（低电平）

　　注：表中表示的是**正逻辑**约定，即 **1** 表示高电平，**0** 表示低电平。**负逻辑**约定则相反。有关正、负逻辑问题将在第
　　　2.6.1 节中介绍。书中如无特殊说明，都采用**正逻辑**约定。

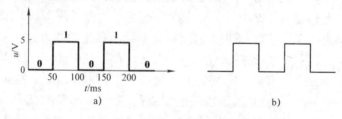

图 1-2　数字信号波形

a）标明时间及幅值的数字电压波形　b）脉冲数字电压波形简图

2. 数字电路的优点

　　二值数字逻辑的产生，是基于客观世界的许多事物，可以用彼此相关而又互相对立的两

种状态描述，例如：是与非、真与假、开与关、低与高、通与断等，而数字电路中的二值逻辑（即逻辑 0 和逻辑 1）可以用晶体管（包括双极型晶体管 BJT 和增强型 MOSFET）的开关特性来表达。例如，在数字电路中晶体管都工作于开关状态，若用 0 表示晶体管导通，则 1 就表示管子截止。基于此，数字电路的分析、设计相对比较容易。与模拟电路相比，数字电路主要有以下优点：

（1）易于设计　数字电路又名数字逻辑电路，主要是对 0 和 1 表示的数字信号进行逻辑运算和处理，不需要复杂的数学知识，广泛使用的数学工具是逻辑代数。实际上，数字电路只要能够可靠地区分 0 和 1 两种状态，即可正常工作。所以，数字电路的设计比较容易。

（2）抗干扰能力强、精度高　由于数字电路传递、加工和处理的都是二值逻辑电平，不易受到外界干扰，所以电路的抗干扰能力较强。此外，数字电路还可以用增加二进制数的位数来提高电路的运算精度。

（3）高速度、低功耗　随着集成电路工艺的发展，数字器件的工作速度越来越高，而功耗却越来越低。集成电路（IC）中单管的开关速度可以做到小于 10^{-11} s。整个数字器件中信号从输入到输出端的传输时间小于 10^{-9} s，而百万门以上的超大规模集成电路的功耗，可以低于毫瓦级。

（4）可编程性和通用性　现代数字系统的设计大多采用可编程逻辑器件（PLD），它是厂家生产的半成品芯片。用户根据需要，采用硬件描述语言（Hardware Description Language，HDL），在计算机上完成设计和仿真，并写入芯片，为用户研制开发新品带来使用上的灵活性。

此外，用户可以采用标准的数字逻辑部件和 PLD 芯片设计各种各样的数字系统。第 6 章将介绍的用现场可编程门阵列（FPGA）设计数字电路或数字系统便是一例。

（5）便于存储、传输和处理　数字信号由 0 和 1 编码组成，可以用半导体存储器对其存储、传输。因此，将数字系统与微型计算机连接，就可利用微机对数字信号进行处理及控制。

由于数字电路具有上述优点，可以预期，它在有的领域取代模拟电路的趋势将会持续下去。

3. 数字电路的分类

从 20 世纪 60 年代开始，数字集成器件用双极型工艺制成了小规模逻辑器件，随后发展到中、大规模逻辑器件。20 世纪 70 年代末，超大规模集成电路——微处理器出现，使数字集成电路性能发生了质的变化。目前，制备数字集成电路所用的材料以硅锗（SiGe）半导体为主，在高速数字集成电路中，也使用化合物半导体材料，例如砷化镓（GaAs）等。

逻辑门电路是一种重要的逻辑单元电路，其中的 TTL 门电路问世较早，其工艺经过不断改进，至今仍为主要的基本逻辑器件之一。但随着 MOS 工艺，特别是 CMOS（互补 MOS）工艺的长足进展，TTL 器件的主导地位已逐步被 CMOS 器件取代。

近 20 年来，PLD 尤其是 FPGA 飞速发展，为数字电子技术开创了新局面。这些数字集成器件不仅规模大，而且设计时将硬件与软件相结合，使数字电路功能日臻完善，使用起来也愈加灵活。

从集成度来说，数字集成电路可分为小规模（SSI）、中规模（MSI）、大规模（LSI）、超大规模（VLSI）和特大规模（ULSI）5 类数字集成电路。所谓单片集成度，是指每一块数字 IC 芯片中包含的门的数目。表 1-2 列出了 5 类数字集成电路的规模和分类依据。

表 1-2　5 类数字集成电路的规模和分类依据

分类	门数目	典型的数字集成电路
小规模	最多 12 个	逻辑门、触发器
中规模	12 ~ 99	计数器、全加器、译码器等
大规模	100 ~ 9999	小型存储器、门阵列
超大规模	10000 ~ 99999	大型存储器、微处理器
特大规模	10^5 以上	可编程逻辑器件、多功能专用集成电路

由表 1-2 可见，存储器是基本数字部件之一，它的集成度很高。利用它可存储数据 **1** 或 **0**，存储的数据可以取出分析或直接取用，例如打印机可从计算机的存储器里取出信息并打印在纸上。通常数字信息的存储被视为将信息写入存储器，而信息恢复则理解为从存储器中读出信息。

此外，数字电路又可分为**组合逻辑电路**和**时序逻辑电路**两大类。利用组合逻辑电路和时序逻辑电路可以控制、操作和处理数字系统的信息。有关知识将在后续章节陆续介绍。

近 30 多年来，随着微电子技术的发展，数字 IC 芯片集成度不断提高，例如中央微处理器（CPU）的集成度大致是每 6 年提高 8 倍，动态随机读/写存储器（DRAM）的集成度是每 6 年提高 12 倍。伴随着计算机技术和 EDA 技术的迅速发展，为了分析、仿真和设计数字电路或数字系统，提高它们的性能 – 价格比，可采用硬件描述语言，例如硬件描述语言 VHDL、ABEL 和 ispDesign EXPERT 软件包，借助计算机来实现电子设计自动化。尤其是在设计较复杂的数字系统时，用硬件描述语言的优点将会更加突出。

1.1.4　数字电路的分析方法

数字电路的主要研究对象是电路的输出与输入之间的逻辑关系，因而对于数字电路不能采用模拟电路的分析方法，例如图解法和微变等效电路法。由于数字电路中的器件可处于开关状态，所以分析电路时采用的数学工具是逻辑代数，表达电路输出与输入的关系主要用逻辑表达式、真值表、功能表或波形图；设计电路时常采用的是 EDA 软件工具，包括原理图输入、VHDL 文本输入、测试平台、仿真和综合工具等。

1.2　数制与编码

任何一个数通常都可以用两种不同的方法来表示：一种是按"值"表示法，即选定某种进位的计数体制来表示某个数值，这就是**计数制**，简称**数制**。而按"值"表示一个数时需要解决 3 个问题：一是选择恰当的"数字符号"及其组合规则；二是确定小数点的位置；三是正确表示出数的正、负号。另一种是按"形"表示法，即用一组二进制数组成代码，来表示某些数值。按"形"表示一个数时，先要确定编码规则，然后按此规则编出一组二进制数代码，并给每个代码赋以一定的含义，这就是**编码**。下面将简介数字电路中常用的几种计数制和编码方法。

1.2.1 常用的计数制及其相互转换规律

同一个数可以用不同进位的计数制来计量，在日常生活中，人们习惯于使用十进制计数制。而在数字电路中，采用的却是二进制和十六进制。下面将分别讨论上述几种数制的计数规则及其相互转换规律。

1. 十进制

十进位计数制简称十进制，它用 0，1，2，3，4，5，6，7，8，9 这 10 个数码的组合来表示一个数，当任何 1 位数比 9 大 1 时，则向相邻高位进 1，而本位复 0，此为"逢十进一"。任何一个十进制数都可以用其幂的形式表示，例如：

$$125.68 = 1 \times 100 + 2 \times 10 + 5 \times 10^0 + 6 \times 0.1 + 8 \times 0.01$$
$$= 1 \times 10^2 + 2 \times 10^1 + 5 \times 10^0 + 6 \times 10^{-1} + 8 \times 10^{-2}$$

显然，任意一个十进制数 N 可以表示为

$$(N)_{10} = K_{n-1} \times 10^{n-1} + K_{n-2} \times 10^{n-2} + \cdots + K_i \times 10^i + \cdots$$
$$+ K_1 \times 10^1 + K_0 \times 10^0 + K_{-1} \times 10^{-1} + K_{-2} \times 10^{-2} + \cdots + K_{-m} \times 10^{-m} \quad (1\text{-}1)$$

式中，n、m 为正整数；K_i 为系数，是十进制 10 个数码中的某一个；10 是进位基数；10^i 是十进制数的位权（$i = n-1, n-2, \cdots, 1, 0, \cdots, -m$），它表示系数 K_i 在十进制数中的地位，位数越高，权值越大，例如 10^4 前的"1"表示 10000，而 10^2 前的"1"表示 100。对任意 R 进制数 $(N)_R$ 可表示为

$$(N)_R = K_{n-1} \times R^{n-1} + K_{n-2} \times R^{n-2} + \cdots + K_i \times R^i + \cdots$$
$$+ K_1 \times R^1 + K_0 \times R^0 + K_{-1} \times R^{-1} + K_{-2} \times R^{-2} + \cdots + K_{-m} \times R^{-m} \quad (1\text{-}2)$$

式中，R 为进位基数；R^i 为位权；K_i 为系数，是 R 个数码中的一个。

2. 二进制

二进位计数制简称二进制，它只有两个数字符号 **0** 和 **1**，其计数规律为"逢二进一"，当 **1+1** 时，本位复 **0**，并向相邻高位进 **1**，即 **1+1=10**（读作"壹零"）。二进制数可以表示为

$$(N)_2 = K_{n-1} \times 2^{n-1} + K_{n-2} \times 2^{n-2} + \cdots + K_i \times 2^i + \cdots$$
$$+ K_1 \times 2^1 + K_0 \times 2^0 + K_{-1} \times 2^{-1} + K_{-2} \times 2^{-2} + \cdots + K_{-m} \times 2^{-m} \quad (1\text{-}3)$$

式中，K_i 为系数；2 为进位基数；2^i 是二进制数的位权，二进制数不同位数的位权分别为 $2^{n-1}, \cdots, 2^1, 2^0, 2^{-1}, \cdots, 2^{-m}$。任意 1 个二进制数按位权展开，都可转换为十进制数，这种转换方法称为**多项式替代法**。

例 1-1 试将 $(1101.101)_2$ 转换成十进制数。

解： 根据多项式替代法，将每 1 位二进制数乘以位权，便得相应的十进制数，即

$$(1101.101)_2 = 1 \times 2^3 + 1 \times 2^2 + 0 \times 2^1 + 1 \times 2^0 + 1 \times 2^{-1} + 0 \times 2^{-2} + 1 \times 2^{-3} = (13.625)_{10}$$

十进制数也可转换为二进制数，一般采用**基数除/乘法**，即把十进制数的整数部分连续除以二进制的进位基数 2 取余数，最后得到的余数为转换后的二进制数整数部分的高位；小数部分则连续乘 2 取整数，最先得到的整数（包括 **0**）为转换后的二进制数小数部分的高位。现举例如下。

例 1-2 试将十进制数 $(13.625)_{10}$ 转换为二进制数。

解：根据**基数除/乘法**，列出解题转换过程如下：

$$
\begin{array}{ll}
2\,\underline{|\,13} & \text{余}1\ \ K_0 \\
2\,\underline{|\,6} & \text{余}0\ \ K_1 \\
2\,\underline{|\,3} & \text{余}1\ \ K_2 \\
\quad 1 & \text{余}1\ \ K_3
\end{array}
\qquad
\begin{array}{lll}
 & 0.625 & \\
\times & \ 2 & \\
\hline
 & 1.250 & \ 1\ \ K_{-1} \\
\times & \ 2 & \\
\hline
 & 0.5 & \ 0\ \ K_{-2} \\
\times & \ 2 & \\
\hline
 & 1.0 & \ 1\ \ K_{-3}
\end{array}
$$

于是得 $(13.625)_{10} = (\mathbf{1101.101})_2$。

3. 十六进制

由于多位二进制数不便认识和记忆，因此，对于一些在计算机中常用的数据、信息，多用十六进制数来表示。十六进制数共有 16 个数码：0、1、2、3、4、5、6、7、8、9、A（对应于十进制数 10）、B（11）、C（12）、D（13）、E（14）、F（15），其计数规律为"逢十六进一"，即 F + 1 = 10。

十六进制的进位基数为 $16 = 2^4$，因此二进制与十六进制数之间的转换可采用**直接转换法**：把二进制数的整数部分，从低位起每 4 位分成一组，最高位一组如不足 4 位时以 **0** 补足；而小数部分从高位起每 4 位分成一组，最低位一组如不够 4 位，也在其后补 **0**，然后依次以 1 位十六进制数替换所有各组的 4 位二进制数。例如 $(\mathbf{11110100101.011011})_2 = (7A5.6C)_{16}$。

同样，也可用**直接转换法**将十六进制数转换成二进制数，即用 4 位二进制数替换 1 位十六进制数。如 $(68A.2C)_{16} = (\mathbf{11010001010.001011})_2$。

1.2.2 编码

计算机、微处理器等数字系统所处理的信息大多数为数值、文字、符号、图形、声音和图像信号等，它们都可以用多位二进制数来表示，这种多位二进制数称为**代码**。如上所述，若用一组代码，并给每个代码赋以一定的含义则称为**编码**。若所需编码的信息有 N 项，则需用二进制数的位数 n 应满足如下关系式：

$$2^n \geqslant N \tag{1-4}$$

根据式（1-4），有 $n \geqslant \log_2 N$。例如，若 $N = 8$，则取 $n = \log_2 8 = 3$。

在数字逻辑电路中，常使用二－十进制码，即 BCD（Binary Coded Decimal，BCD）码，它用 4 位二进制数组成代码来表示 1 位十进制数。由于 4 位二进制数可以组成 16 个不同的代码，而十进制数只需用 10 个代码表示，所以，从 16 个代码中选用任意 10 个代码组合来编码，将会有若干种不同的编码方案。常用的几种二－十进制编码如表 1-3 所示。

从表 1-3 中可以看出，同一组代码在不同的编码中具有不同的含义，如 **0100** 代码，在 8421 码、2421 码、5421 码和余 3 循环码中代表十进制数 4，在余 3 码中代表 1，在格雷码中代表 7。表中最常用的 8421 码是采用的 4 位二进制数的前 10 个代码来表示十进制数的 10 个数码，这种编码的特点是，从高位到低位的每一位的权值分别为 8、4、2、1，这也是 8421 码名称的由来。凡是编码表中代码的每一位都具有一固定权值的编码称为有权码，如 8421 码、2421A 码、2421B 码和 5421 码都是有权码；如果编码表中代码的每一位并无固定的权值，则称为无权码，余 3 码、余 3 循环码和格雷码都是无权码。

表 1-3　几种常见的 BCD 码

编码种类 十进制数	8421 码	2421A 码	2421B 码	5421 码	余 3 码	余 3 循环码	格雷码
0	0000	0000	0000	0000	0011	0010	0000
1	0001	0001	0001	0001	0100	0110	0001
2	0010	0010	0010	0010	0101	0111	0011
3	0011	0011	0011	0011	0110	0101	0010
4	0100	0100	0100	0100	0111	0100	0110
5	0101	0101	1011	1000	1000	1100	0111
6	0110	0110	1100	1001	1001	1101	0101
7	0111	0111	1101	1010	1010	1111	0100
8	1000	1110	1110	1011	1011	1110	1100
9	1001	1111	1111	1100	1100	1010	1101
权值	8421	2421	2421	5421	无	无	无

通常，人们可通过计算机键盘上的字母、符号和数值向计算机发送数据和指令，每一个键符可用一个二进制码来表示。ASCII 就是其中的一种，它是用 7 位二进制数码来表示的，其编码表见附录 A。关于二进制数的算术运算，可参阅附录 B。

1.3　逻辑代数基础

1847 年，英国数学家乔治·布尔（George Boole）在他的著作中，率先对逻辑代数进行了系统的论述，故逻辑代数始称布尔代数。因为逻辑代数研究二值变量的运算规律，所以也称二值代数。1938 年，香农把逻辑代数用于开关和继电器网络的分析和化简，首次将逻辑代数用于解决工程实际问题。经过半个多世纪的发展，逻辑代数已成为分析和设计数字电路不可缺少的工具。

在普通代数学中，变量的取值范围从 $-\infty$ 至 $+\infty$，而在逻辑代数中，变量的取值只能是 **0** 和 **1**。应当注意的是，逻辑代数中的 **0** 和 **1** 与十进制数中的 0 和 1 有着完全不同的含义，前者代表矛盾或者对立的两个方面，如开关的闭合与断开；一件事情的是与非、真与假；信号的有与无；电位或电平的高与低等。至于在某个具体问题上 **0** 和 **1** 究竟具有什么样的含义，则应该视具体研究对象来确定。

1.3.1　逻辑代数的 3 种基本运算

在逻辑代数中，有**与**、**或**、**非** 3 种基本逻辑运算。下面用 3 个指示灯的控制电路来分别说明 3 种基本逻辑运算的物理意义。设开关 A、B 为逻辑变量，约定开关闭合为逻辑 **1**、开关断开为逻辑 **0**；同时设灯为逻辑函数 F，约定灯亮为逻辑 **1**，灯灭为逻辑 **0**。

1. 与运算

图 1-3a 是用来说明与逻辑运算的电路。图中要实现的事件是指示灯 F 亮，开关 A、B 闭合是事件发生的条件。显然，在此电路中，电压 U 通过开关 A 和 B 向灯供电，只有开关 A、B 同时闭合，灯 F 才会亮。故逻辑与（亦称逻辑乘）定义如下：**一个事件的发生具有多**

个条件。只有当所有条件都具备之后，**此事件才会发生**。将逻辑变量所有各种可能取值的组合，以及与其一一对应的逻辑函数值之间的关系用表格的形式表示出来，称为逻辑函数的真值表。与逻辑运算真值表如表1-4所示。表示与逻辑运算的逻辑函数表达式为 $F = A \cdot B$，式中"·"为与运算符，在不致引起混淆的前提下也可默认。与运算的规则为 $0 \cdot 0 = 0$，$0 \cdot 1 = 0$，$1 \cdot 0 = 0$，$1 \cdot 1 = 1$。在数字电路中，实现与逻辑运算的单元电路称为与门，与门逻辑符号见图1-3b。与运算可以推广到多个逻辑变量的情形，即 $F = A \cdot B \cdot C \cdots$。

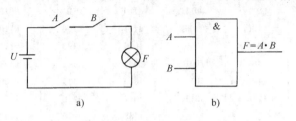

表1-4 与逻辑运算真值表		
A	B	F
0	0	0
0	1	0
1	0	0
1	1	1

图1-3 说明与逻辑运算的开关电路
a) 电路图 b) 与逻辑符号

需要注意的是，本书仍然采用逻辑门电路的国标符号，是为了推广应用国标符号。鉴于一些国际专著和期刊往往采用一种特异型的逻辑符号，第3版教材中在沿用国标符号的同时，在附录C中给出国内外常用逻辑符号的对照表，供读者阅读或撰写英文论文时对照参考。

2. 或运算

图1-4a 用来说明**或**逻辑运算的电路，图中电压 U 通过开关 A 或 B 向灯供电，只要 A 或 B 中有一开关闭合，灯 F 亮这一事件就会发生，故**或**逻辑（亦称**加**逻辑）运算可定义如下：**在决定一事件发生的多个条件中，只要一个条件满足，此事件就会发生**。或逻辑运算真值表如表1-5所示。其逻辑函数表达式为 $F = A + B$，式中"$+$"为**或**逻辑运算符。

实现**或**逻辑运算的单元电路是**或门**，或门的逻辑符号见图1-4b。**或**逻辑运算也可推广到多个逻辑变量的情形，即 $F = A + B + C \cdots$。

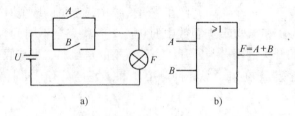

表1-5 或逻辑运算真值表		
A	B	F
0	0	0
0	1	1
1	0	1
1	1	1

图1-4 说明**或**逻辑运算的开关电路
a) 电路图 b) 或逻辑符号

3. 非运算

在图1-5a电路中，电压 U 通过一个继电器触点向灯供电，NC 为继电器 A 的动断（常闭）触头，当 A 不通电时，灯 F 亮；而当继电器 A 通电时，其线圈中有电流流过，常闭触头断开，灯 F 不亮。设继电器 A 通电和灯 F 亮为 **1** 态，则其真值表如表1-6所示。由表可见，**一件事情（灯亮）的发生是以其相反的条件为依据的**，此关系称为非逻辑关系。非逻辑运算的逻辑表达式为 $F = \overline{A}$，A 顶置的"$-$"号是非运算符。非运算的规则为 $\overline{0} = 1$，

$\overline{1} = 0$。实现非运算单元电路称为非门，非门的逻辑符号如图 1-5b 所示。

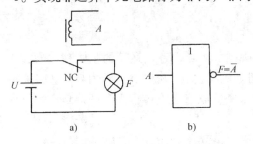

表 1-6　非逻辑运算真值表

A	F
0	1
1	0

图 1-5　说明非逻辑运算的开关电路

a) 电路图　b) 非逻辑符号

4. 其他 5 种常用的逻辑运算

用**与**、**或**、**非**基本逻辑运算可组合成多种常用逻辑运算。常用的 5 种逻辑运算的逻辑函数表达式及逻辑符号如图 1-6 所示。请读者自行熟悉图 1-6a ~ 图 1-6c 所示的常用逻辑运算及其逻辑符号。

图 1-6d 所示的**异或**逻辑运算只能有两个输入变量，输入相异时输出为 **1**，输入相同时输出为 **0**，其真值表如表 1-7 所示。由真值表可得其逻辑函数表达式为 $F = A\overline{B} + \overline{A}B = A \oplus B$，式中 "$\oplus$" 为**异或**运算符。

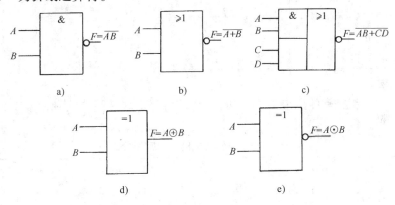

图 1-6　常用的 5 种逻辑运算及其逻辑符号

a) 与非逻辑符号　b) 或非逻辑符号　c) 与或非逻辑符号　d) 异或逻辑符号　e) 同或逻辑符号

另外，图 1-6e 所示**同或**逻辑运算与**异或**逻辑运算一样，也只能有两个输入变量，输入变量相同时输出为 **1**，输入变量相异时输出为 **0**，其真值表见表 1-8。由真值表可得其逻辑表达式为 $F = AB + \overline{A}\,\overline{B} = A \odot B = \overline{A\overline{B} + \overline{A}B} = \overline{A \oplus B}$，式中 "$\odot$" 是**同或**运算符。

<table>
<tr><th colspan="3">表 1-7　异或逻辑真值表</th><th colspan="3">表 1-8　同或逻辑真值表</th></tr>
<tr><th>A</th><th>B</th><th>F</th><th>A</th><th>B</th><th>F</th></tr>
<tr><td>0</td><td>0</td><td>0</td><td>0</td><td>0</td><td>1</td></tr>
<tr><td>0</td><td>1</td><td>1</td><td>0</td><td>1</td><td>0</td></tr>
<tr><td>1</td><td>0</td><td>1</td><td>1</td><td>0</td><td>0</td></tr>
<tr><td>1</td><td>1</td><td>0</td><td>1</td><td>1</td><td>1</td></tr>
</table>

1.3.2　逻辑代数的基本公式和常用公式

1. 基本公式

根据逻辑代数中**与**、**或**、**非**这 3 种基本运算规则，可导出逻辑运算的一些基本公式，如表 1-9 所示。表中的所有公式都可用逻辑函数相等的概念予以证明。所谓两个逻辑函数相等，即两个变量个数相等的逻辑函数，对于其所有变量取值之组合，两个逻辑函数的值均相等。

现对表 1-9 反演律用真值表（见表 1-10）证明如下：将变量 A、B 各种取值的组合分别代入反演律的等式两端，所得的逻辑函数值完全对应相等，证明了反演律成立。同理可证：

$$\overline{ABC\cdots} = \overline{A} + \overline{B} + \overline{C} + \cdots; \quad \overline{A + B + C + \cdots} = \overline{A}\,\overline{B}\,\overline{C}\cdots$$

表 1-9　逻辑代数的一些基本公式

1	0、1 律	$0 + A = A$	$1 \cdot A = A$
		$1 + A = 1$	$0 \cdot A = 0$
2	重叠律	$A + A = A$	$AA = A$
3	互补律	$A + \overline{A} = 1$	$A\overline{A} = 0$
4	交换律	$A + B = B + A$	$AB = BA$
5	结合律	$(A + B) + C = A + (B + C)$	$(AB)C = A(BC)$
6	分配律	$A(B + C) = AB + AC$	$A + BC = (A + B)(A + C)$
7	反演律	$\overline{AB} = \overline{A} + \overline{B}$	$\overline{A + B} = \overline{A}\,\overline{B}$
8	还原律	$\overline{\overline{A}} = A$	

表 1-10　用真值表证明反演律

A	B	$\overline{AB}$	$\overline{A} + \overline{B}$	$\overline{A + B}$	$\overline{A}\,\overline{B}$
0	0	1	1	1	1
0	1	1	1	0	0
1	0	1	1	0	0
1	1	0	0	0	0

2. 常用公式

在逻辑代数中，经常使用表 1-11 中的一些常用公式。这些公式利用表 1-9 所列基本公式容易得到证明。现分别证明如下。

表 1-11　逻辑代数的一些常用公式

1	吸收律	(1) $A + AB = A$	(2) $A(A + B) = A$
		(3) $A + \overline{A}B = A + B$	(4) $AB + \overline{A}C + BC = AB + \overline{A}C$
2	对合律	(1) $AB + A\overline{B} = A$	(2) $(A + B)(A + \overline{B}) = A$

(1) $A + AB = A$

证：$A + AB = A(1 + B) = A$

(2) $A(A + B) = A$

证：$A(A + B) = A + AB = A$

(3) $A + \overline{A}B = A + B$

证：$A + B = (A + \overline{A})(A + B) = A + \overline{A}B$

(4) $AB + \overline{A}C + BC = AB + \overline{A}C$

证：$AB + \overline{A}C + BC = AB + \overline{A}C + (A + \overline{A})BC = AB + \overline{A}C + ABC + \overline{A}BC$
　　　　　$= AB(1 + C) + \overline{A}C(1 + B) = AB + \overline{A}C$

同理可证：$AB + \overline{A}C + BCD\cdots = AB + \overline{A}C$。

(5) $AB + A\overline{B} = A$

证：$AB + A\overline{B} = A(B + \overline{B}) = A$

(6) $(A + B)(A + \overline{B}) = A$

证：$(A + B)(A + \overline{B}) = A + A\overline{B} + AB = A(1 + \overline{B} + B) = A$

1.3.3　逻辑代数的基本规则

1. 代入规则

对于任意一个逻辑等式，如果将等式中所有出现某一变量之处都用同一个逻辑函数去置换，该等式仍然成立。

例如，现有等式 $\overline{AB} = \overline{A} + \overline{B}$，若用函数 $F = BC$ 去置换等式中的变量 B，则等式左边 $\overline{ABC} = \overline{A} + \overline{B} + \overline{C}$，等式右边 $\overline{A} + \overline{BC} = \overline{A} + \overline{B} + \overline{C}$，显然等式仍成立。

2. 反演规则

对于任意一个逻辑函数 F，如果将式中所有的**逻辑乘**"·"换成**逻辑加**"+"，"+"换为"·"；"0"换为"1"，"1"换为"0"；原变量换为反变量，反变量换为原变量，则所得新的函数是原函数 F 的反函数。显然，利用反演规则可方便地求出任一函数的反函数。例如：

$$F = A\overline{B} + \overline{A}B，则 \overline{F} = (\overline{A} + B)(A + \overline{B})$$

用反演规则时应注意，凡不是一个变量，其上面的**非号**均应保持不变。例如：

$$F = D \cdot \overline{A + C} + D，则 \overline{F} = \overline{D} + \overline{A} \cdot \overline{\overline{C}} \cdot \overline{D}$$

3. 对偶规则

对于任意一个逻辑函数 F，如果将式中的**逻辑乘**"·"换成**逻辑加**"+"，"+"换为"·"；"1"换成"0"，"0"换为"1"，所得到的新函数 F'，称为原函数 F 的对偶式。例如：

$$F = A \ (\overline{B} + C)，则 F' = A + \overline{B}C$$

如果两个逻辑函数 F 和 Z 相等，那么它们的对偶式也相等。由表 1-9 中所列的基本公式不难证明，表中等式的左、右两边均互为对偶式。

1.4　逻辑函数的建立及其表示方法

在生产、生活和科学实验中，为了解决某一个实际问题，必须研究其因变量与自变量之间的逻辑关系，从而得出相应的逻辑函数。一般来说，首先应根据提出的实际逻辑命题，确定哪些是逻辑变量，哪些是逻辑函数，然后研究它们之间的因果关系，列出其真值表，最后再根据真值表写出逻辑函数表达式。下面举例说明逻辑函数的建立步骤，以及逻辑函数的几种表示方法。

例 1-3　有一水塔，用一大一小两台电动机 M_S 和 M_L 分别驱动两个水泵向水塔注水，当水塔的水位降到 C 点时，小电动机 M_S 单独驱动小水泵注水，当水位降到 B 点时，大电动机 M_L 单独驱动大水泵注水，当水位降到 A 点时由两台电动机同时驱动，如图 1-7 所示。试设计一个控制电动机按上述要求工作的逻辑电路。

解：(1) 设水位 C、B、A 为逻辑变量，当水位降到 C、B、A 某点时取值为**逻辑 1**，否则取值为**逻辑 0**；电动机 M_S 和 M_L 为逻辑函数，当 M_S 和 M_L 工作时，取值**逻辑 1**，不工作时取值**逻辑 0**。

（2）分析逻辑函数与逻辑变量之间的因果关系，将逻辑变量各种可能取值的组合及其对应的逻辑函数值，填入真值表，如表 1-12 所示。

（3）根据真值表可写出逻辑函数表达式。从真值表可以看出，要使 $M_S = 1$ 必须满足 $C = 1$、$A = B = 0$，即 $C = 1$、$\bar{A} = \bar{B} = 1$ 的一种条件，显然，各变量之间应是**逻辑与**的关系，即 $\bar{A}\,\bar{B}C = 1$；或者应满足另一种条件：$A = B = C = 1$，即 $ABC =$

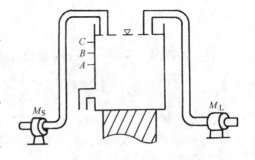

图 1-7　水塔注水控制示意图

1。而上述两种条件只要有一种出现，M_S 都应为 **1**，很明显，上述两种条件之间是**逻辑或**的关系。同理，也可以写出 M_L 的逻辑表达式。M_S、M_L 的表达式如式（1-5）所示：

$$M_S = \bar{A}\,\bar{B}C + ABC = (\bar{A}\,\bar{B} + AB)C$$

$$M_L = \bar{A}BC + ABC = BC \tag{1-5}$$

（4）根据逻辑表达式（1-5），可画出逻辑电路图，见图 1-8。

从上述实例可以看出，逻辑函数可用真值表、逻辑函数表达式和逻辑电路图（简称逻辑图）3 种方法来表示，且这些方法彼此之间是等价的，它们之间可以相互转换。此外，逻辑函数还可用卡诺图表示，并进行化简。此部分内容将在第 1.5.3 节中专门介绍。

表 1-12　例 1-3 的真值表

A	B	C	M_S	M_L
0	0	0	0	0
0	0	1	1	0
0	1	1	0	1
1	1	1	1	1

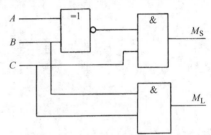

图 1-8　水塔注水控制逻辑电路图

1.5　逻辑函数的化简

1.5.1　逻辑函数的最简形式

同一逻辑函数可以写成不同的表达式，在逻辑设计中，逻辑函数最终总是要用逻辑电路来实现的。因此，用中、小规模逻辑器件设计数字电路时，化简和变换逻辑函数往往可以简化电路、节省器材、降低成本、提高系统的可靠性。随着中、大规模数字逻辑部件的出现，逻辑函数的化简已显得不那么重要了。但是，化简对于逻辑函数的基本运算仍然必不可少。因此，熟悉逻辑函数化简的基本方法还是有必要的。

在逻辑函数中，与或表达式 $F_1 = AB + BC$ 和或与表达式 $F_2 = (A + B)(B + C)$ 是最常见的两种逻辑表达式。**与或**式的最简形式是：①式中所含与项最少；②各与项中含变量数最少。**或与**式的最简形式为：①所含或项最少；②各或项中所含变量数最少。因为**与或**式不仅易于由真值表直接写出，而且它极易被观察出是否最简，所以化简逻辑函数是指化简成最简**与或**

式。

1.5.2　逻辑函数的公式化简法

公式化简法是反复运用逻辑代数的基本公式和常用公式，消去逻辑函数式中多余的乘积项和每个乘积项中多余的变量，以求得逻辑函数表达式的最简形式。逻辑运算的优先次序按非、与、或的顺序进行，对于那些优先运算的部分，可在式中用括号括起来。公式化简法没有固定的步骤，现仅将一些常用的方法归纳如下。

1. 并项法

利用对合律 $AB + A\overline{B} = A$，将两个乘积项合并，使逻辑函数得到化简。例如：

$$F_1 = AB\overline{C} + \overline{A}\,BC = B\overline{C}(A + \overline{A}) = B\overline{C}$$

$$F_2 = (A\overline{B} + \overline{A}B)C + (AB + \overline{A}\,\overline{B})C = (A\overline{B} + \overline{A}B)C + \overline{(A\overline{B} + \overline{A}B)}\,C = C$$

2. 吸收法

利用吸收律 $A + AB = A$ 等公式，吸收多余的与项，使逻辑函数得以化简。例如：

$$F_3 = A\overline{C} + AB\overline{C}D(E + F) = A\overline{C}[1 + BD(E + F)] = A\overline{C}$$

$$F_4 = \overline{A} + \overline{A\,BC}\,B + \overline{AC + \overline{D}} + BC = (\overline{A} + BC) + \overline{(\overline{A} + BC)}B + \overline{AC + \overline{D}} = \overline{A} + BC$$

3. 消去法

利用吸收律 $A + \overline{A}B = A + B$，消去某些与项中的变量，使逻辑函数化简。例如：

$$F_5 = AB + \overline{A}BC + \overline{B} = A + \overline{B} + C$$

$$F_6 = AB + \overline{A}C + \overline{B}C = AB + (\overline{A} + \overline{B})C = AB + \overline{AB}\,C = AB + C$$

4. 配项法

利用 $A + \overline{A} = 1$，$A + A = A$，$AA = A$，$1 + A = 1$ 等基本公式，给某些逻辑函数配以适当的项，从而消去原来函数中的某些项或变量，使逻辑函数得到化简。例如：

$$F_7 = \overline{A}B + A\overline{B} + AB = \overline{A}B + AB + A\overline{B} + AB = (\overline{A} + A)B + (B + \overline{B})A = B + A$$

实际上，在化简一个较复杂的逻辑函数时，可以根据逻辑函数的不同构成，综合运用上述几种方法进行化简。现举例如下。

例 1-4　用公式法化简逻辑函数 $F_8 = \overline{A}BC + AC + \overline{A}B\overline{C} + A\overline{B} + BC + AB + \overline{A}\,BC$。

解：$F_8 = \overline{A}BC + AC + \overline{A}B\overline{C} + A\overline{B} + BC + AB + \overline{A}\,BC$

$\quad\quad = \overline{A}B + A\overline{B} + AB + AC + BC + \overline{A}\,BC + AB$

$\quad\quad = A + B + (A + B)C + \overline{A}\,BC$

$\quad\quad = A + B + (A + B)C + \overline{A + BC} = A + B + C$

另外，利用基本公式可对逻辑函数作形式上的变换，以便选用合适的器件来实现其逻辑功能。如将**与或**式变换成**与非 - 与非**表达式，以便全用**与非门**来实现。例如：

$$F = AB + \overline{A}\,\overline{B} = \overline{\overline{AB + \overline{A}\,\overline{B}}} = \overline{\overline{AB}\,\overline{\overline{A}\,\overline{B}}}$$

如将**或与**式变换成**或非 - 或非**表达式，以便全用**或非门**来实现。例如：

$$F = (A + \overline{B})(\overline{A} + B) = \overline{\overline{(A + \overline{B})(\overline{A} + B)}} = \overline{\overline{(A + \overline{B})} + \overline{(\overline{A} + B)}}$$

1.5.3　用卡诺图化简逻辑函数

用公式法化简逻辑函数，一方面要熟记逻辑代数的基本公式和常用公式，且要有熟练的运算技巧；另一方面，经过化简后的逻辑函数是否为最简有时也需要判断。而运用卡诺图化简逻辑函数，简捷直观、灵活方便，且易于判断是否为最简。但是，当逻辑函数变量数 $n \geqslant 5$ 后，由于卡诺图中方格的相邻性已很难确定，手工化简就显得不方便了。

1. 逻辑函数的最小项及其性质

n 个变量 X_1, X_2, $\cdots$, X_n 的最小项是 n 个因子的乘积项，该乘积项中每个变量都以它的原变量或非变量出现，且仅出现一次。举例来说，设 A、B、C 是 3 个变量，由这 3 个变量可以构成许多个乘积项，如 $\bar{A}\bar{B}\bar{C}$、$\bar{A}BC$、$A\bar{B}\bar{C}$、AB、BC、$ABC\bar{B}$、$A(\bar{A}+B)$ 等，其中 $\bar{A}\bar{B}\bar{C}$、$\bar{A}BC$、$A\bar{B}\bar{C}$ 是最小项，而 AB、BC、$ABC\bar{B}$、$A(\bar{A}+B)$ 均不是最小项。

n 个变量的逻辑函数共有 2^n 个最小项。例如：3 个变量 A、B、C 的逻辑函数最多有 8 个最小项，它们是 $\bar{A}\bar{B}\bar{C}$、$\bar{A}\bar{B}C$、$\bar{A}B\bar{C}$、$\bar{A}BC$、$A\bar{B}\bar{C}$、$A\bar{B}C$、$AB\bar{C}$、ABC。表 1-13 列出了 3 变量逻辑函数全部最小项及其相应取值。从表中可以看出，最小项具有如下性质：①每一个最小项都分别对应着输入变量唯一的一组取值，使该最小项的值为 **1**；②所有最小项的**逻辑或**为 **1**；③任意两个最小项的**逻辑与**为 **0**。

表 1-13　3 变量逻辑函数全部最小项及其相应取值

A	B	C	$\bar{A}\bar{B}\bar{C}$	$\bar{A}\bar{B}C$	$\bar{A}B\bar{C}$	$\bar{A}BC$	$A\bar{B}\bar{C}$	$A\bar{B}C$	$AB\bar{C}$	ABC
0	0	0	1	0	0	0	0	0	0	0
0	0	1	0	1	0	0	0	0	0	0
0	1	0	0	0	1	0	0	0	0	0
0	1	1	0	0	0	1	0	0	0	0
1	0	0	0	0	0	0	1	0	0	0
1	0	1	0	0	0	0	0	1	0	0
1	1	0	0	0	0	0	0	0	1	0
1	1	1	0	0	0	0	0	0	0	1

为了便于使用卡诺图，常把最小项编号。例如，3 个变量 A、B、C 的逻辑函数的最小项 $A\bar{B}\bar{C}$ 对应于变量的取值为 100，是十进制数 4，故把 $A\bar{B}\bar{C}$ 记作 m_4，其余类推。全部由最小项组成的逻辑表达式称为最小项表达式。任一形式的逻辑函数均可变换成最小项表达式，例如：

$$F(A, B, C) = \bar{A}C + A\bar{B} = \bar{A}C(B+\bar{B}) + A\bar{B}(C+\bar{C})$$
$$= \bar{A}BC + \bar{A}\bar{B}C + A\bar{B}C + A\bar{B}\bar{C}$$
$$= m_1 + m_3 + m_4 + m_5$$

也可直接用最小项的编号来表示逻辑函数的最小项表达式，例如：

$$F(A, B, C) = \bar{A}\bar{B}C + \bar{A}BC + A\bar{B}\bar{C} + A\bar{B}C = \sum m(1, 3, 4, 5)$$

2. 用卡诺图表示逻辑函数

(1) 卡诺图的构成　卡诺图是一种特定的方格图，图中每一个方格都代表逻辑函数的一个最小项，且任意两个相邻方格所代表的最小项仅有一个变量之别。下面介绍卡诺图的构成方法。

1) 首先建立一个两变量卡诺图，如图 1-9 所示。图中有 4 个小方格，分别代表逻辑函数的 4 个最小项 $\bar{A}\bar{B}$、$\bar{A}B$、$A\bar{B}$、AB。

2）如果要建立多于两变量逻辑函数的卡诺图，则每增加一个逻辑变量，就以原卡诺图的右边线（或底线）为轴向右（或向下）旋转作一对称图形，使卡诺图的方格数增加一倍，图中变量列（或行）的取值不变，变量行（或列）因增加了一个变量，其取值以旋转轴为准来填写，对称轴的左（或上）面，在原数值前加 **0**，对称轴的右（或下）面，在原数值前加 **1**。图 1-10a、b 分别是 3 变量、4 变量卡诺图。由图可见，每增加一个变量，卡诺图的方格数将成倍增加。

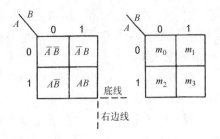

图 1-9 两变量卡诺图

现以图 1-10b 所示的 4 变量卡诺图为例，来说明卡诺图标注法的意义：图上分别用 **0**、**1** 表示非变量和原变量，变量 A、B、C、D 的每组取值，与方格内的最小项编号一一对应，例如，**1101** 对应于 $A B \overline{C} D$，**1111** 对应于 $ABCD$，其余类推。这样，只要标出方格外纵、横两个方向的二元常量，就可由二进制码得出相应的最小项的十进制数编号。

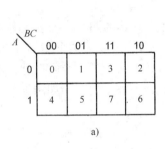

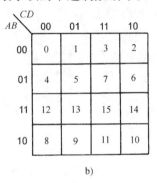

图 1-10 3 变量和 4 变量卡诺图

a）3 变量卡诺图 b）4 变量卡诺图

（2）已知逻辑函数画出卡诺图 由于在卡诺图中，用行和列两组变量构成的每一个方格，都代表了逻辑函数的一个最小项，所以对于任何一个逻辑函数的最小项表达式，可将其所具有的最小项在卡诺图中相应的小方格中填 **1**，没有的最小项填 **0**（但 **0** 可默认），这样就填写了该逻辑函数的卡诺图。现举例说明如下。

例 1-5 填写 4 变量逻辑函数 $F = \overline{A}B\,\overline{C}\,\overline{D} + A\overline{B}\,\overline{C}D + \overline{A}\,\overline{B}CD + ABCD$ 的卡诺图。

解：$F = \overline{A}\,B\,\overline{C}\,\overline{D} + A\overline{B}\,\overline{C}D + \overline{A}\,\overline{B}CD + ABCD = \sum m$ $(4，9，5，15)$，直接将各最小项填入 4 变量卡诺图，就画出了 F 的卡诺图，如图 1-11 所示。

若逻辑函数是**与或**表达式，则无须先变换成最小项表达式，可直接将其填写在卡诺图中。填写方法是：首先确定是 n 变量逻辑函数，然后将各与项逐项填入 n 变量卡诺图中，若所填写的与项不是最小项，则说明该与项已是化简后的结果；若缺少一个变量，则说明该与项是相邻的两个最小项化简而成，在卡诺图中应占两个同

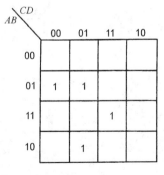

图 1-11 最小项逻辑函数表达式
填图方法

与项变量相对应的方格，所缺变量在这两个方格中一个为原变量，一个为非变量；若缺少两个变量，则说明该与项由 4 个最小项化简而成，在卡诺图中应占 4 个相邻方格，其余类推。下面举例说明。

例 1-6　已知逻辑函数 $F = AB + A\overline{C}D + \overline{A}D + BCD$，试直接将其填入卡诺图。

解：因为 F 是一个 4 变量逻辑函数，所以填入 4 变量卡诺图。先填乘积项 AB，它缺少两个变量，分别由 4 个最小项化简而成，在卡诺图中占 4 个方格，占有卡诺图中变量为 AB 的第 3 行 4 个方格；再填乘积项 $A\overline{C}D$，它缺变量 B，应占卡诺图中第 3 行、第 4 行与第 2 列相交的两个方格。同理，将余下的两个与项分别填入卡诺图，填完的卡诺图如图 1-12 所示。

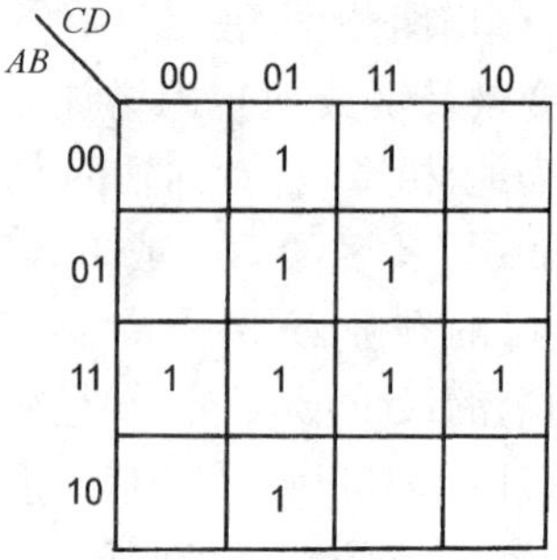

图 1-12　非最小项逻辑函数表达式填图方法

3. 用卡诺图化简逻辑函数

（1）相邻方格的合并规则　在卡诺图中，凡是紧邻的两个方格或与轴线对称的两个方格都称为相邻，前者称为几何相邻，而后者称为逻辑相邻。因两个相邻方格之间只有一个变量之别，故圈在一起，可以利用对合律 $AB + A\overline{B} = A$ 合并化简。合并时应注意以下规则：

1）两个相邻小方格可以合并成一个与项，且消去一个变量，如图 1-13a 所示。

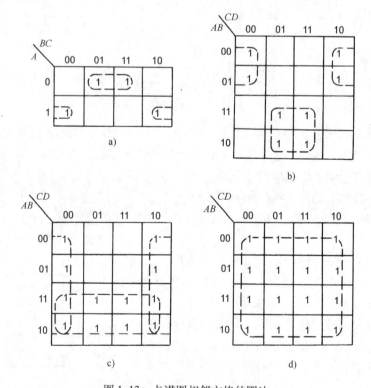

图 1-13　卡诺图相邻方格的圈法
a）圈两个方格　b）圈 4 个方格　c）圈 8 个方格　d）圈 16 个方格

2）4（2^2）个相邻的方格可合并成一个与项，且消去两个变量，如图 1-13b 所示。

3）N（2^k，k 为正整数）个相邻方格可合并成一个与项，且消去 k 个变量。**请读者思考**，在图 1-13c、d 所示的卡诺图中，分别消去了几个变量呢？

（2）卡诺图法化简步骤

1）变换及填图 将逻辑函数 F 变换成与或式或者最小项表达式，凡在 F 中含有的最小项，在卡诺图相应的方格中填 **1**，其余的方格填 **0**（或者不填）。亦可直接依据与或式填图。

2）画圈 合并逻辑函数最小项的方法：① 将相邻的 2^k 个为 1 的方格圈在一起，画圈时将尽可能多的方格圈在一起，圈画得越大，消去的变量就越多；② 所画圈内须至少包含一个未被圈过的最小项，否则所得的与项是冗余项；③ 所画之圈必须是矩形，先画大圈，由大到小，最后圈出孤立的单个方格。

3）写式 根据已画各圈写出相应的与项，再将各与项相或，便可得化简后的逻辑函数 F 的与或表达式。

例 1-7 用卡诺图法化简逻辑函数 $F = \overline{A}\,\overline{B}\,\overline{C}\,D + AB\,\overline{C}D + \overline{A}\,B\overline{C} + AB\,\overline{D} + \overline{A}BC + BCD$。

解：（1）将逻辑函数 F 填入卡诺图。此时需要考虑选用几变量卡诺图。建议读者由函数式 F 的自变量的数目，选择相应的卡诺图，并将 F 填入图中。

（2）按照画圈的原则，首先画含有方格数目最多的圈，然后画出方格数较少之圈，最后圈孤立的方格。请读者自行在卡诺图上画圈。

（3）根据画圈后的卡诺图，写出逻辑表达式。方法是：将每一个圈，按其所在位置的变量取值写出各与项，若圈在 **1** 值区，则与项中含其对应的原变量；若圈于 **0** 值区，则含对应的非变量；若包围圈同时处于某变量的 **1** 值区和 **0** 值区，则该变量被消去。将写出的各与项相或，便得经过化简后的与或表达式

$$F = \overline{A}B + BC + B\overline{D} + \overline{A}\,\overline{C}\,D + AB\,\overline{C}\,D$$

希望读者将所得结果与之对比，并选做题 1-12。

1.6 具有无关项逻辑函数的化简

工程实际中常会碰到这样的问题，在真值表内对应变量的某些取值下，函数的逻辑值可以是任意的，或者这些变量取值根本不会出现，故将这些变量取值对应的最小项称为**无关项**或**任意项**。特将无关项在表达式中记为 "d"，在卡诺图中用 "Φ" 或者 "×" 表示，以便简化逻辑函数。

在例 1-3 中，A 点的水位低于 B 点和 C 点的水位，B 点的水位低于 C 点水位，其完整的真值表见表 1-14。从表中可以看出，3 个变量 A、B、C 的取值可以有 8 种不同的组合。但是，在此实例中，水位已降到 A 点不可能未降至 C 点和 B 点，显然，表 1-14 中的 **010**、**100**、**101**、**110** 这 4 种取值不会出现，因而它们取值是 **1** 或 **0**，对输出函数 M_S 和 M_L 均无任何的影响，它们属于无关项，在真值表中无关项对函数的取值可以用 "Φ" 表示。这样的函

表 1-14 例 1-3 完整的真值表

A	B	C	M_S	M_L
0	0	0	0	0
0	0	1	1	0
0	1	0	Φ	Φ
0	1	1	0	1
1	0	0	Φ	Φ
1	0	1	Φ	Φ
1	1	0	Φ	Φ
1	1	1	1	1

数称为具有无关项的逻辑函数。将这种逻辑函数用卡诺图化简时，对无关项所占方格填入"**Φ**"，需要时作 **1** 处理，不需要时作 **0** 处理，如图 1-14 所示。该逻辑函数用卡诺图化简后的结果为

$$M_\mathrm{S} = A + \overline{B}C, \quad M_\mathrm{L} = B \tag{1-6}$$

式（1-6）比式（1-5）更为简洁，所用的门电路也较少。下面再举一例，说明如何利用无关项化简逻辑函数。

例 1-8　用卡诺图化简具有无关项的逻辑函数 $F = \sum m\,(0,\ 2,\ 5,\ 8,\ 15)\ + \sum d\,(7,\ 10,\ 13)$。

解：因为 F 是 4 变量逻辑函数，所以先在 4 变量卡诺图中将 F 的最小项占有方格填 **1**，无关项所占方格填"**Φ**"，如此填写的卡诺图见图 1-15，然后利用"**Φ**"画圈、写式，最后得：$F = \overline{B}\,\overline{D} + BD$。

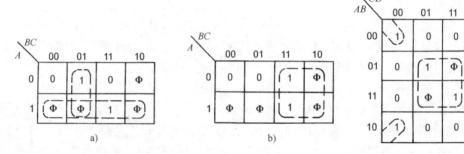

图 1-14　例 1-3 利用无关项化简的卡诺图
　　a）M_S 的卡诺图　b）M_L 的卡诺图

图 1-15　例 1-8 利用无关项
化简的卡诺图

1.7　数字电路中的半导体器件

1.7.1　本征半导体

1. 半导体和本征半导体

自然界中的物质按其导电能力的强弱可分为导体、绝缘体和半导体。导电能力介于导体与绝缘体之间的一类物质称为半导体。在制备半导体器件时，最常用的材料是同为四价元素的硅（Si）和锗（Ge）。然而，半导体除了在导电能力上与导体和绝缘体有所不同外，还具有区别于其他物质的一些特点，例如当它受到外界光或热的激发时，或在纯净的半导体中加入微量的杂质后，它的导电能力将有显著的增强，这就是半导体的光敏性、热敏性和掺杂特性。利用半导体的这些特性，可以制备一些性能各异的半导体器件。

工程技术中将高度提纯、结构完整的半导体材料称为"**本征半导体**"。

2. 本征半导体的原子结构及共价键

图 1-16 是本征 Si（或 Ge）的原子结构和共价键结构，图示共价键内的两个电子由相邻的原子各用一个价电子组成，价电子被称为"束缚电子"，图中也标注了"不能移动的正离子核"。

3. 本征激发及两种载流子——自由电子和空穴

从半导体物理学可知，束缚电子在外部能量的作用下，脱离共价键成为自由电子的过程

称为本征激发；束缚电子脱离共价键所需要的最小能量称为激活能，本征 Si 的激活能为 1.1eV（电子伏特），本征 Ge 的激活能为 0.68eV；温度越高，本征 Si（或 Ge）中产生的自由电子数目越多；光照和热辐射都是激活能的来源。然而，束缚电子受激发脱离共价键成为自由电子后，在原来位置上便留下一个空位，称此空位为"空穴"，见图 1-17 中的位置 1。本征 Si（或 Ge）中的自由电子和空穴总是成对出现、数目相等的。图 1-17 显示了本征激发所产生的电子 – 空穴对。

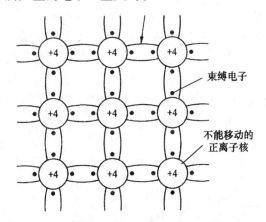

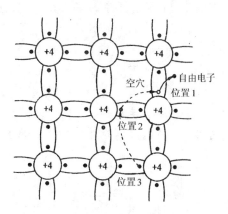

图 1-16　Si（或 Ge）的原子结构和共价键结构　　　　图 1-17　电子 – 空穴对和束缚电子填补空穴的运动

空穴出现后，邻近的束缚电子（见图 1-17 中的位置 2）可获得足够的能量来填补位置 1 的空位。而在这个束缚电子的位置上又出现了一个新的空位，另一个束缚电子（见图 1-17 中位置 3）又会来填补这个新的空位，于是就形成了束缚电子填补空穴的连续运动。为了区别自由电子的运动，称此束缚电子填补空穴的运动为"空穴运动"。

由此可得下列结论：①半导体中存在着两种载流子：带负电的自由电子和带正电的空穴，它们都可以运载电荷而形成电流；②在一定的温度下，本征半导体中电子 – 空穴对的产生与复合相对平衡，电子 – 空穴对的数目相对稳定；③温度升高，受本征激发的电子 – 空穴对数量增加，半导体的导电能力增强。

需要注意的是：具有空穴载流子是半导体导电区别于导体导电的一个重要特征。

1.7.2　杂质半导体

本征半导体的导电能力很弱，不能直接用来制备半导体器件。但在本征半导体中掺入微量的其他合适元素，可使导电能力显著增强。掺入的元素称为杂质，掺杂的半导体即为杂质半导体。一般地说，杂质半导体是制备半导体器件的原材料。

根据掺入杂质的不同，将杂质半导体分为电子型半导体（N 型半导体）和空穴型半导体（P 型半导体）两种。

1. N 型半导体

若在本征 Si（或本征 Ge）中掺入微量的 5 价元素，如磷（P）或砷（As）等，则构成 N 型半导体（电子型半导体）。

5 价元素具有 5 个价电子，它们进入 Si（或 Ge）组成的晶体中，5 价的磷原子取代了 4 价的 Si（或 Ge）原子，与相邻的 Si（或 Ge）原子组成共价键，因为多出一个价电子，它不受共价键束缚，极易成为自由电子，所以此半导体中的自由电子的数目大增⊖。由于参与导电的载流子将以自由电子为主，又因电子带负电荷，故称此杂质半导体为 N 型半导体。N 型半导体中的正电荷量与负电荷量相等，故呈现电中性状态，如图 1-18 所示。

2. P 型半导体

若在本征 Si（或本征 Ge）中，掺入微量的 3 价元素，如硼（B）或铟（In）等，则构成 P 型半导体（空穴型半导体）。

3 价元素只有 3 个价电子，在与相邻的 Si（或 Ge）原子组成共价键时，由于缺少一个价电子，所以便在晶体中留有一个空位。邻近的束缚电子如果获得足够的能量，就来填补这个空位。因为参与导电的载流子将以空穴为主，又因空穴带正电，所以这种杂质半导体称为 P 型半导体。与 N 型半导体相似，P 型半导体也呈电中性，见图 1-19。

在 P 型半导体中，空穴为多数载流子（简称多子），自由电子是少数载流子（简称少子），因此 P 型半导体中主要靠众多的空穴来导电。而在 N 型半导体中，自由电子为多子，空穴是少子，N 型半导体中主要是大量的自由电子参与导电。

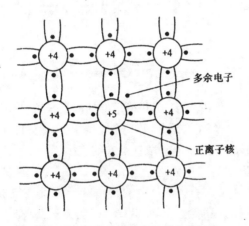
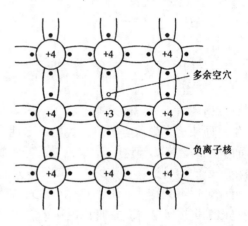

图 1-18　N 型半导体中的共价键结构　　　　图 1-19　P 型半导体中的共价键结构

1.7.3　PN 结及其单向导电性

1. PN 结的形成

用不同的掺杂工艺使同一块半导体（如本征 Si）的左侧制成 P 型半导体，右侧制为 N 型半导体，如图 1-20a 所示。该图中多子因浓度的差异而形成的运动称为"扩散运动"，运动方向如图中箭头标明。由于空穴和自由电子均为带电粒子，所以扩散运动的结果使 P 区和 N 区原有的电中性状态遭到破坏，在交界面两侧的区域内，形成一个不能移动的正负离子层，称此离子层为"空间电荷区"，如图 1-20b 所示。

空间电荷区即为形成的 PN 结。在 PN 结中，多子已经扩散到对方区域并被复合掉，或者说耗尽了，故空间电荷区亦称耗尽层，它的电阻率很高。显然，扩散作用越强，空间电荷区就越宽。

⊖　已知本征 Si 的原子密度为 $5 \times 10^{22}/cm^3$，当掺杂量为百万分之一（10^{-6}）时，杂质浓度 n_i 为 $5 \times 10^{16}/cm^3$。在常温下本征 Si 的 n_i 为 $1.4 \times 10^{10}/cm^3$，两者相差 10^6 数量级，即自由电子的数量比掺杂前净增 10^6 倍。

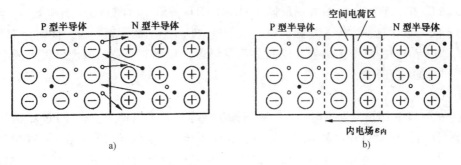

图 1-20 PN 结形成示意图

a) 扩散运动　b) PN 结

空间电荷区出现后，因为正负电荷的作用，将形成一个由 N 区指向 P 区的内电场 $\varepsilon_{内}$。显然，$\varepsilon_{内}$ 的方向与多子的扩散方向相反，因而阻碍了 P 区和 N 区的多子向对方区域扩散。

与此同时，内电场推动 P 区和 N 区的少子作定向运动，这种运动称为"漂移运动"。于是，P 区的少子自由电子将向 N 区漂移，补充 N 区交界面附近因扩散而丢失的自由电子，使正离子减少；而 N 区的少子空穴将向 P 区漂移，补充 P 区交界面附近因扩散而失去的空穴，使负离子减少。很明显，漂移运动与扩散运动的方向相反；无外加电场时 PN 结中无电流流过，PN 结宽度和内电场强度都保持一定，因而此时 PN 结呈现稳定的状态。

2. PN 结的单向导电性

如果在 PN 结的两端外加不同极性的电压，它就会表现出截然不同的导电特性。

(1) PN 结外加正向电压：PN 结的正向接法是：**P 区接外加电压 U_F 的正极，N 区接负极**。这也称为 PN 结**正向偏置**，简称**正偏**，如图 1-21a 所示。

因为 PN 结为不能移动的正负离子层，属于高阻区域，而 P 区和 N 区的电阻很小，所以除了限流电阻 R 上的电压降外，外加电压 U_F 的其余部分几乎全降落在 PN 结上。由图 1-21a 可见，外电场 $\varepsilon_{外}$ 使内电场 $\varepsilon_{内}$ 削弱，推动 P 区空穴向 N 区大量扩散，同时 N 区自由电子也向 P 区大量扩散。虽其运动方向相反，但产生的电流（分别用符号 I_P 和 I_N 表示）方向相同，结果使电路中形成较大的正向电流 I，由 P 区流向 N 区。因此，PN 结呈现较小的电阻，处于正向导通状态。

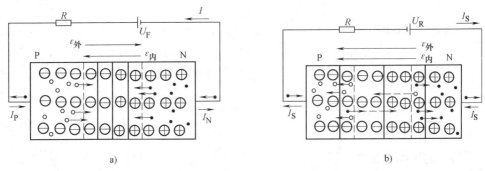

图 1-21 PN 结的单向导电性

a) 正向接法　b) 反向接法

(2) PN 结外加反向电压：PN 结的反向接法是：**P 区接外加电压 U_R 的负极，N 区接外**

加电压 U_R 的正极，亦称反向偏置或反偏，如图 1-21b 所示。由图显见，外电场 $\varepsilon_{外}$ 与内电场 $\varepsilon_{内}$ 的方向一致，这使内电场增强，将 P 区的空穴从 PN 结的附近拉走，同时将 N 区的自由电子从 PN 结的周围赶跑。结果使空间电荷量增多，耗尽层变宽，呈现出很大的电阻值，并打破了原有的动态平衡，使少子的漂移运动增多。但少子毕竟少，故漂移电流很小。若忽略之，则可认为 PN 结是截止的。

综上所述，**PN 结正向偏置时，正向电流是扩散电流，数值较大，此时 PN 结极易导电；而 PN 结反向偏置时流过的电流为漂移电流，其值很小，此时 PN 结可视为不导电**。这就是 **PN 结的单向导电性**。PN 结单向导电性的关键是：其中存在着耗尽层，且耗尽层的宽度会随外加电压的极性和大小而改变。

3. PN 结的伏安特性表达式

PN 结的伏安特性是指结两端所加电压 u 与流过结中的电流 i 之间的关系。根据理论和实验分析，PN 结的伏安特性用下式表示：

$$i = I_S(e^{u/U_T} - 1) \tag{1-7}$$

式中，u 的参考方向为 P 区 (+)，N 区 (−)；i 的参考方向为从电源正极经 P 区和 N 区流至电源负极；I_S 在数值上等于反向饱和电流；U_T 称为温度电压当量，$U_T = kT/q$，k 为玻尔兹曼常数，T 为热力学温度，q 为电子电荷量，在室温 ($\approx 26.7℃$) 下，$U_T \approx 26mV$。

4. PN 结的电容效应

(1) 势垒电容 当 PN 结的外加电压大小变化时，PN 结空间电荷区的宽度随之变化，即空间电荷量发生变化。这种电荷量随外加电压的变化所形成的电容效应称为"势垒电容"，用 C_B 来表示。势垒电容 C_B 的结构与平板电容器相似。因为空间电荷区是高阻区，相当于绝缘介质，而 P 型和 N 型中性区的电阻率较低，相当于金属极板，因此，势垒电容 C_B 的计算式也同于平板电容器的计算式，即

$$C_B = \varepsilon S/(4\pi d) \tag{1-8}$$

式中，S 和 d 分别为 PN 结的截面积和宽度；ε 为半导体材料的介电常数。

(2) 扩散电容 通常用 C_D 来表示，它是 PN 结正向偏置时多子扩散过程中引起的电荷积累而产生的。

PN 结的结电容 C_J 为势垒电容 C_B 和扩散电容 C_D 之和，即

$$C_J = C_B + C_D \tag{1-9}$$

当 PN 结正向偏置时，结电容以扩散电容 C_D 为主；当 PN 结反向偏置时，C_J 近似等于势垒电容 C_B。C_B 和 C_D 一般都很小，对 PN 结面积较小者 C_B 和 C_D 值为 1pF ($1pF = 10^{-12}F$) 左右，面积较大者为数十至几百皮法。当 PN 结在高频状态下工作时，必须考虑结电容的影响。

1.7.4　半导体二极管

1. 二极管的结构和类型

因为半导体二极管（简称二极管）由 PN 结加上引线和管壳组成，所以它与 PN 结一样具有单向导电性。二极管按照制备材料的不同，可分为硅二极管、锗二极管和砷化镓二极管等。此外，还可按其结构不同分为点接触型、面接触型二极管两类，它们分别如图 1-22a 至图 1-22c 所示。

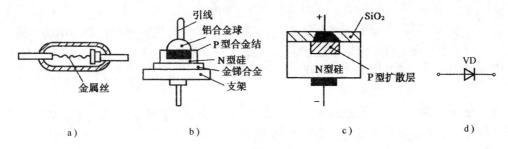

图1-22　二极管的类型及电路符号

a）点接触型　b）面接触型（合金法）　c）面接触型（扩散法）　d）电路符号

（1）点接触型二极管　点接触型二极管的结构如图1-22a所示。它用一根金属丝与半导体表面相接触，先经过特殊工艺在接触点形成PN结，再做出引线，最后加上管壳封装而成。其优点是PN结的面积很小，结电容很小，一般在1pF以下，因而特别适宜于高频（可达100MHz以上）场合工作。其缺点是既不能承受较高的正向电压，也不能通过较大的正向电流。因此，点接触型二极管多用作高频检波和数字电路中的开关元件。

（2）面接触型二极管　面接触型二极管的PN结采用合金法（面结型二极管）或扩散法（硅平面二极管）工艺制作成，其结构如图1-22b、c所示。它们的PN结的面积较大，结电容也较大，因此工作频率较低。但是面接触型二极管能通过较大的正向电流，且反向击穿电压较高，工作温度也较高，故多用作低频整流元件。

二极管的电路符号如图1-22d所示，符号的左端称为阳极，右端称为阴极；符号中大箭头的指向为PN结的正偏方向；二极管用"VD"标注。

2. 二极管的伏安特性及主要参数

与PN结相同，二极管的伏安特性是指其端电压 u 与流过其中的电流 i 之间的关系。图1-23是硅二极管的伏安特性曲线。

（1）正向特性　当正向电压较小时，二极管的正向电流约为零。只有当正向电压超过一定的数值后，才有明显的正向电流出现。这是因为正向电压较小时，不足以影响内电场，载流子的扩散运动尚无明显增强，所以正向电流趋于零。使正向电流从零开始明显增大的外加电压称为阈值电压 U_{TH}。在室温下，硅二极管的 $U_{TH} \approx 0.5V$，锗二极管的 $U_{TH} \approx 0.1V$。硅二极管导通但电流不大时，它的电压降为 $0.6 \sim 0.8V$，计算时约定：硅管正向压降 U_D 取 $0.7V$；锗管压降为 $0.1 \sim 0.3V$，计算时 U_D 取 $0.3V$。硅管和锗管的此差别是因硅PN结的 U_{TH} 比锗PN结的大而引起的。

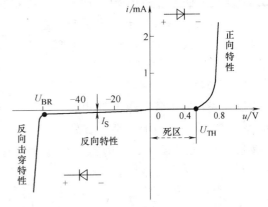

图1-23　硅二极管的伏安特性曲线

（2）反向特性　当二极管反向偏置时，其电压和电流的关系称为"反向特性"。由图1-23的曲线可见，二极管外加反向电压时，反向电流很小（ $i \approx -I_S$ ），而且在相当宽的反向电压范围内，反向电流几乎不变，因而称 I_S 为反向饱和电流。

当二极管承受的反向电压小于击穿电压 U_{BR} 时，二极管的反向电流很小。小功率硅管的反向电流一般小于 0.1μA，而锗管通常为几十微安。

作定量计算时，可采用 PN 结的伏安特性表达式［式（1-7）］来近似分析二极管的性能。

（3）反向击穿特性　当二极管承受的反向电压大于反向击穿电压 U_{BR} 时，它的反向电流急剧增大，此现象称为"反向击穿"。二极管的反向击穿电压 U_{BR} 一般在几十伏以上（高反向电压二极管可达几千伏）。利用硅二极管的反向击穿特性，可以做成稳压二极管，但普通二极管不允许工作在反向击穿区。

3. 二极管开关特性和理想二极管的概念

（1）静态开关特性　由图 1-23 的伏安特性可以看出，二极管**加正向电压时导通**，特性曲线很陡峭且电压降很小（硅二极管约为 0.7V，锗二极管约 0.3V），所以可以近似将其看作是一把闭合的无触点开关；而**外加反向电压时二极管截止**，反向电流很小（<1μA），故可以近似看作是一把断开的开关。

对于实际的二极管，将其所加电压 u_D <0.1V 作为截止条件；当二极管截止时，相当于开关断开；当正偏导通时相当于开关闭合，只是开关两端有 0.3V 或 0.7V 的电压降。

（2）动态开关特性　若二极管外加电压由反向突然变为正向时，就要等到 PN 结内建立起足够的电荷梯度才会有扩散电流出现，可见正向电流稍有滞后；当外加电压突然由正向转为反向时，因为 PN 结尚有一定数量的存储电荷，所以有较大的瞬态反向电流流过。随着存储电荷的消散，反向电流迅速衰减并趋于零。瞬态反向电流的大小和持续时间长短，既取决于二极管正偏导通时的电流大小、反向电压的数值和外电路电阻的阻值，也与二极管自身的特性有关。

总之，二极管在动态过程中对其内部电荷的建立和消散都需要时间，此时间虽短（约在几纳秒内），但它毕竟存在，故影响二极管的开关速度。

（3）理想二极管　当管子正向偏置时，其电压降为零伏；而当管子处于反向偏置时，**其电阻为无穷大，电流为零**。此即理想二极管的概念。若把二极管看作理想器件，当正偏导通时，其两端电压为零伏，相当于开关接通；而当反偏截止时，相当于开关断开。

4. 两种特殊的二极管

（1）稳压二极管　稳压二极管简称为稳压管，以区别于整流、限幅或检波等用途的二极管。它的伏安特性、电路符号和稳压电路如图 1-24 所示。实际上稳压二极管属于一种特殊的硅二极管。因为其具有在一定工作条件下端电压稳定的特性，所以在稳压电路和某些电子线路中用稳压二极管来稳定电压。

由图 1-24a 可见，硅稳压管的正向特性与普通二极管的相似，当反向

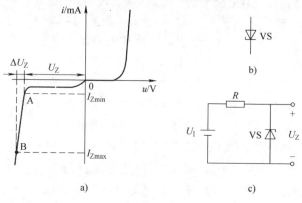

图 1-24　稳压二极管

a）伏安特性　b）电路符号　c）稳压电路

电压达到击穿电压 U_Z（亦即最小稳定电流 I_{Zmin} 对应的反向电压之大小）后，反向击穿特性曲线陡峭，即**反向电流在很大的范围内变化时端电压变化很小**，所以**电压相当稳定**。图中的 U_Z 即为稳定电压。当稳压管工作在反向击穿区时，只要反向电流不超过其最大稳定电流 I_{Zmax}，就不会发生破坏性的热击穿。因此，在图 1-24c 所示稳压电路中应与稳压管串联一个合适阻值的限流电阻 R。在电子线路图中，稳压管用"VS"来标注。

（2）发光二极管　发光二极管（LED）是一种能把电能转换为光能的半导体器件。LED 不仅具有普通二极管的伏安特性，而且对其施加正向电压时还会发出一定波长的可见光，光色清晰悦目。工程技术中广为应用的有橙红色、绿色或黄色的 LED。图 1-25 是 LED 的电路符号。

图 1-25　发光二极管的电路符号

LED 的工作电压为 1.5 ~ 3.0V，工作电流为十几毫安。用 LED 可组成 7 段字形显示器件，即 7 段半导体数码管。半导体数码管将在第 3.4.4 节介绍。

例 1-9　理想的二极管电路见图 1-26，当 u_{I1} 和 u_{I2} 为 0V 或 5V 时，求输入电压 u_{I1} 和 u_{I2} 的值为不同组合时，输出电压 u_O 之值。

解：（1）当 $u_{I1} = 0V$，$u_{I2} = 5V$ 时，VD_1 为正偏，$u_O = 0V$（因二极管为理想器件），此时二极管 VD_2 的阳极电位为 0V，阴极为 5V，处于反向偏置状态，故 VD_2 截止。

（2）依此类推，将 u_{I1} 和 u_{I2} 的其余 3 种组合和输出电压列于表 1-15 中。

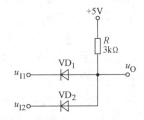

图 1-26　理想的二极管电路

表 1-15　例 1-9 的分析结果

输入电压		二极管工作状态		输出电压
u_{I1}/V	u_{I2}/V	VD_1	VD_2	u_O/V
0	0	导通	导通	0
0	5	导通	截止	0
5	0	截止	导通	0
5	5	截止	截止	5

由表 1-15 可见，在输入电压 u_{I1} 和 u_{I2} 中只要有一个为 0V，则输出电压为 0V；只有当两个输入电压均为 5V 时，输出电压才为 5V。此输入 – 输出关系在数字电路中称为**与逻辑关系**。

1.7.5　双极型晶体管

晶体管包括双极型晶体管（BJT[⊖]）和场效应晶体管（FET[⊖]）。之所以称为 BJT，是因它工作时由空穴和自由电子两种载流子同时参与导电；而 FET 为一种单极型器件，原因是 FET 工作时只有一种载流子导电。此小节讨论 BJT，FET 将在下个小节介绍。

⊖　BJT 是 Bipolar Junction Transistor 的字头。

⊖　FET 是 Field Effect Transistor 的字头。

1. BJT 的结构和类型

上面介绍的二极管具有单向导电性，但无放大作用，所以不能用来组成放大电路。应当指出，电子技术领域内所说的放大，实际上是用一个微小的变化量去控制另一个较大的变化量。但是，不管是微小的变化量还是受控的较大变化量，晶体管所需要的能量都是由电路的直流电源供给的，管子只不过在电路中起到控制或能量转换作用。

既然要使电子器件起控制作用，那么它只有两个掺杂区和两个电极不够，还须制作第3个掺杂区和第3个电极。这就是晶体三极管名称的由来。

图 1-27a、b 分别表示 NPN 型 BJT 的结构和管芯示意图。在结构上 BJT 用一定的工艺，在同一块硅（或锗）半导体材料上，形成具有不同掺杂类型和浓度的 3 个区，这 3 个区分别称为发射区、基区和集电区，3 个区各引出一个电极，称作发射极 e、基极 b 和集电极 c（e、b 和 c 分别为 emitter、base 和 collector 这 3 个单词的字头），它们之间形成两个 PN 结：即发射区与基区交界处的发射结 J_e，集电区和基区交界处的集电结 J_c。

按照掺杂材料的不同，可构成两种不同类型的晶体管：NPN 型和 PNP 型。图 1-27c 是 PNP 型管芯示意图，图 1-27d 是 NPN 型和 PNP 型 BJT 的电路符号，图中 BJT 用 "V" 标注。由图 1-27b、c 可见，不同极性 BJT 的管芯具有对偶性，即两者之别只是将各对应的 P 区和 N 区互易而已。

为了实现控制和放大作用，制作 BJT 时 3 个区在结构尺寸和掺杂浓度上有很大的区别：位于中间的基区必须做得很薄，厚度一般只有几微米，且掺杂浓度在 3 个区中最低，而位于两侧的发射区和集电区，虽然类型相同（同为 N 区或 P 区），但发射区的掺杂浓度远大于集电区。然而，NPN 型和 PNP 型 BJT 具有几乎相同的特性，仅各电极的电压极性和电流流向有所不同。

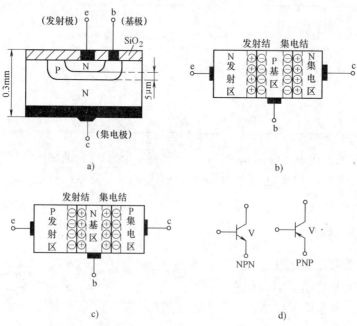

图 1-27　BJT 的结构、管芯及其符号

a）NPN 管的结构　b）NPN 管芯　c）PNP 管芯　d）电路符号

2. BJT 的放大作用

（1）工作电压　要实现放大作用，BJT 必须具备的外部条件是：发射结 J_e 加正向电压，集电结 J_c 加反向电压，即 J_e 正偏、J_c 反偏。基于此，NPN 型和 PNP 型 BJT 所加直流电源的接法应分别如图 1-28a、b 所示。图中：V_{CC} 为 c 极电源电压，V_{BB} 为 b 极电源电压；NPN 型和 PNP 型这两种极型 BJT 的电源电压 V_{CC} 的极性正好相反，一般有 $V_{CC} > V_{BB}$；R_B 和 R_C 分别是 b 极和 c 极电阻。据此分析，两图接法都满足 BJT 赖以放大的外部条件。

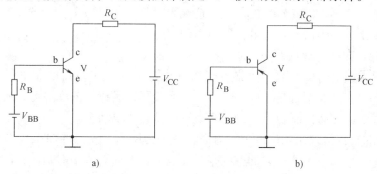

图 1-28　BJT 的电源接法

a）NPN 型管　b）PNP 型管

若以 e 极电位为参考点，则 BJT 的"J_e 正向偏置、J_c 反向偏置"的外部条件也可用电位关系来表达：对于图 1-28a 的 NPN 型 BJT，$U_C > U_B > U_E$；而对于图 b 的 PNP 型 BJT，$U_E > U_B > U_C$。

（2）BJT 的连接方式　BJT 有 3 个电极，它在连接成电路时必须有两个电极接输入回路，两个电极接输出回路，这样势必有一个电极作为输入和输出回路的公共端。于是，根据公共端的不同，BJT 有以下 3 种连接方式（组态）：

1）共发射极接法（简称共射组态）　以 b 极为输入端，c 极为输出端，e 极为公共端，则称为共射组态。图 1-28 的两个 BJT 电路都是共射组态。

2）共基极接法（简称共基组态）　以发射极为输入端，集电极为输出端，基极为公共端，此为共基组态。图 1-29a 的 BJT 即接成共基组态。

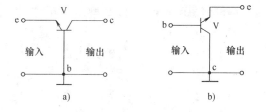

图 1-29　BJT 放大电路的组态

a）共基组态　b）共集组态

3）共集电极接法（简称共集组态）　以基极为输入端，发射极为输出端，集电极为公共端，这是共集组态。图 1-29b 的 BJT 就接成了共集组态。

（3）BJT 的电流放大原理　现以图 1-30 所示共基接法的 NPN 型 BJT 为例，说明其中的电流分配关系。图中发射极电源 V_{EE} 为发射结 J_e 提供正向电压，集电极电源 V_{CC} 为集电结 J_c 提供反向电压。在此偏置条件下，管内载流子的传输将经历以下过程。

1）发射区向基区注入电子　由于发射结 J_e 正偏，所以 J_e 的内电场减弱，这时发射区的多子自由电子将源源不断地通过 J_e 扩散到基区，形成发射极电流 I_E，它的方向与电子流的方向（大箭头的指向）相反。与此同时，基区空穴也扩散到发射区，但因发射区的掺杂浓度远比基区高，故与电子流相比，此部分空穴迁移可略去不计（图中未画出）。

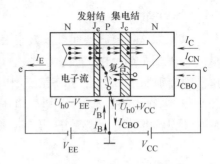

图 1-30　BJT 内部载流子的传输过程

2）电子在基区中的扩散与复合　由发射区扩散过来的电子注入基区后成为基区的非平衡少子。因为积累在边界上造成浓度差，所以这些电子还要继续向集电区扩散。在此扩散过程中有部分电子与基区空穴复合而消失，形成一个流入基极的电流 I'_B。应当注意：当发射区发射电子后，因为它带正电，所以电源 V_{EE} 会不断地向发射区补充电子；流出发射极的电流 I_E 的大小取决于发射区发射的总电子数，而流入基极的电流 I'_B 决定于发射的总电子数中与基区空穴复合的那一部分，因此两者是不同的；由于基区极薄，且掺杂浓度最低，所以扩散到基区的电子流只有极少数在基区复合，而绝大多数都能抵达集电结 J_c。

3）集电极收集扩散过来的电子　一方面，因 J_c 为反偏，故 J_c 的内电场增强。这样 J_c 的势垒很高，使集电区的电子和基区的空穴很难通过 J_c，但此高势垒对基区扩散到集电区边缘的电子却有很强的吸引力，它使电子快速渡越 J_c，并被集电区收集，形成集电极电流 I_{CN}。

另一方面，当 J_c 反向偏置时，基区少子电子和集电区少子空穴在 J_c 强电场作用下，形成反向漂移电流，见图 1-30 中虚线箭头标注。这部分电流取决于少子浓度，称为集－基反向漂移电流 I_{CBO}⊖（类似于二极管的反向饱和电流 I_S），其值很小，对放大无贡献，但受温度的影响却很大。

综上所述，对于 NPN 管中电流的传输过程，3 电极电流应满足基尔霍夫定律，所以有

$$I_E = I_C + I_B \tag{1-10}$$

式中依图示各电流的方向：$I_C = I_{CN} + I_{CBO}$，$I_B = I'_B - I_{CBO}$。式（1-10）就是 BJT 的电流分配关系式。

请读者思考：欲使 PNP 型 BJT 正常工作，它的发射结 J_e 和集电结 J_c 的偏置电压极性如何？其内部形成的扩散流是电子流还是空穴流？是否仍有式（1-10）的电流分配关系？

（4）BJT 中的电流传输方程式

1）电流放大系数 α 和 β　在图 1-30 所示的电路中，可通过改变 I_E 来控制 I_C。由上述可知，对任一结构尺寸和掺杂浓度的 BJT，当满足 J_e 正向偏置、J_c 反向偏置的条件下，被集电区收集的电子数目，在发射区发射的电子流中所占比例是一定的。现用 $\bar{\alpha}$ 表示此比例系数⊖，即

$$\bar{\alpha} = I_{CN}/I_E \tag{1-11}$$

则

$$I'_B = I_E - I_{CN} = (1 - \bar{\alpha})I_E \tag{1-12}$$

式中，$\bar{\alpha}$ 即为共基直流电流放大系数，显然，$\bar{\alpha} < 1$。因 BJT 内部结构上的保证，故 $\bar{\alpha}$ 接近于 1，一般为 $0.95 \sim 0.995$。

由式（1-11）、式（1-12）两式导出集电极电流与基极电流的关系为：

⊖ I_{CBO} 的下标 C、B 表示此电流流过 c 极和 b 极，下标"O"表示电极 e 开路。

⊖ 符号 $\bar{\alpha}$ 上方的"－"表示直流状态。

$$\frac{I_{CN}}{I'_B} = \frac{\overline{\alpha}}{1 - \overline{\alpha}} = \overline{\beta} \tag{1-13}$$

式中，$\overline{\beta}$ 是到达集电区的电子数与基区复合的电子数之比，称为共射直流电流放大系数，处于放大区的 BJT 其值在 19～199 的范围内，此数据范围意味着 I_{CN} 比 I'_B 大了许多倍。

对于交流放大电路中的 BJT，有共射交流电流放大系数 $\beta = i_C/i_B$ 和共基交流电流放大系数 $\alpha = i_C/i_E$。工程中，当 BJT 工作在较低频率时，交流和直流电流放大系数是混用的，即 $\beta \approx \overline{\beta}$，$\alpha \approx \overline{\alpha}$。

综上所述，可以归纳为以下 3 点：

① BJT 的放大作用主要是依靠它的发射极电流能够通过基区传输，然后到达集电极实现的。为了实现这一传输过程，一方面**要满足内部条件，即发射区掺杂浓度要远远大于基区掺杂浓度，同时基区须做得极薄**；另一方面需要满足 **BJT 赖以放大的外部条件，即 J$_e$ 正偏，J$_c$ 反偏。**

② 由于 BJT 的各极电流之间存在着如式（1-11）和式（1-13）所示的比例关系，所以改变 i_E 便可控制 i_C，或只要稍稍改变 i_B，就可使 i_C 有较大的变化。

③ 对于 NPN 型 BJT，各电极电流的流向是：i_C 和 i_B 分别流入 c 极和 b 极，而 i_E 流出 e 极（参照图 1-27d 中 NPN 型 BJT 符号的大箭头方向）。

2）集 – 射反向穿透电流 I_{CEO}　为了求出此电流，将 BJT 中的各极电流关系式改写。先根据 $I_C = I_{CN} + I_{CBO}$ 和式（1-11），得

$$I_C = \overline{\alpha} I_E + I_{CBO} \tag{1-14}$$

再将式（1-12）代入 $I_B = I'_B - I_{CBO}$，得

$$I_B = (1 - \overline{\alpha}) I_E - I_{CBO} \tag{1-15}$$

因为 I_{CBO} 很小，若忽略不计，则式（1-14）和式（1-15）可简化为

$$I_C \approx \overline{\alpha} I_E \tag{1-16}$$

$$I_B \approx (1 - \overline{\alpha}) I_E \tag{1-17}$$

将式（1-15）代入式（1-14），经整理后得

$$I_C = \overline{\alpha} I_E + I_{CBO} = \frac{\overline{\alpha}}{1 - \overline{\alpha}} I_B + \frac{1}{1 - \overline{\alpha}} I_{CBO} = \overline{\beta} I_B + (1 + \overline{\beta}) I_{CBO} \tag{1-18}$$

式（1-18）中 $(1 + \overline{\beta}) I_{CBO}$ 具有特殊意义，从式子上看，它是 b 极开路（$I_B = 0$）时，流经 c – e 极之间的电流。因为它穿过正偏的 J$_e$ 和反偏的 J$_c$，故称为 c – e 反向穿透电流，用 I_{CEO} 表示：

$$I_{CEO} = (1 + \overline{\beta}) I_{CBO} \tag{1-19}$$

这样，式（1-18）成为

$$I_C = \overline{\beta} I_B + I_{CEO} \tag{1-20}$$

这里 I_{CEO} 和 I_{CBO} 都是衡量 BJT 性能的重要参数，由于 I_{CEO} 比 I_{CBO} 大 $(1 + \beta)$ 倍，测量起来比较容易，所以判定 BJT 质量优劣时，常把测出的 I_{CEO} 值作为依据。小功率硅管的 I_{CEO} 在几微安以下，而小功率锗管的 I_{CEO} 大得多，约为几十微安以上。另须注意，I_{CEO} 与 I_{CBO} 一样，都随温度增加而增加。

3. 共射接法 BJT 的特性

在图 1-31 的共射接法放大电路中，BJT 的输入量是 i_B 和 u_{BE}，输出量是 i_C 和 u_{CE}。为了

表示这些量之间的关系，必须分别绘出 BJT 的输入特性曲线（表示 i_B 与 u_{BE} 之间的关系）和输出特性曲线（表示 i_C 与 u_{CE} 之间的关系）。

（1）共射接法 BJT 的输入特性 共射接法 BJT 的输入特性是以 u_{CE} 为参变量时，i_B 与 u_{BE} 之间的关系，即

$$i_B = f_1(u_{BE})\big|_{u_{CE}=常数} \tag{1-21}$$

对于不同的 u_{CE}，有不同的输入特性。因此，BJT 的输入特性是图 1-32 所示的一簇曲线。

1）当 $u_{CE}=0V$ 时 此时 BJT 的 c−e 极相当于短接（如图 1-31 中的虚线示意），显然，它的两个结相当于两个并联且正向偏置的二极管。因此，$u_{CE}=0V$ 时的一支输入特性曲线与二极管的伏安特性一样（见图 1-32 的曲线 1）。

2）当 $u_{CE}=1V$ 时 $u_{CE}=1V$ 的输入特性将右移到图 1-32 中曲线 2 的位置。比较曲线 2 和曲线 1 可以看出：当 u_{CE} 从 0V 增加到 1V 时，对应于同一 $u_{BE}=U_{BE1}$ 的 i_B 减小了（图 1-32 中 $I_{B2}<I_{B1}$）。原因是当 $u_{CE}=1V$ 时，由于 $u_{BE}\approx0.7V$，所以 $u_{CB}=u_{CE}-u_{BE}=1V-0.7V=0.3V$。此时 J_c 已由 $u_{CE}=0V$ 时的正偏转化为反偏，它对从发射区扩散过来的电子的吸引力增强，而使电子在基区中的复合机会减少，因此 i_B 减小。实际上，当 u_{CE} 从零逐渐增大时，J_c 的反向偏置程度增大，空间电荷区的宽度加厚。而且由于基区掺杂浓度最低，J_c 的空间电荷区在基区中的宽度比在集电区中的大得多。因此，当 u_{CE} 增大时，原来就极薄的基区的实际宽度将随之减小，i_B 也随之减小。

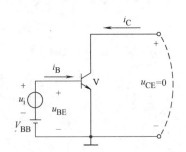

图 1-31 $u_{CE}=0V$ 时共射接法的 BJT

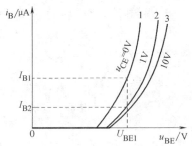

图 1-32 BJT 的输入特性曲线

3）当 $u_{CE}>1V$ 后 当 u_{CE} 从 1V 继续增大时，输入特性曲线将继续右移，但移动量不大。这是因为在 $u_{CE}=1V$（即集电结反向电压 $u_{CB}=0.3V$）以后，反向偏置的 J_c 已足以把发射区扩散的电子绝大多数吸引到集电区。这时即使 u_{CE} 再增大，基区的实际宽度和 i_B 的减小已不显著。由于所有的 $u_{CE}>1V$ 的输入特性曲线都非常靠近，故工程中就用 $u_{CE}=1V$ 的一条输入特性代替 $u_{CE}>1V$ 以后的各条输入特性。

（2）共射接法 BJT 的输出特性 共射接法 BJT 的输出特性表示以 i_B 为参变量时，i_C 与 u_{CE} 之间的关系，即

$$i_C = f_2(u_{CE})\big|_{i_B=常数} \tag{1-22}$$

显然，对应于不同的 i_B 有不同的输出特性曲线。

实测时，每次先把 i_B 固定为某一数值，然后改变 u_{CE} 值，测出相应的 i_C 值，即得与这一 i_B 值对应的一支输出特性曲线。多次改变 i_B 值，就可以得到一簇输出特性曲线。应当注意，在改变 u_{CE} 时，根据上述原因，原来固定的 i_B 值会自动变化，这时要把 i_B 调回来。不同的 i_B 值所对应的输出特性曲线族如图 1-33 所示。由图可见，在输出特性上 BJT 的工作状态分为

3 个区域。

1) 截止区 图 1-33 中 $i_B = 0$ 的一条曲线以下的区域称为截止区。在截止区内，J_e 和 J_c 均为反向偏置。

2) 放大区 由图 1-33 可见，每支输出特性上都有一段几乎水平的曲线段。这表明在 u_{CE} 的一定范围内，集电极电流 i_C 与 u_{CE} 无关，i_C 只取决于 i_B 值。亦即对应于输出特性的这一区域，共射接法的 BJT 以 i_B 的变化去控制 i_C 的变化，因而实现了电流控制和电压放大作用。故将这一区域称作放大区，它是放大电路中 BJT 的工作区域。

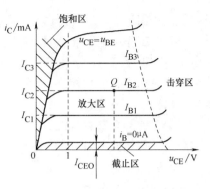

图 1-33 BJT 的输出特性曲线族

BJT 实现放大作用的条件是：J_e 正偏（对 NPN 型硅管 $u_{BE} \approx 0.7V$，$i_B > 0$），J_c 反偏（$u_{CB} > 0V$）。当共射接法时，由于 $u_{CE} = u_{CB} + u_{BE}$，所以 $u_{BE} \approx 0.7V$ 和 $u_{CB} > 0V$ 的条件相当于 $u_{CE} > 0.7V$。实际上，大约在 $u_{CE} > 1V$ 和 $i_B > 0\mu A$ 的区域是输出特性曲线族上的放大区。

3) 饱和区 在图 1-33 中，$i_B > 0$ 和 $u_{CE} < 0.7V$ 的区域是 BJT 的饱和区。这一区域包括所有 i_B 值的输出特性曲线的起始部分，其主要特征是：i_C 随 u_{CE} 之增大而增大；i_C 与 i_B 不成比例。这些特征使饱和区与放大区有本质的区别，因为：一方面当 $u_{CE} < 0.7V$ 时，$u_{CB} = u_{CE} - u_{BE} < 0V$，$J_c$ 已为正偏，J_c 吸引来自发射区的电子的能力将大大降低，所以 u_{CE} 的大小将会在很大程度上影响 i_C 的数值；另一方面，当 u_{CE} 很小（例如 $u_{CE} \approx 0.3V$）时，即使 i_B 增加，i_C 也很少增加，即集电结吸引发射区扩散来的电子的能力已经饱和。

在饱和区内，BJT 的 c-e 极之间的电位差称为饱和管压降，用符号 U_{CES} ⊖ 表示。对于小功率晶体管 $U_{CES} \approx 0.1 \sim 0.3V$，而对于大功率管 U_{CES} 可达 1V 以上。

以上介绍了 NPN 型管在共射接法下的特性。如果是 PNP 型 BJT，则因各电压极性和电流方向均相反，故 PNP 型管的输入特性和输出特性曲线将处于第 3 象限，如图 1-34 所示。

4. BJT 的静态开关特性

在数字电路中，BJT 可作为无触点开关使用，它不工作在放大状态，而只处于截止或饱和导通状态。

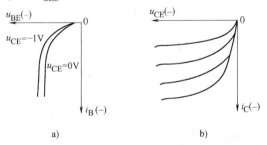

a) b)

图 1-34 PNP 型管共射接法时的特性
a) 输入特性 b) 输出特性

(1) 截止条件 为使 BJT 可靠截止，应使发射结 J_e 反向偏置，因此 BJT 的可靠的截止条件是：$u_{BE} \leq 0V$。BJT 截止时，b、e、c 共 3 个电极可视为互为开路，相当于无触点开关断开。

(2) 饱和导通条件 在图 1-28 的两个共射接法放大电路中，只要实际流入基极电流 I_B 大于临界饱和基极电流 I_{BS}，则 BJT 处于饱和状态。因此 BJT 为饱和导通的条件是

⊖ U_{CE} 下标中的 S 是 Saturation（饱和）一词的字头。

$$I_B > I_{BS} = V_{CC} / (\beta R_C) \tag{1-23}$$

式中，β 为 BJT 的共射电流放大系数；V_{CC}、R_C 分别是集电极电源电压和集电极电阻。

当 BJT 工作于饱和状态时，$i_C = i_{CS}$ 达到最大，此时 i_B 再增大，i_C 基本不变。i_B 比 i_{BS} 大得越多，饱和程度就越深。由于 U_{CES}（$\approx 0.1 \sim 0.3 V$）和 U_{BES}（$\approx 0.7 V$）都很小（与 V_{CC} 和数字电路的标准高电平相比），可以忽略，所以此时 BJT 的 b、e、c 共 3 个电极均视为相互短路，相当于开关接通。

5. BJT 的动态开关特性

与二极管相似，BJT 工作在开关状态时，内部电荷的建立或消散都需要一定的时间。因此，集电极电流 i_C 的变化总是滞后于输入电压 u_I 的变化，这说明了 BJT 由截止变为饱和或由饱和转变为截止的动态过程需要一定的时间。因此，**要提高 BJT 的开关速度，须降低 BJT 的饱和深度，以加快基区电荷的积累和消散。**

例 1-10　某 BJT 组成的电路如图 1-35 所示。已知 $\beta = 50$，其余电路参数如图中标注。试解答：（1）此电路接成了何种组态？（2）当开关 S 分别打到 A、B、C 三点时，试判断 BJT 的工作状态，并确定相应的输出电压 U_O 的大小。

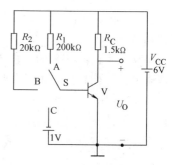

图 1-35　例 1-10 的电路

解：（1）由于图 1-35 所示电路以 b 极为输入端，c 极为输出端，e 极为公共端，所以此 BJT 电路接成了共射组态。

（2）当 S 打到 A 点时，因为 NPN 型 BJT 的 J_e 正偏，J_c 反偏，所以管子处于放大区。根据电路课程中直流电路分析方法，基极电流 $I_B = (6V - 0.7V)/200\ k\Omega = 26.5 \mu A$，集电极电流 $I_C = \beta I_B \approx 1.3 mA$，输出电压 $U_O = U_{CE} = V_{CC} - I_C R_C \approx 4V$。

当 S 打到 B 点时，临界饱和基极电流 $I_{BS} = V_{CC}/(\beta R_C) = 80 \mu A$，而实际的基极电流 $I_B = (6V - 0.7V)/20\ k\Omega = 265 \mu A$，根据式（1-23）：$I_B > I_{BS}$，得出此时管子处于饱和导通状态，输出电压 $U_O = U_{CES} \approx 0.3V$。

当 S 打到 C 点时，由于 J_e 和 J_c 均反向偏置，所以管子处于截止状态，此时 U_O 约等于多少呢？请读者自行分析到位。

例 1-11　某放大电路中，测得 BJT 的 e、b、c 各电极对共同端的直流电位如下：$U_E = 6V$，$U_B = 5.7V$，$U_C = 3V$。试问：该 BJT 是 NPN 型还是 PNP 型？它是硅管还是锗管？

解：因为 $U_E > U_B > U_C$，所以此为 PNP 型 BJT；又因为 J_e 的正向电压降为 0.3V，故此 0.3V 是锗 PN 结的正向电压降数值。综合之，该 BJT 属于 PNP 型锗管。

请读者结合做习题 1-16，总结判断 BJT 的极性及其类型的规律。

1.7.6　增强型绝缘栅场效应晶体管

绝缘栅金属氧化物半导体场效应晶体管（IGMOSFET$^{\ominus}$，简称 MOS 管）可分为 N 沟道和 P 沟道两种。若按照工作方式区分，它们又可分成增强型和耗尽型两大类。**数字电路中用的是增强型 MOS 管，而耗尽型 MOS 管和结型场效应晶体管（JFET）多用作放大器件，**而放大电路将在"模拟电子技术"课程中介绍。

$\ominus$　IGMOSFET 是 "Insulated Gate Metal – Oxide – Semiconductor Field Effect Transistor" 的字头。

由于 MOS 管的栅极与导电沟道之间处于绝缘状态，所以它的栅极电流 $i_G \approx 0$，直流输入电阻高达 $10^{12} \sim 10^{15}\Omega$。更重要的是，增强型 MOS 管便于高密度集成，这对于制备大规模和超大规模 CMOS$^\ominus$ 集成电路具有重要的意义。

1. N 沟道增强型 MOS 管

（1）结构 N 沟道增强型 MOS 管的管芯结构见图 1-36a。它用一块掺杂浓度较低的 P 型硅片作为衬底 B（工作时通常与源极 s 相连接），先利用扩散法在 P 型衬底中形成两个高掺杂 N$^+$ 区，作为源极 s 和漏极 d，然后在半导体表面覆盖一层 SiO$_2$ 绝缘层，最后在 s—d 极之间的绝缘层上制作一个铝电极——栅极 g$^\ominus$。图 1-36b 为其图形符号，其中箭头方向由 P 型衬底指向 N 型沟道，表示一对 PN 结的正偏方向；虚线"－－－"表示原来没有沟道，这是识别增强型 MOS 管的标记。与 NPN 型和 PNP 型 BJT 一样，MOS 管也有互易性。据此，可画出 P 沟道增强型 MOS 管（PMOS 管）的管芯和符号，分别如图 1-36c 和 d 所示。**注意：**因为后续章节常要用到这些简化符号，所以图 1-36b、d 符号的下方，分别给出了增强型 NMOS 管和增强型 PMOS 管的简化图形符号。

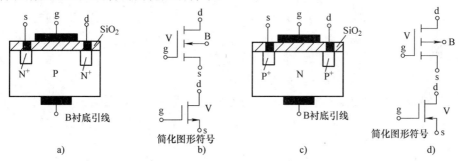

图 1-36 增强型 MOS 管的结构和符号

a) NMOS 管芯示意图 b) NMOS 管符号 c) PMOS 管芯示意图 d) PMOS 管符号

（2）工作原理

1）栅—源电压 $u_{GS} = 0$V 时 对照图 1-36a 的 NMOS 管，$u_{GS} = 0$V（相当于 g—s 极之间短路），此时 d—s 极之间呈现两个背向的 PN 结效应，如果加上 d—s 电压 U_{DS}，则不论 U_{DS} 的极性如何，两个 PN 结中总有一个反偏，于是 d—s 极之间无导电沟道，因而也不会产生漏极电流 i_D。

2）栅—源电压 $u_{GS} > 0$V，漏—源电压 $u_{DS} = 0$V 时 见图 1-37a，此时 g—s 极之间加正向电压，但因绝缘层存在，故不会产生栅极电流。同时由于衬底 B 与 s 极相接，因此在 g 极经绝缘层到衬底之间，建立了一个垂直于半导体表面的电场。然而，SiO$_2$ 绝缘层很薄，在几伏的 g—s 电压作用下，便可产生 $10^5 \sim 10^6$V/cm 数量级的电场强度。该电场排斥 P 区（衬底 B）的多子空穴，但吸引其中的少子电子，使电子汇集到栅极一侧的表面层来。所以当 g—s 电压增大到一定的数值后，在 P 型衬底靠近栅极的表面上便会形成一个由少子电子组成的 N 型薄层，称为 P 型衬底中的反型层（又称为感生沟道），见图 1-37a 中标注。此反型层构成 d—s 极之间的导电沟道，而此时对应的 g—s 电压 u_{GS} 称为管子的开启电压 U_{TN}。

$\ominus$ CMOS 是"Complementary Metal Oxide Semiconductor（互补型金属氧化物半导体）"的缩写。

$\ominus$ g、s 和 d 分别为"gate、source 和 drain"3 个单词的字头。

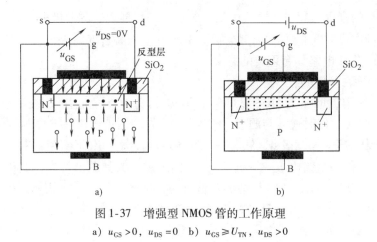

图 1-37　增强型 NMOS 管的工作原理

a) $u_{GS} > 0$, $u_{DS} = 0$　　b) $u_{GS} \geq U_{TN}$, $u_{DS} > 0$

当 u_{GS} 达到 U_{TN} 后，u_{GS} 越大，电场强度越强，反型层越厚，沟道电阻就越小。因而在相同的 d–s 电压 u_{DS} 作用下，产生的 i_D 也就越大，起到了电压控制电流的作用。

3）u_{DS} 和 u_{GS} 同时作用　当 $u_{GS} > U_{TN}$ 时，由于 u_{DS} 的作用，沿沟道长度方向产生了电位梯度，靠近漏极附近的电压 u_{GD}（$= u_{GS} - u_{DS}$）小于接近源极的电压 u_{GS}。如此一来，漏极附近的电场将被削弱，反型层变薄，沟道成为楔形，见图 1-37b。

若此时 u_{DS} 较小，沟道形状变化不大（沟道电阻亦无显著变化），i_D 将随着 u_{DS} 的增加而线性增大。如果 u_{DS} 继续增大，漏极附近的沟道将进一步变薄，直至 $u_{GD} \leq U_{TN}$ 时，沟道在漏极附近被夹断。此后，随着 u_{DS} 的增大，夹断区朝着源极方向延伸，漏极电流 i_D 则趋于饱和。

（3）特性曲线　增强型 N 沟道 MOS 管的输出特性和转移特性分别如图 1-38a、b 所示。输出特性分为可变电阻区、饱和区、截止区和击穿区 4 个区域。图 1-38b 所示的转移特性是根据测试条件 $u_{DS} = 10V$ 测出的。由于在饱和区内，不同的 u_{DS} 下测得的转移特性基本重合，所以通常用一条曲线表示。另外，**在转移特性 $i_D = 0mA$ 处的 u_{GS} 值即为开启电压 U_{TN}**。上述转移特性可近似用下式表示：

$$i_D = I_{D0} \left(\frac{u_{GS}}{U_{TN}} - 1 \right)^2 \qquad (u_{GS} > U_{TN}) \tag{1-24}$$

式中，I_{D0} 是 $u_{GS} = 2U_{TN}$ 时的 i_D 值。

根据互易性，作出**增强型 PMOS 管**的输出特性和转移特性曲线，它们都位于第 3 象限，**其开启电压 U_{TP} 应为负值**。

2. 增强型 MOS 管的开关特性

（1）静态开关特性　以图 1-39 所示的**增强型 NMOS 管开关电路**为例，设其开启电压为 U_{TN}，则当 **$u_I = u_{GS} < U_{TN}$ 时，NMOS 管工作在截止区**，漏极 d–源极 s 之间未形成导电沟道，沟道电阻为 $10^{12} \sim 10^{15} \Omega$（高阻状态），d–s 极之间如同开关断开一样，因而 $u_O \approx V_{DD}$。

当 **$u_I = u_{GS} \geq U_{TN}$ 时，NMOS 管导通**，d–s 极之间形成导电沟道，沟道电阻小于 $1k\Omega$，呈低阻状态。如果漏极电阻 R_D 比此低值沟道电阻大得多，就可将 d–s 极之间视为接通的开关，所以 $u_O \approx 0V$。

同理可得增强型 PMOS 管的开关特性为：当 **$u_I = u_{GS} \leq U_{TP}$ 时，PMOS 管导通，d–s 极之间的沟道电阻很小；否则 PMOS 管截止，d–s 极之间呈现很大的沟道电阻**。

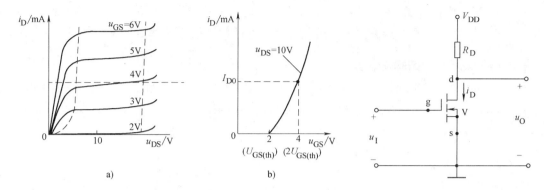

图 1-38　增强型 NMOS 管的特性曲线　　　　　　图 1-39　增强型 NMOS 管开关电路
a) 输出特性　b) 转移特性

（2）动态开关特性　因增强型 MOS 管的导电沟道随 u_{GS} 和 u_{DS} 的变化而感生或夹断，与 BJT 有本质的区别，故增强型 MOS 管沟道电荷积累和消失所需时间在动态过程中可以忽略不计。它的开关时间主要取决于输入回路和输出回路中极间电容和负载电容的充、放电时间。

习　题　1

1-1　（1）若某正逻辑信号波形如图 1-40 所示，试写出相应的逻辑值 **1** 和 **0**（与标号 1～10 对应）。

（2）试就下列逻辑值绘出相应的数字信号波形（采用数字信号波形的简易表示法），设高电平为 5V（**逻辑 1**），低电平约为 0V（**逻辑 0**），每一高、低电平的持续时间相等，均为 50μs：① **010101010**；② **011101101**。

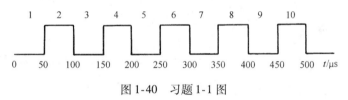

图 1-40　习题 1-1 图

1-2　将下列十进制数 29.625、127.0625、378.875 分别转换成二进制数。

1-3　将下列二进制数 **101101.11010111**、**101011.101101** 分别转换成十进制数。

1-4　将下列二进制数 **100110.100111**、**101011101.1100111** 分别转换成十六进制数。

1-5　将下列十六进制数 3AD.6EB、6C2B.4A7 分别转换成二进制数。

1-6　试用真值表证明下列逻辑等式：

（1）$AB + \overline{A}C + \overline{B}C = AB + C$；（2）$A\overline{B} + \overline{A}B + BC = A\overline{B} + \overline{A}B + AC$；（3）$A\overline{B} + B\overline{C} + C\overline{A} = \overline{A}B + \overline{B}C + \overline{C}A$；

（4）$(A \oplus B) \oplus C = A \oplus (B \oplus C)$。

1-7　求下列各逻辑函数 F 的反函数 $\overline{F}$ 和对偶式 F'：

（1）$F_1 = \overline{\overline{A} + A\overline{BC} + \overline{A}C}$；（2）$F_2 = (A + B)(A + \overline{AB})C + \overline{A}(B + \overline{C}) + \overline{A}B + ABC$；（3）$F_3 = \overline{\overline{A + \overline{B} + CD}}$ $+ \overline{AD}\overline{B}$。

1-8　某逻辑电路有 A、B、C 共 3 个输入端，一个输出端 F，当输入信号中有奇数个 **1** 时，输出 F 为 **1**，否则输出为 **0**。试列出此逻辑函数的真值表，写出逻辑表达式，并画出用两个 CMOS **异或**门实现的逻辑电路图。

1-9　设计一个 3 人表决逻辑电路，当输入 A、B、C 有半数以上同意时，决议才能通过，但 A 有否决权，若 A 不同意，即使 B、C 都同意，决议也不能通过。列出真值表，写出该逻辑函数的表达式。

1-10　证明下列**异或**运算公式：

(1) $A \oplus A = 0$; (2) $A \oplus 1 = \bar{A}$; (3) $A \oplus 0 = A$; (4) $A \oplus \bar{A} = 1$; (5) $AB \oplus A\bar{B} = A$; (6) $A \oplus \bar{B} = \overline{A \oplus B}$。

1-11　用公式法化简下列逻辑函数为最简与或式：

(1) $F_1 = \overline{AB} + A\bar{B} + \overline{AB} \, (\overline{AB} + CD)$; (2) $F_2 = \overline{A}\overline{B}\overline{C} + AC + \overline{A}\overline{BC} + \overline{A}\overline{C}$; (3) $F_3 = (AB + \overline{A}\overline{B})(\bar{A} + \bar{B})A\bar{B}$; (4) $F_4 = (A + AB)\overline{(A + BC + \bar{C})}$; (5) $F_5 = \overline{A}\,\overline{B}\,\overline{C}\,\overline{D} + A + B + C + D$; (6) $F_6 = (A + B)(A + \overline{A}\,\overline{B})C + \overline{A}(B + \bar{C}) + \overline{AB} + ABC$。

1-12　用卡诺图化简下列逻辑函数：

(1) $F_1 = \sum m(1, 2, 3, 4, 5, 6, 7)$; (2) $F_2 = \sum m(4, 5, 6, 7, 8, 9, 10, 11, 12, 13)$; (3) $F_3 = \sum m(2, 3, 6, 7, 10, 11, 12, 15)$; (4) $F_4 = \sum m(1, 3, 4, 5, 8, 9, 13, 15)$; (5) $F_5 = \sum m(1, 3, 4, 6, 7, 9, 11, 12, 14, 15)$; (6) $F_6 = \sum m(0, 2, 4, 7, 8, 9, 12, 13, 14, 15)$。

1-13　化简下列具有无关项 "d" 的逻辑函数：

(1) $F_1 = \sum m(1, 3, 5, 7, 9) + \sum d(4, 6, 11, 12, 13, 14, 15)$; (2) $F_2 = \sum m(0, 1, 2, 3, 7) + \sum d(4, 5, 6)$; (3) $F_3 = \sum m(2, 3, 4, 7, 12, 13, 14) + \sum d(5, 6, 8, 9, 10, 11, 15)$; (4) $F_4 = \sum m(0, 2, 7, 8, 13, 15) + \sum d(1, 5, 6, 9, 10, 11, 12)$; (5) $F_5 = \sum m(0, 4, 5, 6, 8, 13, 14) + \sum d(1, 2, 3, 7, 9, 10, 11, 12, 15)$; (6) $F_6 = \sum m(0, 2, 4, 6, 8, 10, 14) + \sum d(5, 7, 12, 13, 15)$。

1-14　(1) 理想二极管电路如图 1-41a 所示，试判定图中的 VD_2、VD_1 的工作状态，并求出图示 I 及 U 的大小。

(2) 理想二极管电路见图 1-41b，当 u_{I1} 和 u_{I2} 为 0V 或 5V 时，求 u_{I1} 和 u_{I2} 的值为不同组合情况时，输出电压 u_0 之值。要求读者分析完毕后，将输入、输出电压数值列表表示。

1-15　BJT 有两个 PN 结。若仿照其结构，用两个二极管反向串联（见图 1-42），并提供必要的偏置条件，问能否获得与 BJT 相似的电流控制和放大作用？为什么？

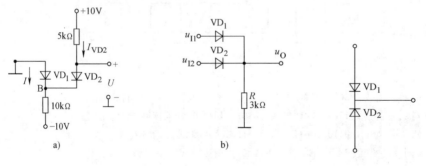

图 1-41　习题 1-14 图　　　　　　　图 1-42　习题 1-15 图

1-16　在放大电路中测得 BJT 的 A 管和 B 管的各电极对电位参考点的直流电压如下，试确定它们的 X、Y、Z 各为哪个电极，A 管和 B 管是 NPN 型还是 PNP 型？它们是硅管还是锗管？

A 管：$U_X = 12V$，$U_Y = 11.7V$，$U_Z = 6V$;

B 管：$U_X = -5.2V$，$U_Y = -1V$，$U_Z = -5.5V$。

1-17　图 1-43a、b 分别是两个 MOS 管的转移特性曲线，请说明这两个管子各属于哪种沟道。如果是增强型 MOS 管，说明其开启电压之值。已知图中 i_D 的假定正方向为流进漏极。

1-18　单项选择题（请将下列各小题正确选项前的字母填在题中的括号内）：

(1) 对于某一个确定的逻辑函数，以下（　　）表示方法是唯一的；

A. 逻辑函数表达式；　　　　　　B. 真值表；　　　　　　C. 卡诺图；　　　　　　D. 文字说明

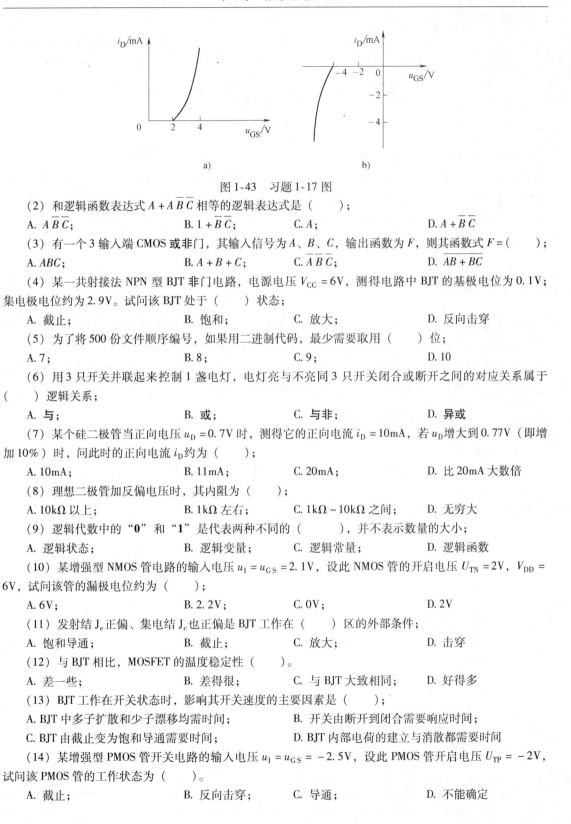

图 1-43 习题 1-17 图

(2) 和逻辑函数表达式 $A + A\,\overline{B}\,\overline{C}$ 相等的逻辑表达式是（ ）；

A. $A\,\overline{B}\,\overline{C}$;　　　　B. $1 + \overline{B}\,\overline{C}$;　　　　C. A;　　　　D. $A + \overline{B}\,\overline{C}$

(3) 有一个 3 输入端 CMOS **或非门**，其输入信号为 A、B、C，输出函数为 F，则其函数式 $F =$（ ）；

A. ABC;　　　　B. $A + B + C$;　　　　C. $\overline{A}\,\overline{B}\,\overline{C}$;　　　　D. $\overline{AB + BC}$

(4) 某一共射接法 NPN 型 BJT 非门电路，电源电压 $V_{CC} = 6V$，测得电路中 BJT 的基极电位为 0.1V；集电极电位约为 2.9V。试问该 BJT 处于（ ）状态；

　　A. 截止;　　　　B. 饱和;　　　　C. 放大;　　　　D. 反向击穿

(5) 为了将 500 份文件顺序编号，如果用二进制代码，最少需要取用（ ）位；

A. 7;　　　　B. 8;　　　　C. 9;　　　　D. 10

(6) 用 3 只开关并联起来控制 1 盏电灯，电灯亮与不亮同 3 只开关闭合或断开之间的对应关系属于（ ）逻辑关系；

　　A. 与;　　　　B. 或;　　　　C. 与非;　　　　D. **异或**

(7) 某个硅二极管当正向电压 $u_D = 0.7V$ 时，测得它的正向电流 $i_D = 10mA$，若 u_D 增大到 0.77V（即增加 10%）时，问此时的正向电流 i_D 约为（ ）；

A. 10mA;　　　　B. 11mA;　　　　C. 20mA;　　　　D. 比 20mA 大数倍

(8) 理想二极管加反偏电压时，其内阻为（ ）；

A. 10kΩ 以上;　　B. 1kΩ 左右;　　C. 1kΩ ~ 10kΩ 之间;　　D. 无穷大

(9) 逻辑代数中的"0"和"1"是代表两种不同的（ ），并不表示数量的大小；

A. 逻辑状态;　　　　B. 逻辑变量;　　　　C. 逻辑常量;　　　　D. 逻辑函数

(10) 某增强型 NMOS 管电路的输入电压 $u_I = u_{GS} = 2.1V$，设此 NMOS 管的开启电压 $U_{TN} = 2V$，$V_{DD} = 6V$，试问该管的漏极电位约为（ ）；

A. 6V;　　　　B. 2.2V;　　　　C. 0V;　　　　D. 2V

(11) 发射结 J_e 正偏、集电结 J_c 也正偏是 BJT 工作在（ ）区的外部条件；

A. 饱和导通;　　　　B. 截止;　　　　C. 放大;　　　　D. 击穿

(12) 与 BJT 相比，MOSFET 的温度稳定性（ ）。

A. 差一些;　　　　B. 差得很;　　　　C. 与 BJT 大致相同;　　　　D. 好得多

(13) BJT 工作在开关状态时，影响其开关速度的主要因素是（ ）；

A. BJT 中多子扩散和少子漂移均需时间;　　　　B. 开关由断开到闭合需要响应时间;

C. BJT 由截止变为饱和导通需要时间;　　　　D. BJT 内部电荷的建立与消散都需要时间

(14) 某增强型 PMOS 管开关电路的输入电压 $u_I = u_{GS} = -2.5V$，设此 PMOS 管开启电压 $U_{TP} = -2V$，试问该 PMOS 管的工作状态为（ ）。

　　A. 截止;　　　　B. 反向击穿;　　　　C. 导通;　　　　D. 不能确定

第2章　集成逻辑门电路

引言　从构成集成电路的半导体器件来分，数字集成电路分成单极型集成电路和双极型集成电路。从门电路制造工艺看，单极型集成门电路有 CMOS[⊖]、NMOS 电路等，双极型集成门电路有 DTL、TTL 和 ECL[⊖]电路等。本章将重点讨论 CMOS 和 TTL 门的电路结构、工作原理、逻辑功能和外部特性，而对于 DTL、ECL 和 BiCMOS[⊜]门，以及各种集成逻辑门的内部电路，只作简要介绍。

2.1　基本逻辑门电路

实现基本逻辑运算和常用逻辑运算的电路称为逻辑门电路，它是构成各种数字部件的基本逻辑单元。与第 1 章介绍的 3 种基本逻辑运算相对应，逻辑门电路有**与门**、**或门**和**非门**，但工程技术中最常用的是**与非门**、**或非门**、**与或非门**、**异或门**和**同或门**。通常人们把采用集成制造工艺生产的一个或多个门电路称为集成逻辑门电路。

2.1.1　二极管与门及或门电路

1. 与门电路

第 1 章例 1-9 恰是分析的二极管**与门**电路。现将它重画于图 2-1a，图 2-1b 是它的逻辑符号。设图中 A、B 是输入变量，F 是输出函数，则在**正逻辑**约定下，将例 1-9 的分析结果（见表 1-15）转换成**与门**真值表，如表 2-1 所示。由此表可写出与门的逻辑表达式

$$F = AB \tag{2-1}$$

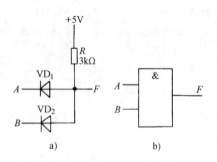

图 2-1　二极管与门电路

a) 二极管与门　b) 逻辑符号

表 2-1　与门真值表

A	B	F
0	0	0
0	1	0
1	0	0
1	1	1

⊖ CMOS 是 Complementary Metal – Oxide – Semiconductor（互补对称 MOS）的缩写。

⊖ DTL、TTL 和 ECL 分别是 Diode – Transistor Logic（二极管 – 晶体三极管逻辑）、Transistor – Transistor Logic（晶体三极管 – 晶体三极管逻辑）和 Emitter – Coupled Logic（发射极耦合逻辑）的缩写。

⊜ BiCMOS 是 Bipolar Complementary Metal – Oxide – Semiconductor（双极互补对称 MOS）的缩写。

2. 或门电路

由二极管组成的**或**门电路如图 2-2a 所示 [实为图 1-41b]，图 2-2b 是它的逻辑符号。图中 A、B 为输入变量，F 为输出函数。如果忽略二极管的正向导通电压降，据图可析，输入 A、B 中只要有一个为高电平 5V，相应的二极管便导通，F 输出高电平 5V；只有当 A、B 均输入低电平 0V 时，两个二极管才截止，F 输出低电平 0V。按照**正逻辑**约定，A、B 中只要有一个为 **1**，F 就是 **1**，此为**或**逻辑关系，其真值表见表 2-2。由表立即写出逻辑表达式为

$$F = A + B \tag{2-2}$$

上述二极管**与**门和**或**门电路都可以增加一个二极管，推广到 3 输入变量时的情形，此时门电路相应的输入端有 3 个。

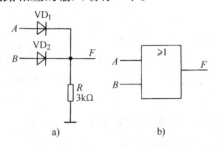

表 2-2　或门真值表

A	B	F
0	**0**	**0**
0	**1**	**1**
1	**0**	**1**
1	**1**	**1**

图 2-2　二极管**或**门电路

a) 二极管**或**门　b) 逻辑符号

2.1.2　非门电路（BJT 反相器）

在双极型晶体管（BJT）组成的图 2-3a 的电路中，设 BJT 工作在开关状态，如果忽略 BJT 饱和导通电压降，当输入 A 为低电平 0V 时，BJT 截止，F 输出高电平 5V；当输入 A 为高电平 5V 时，BJT 饱和导通，输出低电平 0V，这样就实现了逻辑非功能，所以它是**非门**电路。图 2-3b 是非门的逻辑符号。按照**正逻辑**约定，其真值表如表 2-3 所示，由表可知：

$$F = \overline{A} \tag{2-3}$$

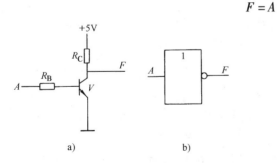

表 2-3　非门真值表

A	F
0	**1**
1	**0**

图 2-3　非门电路

a) BJT 反相器（非门）　b) 逻辑符号

以上讨论的是基本的 DTL **与**、**或**、**非**门，利用它们还可组合成 DTL **与非**门、**或非**门，但由于它们的输出电阻比较大，带负载能力较差，所以工程技术中已无应用。以下介绍性能较佳、应用广泛的 CMOS 和 TTL 集成门电路。

2.2　CMOS 逻辑门电路

顾名思义，CMOS 门电路采用 CMOS 工艺制造。近 20 年来 CMOS 工艺已逐步发展成为制造集成逻辑门电路的主流技术之一。尽管传统的 CMOS 工艺器件在速度和驱动能力方面不如双极工艺器件，但随着工艺技术的持续改进，CMOS 电路的工作速度已接近于 TTL 电路，而它的诸多优点，比如：高集成度、低功耗、宽电源电压范围、低制造成本和较强的抗干扰能力，都显现出其综合性能已明显超出 TTL 器件。因此，最近 10 多年来几乎所有的 VLSI 存储器和 PLD 芯片都采用 CMOS 工艺制造。如今 CMOS 门电路已是应用最广泛、也是最基础的集成电路逻辑单元。

中国早期生产的 CMOS 门有 4000 和 4000B 系列的产品，工作速度较慢，与 TTL 电路不兼容，但其功耗低、电压范围宽、抗干扰能力强。目前市售的 CC74HC/HCT 系列高速 CMOS 器件与 TTL 产品兼容，可与 TTL 器件交换使用，而 CC74AHC/AHCT 系列产品的工作速度可达 CC74HC/HCT 的两倍以上，因此该系列产品速度与 TTL 器件的差距逐步减小。图 2-4 是 4 两输入 CMOS 与非门 CC74HC00 引脚配置图和内部功能示意图。

下面首先讨论 CMOS 反相器，然后介绍其他 CMOS 逻辑门。

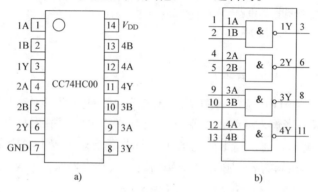

图 2-4　CMOS 与非门 CC74HC00
a）引脚排列图　b）内部功能示意图

2.2.1　CMOS 反相器

根据第 1.7 节所述，增强型 MOSFET 有 P 沟道和 N 沟道两种类型。在数字集成电路中，用增强型 P 沟道和 N 沟道 MOS 器件组成的电路即为 CMOS 电路。

图 2-5a 表示 CMOS 反相器电路，它由两个增强型 MOS 管组成，其中一个为 NMOS 管，另一个是 PMOS 管。从图形表达清楚考虑，采用图 2-5b 的简化符号电路，图中 V_N 称为工作管，V_P 称为负载管。为了使 CMOS 电路正常工作，设电源电压（$+V_{DD}$）大于 V_N 和 V_P 的开启电压绝对值之和，即（$+V_{DD}$）>（$U_{TN} + |U_{TP}|$），并设 V_N 和 V_P 的跨导 g_m 都足够大。

1. 工作原理

当 CMOS 反相器的输入电压 u_I 处于低电平，即 $u_I = U_{IL} = 0V$ 时，$U_{NGS} = 0V < U_{TN}$，V_N 截止；而 $U_{PGS} = 0 - V_{DD} = -V_{DD}$，$V_P$ 导通，输出电压 $u_O = U_{OH} \approx +V_{DD}$；而当 u_I 处于高电平，

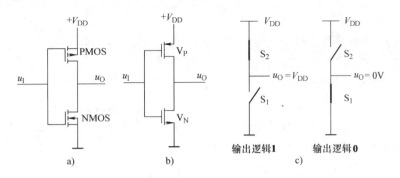

图 2-5　CMOS 反相器电路结构

a) CMOS 反相器电路　b) 采用简化符号的电路　c) CMOS 反相器作为开关示意图

即 $u_I = U_{IH} = +V_{DD}$ 时，$U_{NGS} = +V_{DD} > U_{TN}$，$V_N$ 导通，但 $U_{PGS} = 0V$，V_P 截止，$u_O = U_{OL} \approx$ 0V。从以上分析可知，图 2-5 所示的电路具有非门的逻辑功能，故称为 CMOS 反相器。

由于 CMOS 反相器工作时总是一个 MOS 管导通，而另一个 MOS 管截止，属于互补工作方式，所以将此电路称为互补对称 CMOS 电路。

第 1.7.6 节已经介绍了增强型 MOS 管的开关特性。据此，图 2-5c 描述了 CMOS 反相器的工作过程。当开关 S_1（NMOS 管）断开而 S_2（PMOS 管）导通时，输出电压为 V_{DD}，即逻辑 1；反之，当开关 S_1 导通而 S_2 断开时，输出电压为 0V，即输出状态为逻辑 0。

2. 电压传输特性

CMOS 反相器理想电压传输特性如图 2-6 所示。图中 u_I 是反相器输入端电压，u_O 为输出电压。由图中曲线可见，它分为 5 个工作区段，现分别介绍如下：

(1) AB 段　当输入低电平 $u_I = 0V$ 时，$U_{NGS} = u_I < U_{TN}$，V_N 截止，$|U_{PGS}| = |u_I - V_{DD}| = |0 - V_{DD}| > |U_{TP}|$，$V_P$ 导通，且工作在线性区，输出高电平，$u_O = U_{OH} \approx +V_{DD}$。

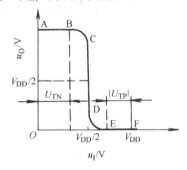

图 2-6　CMOS 反相器的电压传输特性

(2) BC 段　当 $u_I > U_{TN}$ 时，$U_{NGS} > U_{TN}$，V_N 开始导通，但此时 u_O 下降不多，仍处于高电平，因而 $U_{NGD} < U_{TN}$，故 V_N 工作在内阻很高的饱和区。同时由于 V_P 的 $U_{PGS} > U_{TP}$，V_P 仍工作在线性区，导通电阻很小（g_m 值足够大），所以 u_O 虽开始下降，但仍维持较高的输出电平。

(3) CD 段　随着 u_I 的继续升高，u_O 将进一步下降，$U_{NGS} > U_{TN}$，$U_{NGD} < U_{TN}$，同时 $|U_{PGS}| > |U_{TP}|$，$|U_{PGD}| < |U_{TP}|$，因而 V_N、V_P 都工作在饱和区，所以 u_O 随 u_I 的变化而急剧变化，这一区域称为传输特性的转折区或放大区。转折区中点约在 $u_I = V_{DD}/2$、$u_O = V_{DD}/2$ 的位置上（因为两管互补对称）。

(4) DE 段　u_I 再继续增加时，u_O 将进一步下降，V_N 进入低内阻的线性区，V_P 仍工作在饱和区，输出电压 u_O 趋于低电平。

(5) EF 段　当输入电压增加到 $u_I = +V_{DD}$ 时，V_N 导通且工作在线性区，$|U_{PGS}| = |u_I - V_{DD}| < |U_{TP}|$，$V_P$ 截止，输出电压 $u_O = U_{OL} \approx 0V$。

CMOS 器件的电源电压 $+V_{DD}$ 在 3 ~ 18V 的范围内都能正常工作。当 $+V_{DD}$ 取不同数值时，CMOS 反相器的电压传输特性如图 2-7 所示。

3. 功耗

在目前应用的集成逻辑门电路中，CMOS 反相器的功耗最低，整体封装的 CMOS 反相器产品静态平均功耗小于 $10\mu W$。这是因为 CMOS 反相器工作时，无论 u_I 是高电平还是低电平，总有一管导通，另一管截止，于是流过两个 MOS 管的静态电流接近于零，此为 CMOS 非门最显著的特点。但随着工作频率 f 的升高，CMOS 非门的动态功耗将有所增大（主要是电路对负载电容 C_L 的快速充放电引起的）。此外，由于 CMOS 电路的输入电容比 TTL 电

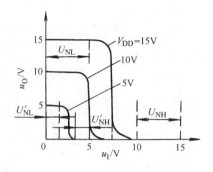

图 2-7　CMOS 反相器的电压传输特性

路的大，所以动态功耗将随 f 的升高而增大，理论上动态功耗 $P = C_L f V_{DD}^2$，式中 V_{DD} 为电源电压。

4. 工作速度

图 2-8a 所示的 CMOS 反相器工作在负载电容的情况下，它的开通时间和关闭时间是相等的。图 2-8b 表示当 $u_I = 0V$ 时，V_N 截止，V_P 导通，电源（$+V_{DD}$）通过 V_P 向负载电容 C_L 充电（充电电流为 i_{DP}）的情况。同理，图 2-8c 表示当 $u_I = +V_{DD}$，V_N 导通、V_P 截止时 C_L 的放电回路。由于在 CMOS 反相器中，两个器件的 g_m 值均设计得足够大，其导通电阻较低，所以充电回路的时间常数较小，理想情况下 V_N 和 V_P 互补对称，两管导通电阻相等，则传输延迟时间相等。CMOS 反相器的平均传输延迟时间约为 12ns 左右。

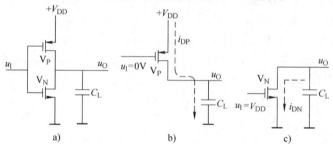

图 2-8　CMOS 反相器在电容负载下的工作情况
a）电路图　b）负载电容充电　c）负载电容放电

2. 2. 2　常用的 CMOS 门电路

1. CMOS 与非门

将两个 NMOS 管 V_{N1} 和 V_{N2} 串联用作工作管，两个 PMOS 管 V_{P1} 和 V_{P2} 并联作为负载管，便组成了两输入端 CMOS 与非门电路，见图 2-9。图中每个输入端连接到一个 NMOS 管和一个 PMOS 管栅极。由图可知，只要输入 A、B 中有一个低电平，就会使与之相连的 NMOS 管截止，而与之相连的 PMOS 管导通，输出 F 为高电平；只有 A、B 全为高电平时，才使两个串联的 NMOS 管都导通，且两个并联的 PMOS 管都截止，输出 F 为低电平。因此，此电路具有与非逻辑功能，即

$$F = \overline{AB}$$

2. CMOS 或非门

将两个 NMOS 管 V_{N1} 和 V_{N2} 并联用作工作管，两个 PMOS 管 V_{P1} 和 V_{P2} 串联为负载管，便组成了两输入端 CMOS **或非门**电路，如图 2-10 所示。据图可析，只要输入 A、B 中有一个输入为高电平，就会使与它相连的 NMOS 管导通，而与它相连的 PMOS 管截止，输出 F 为低电平；只有当 A、B 全输入低电平时，两个并联的 NMOS 管都截止，两个串联的 PMOS 管皆导通，输出 F 为高电平。因此，此电路实现了**或非**逻辑功能，其逻辑表达式为

$$F = \overline{A + B}$$

显然，可以类推，n 个输入端的**或非门**必须有 n 个 NMOS 管并联和 n 个 PMOS 管串联。

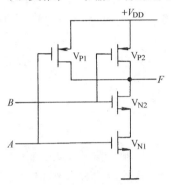

图 2-9 两输入端 CMOS 与非门电路　　图 2-10 两输入端 CMOS 或非门电路

比较 CMOS **与非门**（见图 2-9）和 CMOS **或非门**（见图 2-10）可知，**与非门**工作管是彼此串联的，输出电压随 MOS 管个数的增加而增加；而**或非门**则相反，它的工作管彼此并联，对输出电压的大小没有明显影响。因此，在 CMOS 数字逻辑系统中**或非门**用得较多。

3. CMOS 异或门和同或门

CMOS **异或门**电路如图 2-11 所示，它由一级**或非门**和一级**与或非门**组成。**或非门**的输出 $F_1 = \overline{A + B}$，而**与或非门**的输出 F_2 即为输入变量 A、B 的**异或**，因为

$$F_2 = \overline{AB + \overline{A + B}} = \overline{AB} + \overline{\overline{A}\,\overline{B}} = A \oplus B$$

若在图 2-11 所示的**异或门**后面增加一级 CMOS 反相器，则构成了**同或门**，因为 $\overline{F_2} = AB + \overline{A}\,\overline{B} = A \odot B$，$\overline{F_2}$ 式正是第 1.3.1 节介绍过的**同或**逻辑关系式。**异或门**和**同或门**的逻辑符号分别如第 1 章图 1-6d、e 所示，此处不再重画。

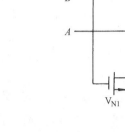

图 2-11 CMOS 异或门电路

2.2.3 CMOS 传输门和双向模拟开关

1. CMOS 传输门的组成

利用 PMOS 和 NMOS 管的互补特性，将两管并接就可以构成 CMOS 传输门，如图 2-12a 所示，图 2-12b 是它的逻辑符号。CMOS 传输门也是 CMOS 门电路中的基本逻辑单元。在图

2-12a 中 V_N 是 NMOS 管，V_P 是 PMOS 管，将它们的源极相接作为输入端，漏极相接作为输出端。由于两个 MOS 器件结构完全对称，所以输入端和输出端可以互换。而两个器件的栅极分别加有互补控制信号 C 和 $\bar{C}$。

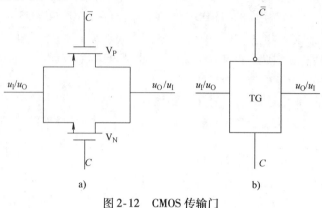

图 2-12　CMOS 传输门

a）电路图　b）逻辑符号

2. CMOS 传输门的工作原理

设两个 MOS 器件的开启电压 $U_{TN} = |U_{TP}| < V_{DD}$，且输入信号 u_I 在 0V ～ V_{DD} 范围内变化，控制信号的高、低电压分别为 V_{DD} 和 0V，则可分析 CMOS 传输门的工作情况如下：当 C 端接 0V、$\bar{C}$ 端接 V_{DD} 时，V_N 和 V_P 都截止，输入和输出之间呈高阻状态（内阻大于 $10^9 \Omega$），相当于开关断开；当 C 端接 V_{DD}、$\bar{C}$ 端接 0V 时，输入信号电压在 $0 \leqslant u_I \leqslant (V_{DD} - U_{TN})$ 范围内，V_N 导通；在 $U_{TN} \leqslant u_I \leqslant V_{DD}$ 范围内，V_P 导通，即在输入信号 u_I 的变化范围内，V_N 和 V_P 中至少有一个导通，输入和输出之间呈低阻状态（内阻小于 1kΩ），相当于开关接通。

3. CMOS 传输门构成双向模拟开关

用一个 CMOS 传输门 TG 和一个 CMOS 反相器 G 构成的双向模拟开关，如图 2-13 所示。当控制端 C 加高电平时，开关导通，输入信号 u_I 便可由输入端传输到输出端，$u_O \approx u_I$；当控制端 C 加低电平时，开关断开，输入信号与输出信号被阻断，输出端呈高阻状态。由于 MOS 器件结构的互补对称性，所以此 CMOS 双向模拟开关可用作双向传输器件，即输入端和输出端可以互换。

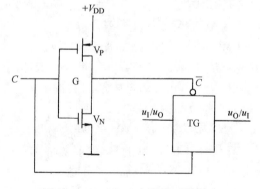

图 2-13　CMOS 双向模拟开关电路

2.2.4　CMOS 漏极开路门及三态门

1. CMOS 漏极开路（Open Drain，OD）门

在实际应用的 CMOS 逻辑门中，为了实现两个门输出逻辑**与**的关系或者为增大驱动负载的能力，往往需要将两个门电路输出端并联，用作输出端。当两个门均输出高电平时，输出为高电平，其余情况均为低电平，此连线应用称为**线与**。但是，简单地将两个普通的 CMOS 门输出端连接在一起，则输出高电平的门中 V_P 管与输出低电平的门中 V_N 管，与电源之间形成回路，将流过很大的贯通电流，引起器件损坏或出现逻辑错误。因此，需要采用一种改进

结构的门电路来解决此问题。现将 CMOS 与非门的输出级做成漏极开路（OD）结构，此时可将多个 OD 门的输出端并联，使其具有**线与逻辑**功能，同时不会损坏器件。若采用负逻辑约定，则可实现**线或逻辑**功能。**线与和线或门电路**均可用于数据总线系统中。

CC74HC03 是 4 两输入端漏极开路与非门，其逻辑电路如图 2-14a 所示，图 2-14b 是它的逻辑符号。该器件每个门的输出，均由一个漏极开路的 NMOS 管构成，如用它连接成**线与输出**，必须在漏极和电源之间外加合适的上拉电阻 R_L，这与将要介绍的 OC 门一样。图 2-14c 是两个 OD 与非门的**线与逻辑**电路图，当两个门的输出全为 **1** 时，输出为 **1**，只要一个门输出为 **0**，输出即为 **0**，所以该电路实现了**线与**功能，即 $F = \overline{AB}\,\overline{CD}$。

OD 门可用作发光二极管（LED）驱动器、高电平驱动器和 7 段译码显示驱动器等多种逻辑器件的输出以及电平转移电路中，也可用于其他需要接较大的灌电流负载的场合。

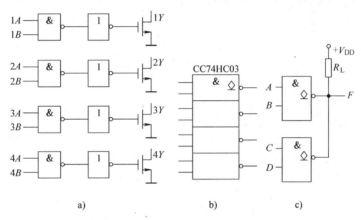

图 2-14　4 两输入端 OD 与非门

a）逻辑电路　b）逻辑符号　c）两个 OD 门输出端直接相连

2. CMOS 三态门（Three State Logic，TSL）

在数字系统中，为了使各个逻辑部件在数据总线上分时传输信号，就必须用三态输出逻辑门，简称三态门。所谓三态门，即其输出不仅有高电平和低电平两种状态，而且还有第三态——高阻状态。CMOS电路有多种结构的三态输出门。现简介常用的 3 种 CMOS 三态门。

（1）CMOS 反相器串接附加管　在 CMOS 反相器的基础上增加一个附加 N 沟道增强型 MOS 工作管 V_N' 和一个附加的 P 沟道增强型 MOS 负载管 V_P'，便构成了 CMOS 三态门，如图 2-15a 所示，图 2-15b 是其逻辑符号。当使能端 $EN =$ **1** 时，附加管 V_N' 和 V_P' 都截止，输出 F 呈现高阻状态；当 $\overline{EN} =$ **0** 时，V_N' 和 V_P' 同时导通，CMOS 反相器实现逻辑非功

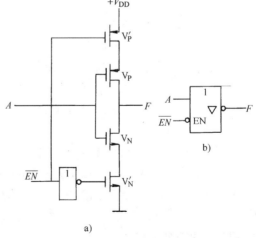

图 2-15　加附加管 V_N' 和 V_P' 组成 CMOS 三态门

a）电路　b）逻辑符号

能，即 $F = \bar{A}$。

（2）CMOS 反相器输出接双向模拟开关　在 CMOS 反相器的输出端串接一个 CMOS 双向模拟开关，也可实现三态输出，如图 2-16a 所示，图 2-16b 是其逻辑符号。当 $\overline{EN} = 1$ 时，双向模拟开关截止，输出 F 呈高阻状态；当 $\overline{EN} = 0$ 时，双向模拟开关导通，反相器的输出信号经模拟开关传送到 F 端，实现逻辑非运算，即 $F = \bar{A}$。

（3）增加附加管和 CMOS 门电路　其中的一种设计方案是，在 CMOS 反相器的基础上增加一个附加管 V_P' 和控制用的 CMOS 或非门，就组成了 CMOS 三态缓冲器，如图 2-17a 所示。图 2-17b 是它的逻辑符号。当 $\overline{EN} = 1$ 时，V_P' 截止，同时或非门输出为逻辑 0，驱动管 V_N 也截止，输出 F 呈高阻状态；当 $\overline{EN} = 0$ 时，V_P' 导通，而逻辑 0 对或非门是开门信号，因而输入信号经或非门和反相器两次反相后，输出 $F = A$，实现了三态缓冲功能。

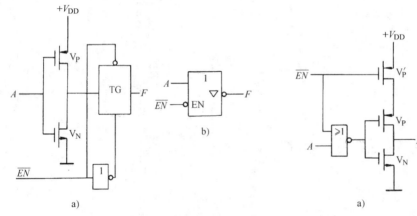

图 2-16　反相器输出接双向模拟　　　　　图 2-17　增加附加管 V_P' 和或非门
开关组成 CMOS 三态门　　　　　　　　　组成 CMOS 三态门
a）电路　b）逻辑符号　　　　　　　　　　a）电路　b）逻辑符号

2.2.5　CMOS 三态门的应用

1. 构成总线传输系统

利用 CMOS 三态门构成的总线系统示意图，如图 2-18a 所示，它使 n 个信号分时有序地相互传输而不致互相干扰，控制信号 $EN_1 \sim EN_n$ 中任一时刻只能有一个为 **1**，使相应的三态门向总线传送信号，其余的门电路均处高阻状态。三态门不需外接上拉电阻，输出级具有推拉式输出结构，输出阻抗较低，因而其速度比 OD 门快一些。

2. 接成双向传输门

利用 CMOS 三态门还可组成双向传输门，实现数据双向传输，如图 2-18b 所示。当 $EN = 1$ 时，门 G_1 导通，G_2 处于高阻状态，单一数据 D_0 经过 G_1 反相后传送到总线上；当 $EN = 0$ 时，门 G_2 导通，G_1 处于高阻状态，到达总线的单一数据 D_1 经过 G_2 反相后传送到数字设备中。

3. 用于数据双向传输

图 2-19 是一种采用 CMOS 三态输出 4 总线缓冲器组成的两个数据双向传输电路。当 $\overline{EN} = 0$ 时，三态门 G_1 和 G_2 工作，G_3 和 G_4 不工作，数据 A、B 经 G_1、G_2 从左方向右方传送；

当 $\overline{EN}=1$ 时，三态门 G_3 和 G_4 工作，但 G_1 和 G_2 不工作，数据 A、B 经 G_3、G_4 从右方传送至左方。

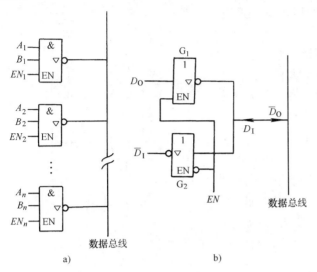

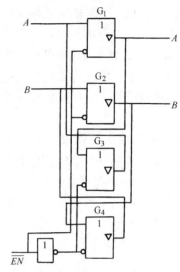

图 2-18　CMOS 三态门的应用

a）用于数据传输总线　b）组成单一数据双向传输门

图 2-19　三态输出 4 总线缓冲器用于两个数据的双向传输电路

2.2.6　CMOS 逻辑门的主要技术参数

1. 高、低电压值

第 1 章已述及，数字电路中的逻辑值常用高、低电平来表示，规定在正逻辑约定下，用逻辑 1 和逻辑 0 分别表示高、低电平。作为逻辑门电路的技术参数，工程技术中常用高、低电压表示，以伏（V）为单位量化，以便于具体应用。设电源电压为 V_{DD}，按照 MOS 管的工作特点，CMOS 门电路的高、低电压值如下：

输出高电平电压 U_{OH}，$U_{OH(min)}=V_{DD}-0.1V$

输出低电平电压 U_{OL}，$U_{OL(max)}=0.1V$

输入高电平电压 U_{IH}，$U_{IH(min)}=70\% V_{DD}$

输入低电平电压 U_{IL}，$U_{IL(max)}=30\% V_{DD}$

阈值电压 $U_{TH}=50\% V_{DD}$。

2. 噪声容限

噪声容限表示门电路的抗干扰能力。二值数字逻辑电路的优点在于它的输入信号允许有一定的容差。如果将图 2-9 所示的 CMOS 与非门中的输入和输出高、低电压绘制成图 2-20 的电位图，则由图可定义，高电平（逻辑 1）所对应的电压范围（$U_{IH} \sim U_{OH}$）和低电平（逻辑 0）所对应的电压范围（$U_{OL} \sim U_{IL}$）分别为**高、低电平噪声容限**，用 U_{NH} 和 U_{NL} 表示，即

$$U_{NH}=U_{OH}-U_{IH} \tag{2-4}$$

$$U_{NL}=U_{IL}-U_{OL} \tag{2-5}$$

从图 2-20 中易见，随着电源电压（$+V_{DD}$）的增加，噪声容限 U_{NL} 和 U_{NH} 也会随之增大。

3. 扇入数和扇出数

（1）扇入数　CMOS 门电路的扇入数取决于其输入端数。例如一个 3 输入端的 CMOS **与非门**，它的扇入数 $N_I = 3$。

（2）扇出数　扇出数的分析要复杂一些，它是指在正常情况下，所允许带同类门的最大数目。此时需要考虑两种情况，一种是**拉电流负载**，另一种为**灌电流负载**。

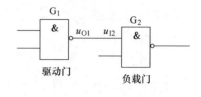

1）拉电流工作情况　图 2-21a 所示为拉电流负载的情况。当驱动门的输出为高电平时，将有电流 I_{OH} 从驱动门拉出而流入负载门，负载门的输入电流为 I_{IH}，当负载门的个数增加时，总的拉电流将增加，会引起输出高电平下降。但下降值不得低于输出高电平

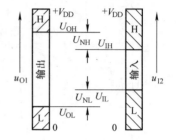

图 2-20　噪声容限图解

的下限值，这就限制了负载门的个数。这样，输出为高电平时的扇出数可以表示为

$$N_{OH} = \frac{I_{OH}（驱动门）}{I_{IH}（负载门）} \tag{2-6}$$

2）灌电流工作情况　图 2-21b 所示为灌电流负载的情况。当驱动门输出端为低电平时，电流 I_{OL} 流入驱动门，它等于所有负载门输入端电流 I_{IL} 之和。当负载门的个数增加时，总的灌电流 I_{OL} 将增加，同时也将引起输出低电平 U_{OL} 的抬高。在保证不超过输出低电平的上限值时，驱动门所能驱动同类门的数目由下式决定：

$$N_{OL} = \frac{I_{OL}（驱动门）}{I_{IL}（负载门）} \tag{2-7}$$

以上 N_{OH} 和 N_{OL} 计算公式中均未考虑电容性负载。

现举例说明此参数的选取：CC74HC 系列 CMOS 门的相关参数如下：当高电平输出电压为 4.9V 时，输出电流 $I_{OH} = -20\mu A$；低电平输出 0.1V 时，$I_{OL} = 20\mu A$，同类门负载的 $I_{IH} = 1\mu A$，$I_{IL} = -1\mu A$。数据前置负号表示电流从器件流出，否则电流流入器件，计算时只取绝对值。根据式（2-6）和式（2-7）计算出 $N_{OH} = N_{OL} = 20\mu A / 1\mu A = 20$，即不管是拉电流还是灌电流，最多可接同类门电路的输入端数为 20 个。若拉电流和灌电流下计算出的扇出数不同，则实际运用时应取小值。

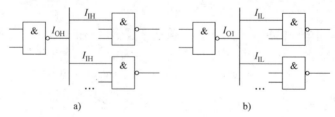

图 2-21　扇出数的计算
a）拉电流负载　b）灌电流负载

4. 传输延迟时间

传输延迟时间是表征门电路开关速度的参数，它说明门电路在输入脉冲波形的作用下，

其输出波形相对于输入波形延迟了多久。为了便于说明，假设在门电路的输入端加入一个脉冲波形，其幅度为 $0 \sim +V_{DD}$（单位为 V），相应的输出波形如图 2-22 所示。通常将门电路输出由低电平转换到高电平或者由高电平跳变到低电平所经历的时间，分别用 t_{PLH} 和 t_{PHL} 表示，由于 CMOS 门电路输出级的互补对称性，其 t_{PLH} 和 t_{PHL} 相等。

有时也采用平均传输延迟时间 t_{PD} 这一参数，即

$$t_{PD} = (t_{PLH} + t_{PHL})/2 \tag{2-8}$$

例如，CMOS 与非门 CC74HC00 在 5V 的典型工作电压时 $t_{PLH} = t_{PHL} = 7\text{ns}$，则 $t_{PD} = (7 + 7)\text{ns}/2 = 7\text{ns}$。在图 2-22 中还标出了上升时间 t_r 和下降时间 t_f，它们分别表示输出信号上升沿和下降沿的陡峭程度。

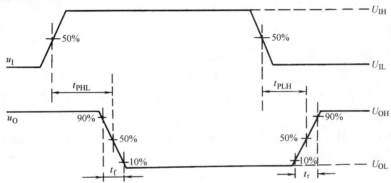

图 2-22　CMOS 门电路的传输延迟波形

*5. 功耗

功耗是门电路的重要参数之一。功耗有静态和动态之别。所谓静态功耗指的是电路输出无状态转换时的功耗，即门电路静态且空载时电源总电流 I_{DD} 与电源电压（$+V_{DD}$）之乘积。当输出为低电平时的功耗称为**空载导通功耗 P_{ON}**，当输出为高电平时的功耗称为**截止功耗 P_{OFF}**，P_{ON} 总比 P_{OFF} 大。至于动态功耗，它发生在状态转换的瞬间，或者电路中有电容性负载时。例如 CMOS 门电路约有 5pF 的输入电容，由于电容的充、放电作用，所以会增加电路的动态损耗。对于 CMOS 门电路而言，由于动态功耗正比于转换频率和电源电压的二次方，所以其动态功耗可达毫瓦数量级。而静态时 CMOS 电路的电流非常小，使得静态功耗极低，所以 CMOS 电路广泛用于功耗较低或电池供电的设备，如便携式计算机、手机和 iPad 等。这些设备在无输入信号时，功耗都非常低。

*6. 延时 – 功耗积

对于理想的数字电路或数字系统，要求它既有高速度，又有低功耗。工程技术中要实现此状况是不易的，因为高速数字电路往往以牺牲功耗为代价，换取速度提高。于是，一种衡量高速、低耗的综合指标**延时 – 功耗积**便应运而生。该指标用符号 DP 表示，单位为 J，即

$$DP = t_{PD} P_D \tag{2-9}$$

式（2-9）中平均传输延迟 t_{PD} 按式（2-8）计算，P_D 是门电路的功耗。一个门电路的 DP 值越小，表明它高速、低耗的性能越接近于理想状况。

目前市售 CC74HC/HCT 系列高速 CMOS 逻辑门电路的技术参数，可查阅教材附录 D。

2.3　TTL 逻辑门电路

国产 TTL 集成逻辑门有 CT74 通用系列、CT74H 高速系列、CT74S 肖特基系列和 CT74LS 低功耗肖特基系列等产品。由于它们的电路结构和参数不尽相同，所以输入电流、输出电流、功耗和传输延迟时间也不相同。但是，其外接线排列基本上是相互兼容的。工程中应用 74 系列逻辑门电路的环境温度为 0 ~ + 70℃，所用电源电压允许的变化范围为 ±5%。

2.3.1　TTL 与非门电路结构和工作原理

1. 电路结构

在 TTL 集成电路中，CT74 通用系列门电路是 1965 年才出现在市场上的。图 2-23a 是该系列两输入端与非门的典型电路。图中多发射极 BJT 的 V_1 和基极电阻 R_1 组成输入级，实现逻辑与功能；BJT 的 V_2 及集电极电阻 R_2 和发射极电阻 R_3 组成中间级，可以分别从 V_2 的集电极和发射极输出两个相位相反的信号；由上拉器件 V_4、电平移动二极管 VD_3、集电极电阻 R_4 和下拉器件 V_3 组成推拉式输出级，其中 V_3 是驱动器件，由 V_4、VD_3 和电阻 R_4 组成的电路是 V_3 的有源负载。

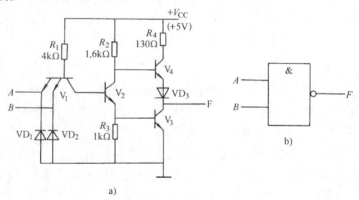

图 2-23　CT74 通用系列两输入端与非门
a) 电路图　b) 逻辑符号

在每个输入端都分别反向连接了保护二极管 VD_1 和 VD_2，允许流过它们的最大正向电流为 20mA。当输入端加正向电压时，相应的二极管处于反向偏置状态，具有很高的阻抗，相当于开路，并不影响电路正常工作；但是，如果一旦在输入端出现负极性的过冲干扰脉冲时，VD_1 或 VD_2 会立即导通，使输入端的电位被钳制在 - 0.7V 左右，从而保护了多发射极 BJT V_1 免遭损坏。

2. 工作原理

TTL 集成电路的电源电压固定：$+ V_{CC} = + 5V$。设输入高电平为 3.6V，低电平为 0.3V，BJT 的饱和导通压降 $U_{CES} = 0.3V$，则可分析图 2-23a 所示的**与非门电路**的工作原理如下：

1）当两个输入电压 u_A 和 u_B 中至少有一个为低电平 0.3V 时，V_1 的两个发射结中至少有一个导通，其基极电压等于输入低电平加上发射结正向导通压降 0.7V，即

$$U_{B1} = (0.3 + 0.7)V = 1.0V$$

此时 $U_{B1} = 1.0V$ 作用于 V_1 的集电结和 V_2、V_3 的发射结上，导致 V_2、V_3 都截止。由于 V_2 截止，$+V_{CC}$ 经过电阻 R_2 向 V_4 提供基极电流，使得 V_4 和 VD_3 导通。因 R_2 上流过电流很小，故忽略电压降 $(I_{B4} + I_{CEO2})R_2$，输出电压为

$$u_F \approx +V_{CC} - U_{BE4} - U_{D3} = (5 - 0.7 - 0.7)V = 3.6V$$

2）当两个输入端全加高电平，即 $u_A = u_B = 3.6V$ 时，电源 $+V_{CC}$ 通过电阻 R_1 和 V_1 的集电结向 V_2、V_3 提供基极电流，使 V_2、V_3 饱和导通，输出为低电平。此时

$$U_{B1} = U_{BC1} + U_{BE2} + U_{BE3} = (0.7 + 0.7 + 0.7)V = 2.1V$$

由于此时 V_1 的发射结反向偏置，而集电结却正向偏置，所以 V_1 处于发射结和集电结倒置工作状态。因 V_2、V_3 饱和导通，故 $u_F = U_{CES3} = 0.3V$，这样估算出 U_{C2} 的电压值为

$$U_{C2} = U_{CES2} + U_{BE3} = (0.3 + 0.7)V = 1.0V$$

此时 $U_{B4} = U_{C2} = 1.0V$，U_{B4} 作用于 V_4 发射结和 VD_3 串联支路上的电压为 $U_{B4} - u_F = (1.0 - 0.3)V = 0.7V$，显然 V_4 和 VD_3 都截止。

综上所述，当图 2-21a 所示 TTL 门电路输入至少有一个是低电平 0.3V 时，输出为高电平；当输入全是高电平时，输出才为低电平。因此，该 TTL 逻辑门具有与非逻辑功能，即

$$F = \overline{AB} \tag{2-10}$$

图 2-23b 是 TTL 与非门的逻辑符号。综合以上分析还可看出，无论输出是低电平还是高电平，推拉式输出级 BJT V_3 和 V_4 总是一个导通、另一个截止，静态功耗约为零，且 V_4 导通时构成射极输出器的输出电阻以及 V_3 饱和导通时输出电阻均很低，因此 TTL 与非门具有较佳的带负载能力。同时，推拉式输出电路结构与多发射极晶体管可以提高门电路的开关速度，当它由开通转换为截止时，即在全部输入高电平的输入信号中有一个或几个变为低电平时，V_1 由倒置状态转变为放大状态，产生较大的集电极电流，迅速将 V_2 基区存储电荷释放到地，加速了 V_2 由饱和向截止状态的转换，从而使 V_4、V_3 迅速完成状态更新。

只要将图 2-23a 电路中多发射极 BJT 的 V_1 多做出一个发射结，便可制备出 3 输入端 TTL 与非门。实际上，对图示 TTL 门电路的结构稍作改动，就可得到其他逻辑功能的 TTL 门，如与门、或非门、与或非门等，详见第 2.3.2 节和习题 2-11。

*3. 其他几种系列的 TTL 与非门

（1）CT74H 高速系列　图 2-24 是 CT74H 高速系列两输入端与非门电路，它与 74 通用系列门电路的主要区别是：① 电路中所用的电阻值减少了；② 输出级 V_3 的有源负载改为由 V_4 和 V_5 组成的复合管，通常称为达林顿图腾柱结构，它进一步提高了与非门的带负载能力和工作速度，但其功耗却增加一倍以上，所以，目前这类产品已很少生产。

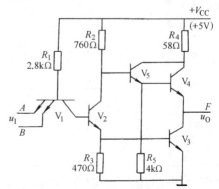

图 2-24　CT74H 高速系列两输入端与非门电路

（2）CT74S 肖特基系列　最早的肖特基系列（74S）使用肖特基晶体管和二极管，将电路的 DP 值降至原来的 1/2。低功耗肖特基系列（74LS）的 DP 值为 74S 系列的 1/3。后来对集成电路工艺作了进一步改进，生产出 74AS 和 74ALS 系列产品。74AS 系列的速度是 74S

系列的两倍。74ALS 系列又进一步改进了速度和功耗指标。快速 TTL 系列（74F）采用新工艺减小了器件尺寸和结电容，从而降低了传输延迟时间。图 2-25 是 CT74S 肖特基系列两输入端**与非门电路**，它与上述两个系列的 TTL 门相比，主要作了如下的改进：

1）将 V_3 基极回路的电阻 R_3 改为电阻 R_B、R_C 和 V_6 组成的有源泄放电路。当一个输入端为高电平而另一个输入端由低电平转换为高电平的瞬间，由于 V_6 的基极有电阻 R_B 与 V_2 的发射极相连，所以 V_3 比 V_6 先导通，V_2 的发射极电流 I_{E2} 绝大部分流入 V_3 的基极，使 V_3 迅速进入饱和状态，缩短了 V_3 的开通时间。待 V_6 导通后，流入 V_3 的基极电流被 V_6 组成的有源泄放电路分流，使 V_3 基区积累的存储电荷减少而处于浅饱和状态。另外，还可缩短 V_3 的关闭时间，现说明如下：当输入信号由高电平转换为低电平的瞬间，V_2 基区存储电荷经 V_1 泄放而迅速截止，而 V_6 的基极有电阻 R_B 存在，其基区存储电荷消散缓慢，暂仍处于导通状态，这为 V_3 基区存储电荷泄放提供了一个低阻回路，加速了 V_3 的截止。亦即，改用有源泄放电路以后，可以有效提高与非门的开关速度。

2）除 V_4 以外，图 2-25 门电路中全部采用肖特基晶体管（亦称抗饱和 BJT）。所谓抗饱和 BJT，即在普通的 BJT 的基极与集电极之间接有一个**肖特基势垒二极管 SBD**，见图 2-26。SBD 是一种利用金属和半导体相接触在交界面形成势垒的二极管，其正向压降约为 $0.3 \sim 0.4V$，比普通硅二极管低约 0.3V。该带有肖特基 BJT 的电路称为抗饱和 TTL 电路，因为随着 BJT 基极电流 I_B 的增大，集电极与发射极之间的电压 U_{CE} 随之减小，当 BJT 饱和导通电压降到 0.4V，基极与集电极之间的电压降至 0.3V 时，SBD 开始导通，对 BJT 基极电流 I_B 起到分流作用，饱和深度不再增加，从而节省了 BJT 基区电荷的存储和消散时间，有效提高了 TTL 门电路的开关速度。

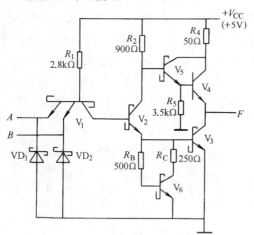

图 2-25　CT74S 肖特基系列两输入端与非门电路

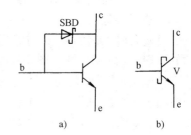

图 2-26　带有肖特基二极管的 BJT
a）电路连接方式　b）图形符号

　　由于图 2-25 电路中输入端 VD_1 和 VD_2 都采用了 SBD，其正向压降只有 $0.3 \sim 0.4V$，所以可以有效防止负向过冲干扰脉冲对 V_1 的损坏。

（3）CT74LS 低功耗肖特基系列　图 2-27 是 CT74LS（低功耗肖特基）系列两输入端**与非门电路**。与肖特基系列门电路相比，它具有以下一些优点：

1）由于电路中所有电阻均为千欧和数十千欧数量级，大大降低了电路功耗，所以每门平均功耗只有 1mW 左右。

2）输入级用 SBD 组成与门代替了多发射极的 BJT 与门。由于集成制造工艺水平的不断提高，允许的最小线宽下降，使集成门电路中制作二极管所占面积小，从而减少了寄生电容。因此，这种门电路不仅对输入信号的瞬态响应快、漏电流小、输入击穿电压高，而且 SBD 的结电容还有助于 V_1 基区电荷的积累和消散，这既有利于提高开关速度，又便于与 CMOS 电路接口。

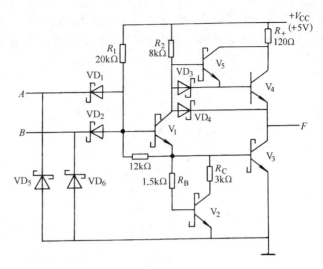

图 2-27　CT74LS 低功耗肖特基系列两输入端与非门电路

2.3.2　TTL 或非门

图 2-28a 表示 TTL 或非门的逻辑电路，图 2-28b 是它的逻辑符号。该图中**或非**逻辑功能是对 TTL **与非**门（见图 2-23a）电路结构进行改进而取得的，即用两个 BJT 管 V_{2A} 和 V_{2B} 代替 V_2。若两个输入信号均为低电平，则 V_{2A} 和 V_{2B} 均截止，$i_{B3} = 0$，输出为高电平。若 A、B 两输入端中至少有一个为高电平，则 V_{2A} 或 V_{2B} 将饱和，导致 $i_{B3} > 0$，i_{B3} 便使 V_3 饱和，输出低电平。这就实现了**或非**逻辑功能，即

$$F = \overline{A + B} \tag{2-11}$$

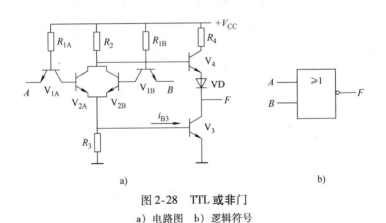

图 2-28　TTL 或非门

a）电路图　b）逻辑符号

2.3.3　TTL 系列门电路的技术参数

TTL 系列门电路的技术参数在定义上与 CMOS 门有相同之处，但也有自身的特点。以下主要针对 TTL 电路特有的参数加以说明。

1. 电压传输特性

如果将图 2-23a 所示的 TTL **与非**门的输入 A（或 B）接高电压 3.6V，则将输出电压 $u_O = u_F$ 随输入信号 B（或 A）所加电压 u_I 之变而变的特性曲线，称为电压传输特性（实际上

接成了 TTL 与门）。该特性曲线应是一条光滑的曲线，但为简明起见，用折线近似描述，称为理想的电压传输特性，如图 2-29 所示。显然，图示传输特性分为 4 个区段，现分别讨论如下。

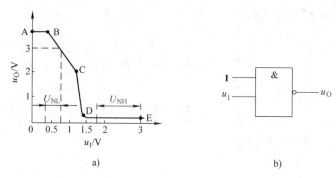

图 2-29　TTL 与非门的电压传输特性

a）传输特性　b）接成 TTL 与门进行测试

（1）AB 段　当 $u_I < 0.6V$ 时，因为 V_1 已处于深度饱和状态，饱和压降约为 $0.1V$，所以 $u_{C1} < 0.7V$，这使 V_2 和 V_3 均截止，VD_3 和 V_4 均导通，输出高电压 $u_O = u_F \approx +V_{CC} - U_{BE4} - U_{D3} = 3.6V$，故称 AB 段为电压传输特性的截止区。

（2）BC 段　当 $0.6V < u_I < 1.3V$ 时，$0.7V < u_{C1} < 1.4V$，由于 V_2 的发射极电阻 R_3 直接接地，故 V_2 开始导通，并处于放大状态，所以其集电极电压 u_{C2} 和输出电压 $u_O = u_F$ 随输入电压 u_I 的增高而线性下降，但此时 V_3 仍截止，故称 BC 段为线性区。

（3）CD 段　当 $1.3V < u_I < 1.4V$ 时，V_2 和 V_3 均趋于饱和导通状态，$u_{C2} = U_{BE3} + U_{CES2} = 1V$，$V_4$ 和 VD_3 均趋于截止，输出急剧降为低电平，$u_O = u_F \approx 0.45V$，故称 CD 段为转折区，其中 D 点对应的输入电压值称为阈值电压 U_{TH}。由图中显示的数值得，理想 TTL 门的阈值电压 $U_{TH} \approx 1.4V$。

（4）DE 段　当 u_I 大于 $1.4V$ 以后，u_{B1} 被钳位在 $2.1V$，V_2 和 V_3 均已饱和导通，$u_O = u_F = U_{CES3} = 0.3V$，故称 DE 段为饱和区。

2. 输入负载特性

当用 TTL 与非门组成一些较复杂的数字电路时，有时需要在信号与输入端之间，或者输入端与地端之间接一个电阻，如图 2-30a 所示。从图中可以看出，当输入低电平时，有输入电流 I_{IL} 流过电阻 R_I，在 R_I 上产生电压降 u_{RI}。现将 U_{RI} 随 R_I 变化而变化的关系曲线称为 TTL 与非门电路的输入负载特性，CT74 系列与非门的输入负载特性示于图 2-30b 中。分析图 2-30a 可知，当 V_3 未导通之前，写出如下的近似关系式

$$U_{RI} \approx R_I(V_{CC} - U_{BE1})/(R_1 + R_I) \qquad (2\text{-}12)$$

由式（2-12）不难看出，在满足 $R_I \ll R_1$ 的条件下，u_{RI} 与 R_I 之间近似为线性关系，此时相当于输入为低电平，输出为高电平。但是，当 R_I 增大，使 u_{RI} 上升到 $1.4V \approx U_{TH}$ 以后，V_1 的基极电位 u_{B1} 被钳制在 $2.1V$ 左右，这时 V_2 和 V_3 均饱和导通，输出为低电平。此后，即使再增大 R_I，u_{RI} 也不会升高，亦即 u_{RI} 与 R_I 之间的关系不再满足式（2-12）。为了揭示输入端接有负载电阻的规律，特定义如下：① 将保证与非门输出为标准低电平所允许的 R_I 的最小阻值，称为开门电阻 R_{ON}；② 将保证与非门输出高电平标准值的 **90%**，且 U_{RI} 不得大于

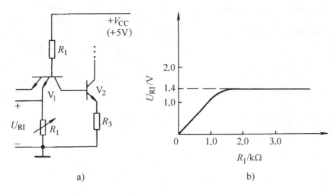

图 2-30　CT74 系列与非门输入负载特性

a）测试电路　b）输入负载特性曲线

最大输入低电平 $U_{\mathrm{IL\,max}}$ 所允许的 R_{I} 的最大阻值，称为关门电阻 R_{OFF}。R_{ON} 和 R_{OFF} 的阻值一般通过实验测得。对于 CT74 系列 TTL 与非门，实测结果为 $R_{\mathrm{ON}} \approx 2.0\mathrm{k\Omega}$，$R_{\mathrm{OFF}} \approx 0.91\mathrm{k\Omega}$。

3. 输入和输出的高、低电压值

与 CMOS 门电路高电平对应高、低电压值分析类似，从图 2-29a 所示的 74 系列 TTL 与非门的电压传输特性上，可以截得输入和输出的高、低电压值如下：

$$输出高电压\ U_{\mathrm{OH}} = u_{\mathrm{O}}(\mathrm{A}) \approx 3.6\mathrm{V};$$
$$输出低电压\ U_{\mathrm{OL}} = U_{\mathrm{CES3}} \approx 0.3\mathrm{V};$$
$$输入低电压\ U_{\mathrm{IL}} = u_{\mathrm{I}}(\mathrm{B}) \approx 0.4\mathrm{V};$$
$$输入高电压\ U_{\mathrm{IH}} = u_{\mathrm{I}}(\mathrm{D}) \approx 1.4\mathrm{V} \approx U_{\mathrm{TH}}。$$

(2-13)

4. TTL 系列门技术参数的比较

目前 TTL 系列门电路的使用逐渐减少。TTL 系列电路的电源电压都是 5V，且各系列都是兼容的，但每个系列的速度、功耗等参数各有特点。所以，在分析 TTL 门电路时，其输入和输出电平的高、低电压值，可以运用式（2-13）所给数值进行估算，而对于几种 TTL 系列门的输入和输出高、低电平时的电流等参数，可依据表 2-4 所列数据做出分析。

表 2-4　几种 TTL 系列门技术参数比较

系列 参数	74S	74LS	74AS	74ALS	74F
$I_{\mathrm{IL(max)}}$/mA	2.0	0.4	0.5	0.1	0.6
$I_{\mathrm{OL(max)}}$/mA	20	8	20	8	20
$I_{\mathrm{IH(max)}}$/μA	50	20	20	20	20
$I_{\mathrm{OH(max)}}$/mA	1.0	0.4	2.0	0.4	1.0
传输延迟时间 t_{PD}/ns	3.0	9.5	1.7	4.0	3.0
每门功耗 P_{D}/mW	19.0	2.0	8.0	1.2	4.0
延时 – 功耗积 DP/pJ	57.0	19.0	13.6	4.8	12.0

例2-1　针对图2-31所示的两个CT74系列TTL逻辑门电路，分别讨论它们的输出电压值各约为多少伏？

解：对于CT74系列TTL**与非门**，若输入端通过电阻R_I接地，根据TTL门电路的输入负载特性知，当$R_I < R_{OFF}$时，构成低电平输入方式；当$R_I > R_{ON}$时，为高电平输入方式。故有：

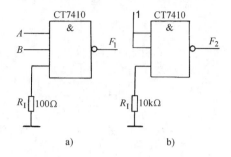

图2-31　例2-1的两个逻辑门电路
a) $R_I = 100\Omega$　b) $R_I = 10\text{k}\Omega$

（1）由于在图2-31a所示电路中电阻$R_I = 100\Omega$ $< R_{OFF} \approx 0.91\text{k}\Omega$，所以该门接有$R_I$的输入端呈现低电平，根据第2.3.1节TTL**与非门**的逻辑功能，其输出电压约为3.6V。

（2）由于在图2-31b所示电路中电阻$R_I = 10\text{k}\Omega > R_{ON} \approx 2.0\text{k}\Omega$，则该输入端为高电平，所以根据**与非门**的逻辑功能，其输出电压值约为0.3V。

例2-2　分析图2-32所示的各TTL门电路的输出状态如何？若这些门电路为CMOS产品，则输出状态又怎样？

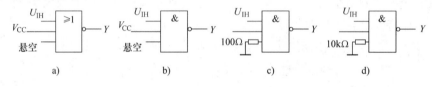

图2-32　例2-2用图

解：（1）当图2-32a、b为TTL电路时，因TTL门输入端悬空，相当于接入"**1**"，所以，图2-32a、b的**或非门**和**与非门**都输出"**0**"；而图2-32c电路的输入端通过100Ω电阻接地，相当于输入"**0**"，**与非门**输出为"**1**"；图2-32d电路的输入端通过10kΩ电阻接地，相当于输入"**1**"，**与非门**输出为"**0**"。

（2）当图2-32所示电路为CMOS门时，因CMOS门电路输入端不允许悬空，所以，图2-32a、b的**或非门**和**与非门**均为非正常工作状态；因CMOS门电路的输入阻抗很高，故图2-32c、d电路的输入端经100Ω和10kΩ电阻接地，都相当于输入"**0**"，两个**与非门**的输出均为"**1**"。

2.3.4　TTL集电极开路门和三态门

1. 集电极开路门（OC门）

为了增加TTL门电路的驱动能力和逻辑功能，有时需将多个门电路输出端直接并联在一起使用，但具有推拉式输出结构的门电路是不允许如此连接的，因为一旦这样连接（如图2-33所示），当一个门输出高电平、另一个门输出低电平时，输出高电平的门输出端近乎短路，将会产生一个较大的电流I直接流入输出低电平门的V_3管，不仅使开通门的低电压抬高，出现逻辑错误，而且输出高电平门的V_4管也可能被烧坏。为了使TTL门输出端能直接并联应用，可将TTL**与非门**的有源负载去掉，并把驱动管V_3改为集电极开路，称为开集门，简称OC门。一种典型的CT74系列OC门结构及其逻辑符号见图2-34。实际使用时，

OC 门输出端 V_3 集电极应外接上拉电阻 R_L。

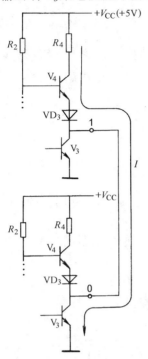

图 2-33　将两个 TTL 与非门
输出端直接连接

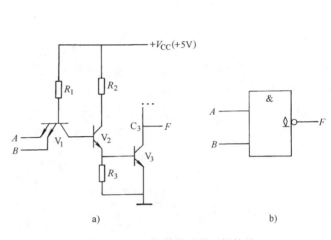

a)　　　　　　　　　　b)

图 2-34　OC 门结构及其逻辑符号

a）OC 门内部电路　b）逻辑符号

如果将 n 个集电极开路门的输出端并联后，共用一个上拉电阻 R_L 和电源 $+V_{CC}$，见图 2-35。由图可知，只有当 n 个门输出 F_1、F_2、…、F_n 都是高电平 U_{OH} 时，输出 F 才是高电平；只要其中有一门输出为低电平 U_{OL}，输出 F 便为低电平。显然 F 与 F_1、F_2、…、F_n 之间实现了**线与逻辑**功能，即 $F = F_1 F_2 \cdots F_n$。为使**线与**输出的高、低电压值能满足所在数字系统的要求，对外接上拉电阻 R_L 数值应进行估算。而 OC 门经过**线与**连接后所接 R_L 的大小，与并联在一起的 OC 门的个数 n、所接 TTL 负载门输入端数 m、负载门个数 M 以及**线与**输出逻辑状态有关。估算方法是：在保证**线与**电路正常工作的条件下，先求出**线与**输出高电平时上拉电阻最大值 $R_{L(max)}$ 和输出低电平时上拉电阻最小值 $R_{L(min)}$ 两个极限值，然后在此两极限值之间择一合适的标称值电阻作为上拉电阻 R_L。

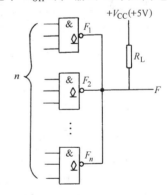

图 2-35　n 个 OC 门输出与上拉
电阻 R_L、电源 $+V_{CC}$ 的连接

*（1）求负载电阻的最大值 $R_{L(max)}$　将 n 个 OC 门的输出端并联，假定输出为高电平，负载是 TTL 与非门的 m 个输入端，如图 2-36a 所示。图中 I_{OH} 是每个 OC 门输出为高电平 U_{OH} 时流入其驱动管 V_3 集电极的漏电流，I_{IH} 是负载门在输入为高电平时流入每个输入端的漏电流，由图可得

$$U_{OH} = V_{CC} - I_{RL}R_L = V_{CC} - (nI_{OH} + mI_{IH})R_L$$

则
$$R_{L(\max)} = \frac{V_{CC} - U_{OH(\min)}}{nI_{OH} + mI_{IH}} \tag{2-14}$$

在式（2-14）中，$U_{OH(\min)}$ 是**线与**输出为高电平时所允许的最小值。

*（2）求负载电阻的最小值 $R_{L(\min)}$　当用 OC 门实现**线与**逻辑功能，且输出为低电平时，如从电路工作最不利的情况考虑，即假定只有一个 OC 门导通，此时流入该 OC 门 V_3 的集电极电流为最大，各电流的方向见图 2-36b。由图可得

$$I_{OL} = I_{RL} + MI_{IL} = \frac{V_{CC} - U_{OL(\max)}}{R_L} + MI_{IL}$$

$$R_{L(\min)} = \frac{V_{CC} - U_{OL(\max)}}{I_{OL(\max)} - MI_{IL}} \tag{2-15}$$

式中，$U_{OL(\max)}$ 为 OC 门**线与**输出低电平时所允许的最大值；$I_{OL(\max)}$ 为 OC 门带灌电流负载时 V_3 所允许流入的最大电流值；M 为负载门个数。

从以上分析可知，当 n 个 OC 门**线与**连接时，其负载电阻 R_L 的取值范围为

$$R_{L(\min)} < R_L < R_{L(\max)} \tag{2-16}$$

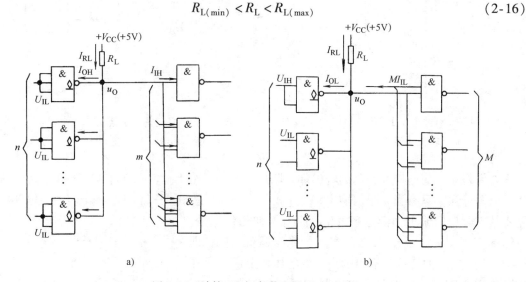

图 2-36　计算 OC 门负载电阻 R_L 的电路

a）求 $R_{L(\max)}$ 用图　b）求 $R_{L(\min)}$ 用图

除了若干个 OC 门输出端直接相连外，OC 门还有其他用途：①驱动其他的负载，如将继电器、发光二极管 LED 接到上拉电阻 R_L 的位置上实现驱动；②实现电平转换，改变与 R_L 连接的电源电压，可以改变输出高电平值，从而将一般 TTL 电平转换为高阈值 TTL（HTL）电平或者与 CMOS 电路相匹配的电平值。

*例 2-3　用 3 个集电极开路门组成**线与**输出，3 个 CT74LS 系列与非门作为负载，其电路连接如图 2-37 所示。设**线与**输出的最低高电平 $U_{OH(\min)} = 3.0V$，每个 OC 门截止时其驱动管 V_3 流入的漏电流 $I_{OH} = 2\mu A$，在满足 $U_{OL} \leq 0.4V$ 的条件下，驱动管 V_3 饱和导通时所允许流入的最大灌电流 $I_{OL(\max)} = 16mA$。试计算**线与**输出时的负载电阻 R_L。

解：查表 2-4 中的 CT74LS 系列与非门的技术参数，知 $I_{IH} = 20\mu A$，$I_{IL} = 0.4mA$，由式（2-14）可计算出

$$R_{L(max)} = \frac{V_{CC} - U_{OH(min)}}{nI_{OH} + mI_{IH}} = \frac{5-3}{3 \times 0.002 + 6 \times 0.02}k\Omega$$
$$\approx 15.9k\Omega$$

另由式（2-15）计算出

$$R_{L(min)} = \frac{V_{CC} - U_{OL(max)}}{I_{OL(max)} - MI_{IL}} = \frac{5-0.4}{16-3 \times 0.4}k\Omega \approx 0.3k\Omega$$

根据式（2-16）和上述计算有：$0.3k\Omega \leqslant R_L \leqslant$ 15.9kΩ，因此选取 $R_L = 4.7k\Omega$（标称电阻值）。

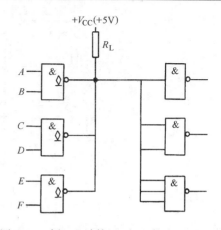

TTL 与门、或门和或非门的输出级亦可制成 OC 方式，它们外接上拉电阻的选取，与上述 OC 门的选取方法完全相同。

图 2-37　例 2-3 计算 OC 门上拉电阻 R_L 用图

2. TTL 三态输出门

与 CMOS 三态门类同，TTL 电路也有多种类型的三态门。

（1）TTL 三态门（高电平有效）　　TTL 三态门（高电平有效）的电路结构如图 2-38a 所示，图 2-38b 是它的逻辑符号，图中 EN 是使能控制端，高电平有效。当 $EN = 1$ 时，二极管 VD 截止，电路处于**与非工作状态**，$F = \overline{AB}$；当 $EN = 0$ 时，一方面 $U_{b1} \leqslant 1V$，V_2 和 V_3 截止，另一方面，因为二极管 VD 导通，$U_{b5} \leqslant 1V$，使 V_5、V_4 也截止，故输出端呈高阻状态。所谓高阻状态，即此门电路输出既不像输出逻辑 1 那样，电源通过 R_4 和 V_4 等为负载提供电流，又不像输出逻辑 0 那样，BJT 的 V_3 被负载灌入电流，而是输出端出现开路。在数字系统中，当某一逻辑器件输出端开路（高阻状态）时，相当于将此器件从系统中隔除，而与系统之间互无影响。

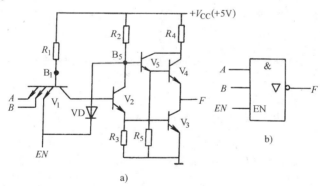

图 2-38　TTL 三态门（高电平有效）

a）电路图　b）逻辑符号

（2）TTL 三态门（低电平有效）　　在图 2-39a 所示的三态门电路中，使能端 $\overline{EN}$ 是低电平有效，图 2-39b 是它的逻辑符号。当 $\overline{EN} = 0$ 时，非门 G 输出高电平，二极管 VD 截止，电路处于正常的**与非门**工作状态，$F = \overline{AB}$；当 $\overline{EN} = 1$ 时，非门 G 输出低电平，V_1 的基极电压 $U_{b1} \leqslant 1V$，V_2、V_3 都截止，同时因二极管 VD 导通，$U_{b5} \leqslant 1V$，V_5、V_4 亦截止，输出端呈现高阻状态。

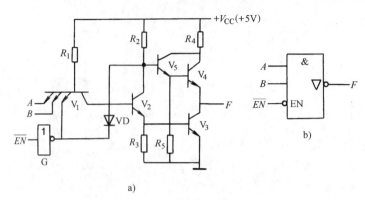

a)

图 2-39　TTL 三态门（低电平有效）

a) 电路图　b) 逻辑符号

*2.4　射极耦合逻辑门电路（ECL门）

由于 TTL 门电路中 BJT 工作在饱和状态，开关速度受到影响，所以只有改变电路的工作方式，将 BJT 从饱和型改变为非饱和型，才能从根本上提高速度。ECL 门就是一种非饱和型高速数字集成门电路，它的平均传输延迟时间可降到 2ns 以下，是目前双极型门电路中速度最快的一种。

1. ECL 门基本结构

图 2-40 是基本 ECL 门，硅 BJT 的 V_1、V_2、V_3 组成射极耦合电路，V_3 基极接一个固定参考电压 U_{REF}，输入信号接到 V_1、V_2 的基极，输出信号由 V_1、V_2 或 V_3 集电极取得。

（1）当输入端 A、B 都接低电平（设 $U_A = U_B = 0.5V$）时 由于 $U_{REF} = 1V$，因此 V_3 优先导通，这就使发射极电位 $U_E = U_{REF} - U_{BE3} = 0.3V$。对于 V_1、V_2 而言，$U_E = 0.3V$，$U_A = U_B = 0.5V$，虽然基极电位比发射极电位高 0.2V，但因是硅管，故可保证该管截止。此时流过 R_E 的电流将全部由 V_3 提供，且有 $I_E = [U_E - (-V_{EE})] / R_E = (0.3V + 12V) / 1.2k\Omega \approx 10mA$。$V_3$ 的集电极电位

$$U_{c3} \approx V_{CC} - I_E R_{C3} = 6V - 10mA \times 0.1k\Omega = 5V$$

而　　　　　　　$U_{c1} = +V_{CC} = +6V$

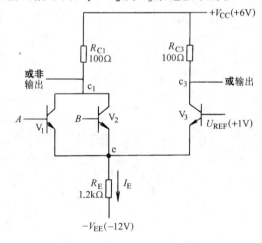

图 2-40　ECL 门的基本电路

由此可见，当输入为逻辑 **0** 时，V_1、V_2 截止，输出端 c_1 为逻辑 **1**（+6V）；但 V_3 导通，输出端 c_3 为逻辑 **0**（+5V）。由于 $U_{B3} = U_{REF} = 1V$，$U_{c3} \approx 5V$，所以 V_3 处于放大而未达到饱和状态。

（2）当输入端 A、B 中有一个接高电平（设 A 接高电平，$U_A = 1.5V$）时 因 $U_A > U_{REF}$，故 V_1 优先导通，这就使 $U_E = 1.5V - 0.7V = 0.8V$。但对 V_3 来说，这时基极电位比发射极电位仅高 0.2V，可保证 V_3 截止。流过 R_E 的电流由 V_1 提供，且有 $I_E = (0.8V + 12V) /$

$1.2\mathrm{k}\Omega \approx 10.7\mathrm{mA}$，而

$$U_{\mathrm{c1}} = V_{\mathrm{CC}} - I_{\mathrm{E}}R_{\mathrm{C1}} = 6\mathrm{V} - 10.7\mathrm{mA} \times 0.1\mathrm{k}\Omega \approx 5\mathrm{V}$$

$$U_{\mathrm{c3}} = + V_{\mathrm{CC}} = + 6\mathrm{V}$$

此时 V_1 处于放大状态。由于 V_1 和 V_2 的发射极和集电极是分别连在一起的，所以只要 A、B 中有一个接高电平，都会使 c_1 为逻辑 **0**（$+5\mathrm{V}$），而 c_3 为逻辑 **1**（$+6\mathrm{V}$）。综上分析，可得自 c_1、c_3 输出的逻辑函数

$$F_{\mathrm{c1}} = \overline{A + B} \ (\text{或非输出})；$$

$$F_{\mathrm{c3}} = A + B \ (\text{或输出})。$$

由此可见，ECL 门的基本逻辑功能是同时具备**或非**和**或**输出，故被称为互补逻辑输出门。在 ECL 电路中，不论是哪个 BJT 导通，电路产生的射极电流 I_{E} 都相当接近。此电流受输入信号控制，分别流入 V_1 或 V_2 或 V_3，就像一把开关在控制一样，故 ECL 电路亦称为电流开关型电路（Current Model Logic，CML）。

对于以上所述的具有 A、B 两个输入端的**或非**电路，只要增加相同类型的 BJT 与 V_1 并联，就可以增加门电路输入端数。

图 2-40 所示 ECL 门存在的问题是：输出端的高、低电压与输入端的高、低电压不一致（尽管摆幅同为 $1\mathrm{V}$）。工程技术中可采用加接电压跟随器等移动电平值的措施来解决。

2. ECL 门的实际电路

图 2-41 是 ECL 门的实际电路。基于集成电路"少用电源、降低功耗"的原则，该电路只用一种负电源：$-V_{\mathrm{EE}} = -5.2\mathrm{V}$，而 $+V_{\mathrm{CC}} = 0\mathrm{V}$。图中 $V_1 \sim V_4$ 组成多端输入，并与 V_5 组成射极耦合电路，V_6 组成一个简单的电压跟随器，它为 V_5 提供一个参考电压 U_{REF}。为了补偿温度漂移，在 V_6 的基极回路接入了两个二极管。

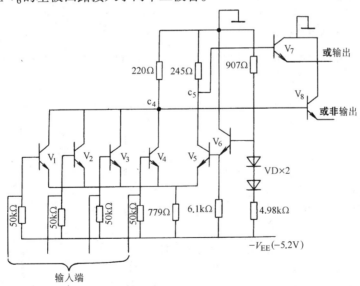

图 2-41　实际的 ECL 门电路

图 2-41 中 V_7 和 V_8 接成电压跟随器，它们起电平移动作用，U_{C4} 和 U_{C5} 通过电压跟随器后，使输出变为标准的 ECL 电平。其典型值是：高、低电平的电压值分别为 $-0.9\mathrm{V}$、$-1.75\mathrm{V}$。同时由于有了这两个电压跟随器作为输出级，也有效地提高了 ECL 门的带负载能力。

3. ECL 门的工作特点

1) BJT 工作在截止区或放大区, 集电极电位总是高于基极电位, 这就避免了 BJT 因为工作在饱和状态而存在的电荷存储和消散问题。

2) 逻辑电平的电压摆幅小, 输入电压变化 $\Delta U_I \approx 1V$ ($-1.85 \sim -0.81V$), 集电极输出电压变化 $\Delta U_O \approx 0.85V$ ($-1.75 \sim -0.9V$), 高、低电平的电压差值已经小到只能区分 BJT 的导通和截止两种状态。ECL 门的集电极输出电压变化小, 这不仅有利于电路的转换, 而且可采用很小的集电极电阻 R_C。因此, ECL 门的负载电阻总是选取几百欧数量级, 使输出回路的时间常数比一般饱和型电路小, 有利于提高开关速度。

由于 ECL 门的速度快, 所以常用于高速数字系统中。它的主要缺点是制造工艺要求高, 功耗大, 抗干扰能力较弱, 而且输出电压为负值, 若与其他门电路接口, 需用专门的电平移动电路。

双极型逻辑门电路除了 TTL 和 ECL 门之外, 还有集成注入逻辑门电路 (Integrated – Injection Logic, IIL 或 I^2L) 和高阈值逻辑门电路 (High – Threshold Logic, HTL)。由于 I^2L 电路结构简单, 易于在硅片上实现高集成度的器件, 因而在 LSI 和 VLSI 电路中得到应用, 但不制备成单个集成门电路。因为它的高、低电平电压差值很小, 抗干扰能力较差, 因而这种门电路的推广应用受到限制。至于 HTL 电路, 虽然它有较强的抗干扰能力, 但功耗较大, 开关速度也不高, 现已被 CMOS 电路所取代。

2.5　BiCMOS 门电路

BiCMOS 门电路的特点在于, 利用了双极型器件速度快和 MOS 管功耗低两个方面的优势, 因而这种新型的逻辑门电路越来越受到用户的重视。

2.5.1　BiCMOS 反相器

图 2-42 表示基本的 BiCMOS 反相器电路。为表达清楚起见, P 沟道或 N 沟道 MOS 管分别用符号 V_P 或 V_N 表示, BJT 仍用符号 V 表示。图中 V_1 和 V_2 构成推拉式输出级, 而 V_P、V_{N1}、V_{N2}、V_{N3} 组成的输入级与 CMOS 反相器很相似。输入信号 u_1 同时作用于 V_P 和 V_{N2} 的栅极。当 u_1 为高电平时, V_{N2} 导通而 V_P 截止; 而当 u_1 为低电平时, 情况则相反, V_P 导通, V_{N2} 截止。当输出端接有同类 BiCMOS 门电路时, 输出级能提供足够大的电流, 为电容性负载充电。同理, 已充电的电容负载也能迅速地通过 V_2 放电。

上述电路中, V_1 和 V_2 的基区存储电荷亦可通过 V_{N1} 和 V_{N3} 释放, 以加快电路的开关速度。当 u_1 为高电平时, V_{N1} 导通, V_1 基区存储电荷通过 V_{N1} 迅速消散。此作用与 TTL 门电路输入级中 V_1 的作用类似。同理, 当 u_1 为

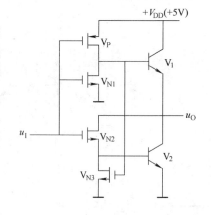

图 2-42　基本 BiCMOS 反相器电路

低电平时, 电源电压 V_{DD} 通过 V_P 以激励 V_{N3}, 使 V_{N3} 导通, 显然 V_2 基区的存储电荷可通过 V_{N3} 迅速消散。由此可见, 这种门电路的开关速度得到提高。

2.5.2　其他的 BiCMOS 门电路

根据前述 CMOS 门电路的结构和工作原理，同样可以用 BiCMOS 技术实现**或非门**和**与非门**电路。如果要实现**或非**逻辑关系，输入信号用来驱动并联的 N 沟道 MOSFET，而 P 沟道 MOSFET 则彼此串联。这一思路可用图 2-43 所示的两输入端**或非门**来说明。

一方面，若两个输入端 A 和 B 均为低电平，则两个 MOSFET V_{P1} 和 V_{P2} 均导通，V_1 导通而 V_{N3} 和 V_{N4} 均截止，输出 F 为高电平。同时，V_{N5} 通过 V_{P1} 和 V_{P2} 被电源（ $+V_{DD}$ ）激励，从而为 V_2 的基区存储电荷提供一条快速释放的通路。

另一方面，当两个输入端 A 和 B 中之一为高电平时，则 V_{P1} 和 V_{P2} 的通路被切断，且 V_{N3} 或 V_{N4} 导通，使输出 F 为低电平。同时，V_{N1} 或 V_{N2} 为 V_1 基区存储电荷提供了一条消散的通路。由此可知，在图 2-43 的逻辑电路中，只要有一个输入端接高电平，输出即为低电平。

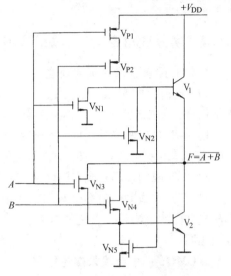

图 2-43　两输入端 BiCMOS 或非门电路

综上所述，图 2-43 所示逻辑电路实现了**或非**逻辑功能。同理，亦可构成 BiCMOS **与非门**电路，详见习题 2-21。

2.6　逻辑门电路使用中的几个问题

2.6.1　正负逻辑问题

正如第 1 章和第 2 章中所采用的表示方法，在逻辑电路中输入和输出都可用真值表或者电平来表示。若选用 H 和 L 分别表示高、低电平，则某一门电路的功能可用表 2-5 所示的电平来描述。但是此电路体现何种逻辑关系尚不清楚，因为还未确切地说明表中的电平与逻辑状态之间的隶属关系。这种关系可由人们任意地加以规定。若令 H = 1、L = 0，则称为**正逻辑约定**，于是极易由表 2-5 获得表 2-6。显然，表 2-6 是一张正逻辑**与非门**的真值表。与此相反，令 H = 0、L = 1，则称为**负逻辑约定**。据此，由表 2-5 即可得出负逻辑**或非门**的真值表，见表 2-7。

表 2-5　电平表示例		
A	B	F
L	L	H
L	H	H
H	L	H
H	H	L

表 2-6　正与非门真值表		
A	B	F
0	0	1
0	1	1
1	0	1
1	1	0

表 2-7　负或非门真值表		
A	B	F
1	1	0
1	0	0
0	1	0
0	0	1

对于同一逻辑电路，可以采用正逻辑，也可以采用负逻辑。正逻辑和负逻辑两种逻辑约

定不牵涉逻辑电路本身的结构问题，但根据所选正、负逻辑的不同，即使同一电路也具有不同的逻辑功能。如无特殊说明，本教材一律采用正逻辑约定，即规定高电平为逻辑 **1**，低电平为逻辑 **0**，教材中的逻辑表达式、特性表、真值表、卡诺图和波形图等均按正逻辑来约定。

2.6.2　实际使用逻辑门的处理措施

1. TTL 门多余输入端的处理

TTL 门电路的实际产品在使用时，如果有多余的输入端不用，一般不应悬空，以防引入干扰信号，造成逻辑错误。不同逻辑门电路的多余输入端有以下不同的处理方法：

1）TTL 与门和与非门的多余输入端有下列几种处理方法：①将多余输入端经过 $1 \sim 3\mathrm{k}\Omega$ 的电阻接至电源正端；②接高电平 $U_{\mathrm{IH}} = 3.6\mathrm{V}$；③将多余输入端与其他输入端并接使用。

2）TTL 或门、TTL 或非门多余输入端应接低电平或接地。

3）TTL 与或非门有多个与门，使用时如果有多余与门不用，其输入端须接低电平，否则与或非门的输出将一直是低电平；若某个与门有多个输入端不用，则与 TTL 与门的处理方法相同。

2. CMOS 门多余输入端的处理

对于 CMOS 门电路，可根据需要将多余的输入端接地或非门），或接 $+V_{\mathrm{DD}}$ 与非门）。

3. TTL 与 CMOS 门电路输出端的连接

1）具有推拉式结构的 TTL 和 CMOS 门电路，它们的输出端均不允许直接并联使用；

2）CMOS OD 门、TTL OC 门的输出端可以分别并联使用，但公共输出端和电源端之间应外接上拉电阻 R_{L}，以实现高电平输出；

3）TTL 和 CMOS 三态门输出端可以并联使用，但同一时刻只能有一个门工作，其余门输出为高阻态；

4）各种类型的逻辑门电路输出端均不允许直接连接电源或直接接地。

4. TTL 与 CMOS 电路的接口技术

1）**TTL 门驱动 CMOS 负载门（ $+V_{\mathrm{DD}} = +5\mathrm{V}$ ）**　图 2-44 是 TTL 门驱动 CMOS 电路电源电压（ $V_{\mathrm{DD}} = 5\mathrm{V}$ ）时的接口示意图。由于 TTL 集成电路的高电平输出电压范围为 $2.4 \sim 5\mathrm{V}$，而 CMOS 作为负载门，其输入电压为 3.5V，故 TTL 门需要用一个上拉电阻，将输出电压提高到 3.5V 以上。

2）**TTL 门驱动高电平的 CMOS 电路**　图 2-45 为 TTL 电路驱动高电压工作的 CMOS 电路的接口示意图，TTL 电路必须采用开集门，通过上拉电阻使 CMOS 电路得到较高的输入电压。

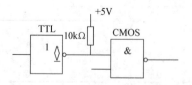

图 2-44　TTL 门驱动 CMOS 的接口电路电源电压均为 5V

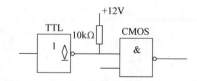

图 2-45　TTL 门驱动高压 CMOS 接口电路

3）CMOS 门与 TTL 门的接口电路　CMOS 门的工作电压一般为 5 ~ 18V，而普通 TTL 门电路输入电压远小于 CMOS 输出电压，因此可以利用反相器缓冲实现接口，例如用 CC4049 来完成电平转换，它是六反相缓冲器，其电源电压为 5V，输出电压与 TTL 完全兼容，该器件主要用作 CMOS 到 TTL 的转换器，用作逻辑电平转换时，输入高电平电压 U_{IH} 超过电源电压，能直接驱动两个 TTL 负载。图 2-46 即为一种接口实例示意图。

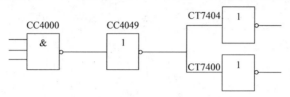

图 2-46　CMOS 与 TTL 的接口电路实例

4）74HC/HCT 与 TTL 门之间的接口电路　CMOS 逻辑门电路中的 74HC/HCT 的工作电压是 5V，因此 74HC/HCT 可以直接驱动 TTL 门电路，但反过来，TTL 驱动 74HC/HCT 系列门电路时，因为前者输出电压范围为 2.4 ~ 5V，后者输入电压范围是 3.5 ~ 5V，因此需要通过上拉电阻或者增加缓冲电路将 TTL 输出电压提高到 74HC/HCT 的有效输入电压范围。

5）TTL 门和 CMOS 门的负载连接技术　TTL 和 CMOS 门常见的外接负载见图 2-47。用 TTL 门驱动发光二极管电路如图 2-47a 所示，也可以用 OC 门驱动发光二极管；用 TTL 门驱动继电器线圈电路见图 2-47b。**注意**：与线圈并联的二极管起到保护作用，在电气技术中，此器件被称为续流二极管；用 CMOS 或 TTL 门驱动大电流负载（一般为数毫安量级以上）的电路见图 2-47c，图中 V 为大功率双极型晶体管（BJT）。建议读者思考：为什么图 2-47c 电路中要用大功率 BJT？用小功率 BJT 行否？

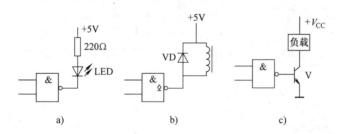

图 2-47　TTL 和 CMOS 门电路的外接负载
a）TTL 门电路驱动 LED　b）OC 门驱动继电器负载　c）门电路驱动大电流负载

2.6.3　逻辑门电路综合分析例

例 2-4　设门电路的输入信号 A、B 的波形如图 2-48a 所示，试画出图 2-48b ~ h 中各个门电路的输出波形图。

解：根据各个门电路的逻辑功能，得到各自的输出波形图，如图 2-49 所示。**注意**：①画数字电路的输入、输出波形时，应将所画波形图上下对应起来绘制，因为根据第 1.1.3 节所述，在波形图上不论是输入还是输出信号，其坐标横轴都是以时间 t 作为坐标变量的，任一时刻各个波形都是上下对应产生的；②图 2-49 中 Y_5 的波形图用阴影线表示高阻态。

例 2-5　逻辑门电路见图 2-50，其中 TTL 门电路的电源电压为 5V，CMOS 门电路的电

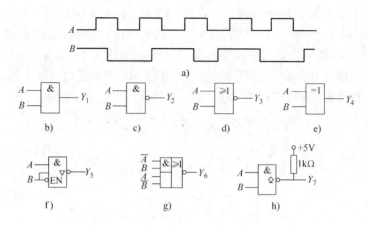

图 2-48　例 2-4 题图

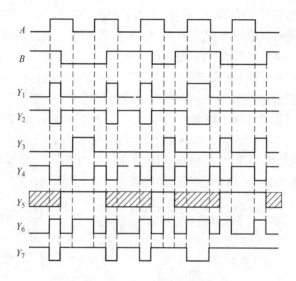

图 2-49　例 2-4 的波形图

源电压为 9V。试分别根据 $C=0$ 和 $C=1$ 的不同取值，求出各电压表的读数。

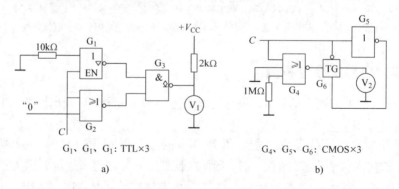

G_1、G_1、G_1：TTL×3

a)

G_4、G_5、G_6：CMOS×3

b)

图 2-50　例 2-5 用图

a) 例 2-5 的 TTL 电路　b) 例 2-5 的 CMOS 电路

解：图 2-50a 是 TTL 电路，$C=0$，G_1 输出为高阻态，G_2 输出高电平，G_3 输出晶体管饱和导通，故电压表 $V_1=0.3V$；$C=1$，G_1、G_2 均输出低电平，G_3 输出晶体管截止，故 $V_1=5V$；

图 2-50b 是 CMOS 电路，$C=0$，G_4 输出高电平，TG 开通，故 $V_2=9V$；$C=1$，G_4 输出低电平，但 TG 关闭，故 $V_2=0V$。

例 2-6　试用 CMOS 反相器 CC74HC07 作为接口电路，使门电路的输入为高电平时，发光二极管 LED 导通。要求：

（1）画出电路原理图。

（2）设 LED 点亮时所需正向电流为 10mA，正向导通电压为 2.2V，电源电压 $+V_{DD}=+5V$，门电路的最大输出低电平 $U_{OLmax}=0.1V$（由附录 D 查得），试计算限流电阻值。

解：（1）根据题意，LED 是 CMOS 反相器的负载器件，因而可画出电路图，如图 2-51 所示。

（2）根据图 2-51 的电路，当 CMOS 反相器输出低电压时，LED 导通发光，因此限流电阻为

$$R=(5-2.2-0.1)V/10mA=270\Omega。$$

以上计算出的 $R=270\Omega$ 已是标称电阻。

在工程实际中，逻辑门电路的应用非常广泛，在后续章节中还会有门电路的应用例。

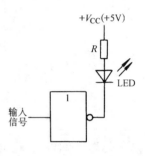

图 2-51　例 2-6 的电路图

习　题　2

2-1　BJT 开关电路如图 2-52 所示，试解答：

（1）图中电阻 R_2 和负电源（$-V_{BB}$）在电路中起什么作用？

（2）试列出真值表，说明输出 F 与输入 A 之间是什么逻辑关系？

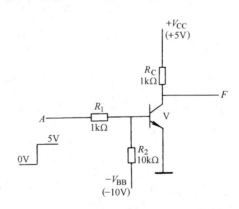

图 2-52　习题 2-1 图

2-2　全用 NMOS 器件制成的数字集成电路称为 NMOS 电路。试通过列真值表的方法，分别写出如图 2-53a、b 所示 NMOS 电路输出 F_1 和 F_2 的逻辑表达式。

2-3　为什么说 CC74HC 系列 CMOS 与非门当电源电压为 5V 时，输入端在以下 3 种接法下都属于逻辑 **0**：（1）输入端接地；（2）输入端接同类与非门的输出低电压 0.1V；（3）输入端接 10kΩ 的电阻到地。

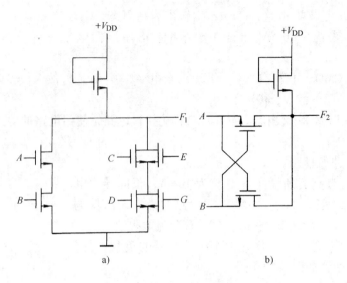

图 2-53　习题 2-2 图

2-4　试分析图 2-54 所示电路，写出其逻辑表达式，说明它是什么逻辑电路？

2-5　(1) 求图 2-55 所示电路的输出逻辑表达式；(2) 试用 3 个开漏与非门 CC74HC03 和一个 TTL 与非门 CT74LS00 实现图 2-55 所示的电路，已知 MOS 管截止时的漏电流 $I_{OZ} = 5\mu A$，试计算 $R_{L(min)}$、$R_{L(max)}$，并选取公用上拉电阻 R_L 之值。

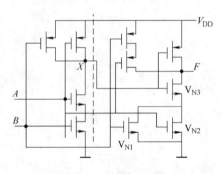

图 2-54　习题 2-4 图

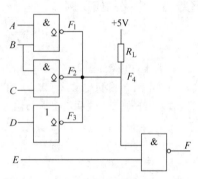

图 2-55　习题 2-5 图

2-6　在 CMOS 传输门 TG 的输出端接电阻 $R_L = 1k\Omega$，如图 2-56 所示，设 TG 的导通电阻为 R_{TG}，截止电阻大于 $10^9 \Omega$，试求：

(1) 当 $C = 1$ 时，u_O 与 u_I 的关系式；(2) $C = 0$ 时，输出电压 u_O 的状态如何？

2-7　在 CMOS 门电路中，有时采用图 2-57 所示方法来扩展其输入端数，试分析图 2-57a、b 两个电路的逻辑功能，写出其输出 F_1 和 F_2 的逻辑表达式。

2-8　由 CMOS 传输门和 CMOS 反相器组成的电路如图 2-58a 所示，图 2-58b 是控制信号 C 端的波形，已知 $u_{I1} = 10V$，$u_{I2} = 0.1V$。试画出输出电压 u_O 的波形图（设 CMOS

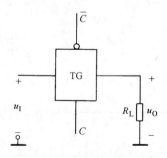

图 2-56　习题 2-6 图

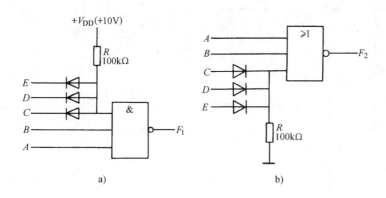

图 2-57　习题 2-7 图

反相器电源电压为 10V，NMOS 和 PMOS 管的开启电压为 $U_{TN} = |U_{TP}| = 3.5V$)。

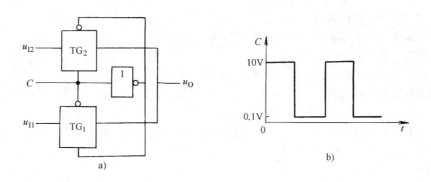

图 2-58　习题 2-8 图

2-9　图 2-59 表示 CMOS 三态门作总线传输的示意图，图中 n 个三态门的输出接到数据传输总线，D_1、D_2、$\cdots$、D_n 为数据输入端，CS_1、CS_2、$\cdots$、CS_n 为片选信号输入端。试问：（1）CS 信号如何进行控制，以便数据 D_1、D_2、$\cdots$、D_n 通过该总线正常传输？（2）CS 信号能否有两个或者两个以上同时有效？如果 CS 有两个或者两个以上同时有效，可能发生什么情况？（3）如果所有 CS 信号均无效，总线处于什么状态？

2-10　试画出实现逻辑函数 $F = A + B$ 的 CMOS 电路图，要求采用 MOS 管简化符号。

2-11　在工程实际中，对图 2-23a 所示的 CT74 系列 TTL 门电路结构稍作改动后，便可得到其他逻辑功能的门电路。试分析图2-60所示的 TTL 逻辑门电路，列出真值表，写出其逻辑表达式，并指出它所实现的逻辑功能。

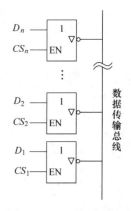

图 2-59　习题 2-9 图

2-12　为提高 TTL 与非门的带负载能力，在其输出端接一个 NPN 型的大功率 BJT，组成图 2-61 所示的开关电路。求当与非门输出高电平 $U_{OH} = 3.6V$ 时，BJT 能为负载提供的最大电流是多少？设 BJT 的 $\beta = 30$，$U_{BE} = 0.7V$。

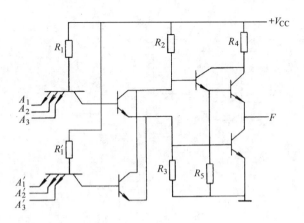

图 2-60　习题 2-11 图

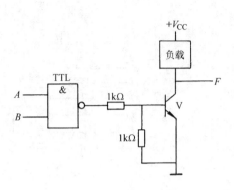

图 2-61　习题 2-12 图

2-13　为什么说图 2-23a 所示的 TTL 与非门电路的输入端悬空相当于接高电平？多余的输入端应如何处理？

2-14　用 TTL 与非门驱动发光二极管 LED 的电路如图 2-62所示，设 LED 的导通压降为 2V，试求当与非门输出低电平 $U_{OL} = 0.3V$ 时，图示流过 LED 的电流 $I \approx$？

2-15　试分别列写出图 2-63a、b、c 所示的 3 个 TTL 逻辑门电路的输出逻辑表达式。

2-16　如图 2-64 所示逻辑门电路，图中 G_1 是 TTL 三态输出与非门，G_2 是 CT74 系列 TTL 与非门，电压表的量程为 5V，内阻为 $100k\Omega$。试问，在下列 4 种情况下电压表的读数以及 G_2 的输出电压 u_O 各为多少？

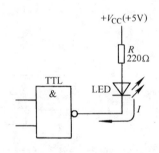

图 2-62　习题 2-14 图

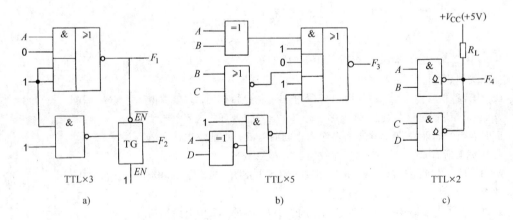

图 2-63　习题 2-15 图

　（1）$u_A = 0.3V$，开关 S 打开；　　（2）$u_A = 0.3V$，开关 S 闭合；

　（3）$u_A = 3.6V$，开关 S 打开；　　（4）$u_A = 3.6V$，开关 S 闭合。

2-17　由 TTL 三态门（内部电路见图 2-39a）和 TTL OC 门（内部电路见图 2-34a，图中 $R_1 = 2.8k\Omega$）组成的逻辑电路如图 2-65 所示，如用内阻为 $20k\Omega/V$ 的万用表测量图中 A、B、C 3 点电压，求万用表读数各是多少？

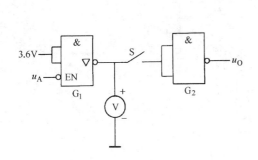

图 2-64　习题 2-16 图

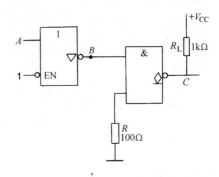

图 2-65　习题 2-17 图

2-18　由 TTL 与非门、或非门和三态门组成的电路如图 2-66a 所示，图 2-66b 是各输入端的输入波形，试画出其输出 F_1 和 F_2 的波形图（提示：区别 $\overline{EN}$ 的信号情况分析，将输入、输出波形图上下对应绘制）。

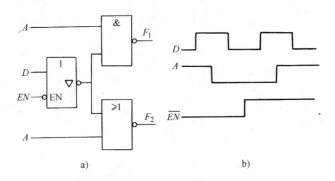

　　　　　　　　　　a)　　　　　　　　　　　　　　　　b)

图 2-66　习题 2-18 图

*2-19　在图 2-67 的逻辑电路中，G_1、G_2、G_3 是 OC 门，负载电阻 $R_L = 2k\Omega$。负载门是 CT7410 TTL 与非门，其多发射极 BJT 的基极电阻 $R_1 = 2.8k\Omega$，输入高电平漏电流 $I_{IH} = 40\mu A$，OC 门输出高电平的漏电流 $I_{OH} = 2\mu A$，最大输出低电平 $U_{OLmax} = 0.4V$，低电平电流 $I_{OL} = 16mA$。试求此线与输出端能带两输入端 TTL 与非门的个数（即求 OC 门的扇出数 N_O）。

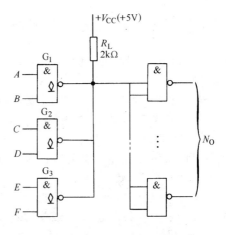

图 2-67　习题 2-19 图

2-20　图 2-68a、b 给出了两个逻辑门电路，针对下列两种情况，分别讨论图 2-68a、b 的输出电压各是多少伏？

（1）两个逻辑门电路均为 CMOS 电路，设其电源电压为 6V；

（2）两个逻辑门电路均为 CT74 通用系列 TTL 电路，设其电源电压为 5V，TTL 门开门电阻 $R_{ON} = 2.0k\Omega$，关门电阻 $R_{OFF} = 0.91k\Omega$。

2-21　图 2-69 表示一种两输入端的 BiCMOS 逻辑门电路，试用列真值表的方法分析该电路实现的是什么逻辑功能？

2-22　当用 CC74HC CMOS 门电路去驱动 CT74 通用系列 TTL 与非门时，试简述其设计思路，指出是否

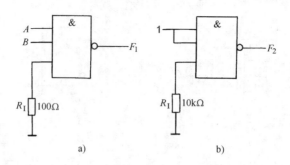

图 2-68　习题 2-20 图

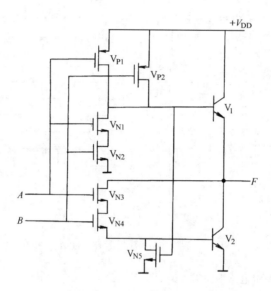

图 2-69　习题 2-21 图

需要加接口电路，并计算这种情况时的扇出数 $N_O =$？提示：查阅附录 D，从驱动门和负载门之间的高、低电平的配合去考虑。

2-23　单项选择题（请将下列各小题正确选项前的字母填在题中的括号内）：

（1）某同学实验时为了增加逻辑门电路的驱动能力，将两个普通的 TTL 与非门的输出端直接并联在一起使用，你认为会（　　　　）；

A. 出现逻辑错误，甚至烧坏输出"**1**"的门；　　　　B. 提高与非门的带负载能力；

C. 实现"**线或**"逻辑功能；　　　　D. 实现"**线与**"逻辑功能

（2）CC74HC03 是 4 两输入端漏极开路（OD）与非门，该逻辑器件每个 OD 门的输出均由一个开漏的 NMOS 管构成。如果将它连接成"**线与**"输出，应外接合适的（　　　　）；

A. 与门电路；　　　　B. 下拉器件；　　　　C. 稳压管和限流电阻；　　　　D. 上拉电阻 R_L

（3）下列哪一种逻辑门电路（　　　）的每门功耗最低？低到（　　　）数量级？

A. TTL/mW；　　　　B. ECL/mW；　　　　C. CMOS/μW；　　　　D. BiCMOS/μW

（4）CMOS 反相器电路是由（　　　）各一个器件组成的；

A. 增强型 PMOS 工作管和耗尽型 NMOS 负载管；

B. 增强型 NMOS 管和耗尽型 PMOS 管；

C. 增强型 NMOS 工作管和增强型 PMOS 负载管；　　　D. 耗尽型 PMOS 管和增强型 NMOS 管

（5）CMOS 或非门电路与 TTL 或非门的逻辑功能（　　　）；

A. 完全相同；　　　　　　　B. 几乎相同；　　　　　C. 不尽相同；　　　　　　　　D. 无法断定

（6）两输入端与非门器件 CT74LS00 与 CT7400 的逻辑功能（　　　）；

A. 完全相同；　　　　　　　B. 几乎相同；　　　　　C. 不尽相同；　　　　　　　　D. 无法判断

（7）CMOS 三态逻辑门输出为高阻状态时，（　　　）是正确的说法。

A. 测量电阻指针不动；　　　　　　　　　　B. 输出约为高电平 V_{DD}；

C. 用电压表测量指针不动；　　　　　　　　D. 电压不高不低

（8）对于 CMOS 与非门电路，其多余输入端的正确处理方法是（　　　）。

A. 通过电阻接地（ $>3k\Omega$ ）；　　　　　　B. 通过电阻接电源端；

C. 通过电阻接地（ $<1k\Omega$ ）；　　　　　　D. 悬空

（9）一个逻辑门电路的延时 – 功耗积 DP 值越小，表明它的（　　　）越接近于理想情况。

A. 综合性能；　　　　　B. 平均传延时间；　　　C. 功耗；　　　　　　　　D. 带负载能力

（10）TTL 三态门的输出级具有推拉式结构，输出阻抗较低，因而其速度比 OC 门（　　　）。

A. 慢一些；　　　　　　B. 快一些；　　　　　　C. 快得多；　　　　　　　D. 慢得多

（11）能实现分时传送数据逻辑功能的是（　　　）。

A. OD 门；　　　　　　　B. CMOS 三态门；　　　C. TTL 与非门；　　　　　　D. CMOS 或非门

（12）BiCMOS 逻辑门电路的特点在于：利用了（　　　）的技术优势。

A . BJT 驱动力强；　　　　　　　　　　　　B. BJT 速度快和 MOS 管功耗低；

C. MOS 管功耗低；　　　　　　　　　　　　D. MOS 管集成度高

第3章　组合逻辑电路

引言　数字系统中常用的各种数字部件，就其电路结构和工作特性而言，分为组合逻辑电路和时序逻辑电路两大类。第1章已经介绍了逻辑代数、卡诺图和半导体器件等内容，第2章又讨论了构成数字部件的基本单元——逻辑门电路。本章将运用上述知识，首先分析和设计组合逻辑电路，然后讨论常用的中规模集成（MSI）组合逻辑电路及其应用知识。上述MSI组合逻辑电路包括全加器、数据选择器、数据分配器、编码器、译码器和数值比较器等芯片。

3.1　组合逻辑电路概述

对于一个逻辑电路，其输出状态在任何时刻只取决于同一时刻的输入状态，而与电路原来所处的状态无关，这种电路被定义为**组合逻辑电路**。图3-1是组合逻辑电路的一般框图，图中 X_1、X_2、$\cdots$、X_n 是输入变量，Z_1、Z_2、$\cdots$、Z_m 是输出函数。根据图3-1，组合逻辑电路的输出与输入之间的逻辑函数关系可用下式来描述，即

图3-1　组合逻辑电路的一般框图

$$\left.\begin{array}{l} Z_1 = f_1(X_1, X_2, \cdots, X_n) \\ Z_2 = f_2(X_1, X_2, \cdots, X_n) \\ \vdots \\ Z_m = f_m(X_1, X_2, \cdots, X_n) \end{array}\right\} \tag{3-1}$$

将式（3-1）写成向量函数形式

$$\boldsymbol{Z} = \boldsymbol{F}(\boldsymbol{X}) \tag{3-2}$$

式（3-2）中 $\boldsymbol{X}$、$\boldsymbol{Z}$ 都是列向量，$\boldsymbol{F}$ 为向量函数。由图可见，组合逻辑电路的结构具有如下的特点：

1）输出和输入之间没有反馈延迟通路。

2）仅由门电路构成，电路中不含任何的记忆元件。

根据以上特点，不难看出，第2章所学的各种门电路均为最简单的组合逻辑电路。

3.2　组合逻辑电路的分析方法

3.2.1　分析组合逻辑电路的大致步骤

分析组合逻辑电路的目的是，对于一个给定的组合电路，确定其逻辑功能。分析组合逻辑电路的步骤大致如下：

1）为了便于分析，对电路中各个逻辑门的输入和输出均标注相应的变量符号。

2）根据逻辑电路图，从输入到输出，逐级列写各级逻辑函数表达式。

3）将整个电路的输出逻辑函数表达式化简或变换，并列出真值表。

4）依据简化后的逻辑函数表达式和真值表进行分析，最后说明其逻辑功能。

下面举例说明组合逻辑电路的分析方法。

例3-1 已知**组合逻辑电路**如图3-2所示，试分析该电路的逻辑功能。

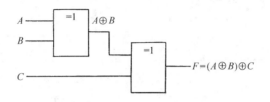

图3-2 例3-1的逻辑电路

解：第1步，该电路由两个**异或**门构成，图上已标出两个**异或**门的输入和输出变量，因而可直接根据逻辑图，逐级写出输出逻辑表达式为

$$F = (A \oplus B) \oplus C$$

第2步，列写真值表。将输入变量A、B、C的8种可能的组合一一列出，为分析方便起见，表中增加了中间变量$(A \oplus B)$。根据每1组变量取值的情况和上述逻辑表达式，分别确定$(A \oplus B)$的值和F值，填入真值表中，如表3-1所示。

表3-1 例3-1的真值表

A	B	C	$A \oplus B$	F
0	0	0	0	0
0	0	1	0	1
0	1	0	1	1
0	1	1	1	0
1	0	0	1	1
1	0	1	1	0
1	1	0	0	0
1	1	1	0	1

第3步，观察真值表可知，当3个输入变量A、B、C中有奇数个**1**时，F为**1**，否则F为**0**。因此，该电路可用于检查3位二进制数码的奇偶性。由于它在输入二进制数码中含有奇数个**1**时，输出逻辑函数F为**1**（设**1**为有效信号），所以通常被称为奇校验电路。

下面结合工程技术中常用的组合逻辑电路和器件进行分析。

3.2.2 几种常用的集成组合逻辑电路

1. 半加器和全加器

1位半加器和全加器是数字系统中算术运算电路的基本单元，它们是完成两个1位二进制数相加的组合逻辑电路。

（1）半加器 一种加法器电路如图3-3a所示。按照组合逻辑电路的分析方法，写出其输出逻辑表达式为

$$S = \overline{P_2 P_3} = \overline{\overline{AP_1} \ \overline{BP_1}} = \overline{\overline{A \ \overline{AB}} \ \overline{B \ \overline{AB}}}$$

$$= A(\overline{A} + \overline{B}) + B(\overline{A} + \overline{B})$$

$$= A\overline{B} + \overline{A}B = A \oplus B \tag{3-3}$$

$$C = \overline{P_1} = AB \tag{3-4}$$

根据式（3-3）、式（3-4）可列出真值表见表 3-2。若设 A、B 是两个 1 位二进制加数，则 S 表示**本位和**，C 表示**进位数**。由真值表 3-2 中逻辑关系可见，这种加法器只考虑了 A、B 两个加数本身，而没有计及低位传来的进位信号，故称为**半加器**。另外，从上述逻辑表达式可以看出，半加器也可利用一个集成**异或门**和一个**与门**来实现，读者可自行画出这种半加器的逻辑电路图。图 3-3b 是半加器的逻辑符号。

表 3-2　半加器真值表

被加数 A	加数 B	和数 S	进位数 C
0	**0**	**0**	**0**
0	**1**	**1**	**0**
1	**0**	**1**	**0**
1	**1**	**0**	**1**

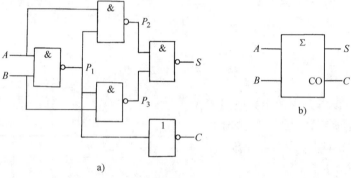

图 3-3　半加器

a）逻辑电路　b）逻辑符号

（2）1 位全加器　若在两个 1 位二进制数相加的同时，计及低位来的进位信号，则称为**全加运算**。实现全加运算功能的组合电路即为**全加器**。全加器的逻辑电路如图 3-4a 所示，图 3-4b 是它的逻辑符号。根据逻辑电路图，可以写出逻辑表达式

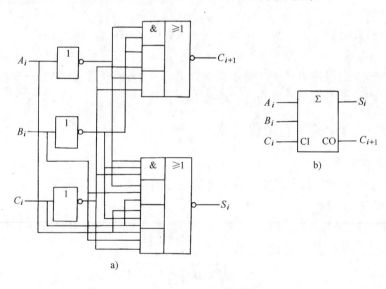

图 3-4　1 位全加器

a）逻辑电路　b）逻辑符号

$$S_i = \overline{\overline{A_i B_i \ \overline{C_i}} + A_i \ \overline{B_i} C_i + \overline{A_i} B_i C_i + \overline{A_i} \ \overline{B_i} \ \overline{C_i}} \tag{3-5}$$

$$C_{i+1} = \overline{\overline{A_i} \ \overline{B_i} + \overline{A_i} \ \overline{C_i} + \overline{B_i} \ \overline{C_i}} \tag{3-6}$$

根据式（3-5）和式（3-6）可列出真值表，如表3-3所示。由表可见，若A_i和B_i是两个1位二进制加数，C_i是从低位来的进位信号，则S_i为本位和，C_{i+1}是向高位发出的进位信号，故图3-4a所示的电路具有1位**全加器**的功能。

（3）多位全加器 当需要做多位二进制数加法运算时，应该采用多位全加器。一种4位二进制数全加器如图3-5a所示。它是将4个1位全加器的进位端依次串接而成，可以

表3-3 1位全加器真值表

A_i	B_i	C_i	S_i	C_{i+1}
0	0	0	0	0
0	0	1	1	0
0	1	0	1	0
0	1	1	0	1
1	0	0	1	0
1	0	1	0	1
1	1	0	0	1
1	1	1	1	1

采用两片内含两个全加器或一片内含4个全加器的集成电路组成。由图3-5a可以看出，每一位的进位信号送给下一位作为输入信号，因此任何一位的加法运算须在相邻低位完成运算，且发出进位信号后才能完成，这种方式称作**串行进位**。该4位加法器结构虽然简单，但运算速度并不高。为了克服此缺点，采用超前进位方式的4位全加器，如74HC283、74LS283等MSI 4位全加器芯片，它们的电路参数可查阅有关集成器件手册。为了便于应用，图3-5b给出了CMOS超前进位4位二进制全加器74HC283的逻辑符号，其他型号的全加器芯片的逻辑符号与此相同。

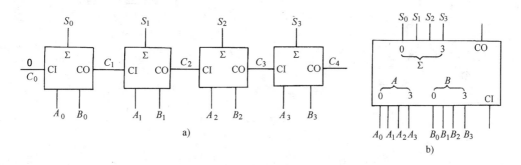

图3-5 4位全加器

a）串行进位方式的全加器电路 b）74HC283的逻辑符号（超前进位方式）

（4）减法器 工程设计中，为了简化数字系统结构，通常不需另行设计减法器，而是将减法运算变换为加法运算来处理，使算术运算单元既能实现加法运算，又可进行减法运算。因为根据附录B，二进制减法运算可以转换成二进制加法运算，所以可以用全加器构成全减器。具体的转换思路为：设A、B为两个二进制数，则

$$A - B = A + B_补 = A + B_反 + 1 \tag{3-7}$$

式中，$B_补$为B的补码；$B_反$为B的反码。

式（3-7）将在习题中有应用，此处不多叙述。

2. 数据选择器的分析

数据选择器又名多路转换器，它的功能是在数据选择端的作用下，从多个输入数据中择

一传送到输出端。4选1数据选择器的逻辑电路见图3-6a。根据该电路，可以写出输出逻辑表达式

$$F = EN(\overline{A_1}\ \overline{A_0}D_0 + \overline{A_1}A_0D_1 + A_1\overline{A_0}D_2 + A_1A_0D_3) \tag{3-8}$$

由式（3-8）可列出4选1数据选择器的真值表，如表3-4所示。

表3-4　4选1数据选择器的真值表

$\overline{EN}$	A_1	A_0	D_3	D_2	D_1	D_0	F
1	Φ	Φ	Φ	Φ	Φ	Φ	0
0	0	0	Φ	Φ	Φ	D_0	D_0
0	0	1	Φ	Φ	D_1	Φ	D_1
0	1	0	Φ	D_2	Φ	Φ	D_2
0	1	1	D_3	Φ	Φ	Φ	D_3

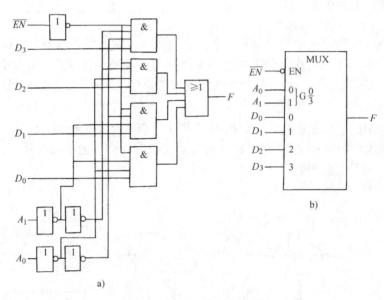

图3-6　4选1数据选择器

a）逻辑电路　b）逻辑符号

由式（3-8）和表3-4均可看出，该电路具有如下功能：当$\overline{EN}=0$时，在数据选择端A_1、A_0不同取值的作用下，电路分别选择数据$D_0 \sim D_3$传送到输出端；当$\overline{EN}=1$时，数据选择器不工作，此时无论A_1、A_0取何值，输出F均为0，所以称$\overline{EN}$端为**使能端**，变量"EN"顶置非号表示低电平有效⊖。由此看来，该电路是具有使能端$\overline{EN}$（低电平有效）的4选1数

⊖　在相关的教材和文献中，通常采用在逻辑变量上加非号和不加非号的方式分别表示低电平有效和高电平有效。当此加非号的逻辑变量出现在逻辑表达式中时，由于它不是逻辑非运算，因此就会引起与同一表达式中的其他非号混淆，实际上导致无法对这种加非号的逻辑变量列写逻辑表达式，就难以完全做到功能表、逻辑表达式、逻辑电路图相一致。例如，若此处用$\overline{EN}$，则前面的式（3-8）就无法得到。但为表达清楚起见，本版教材仍保留对逻辑电路图和逻辑符号图中变量符号加非号的方式，表示低电平有效，同时沿用逻辑图中门电路输入端框外和逻辑符号图框外，加小圆圈的方式表示低电平有效，此仅输入变量符号和逻辑符号图框外标注时采用这一方式。但有例外，如同一引脚线有两种功能操作，如第6章中$R/\overline{W}$，R表示读出操作，而$\overline{W}$代表写入操作，此时逻辑符号图框外不加小圆圈。

据选择器。目前国内生产的同类产品还有 8 选 1 和 16 选 1 数据选择器等，使用时可查阅有关集成电路器件手册。

图 3-6b 是 4 选 1 数据选择器的逻辑符号，图中 MUX 为总限定符，表示该芯片是数据选择器，$Gm = G\dfrac{0}{3}$ 是与关联符号，G 后面标注序号 $m = 0/3$ 是一种缩写标记，它说明与两个数据选择端 A_1、A_0 的 4 种取值相对应的有 4 个关联标注 G0、G1、G2、G3，它们分别与注有标识序号 0、1、2、3 的输入端之间存在着逻辑与的关系$^{\ominus}$。例如，当 $A_1A_0 = \mathbf{00}$ 时，G0 $= \mathbf{1}$，G1、G2、G3 均为 $\mathbf{0}$，此时只有数据 D_0 能够传送到输出端，$F = D_0$；同理 $A_1A_0 = \mathbf{01}$，仅 G1 $= \mathbf{1}$，$F = D_1$；其余依此类推。

利用数据选择器使能端可以扩展其规模大小，例如用 TTL 双 4 选 1 数据选择器 74LS153 可扩成一个 8 选 1 数据选择器，其逻辑电路如图 3-7 所示。作为练习，读者可以结合上述内容，分析该电路的工作原理。**分析时需注意：** 在图 3-7 中，上方部分为公共控制框，它同时控制下方两个 4 选 1 数据选择器；分别加在两个 4 选 1 数据选择器使能端的控制信号是互补的；设第 1 个 4 选 1 数据选择器的输出为 F_1，第 2 个输出为 F_2，则 8 选 1 数据选择器的输出 $F = F_1 + F_2$。

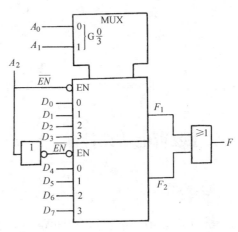

图 3-7　双 4 选 1 数据选择器构成 8 选 1 数据选择器

3. 多路分配器的分析

多路分配器的功能与数据选择器正好相反，它有一个数据输入端和多个数据输出端，在通道选择信号的作用下，可将一个数据分配到某一路输出。一种 4 路分配器如图 3-8a 所示。根据该电路图列其逻辑表达式为

$$D_0 = \overline{A_1}\,\overline{A_0}D \qquad D_1 = \overline{A_1}A_0D \qquad D_2 = A_1\overline{A_0}D \qquad D_3 = A_1A_0D \qquad (3\text{-}9)$$

由式（3-9）可列出真值表（表 3-5）。从式（3-9）和表 3-5 均可看出，由于在通道选择信号 A_1、A_0 的作用下，该电路将输入数据 D_{IN} 分别传送到 4 路数据通道中，输出 D_0、D_1、D_2 或 D_3，所以它是一个 4 路分配器。图 3-8b 是它的逻辑符号，图中 DX（或者 DMUX）为总限定符，表明该逻辑电路是一个多路分配器。

表 3-5　4 路分配器真值表

D_{IN}	A_1	A_0	D_3	D_2	D_1	D_0
D	$\mathbf{0}$	$\mathbf{0}$	$\mathbf{0}$	$\mathbf{0}$	$\mathbf{0}$	D
D	$\mathbf{0}$	$\mathbf{1}$	$\mathbf{0}$	$\mathbf{0}$	D	$\mathbf{0}$
D	$\mathbf{1}$	$\mathbf{0}$	$\mathbf{0}$	D	$\mathbf{0}$	$\mathbf{0}$
D	$\mathbf{1}$	$\mathbf{1}$	D	$\mathbf{0}$	$\mathbf{0}$	$\mathbf{0}$

$\ominus$　在集成电路的逻辑符号图上，Gm 是与关联符号，m 是标识序号（可用数字符号 0～9 来表示），凡标有 Gm 的输入或输出端称为影响端，标注有标识序号 m 的输入或输出端，为受影响端，它们之间存在着逻辑与的关系。请参阅附录 E。

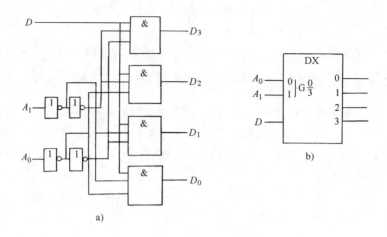

图 3-8　4 路分配器

a）逻辑电路　b）逻辑符号

3.3　组合逻辑电路设计

3.3.1　概述

从分析组合逻辑电路的过程中知悉，它们是用门电路构成的。简单的组合逻辑电路只需用几个或十几个门组成，而复杂一些的则需用几十个、几百个甚至成千上万个门电路。由此看来，如果需要设计一些较复杂的组合电路，则应尽可能采用集成度较高的中规模、大规模集成电路芯片来设计，以降低成本，提高电路的工作可靠性。

随着微电子技术和 EDA 技术的不断发展，单块芯片的集成度越来越高，现已相继研发出 5 类数字集成电路，即小规模集成电路（SSI）、中规模集成电路（MSI）、大规模集成电路（LSI）、超大规模集成电路（VLSI）和特大规模集成电路（ULSI）。第 1 章表 1-2 已经给出以上 5 类数字集成电路的分类。应当指出，前述集成规模分类及其依据，只是根据某些参考文献给出的参考数据得到的，并不是一个统一的标准。对于不同系列的集成电路和器件，其集成规模的划分标准是不同的。但总起来说，SSI 仅是半导体器件的集成，MSI 已是逻辑器件的集成，而 LSI、VLSI 和 ULSI 则是一个数字子系统或数字系统（如微处理器、大型存储器或可编程逻辑器件等）的集成。

3.3.2　组合逻辑电路的设计方法

实现组合逻辑电路的设计方案，应该根据电路的复杂程度和一些具体的技术要求，来选用不同集成度的器件。由于所选用逻辑器件的规模不尽相同，所以设计方法分为以下 3 种：

1）用 SSI 进行设计，第 3 章 3.4 节将要介绍。

2）用 MSI 实现其他组合逻辑功能的设计，将在第 3.6 节、第 3.7 节介绍。

3）使用大规模集成电路（LSI）和超大规模集成电路（VLSI）中的可编程逻辑器件（Programmable Logic Device）进行设计。关于这一方面的内容，第 6 章将专门进行讨论。

以上所述设计方法都是采用不同规模的集成逻辑电路和器件，来实现具有确定逻辑功能的数字电路或数字系统，故常称为硬接线逻辑设计方法。除此以外，还有应用计算机来设计数字逻辑电路的方法，例如电子设计自动化（EDA）。由于这些方法通过编写程序实现所需逻辑功能，所以称为程序逻辑设计方法。然而，第 3 章只讨论硬接线逻辑设计的方法。

3.4　用小规模集成电路（SSI）设计组合逻辑电路

3.4.1　设计组合逻辑电路的大致步骤

用 SSI 进行组合逻辑电路设计，实际上是选用逻辑门作为组合电路的结构单元。因此，要求所设计的组合逻辑电路简单、经济，且工作可靠。通常按照下列步骤设计：

1）根据给定的逻辑命题，先确定哪些是逻辑变量，哪些是逻辑函数，然后列出真值表。

2）由真值表写出整个电路的输出逻辑表达式 $F = f(A, B, C, \cdots)$。

3）化简或根据需要变换逻辑表达式 F，最后画出逻辑电路图。

设计组合逻辑电路常以电路简单、所用器件最少为目标。在第 1 章中介绍过的用公式法和卡诺图法化简逻辑函数，就是为了获得逻辑函数的最简形式，以便能用最少的门电路来构成组合逻辑电路。但是，由于在设计中普遍采用 SSI（一片 SSI 包括数个门或十几个门）产品，因此，应该根据具体情况，尽量减少所用器件的数目和种类，这样做才能使组装的电路结构紧凑，不但经济性较好而且工作可靠。下面举例说明用 SSI 设计组合逻辑电路的方法和步骤。

3.4.2　组合逻辑电路设计举例

例 3-2　试用两输入端 CMOS **或非门**设计一个 4 输入、2 输出的组合逻辑电路，它的输入为 8421BCD 码，输出 F 欲实现的逻辑功能是：当输入的数值能被 4 整除时，F 为 **1**，其他情况下 F 为 **0**（0 可被任何数整除，故不属 F 为 0 的情形）。要求画出所设计的逻辑电路图。

解：（1）根据题意，列出真值表。

显而易见，此题需用 4 个输入变量 A、B、C、D 来表示 8421BCD 码。应当注意的是，4 个输入变量共有 16 组代码：**0000 ~ 1111**，其中有 6 组 **1010 ~ 1111** 不是 8421BCD 码，所以设计时可将此 6 组代码作为无关项处理。这样依据题意和 8421BCD 码的定义，可列出真值表，如表 3-6 所示。

（2）根据真值表画出卡诺图，如图 3-9a 所示。

在充分利用无关项的基础上，用卡诺图法求出所设计电路的最简**与或式**：

表 3-6　例 3-2 的真值表

A	B	C	D	F
0	0	0	0	1
0	0	0	1	0
0	0	1	0	0
0	0	1	1	0
0	1	0	0	1
0	1	0	1	0
0	1	1	0	0
0	1	1	1	0
1	0	0	0	1
1	0	0	1	0
1010 ~ 1111				Φ

$$F = \overline{C}\ \overline{D}$$

（3）将以上与或式转换成或非式，以便用 CMOS 或非门实现：

$$F = \overline{C + D}$$

（4）按照上式画出逻辑电路图，如图 3-9b 所示。

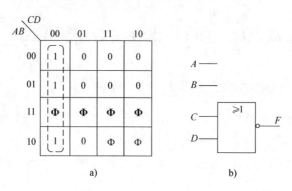

图 3-9　例 3-2 图
a）卡诺图　b）逻辑电路图

例 3-3　某一火车站有高铁、动车和特快 3 种类型的客运列车进出站。为了便于站台人员安排列车进出站，试设计一种指示列车等待进站的逻辑电路，当有两种或两种以上列车待进站时，遂发出信号，提示站台员接应列车进站。要求全用 3 输入端的 TTL 与非门实现，画出逻辑电路图。

解：（1）明确逻辑功能。

设变量 A、B、C 分别表示高铁、动车和特快，并规定有进站要求时为 **1**，否则为 **0**，输出变量 F 表示进站状况，当两种或两种以上列车等候进站时，F 为 **1**（指示灯亮），否则 F 为 **0**（指示灯灭）。根据题意列出真值表，如表 3-7 所示。

（2）根据真值表，写出输出逻辑表达式

$$F = \overline{A}BC + A\overline{B}C + AB\overline{C} + ABC\ ;$$

（3）运用卡诺图法对逻辑函数化简，如图 3-10 所示。现题意要求全用与非门实现，应将化简得到的逻辑表达式 $F = AB + AC + BC$ 变换为与非 – 与非式，即

表 3-7　例 3-3 的真值表

A	B	C	F
0	0	0	0
0	0	1	0
0	1	0	0
0	1	1	1
1	0	0	0
1	0	1	1
1	1	0	1
1	1	1	1

$$F = AB + AC + BC = \overline{\overline{AB}\ \overline{AC}\ \overline{BC}}$$

（4）根据化简和变换后的与非 – 与非式，画出逻辑电路图，如图 3-11 所示。**注意**：图中有 3 个与非门暂不用的输入端，已与使用端并联处理。

3.4.3　编码器

以下两节将分别讨论编码器和译码器。编码和译码问题在日常生活中经常碰到。例如有人购买一部手机，通信公司给所购手机设定了一个号码，就对手机持有人进行了编码。显然，此特定的手机号码与持有人姓名是对应的。如果任何人拨打手机，都能找到该人，这就

是译码。

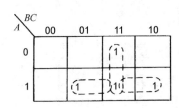

图 3-10 例 3-3 化简用卡诺图

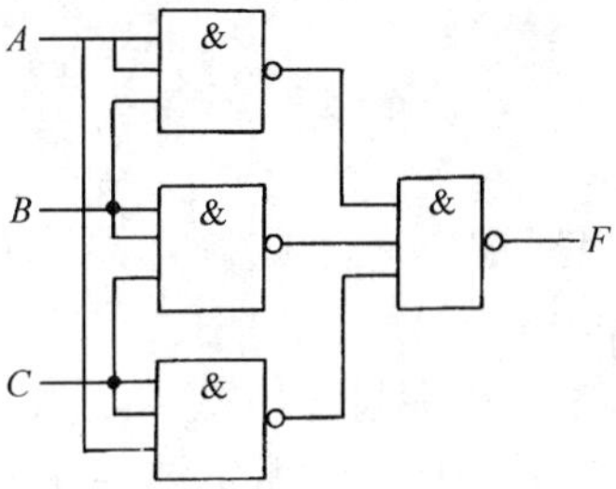

图 3-11 例 3-3 列车进站的逻辑电路

1. 8线 – 3线二进制编码器

在数字系统中通常用一个或一组二进制代码表示特定的信息，这就是**编码**，当然执行编码功能的组合逻辑电路即为**编码器**。二进制编码器的结构框图见图 3-12，它有 n 个输入、m 位数码输出，n 与 m 之间满足关系式：$n \leqslant 2^m$。然而，在某一时刻只允许一个输入信号被转换为 m 位二进制码。例如，8线 – 3线编码器有 8 线输入、3 位

图 3-12 二进制编码器的结构框图

二进制码输出，每次编码只允许一个输入信号有效。下面就介绍 8 线 – 3 线编码器的设计。

8线 – 3线二进制编码器设计要求是：输入信号 $I_0 \sim I_7$，代表 $0 \sim 7$ 共 8 个十进制数，高电平有效，每次只允许输入一个编码信号；输出 3 位二进制码 $Y_2 \sim Y_0$，二进制原码输出。以下是设计过程。

1）根据设计要求列真值表，如表 3-8 所示。表中输入信号是 8 个变量，本应取值 256 种，但因编码器的输入信号，任一时刻只允许一个输入信号有效，故输入变量仅有 8 种取值，其对应的逻辑函数值完全确定，而其余 248 种取值均为无关项，在真值表中无需列出；

表 3-8 8线 – 3线二进制编码器的真值表

输入								输出		
I_0	I_1	I_2	I_3	I_4	I_5	I_6	I_7	Y_2	Y_1	Y_0
1	0	0	0	0	0	0	0	0	0	0
0	1	0	0	0	0	0	0	0	0	1
0	0	1	0	0	0	0	0	0	1	0
0	0	0	1	0	0	0	0	0	1	1
0	0	0	0	1	0	0	0	1	0	0
0	0	0	0	0	1	0	0	1	0	1
0	0	0	0	0	0	1	0	1	1	0
0	0	0	0	0	0	0	1	1	1	1

2）由真值表写出逻辑表达式。从表 3-8 中列写每位输出逻辑表达式时，可利用 248 个

无关项对逻辑函数化简，如此便得到8线 – 3线编码器的最简逻辑表达式，即

$$Y_2 = I_4 + I_5 + I_6 + I_7 = \overline{\overline{I_4}\ \overline{I_5}\ \overline{I_6}\ \overline{I_7}}\ ,$$

$$Y_1 = I_2 + I_3 + I_6 + I_7 = \overline{\overline{I_2}\ \overline{I_3}\ \overline{I_6}\ \overline{I_7}}\ ,$$

$$Y_0 = I_1 + I_3 + I_5 + I_7 = \overline{\overline{I_1}\ \overline{I_3}\ \overline{I_5}\ \overline{I_7}}\ ;$$

3）根据逻辑表达式画出逻辑电路图，如图 3-13所示。

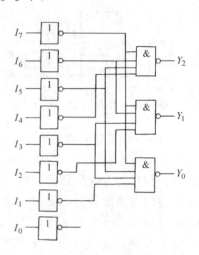

图 3-13　8线 – 3线二进制编码器逻辑电路

*2. 二 – 十进制（10线 – 4线）优先编码器

在数字系统中，常常需要控制几个工作对象，例如微型计算机主机需要控制打印机、磁盘驱动器、输入键盘等。当某个部件需要实行操作时，必须先发出一个信号给主机（称为服务请求），经主机识别后再发出允许操作信号（称为服务响应），并按事先编好的程序工作。当有两个或两个以上的部件同时发出请求时，主机同一时刻只能给其中一个部件发出操作信号。因此，必须根据轻重缓急，规定好这些控制对象允许操作的先后次序，即优先级别。而识别此类请求信号的优先级别并编码的组合逻辑电路被称为**优先编码器**。

10线 – 4线优先编码器的设计要求是：设输入为 $\overline{I_0} \sim \overline{I_9}$，它们分别代表十进制数的 10 个数字符号 $0 \sim 9$，低电平有效。输出为 8421BCD 码的反码，即以 4 位二进制码 $Y_3 \sim Y_0$ 的反码输出。每次可以有多个信号输入，但编码器须按优先级别：$\overline{I_9}$、$\overline{I_8}$、$\overline{I_7}$、$\cdots$、$\overline{I_0}$ 进行编码。设计步骤如下：

1）根据要求列出二 – 十进制优先编码器的真值表，如表 3-9 所示。

2）由真值表写出逻辑表达式如下：

$$\overline{Y_0} = \overline{I_9 + I_7\overline{I_8}\,I_9 + I_5\overline{I_6}\ \overline{I_7}\ \overline{I_8}\ \overline{I_9} + I_3\overline{I_4}\ \overline{I_5}\ \overline{I_6}\ \overline{I_7}\ \overline{I_8}\ \overline{I_9} + I_1\overline{I_2}\ \overline{I_3}\ \overline{I_4}\ \overline{I_5}\ \overline{I_6}\ \overline{I_7}\ \overline{I_8}\ \overline{I_9}}$$

$$\overline{Y_1} = \overline{\overline{I_7}\ \overline{I_8}\ \ \overline{I_9} + I_6\overline{I_7}\ \overline{I_8}\ \overline{I_9} + I_3\overline{I_4}\ \overline{I_5}\overline{I_6}\ \overline{I_7}\ \overline{I_8}\ \overline{I_9} + I_2\overline{I_3}\ \overline{I_4}\ \overline{I_5}\ \overline{I_6}\overline{I_7}\ \overline{I_8}\ \overline{I_9}}$$

$$\overline{Y_2} = \overline{I_7\overline{I_8}\ \ \overline{I_9} + I_6\overline{I_7}\ \overline{I_8}\ \ \overline{I_9} + I_5\overline{I_6}\ \overline{I_7}\ \overline{I_8}\ \overline{I_9} + I_4\overline{I_5}\ \overline{I_6}\ \overline{I_7}\ \overline{I_8}\ \overline{I_9}}$$

$$\overline{Y_3} = \overline{I_9 + I_8\overline{I_9}}$$

表 3-9　10 线 – 4 线优先编码器的真值表

输　　　入									输　　　出			
$\overline{I_1}$	$\overline{I_2}$	$\overline{I_3}$	$\overline{I_4}$	$\overline{I_5}$	$\overline{I_6}$	$\overline{I_7}$	$\overline{I_8}$	$\overline{I_9}$	$\overline{Y_3}$	$\overline{Y_2}$	$\overline{Y_1}$	$\overline{Y_0}$
1	1	1	1	1	1	1	1	1	1	1	1	1
Φ	Φ	Φ	Φ	Φ	Φ	Φ	Φ	0	0	1	1	0
Φ	Φ	Φ	Φ	Φ	Φ	Φ	0	1	0	1	1	1
Φ	Φ	Φ	Φ	Φ	Φ	0	1	1	1	0	0	0
Φ	Φ	Φ	Φ	Φ	0	1	1	1	1	0	0	1
Φ	Φ	Φ	Φ	0	1	1	1	1	1	0	1	0

（续）

输　　　　入									输　　出			
$\overline{I_1}$	$\overline{I_2}$	$\overline{I_3}$	$\overline{I_4}$	$\overline{I_5}$	$\overline{I_6}$	$\overline{I_7}$	$\overline{I_8}$	$\overline{I_9}$	$\overline{Y_3}$	$\overline{Y_2}$	$\overline{Y_1}$	$\overline{Y_0}$
Φ	Φ	Φ	0	1	1	1	1	1	1	0	1	1
Φ	Φ	0	1	1	1	1	1	1	1	1	0	0
Φ	0	1	1	1	1	1	1	1	1	1	0	1
0	1	1	1	1	1	1	1	1	1	1	1	0

上式经过化简和变换后得

$$\overline{Y_0} = \overline{I_9 + I_7\,\overline{I_8} + I_9 + I_5\,\overline{I_6}\,\overline{I_8} + I_9 + I_3\,\overline{I_4}\;\overline{I_6}\;\overline{I_8} + I_9 + I_1\,\overline{I_2}\;\;\overline{I_4}\;\overline{I_6}\,\overline{I_8} + I_9}$$

$$\overline{Y_1} = \overline{I_7\,\overline{I_8} + I_9 + I_6\,\overline{I_8} + I_9 + I_3\,\overline{I_4}\,\overline{I_5}\,\overline{I_8} + I_9 + I_2\,\overline{I_4}\,\overline{I_5}\,\overline{I_8} + I_9}$$

$$\overline{Y_2} = \overline{I_7\,\overline{I_8} + I_9 + I_6\,\overline{I_8} + I_9 + I_5\,\overline{I_8} + I_9 + I_4\,\overline{I_8} + I_9}$$

$$\overline{Y_3} = \overline{I_8 + I_9}。$$

3）按化简和变换后的逻辑表达式，画出逻辑电路图，如图 3-14a 所示。该电路就是典型的国产 MSI 74LS147 二 - 十进制优先编码器的内部逻辑图，图 3-14b 是 74LS147 的逻辑符号，在逻辑符号图中 X/Y 是二 - 十进制优先编码器的总限定符。

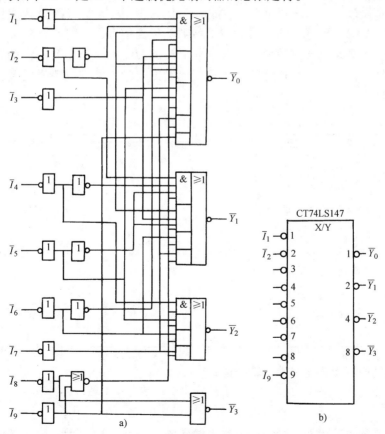

图 3-14　二 - 十进制优先编码器 74LS147

a）逻辑电路　b）逻辑符号

从以上两个设计例可以看出，编码器与加法器和多路分配器一样，也是一种多输入、多输出的组合逻辑器件。

3.4.4　译码器

1. 译码器功能及其分类

译码器也是一种多输入、多输出的组合逻辑器件。根据其功能的不同，译码器可以分为通用译码器和数字译码显示驱动器两类。

通用译码器包括二进制译码器、二 – 十进制译码器和代码转换器，它将一系列代码译成与之一一对应的有效信号，常称为唯一地址译码器，例如存储器中用于寻找存储单元的地址译码器。

数字译码显示驱动器将代表数字、文字或符号等的代码译成特定的显示代码，用以驱动荧光数码管、半导体数码管、液晶显示器和辉光数码管等器件，直观显示出信息的组合逻辑电路。

2. 二进制译码器

将具有特定含义的一组二进制代码，按其原意翻译为相对应的输出信号的逻辑电路，称为二进制译码器。常见的二进制译码器有 2 线 – 4 线译码器、3 线 – 8 线译码器、4 线 – 16 线译码器等。现以 3 线 – 8 线译码器为例，说明译码器的设计过程。

设计要求：设计一个二进制译码器，将 3 位二进制代码 **000 ~ 111** 翻译成相对应的 8 个十进制数 0 ~ 7。设 A、B、C 为输入信号，$Y_0 ~ Y_7$ 为输出信号，它们均为高电平有效。

（1）根据设计要求列出真值表　因为 3 个输入 A、B、C 共有 8 种不同的取值，每一种取值对应一个输出，故有 8 个输出 $Y_0 ~ Y_7$。据此输出与输入之间的逻辑关系，可列出真值表（见表 3-10）。

表 3-10　3 线 – 8 线二进制译码器的真值表

输　　　入			输　　　出							
A	B	C	Y_0	Y_1	Y_2	Y_3	Y_4	Y_5	Y_6	Y_7
0	0	0	1	0	0	0	0	0	0	0
0	0	1	0	1	0	0	0	0	0	0
0	1	0	0	0	1	0	0	0	0	0
0	1	1	0	0	0	1	0	0	0	0
1	0	0	0	0	0	0	1	0	0	0
1	0	1	0	0	0	0	0	1	0	0
1	1	0	0	0	0	0	0	0	1	0
1	1	1	0	0	0	0	0	0	0	1

（2）由真值表写出各输出端逻辑表达式

$$Y_0 = \overline{A}\,\overline{B}\,\overline{C} \qquad Y_1 = \overline{A}\,\overline{B}C \qquad Y_2 = \overline{A}B\overline{C} \qquad Y_3 = \overline{A}BC$$

$$Y_4 = A\overline{B}\,\overline{C} \qquad Y_5 = A\overline{B}C \qquad Y_6 = AB\overline{C} \qquad Y_7 = ABC$$

（3）根据逻辑表达式选用门电路，画出逻辑图　如全部选用与非门来实现，将上述逻辑表达式两边取非，可画出全用与非门组成的逻辑电路，如图 3-15a 所示。图中增加了使能控制端（亦称选通端或片选端）ST_A、$\overline{ST_B}$、$\overline{ST_C}$，当 $ST_A = 1$、$\overline{ST_B} = \overline{ST_C} = 0$ 时，译码器工作。该电路是集成译码器 74HC138（CMOS 芯片）、74LS138（TTL 芯片）的逻辑电路图，图 3-15b 是它的逻辑符号，图中 BIN/OCT 是总限定符，表示该译码器为二进制转换为八进制的代码转换电路。**注意**：① 改为全用**与非门**后，两图输出信号均为低电平有效；② 两图中各功能端均标注了 MSI 芯片的外引脚号，以便使用时对照接线。

应该指出的是，读者只要知道 MSI 器件芯片的外部引脚及其真值表，就可以用它们进行连线，而对于其内部结构却不必搞得很清楚。因此，本书中提供的内部逻辑电路图是帮助读者理解集成器件逻辑功能的。

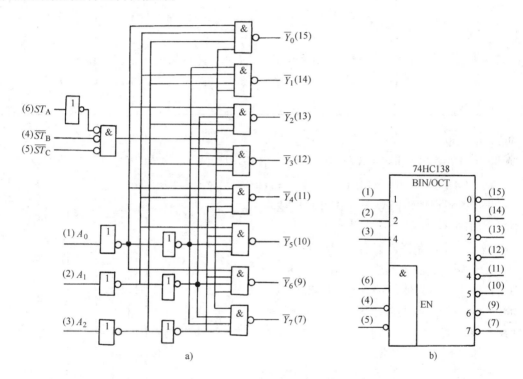

图 3-15 3 线 – 8 线译码器 74HC138

a）逻辑电路 b）逻辑符号

*3. 二 – 十进制译码器

将一组二进制代码翻译为相应的 10 个十进制数字符号的逻辑电路，称为二 – 十进制译码器。它的输入为 8421 码 **0000 ~ 1001**，输出为相应的十进制数的 10 个数字符号。设输入信号为 A、B、C、D，输出信号为 $\overline{W_0}$、$\overline{W_1}$、…、$\overline{W_9}$（低电平有效）。设计步骤如下：

第 1 步，根据设计要求列出真值表，如表 3-11 所示。表中 A、B、C、D 为 8421 码，当输入为 **0000 到 1001** 时，对应的输出是十进制数 0 ~ 9，而 **1010 到 1111** 为无效码，或称伪码，当正常工作时不应出现，在用卡诺图化简时可作为无关项，使逻辑函数更加简洁，逻辑电路更为简单，但这种不完全译码当电路一旦出现无效状态时，译码器的输出就会出错。为了使电路工作可靠，在大规模集成电路中，一般都采用完全译码，以自动拒绝伪码，即当输入一旦进入 6 个无效状态时，所有的输出均恒为 **1**。

表 3-11　二 – 十进制译码器的真值表

输　入				输　出									
A	B	C	D	$\overline{W_0}$	$\overline{W_1}$	$\overline{W_2}$	$\overline{W_3}$	$\overline{W_4}$	$\overline{W_5}$	$\overline{W_6}$	$\overline{W_7}$	$\overline{W_8}$	$\overline{W_9}$
0	0	0	0	0	1	1	1	1	1	1	1	1	1
0	0	0	1	1	0	1	1	1	1	1	1	1	1
0	0	1	0	1	1	0	1	1	1	1	1	1	1
0	0	1	1	1	1	1	0	1	1	1	1	1	1
0	1	0	0	1	1	1	1	0	1	1	1	1	1
0	1	0	1	1	1	1	1	1	0	1	1	1	1
0	1	1	0	1	1	1	1	1	1	0	1	1	1
0	1	1	1	1	1	1	1	1	1	1	0	1	1
1	0	0	0	1	1	1	1	1	1	1	1	0	1
1	0	0	1	1	1	1	1	1	1	1	1	1	0

第 2 步，根据真值表可写出逻辑表达式为

$$\overline{W_0} = \overline{\overline{A}\ \overline{B}\ \overline{C}\ \overline{D}} \qquad \overline{W_1} = \overline{\overline{A}\ \overline{B}\ \overline{C} D} \qquad \overline{W_2} = \overline{\overline{A}\ \overline{B} C \overline{D}} \qquad \overline{W_3} = \overline{\overline{A}\ \overline{B} CD} \qquad \overline{W_4} = \overline{\overline{A} B \overline{C}\ \overline{D}}$$

$$\overline{W_5} = \overline{\overline{A} B \overline{C} D} \qquad \overline{W_6} = \overline{\overline{A} B C \overline{D}} \qquad \overline{W_7} = \overline{\overline{A} B C D} \qquad \overline{W_8} = \overline{A \overline{B}\ \overline{C}\ \overline{D}} \qquad \overline{W_9} = \overline{A \overline{B}\ \overline{C} D}$$

第 3 步，根据逻辑函数表达式可画出逻辑电路图，如图 3-16 所示。该电路实际上是 4 线 – 10 线二 – 十进制译码器系列产品 74HC42、74LS42 的逻辑电路图。如果将输出 $\overline{W_8}$、$\overline{W_9}$ 闲置不用，输入 A 作为使能端 ST_A，则此 4 线 – 10 线二 – 十进制译码器可作为 3 线 – 8 线译码器使用。

4. 7 段译码显示器的设计

在数字系统中，经常需要将数字、文字和符号的二进制编码译为代码并通过显示器件显示出来，以便直接观察或读取。目前显示器件的种类很多，但我国字形管的标准为 7 段字形，故先介绍 3 种主要的 7 段数码显示器件的简单结构和工作原理，然后设计 7 段字形译码器（见例 3-4）。

（1）3 种常用的 7 段数码显示器件

1）半导体数码管　它是用 7 个发光二极管（LED）组成的 7 段字形显示器件。其中 LED 已在第 1.7.4 节中介绍过，此处直接介绍图 3-17 所示的半导体数码管。图 3-17a 是 7 段半导体数码管的显示结构示意图；图 3-17b 将 7 个 LED 的阴极连接在一起，并经过限流电阻

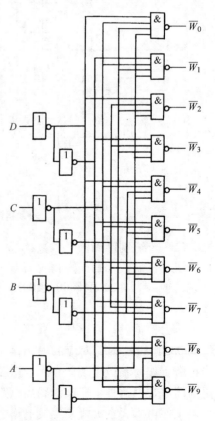

图 3-16　4 线 – 10 线二 – 十进制
译码器的逻辑电路

R 接地，这是共阴极接法；图 3-17c 将 7 个发光二极管的阳极连接在一起，并经过限流电阻 R 接电源，此为共阳极接法；图 3-17d 表示 7 段半导体数码管显示的 0 ~ 9 的字形形状。

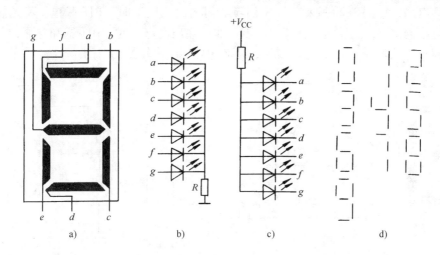

图 3-17　半导体数码管

a）显示结构示意　b）共阴极接法　c）共阳极接法　d）字形形状

半导体数码管的每段发光二极管，既可由 BJT 驱动，也可直接用 TTL 门驱动。用 BJT 驱动半导体数码管 7 段显示电路如图 3-18 所示。图中 a ~ g 为 7 个 LED，当 7 段字形译码器的输出为高电平时，相应段的 BJT 饱和导通，所驱动的 LED 导通并发光。LED 的工作电压为 1.5 ~ 3.0V，工作电流为十几毫安。图中 R 是限流电阻，调节 R 可以改变 LED 的工作电流，用以控制它的发光亮度。半导体数码管常用于计算机、大屏幕显示器和各种电子仪器设备中。

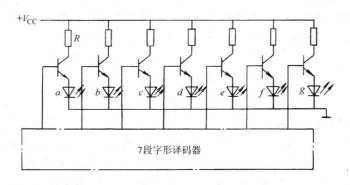

图 3-18　BJT 驱动的半导体数码管 7 段显示电路

*2）荧光数码管　该数码管是一种分段式电真空器件，它由灯丝（阴极）、金属网状栅极和 7 个独立的阳极组成。7 个阳极作为 7 段显示器，其排列与 7 段半导体数码管相似。灯丝加热后发射出来的电子，经栅极正电场加速后，穿过栅极，然后撞击到加有正电位的阳极上，于是涂在阳极上的氧化锌—荧光粉便发出绿色的荧光。荧光数码管为玻璃外壳，常制成指形或扁平形，见图 3-19a，图 3-19b 是其原理示意图。

荧光数码管发光时，它的阳极需加 20V 的电压，不发光时为 0V，而 CT74 系列 TTL 与非门输出高、低电压约为 3.6V、0.3V，为了使两者高、低电压值匹配，需要在 7 段译码显示器的每个 TTL **与**非门输出端与荧光数码管每段相应的阳极之间，加接一个由 NPN 型 BJT 组成的驱动电路，如图 3-20 所示。图中当**与**非门输出低电平时，BJT 截止，荧光数码管相应阳极的电压为 20V，它发出绿色荧光；当**与**非门输出高电平时，BJT 饱和导通，荧光数码管相应的阳极为低电平 0.3V，它不发光，从而达到了电平转换的目的。

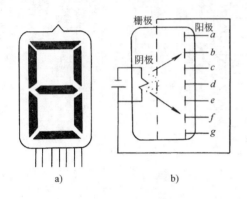

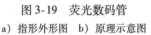

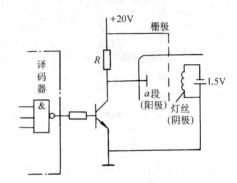

图 3-19　荧光数码管　　　　　　　　　图 3-20　荧光数码管的段驱动电路
a) 指形外形图　b) 原理示意图

3）液晶显示器（Liquid Crystal Display，LCD）　液态晶体简称液晶，是一种有机化合物，它在一定的温度范围内，既具有液体的流动性，又具有晶体的某些光学特性，其透明度和颜色随外界所加电场、磁场、光和温度等的变化而变化。利用液晶的这一特点，可以制成受电场控制的 7 段数码显示器件，称之为液晶显示器。它的工作原理可简述为：当无外加电场时，液晶分子整齐排列；若外部有光照射时，液晶没有散射作用，呈透明状态。当在相应各段加上电压时，在电场的作用下，液晶因电离而产生的正离子作定向运动，故使液晶分子受到撞击而旋转，从而破坏了分子的整齐排列，使之成为无规则的紊乱状态，对外部入射光会产生散射，原来透明的液晶变成了暗灰色，从而显示出相应的字形。当外加电压断开并经短暂的延时后，液晶分子又重新整齐排列，字形消失。显然，液晶本身并不发光，而是借助于外来光才显示字形，所以它是一种被动式显示器件。

为了使液晶显示器件能在字形译码输出的控制下可靠地显示信息，通常通过一个**异或门**在液晶显示器上加数十至数百赫的交变电压，如图 3-21a 所示。u_I 端加交变方波电压，A 端接译码输出，当 $A = 0$ 时，$u_S = u_I$，液晶显示器两端的电压 $u_L = 0V$，显示器不工作。当 $A = 1$ 时，u_S 与 u_I 反相，即 u_I 为低电平时，u_S 为高电平；反之，当 u_I 为高电平时，u_S 为低电平。故加到液晶显示器的电压 u_L 是幅值等于 U_{IM} 的交变方波，如图 3-21b 所示，液晶显示器工作。在为驱动液晶显示器而专门设计的集成译码驱动显示电路中，它的内部已经设置了**异或门**。

液晶显示器主要优点是耗电少，缺点是反应较慢，无外来光时不显示。它常用于计算器和电子手表中。

例 3-4　7 段字形译码显示器设计　设计一个 7 段数字字形译码显示器，设计要求：输入 $ABCD$ 为 8421 码 **0000 ~ 1001**，输出信号 $a ~ g$，用以驱动 7 段数码显示器件。

解：第 1 步，据设计要求列真值表，如表 3-12 所示。因 **1010 ~ 1111** 为无关项，故表中

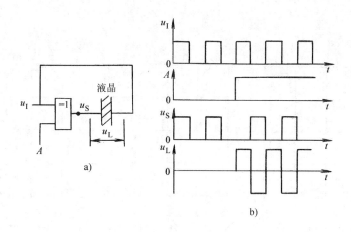

图 3-21　液晶显示器

a）外加交变电压的电路　b）加交变电压时的波形图

未列出。

第 2 步，由真值表画出 7 段译码输出每段的卡诺图，如图 3-22 所示。

第 3 步，根据卡诺图，利用无关项化简，并变换为**与非 – 与非**表达式，以便全部用与非门实现。根据段卡诺图，写出逻辑表达式

$$a = A + C + BD + \overline{B}\,\overline{D} = \overline{\overline{\overline{A}\,\overline{C}}\,\overline{BD}\,\overline{\overline{B}\,\overline{D}}}$$

$$b = \overline{B} + \overline{C}\,\overline{D} + CD = \overline{\overline{\overline{B}}\,\overline{\overline{C}\,\overline{D}}\,\overline{CD}}$$

$$c = \overline{C} + B + D = \overline{C\,\overline{B}\,\overline{D}}$$

$$d = A + C\overline{D} + \overline{B}\,\overline{D} + \overline{B}C + BCD = \overline{\overline{A}\,\overline{C\overline{D}}\,\overline{\overline{B}\,\overline{D}}\,\overline{\overline{B}C}\,\overline{BCD}}$$

$$e = C\overline{D} + \overline{B}\,\overline{D} = \overline{\overline{C\overline{D}}\,\overline{\overline{B}\,\overline{D}}}$$

$$f = A + \overline{C}\,\overline{D} + B\overline{C} + B\overline{D} = \overline{\overline{A}\,\overline{\overline{C}\,\overline{D}}\,\overline{B\overline{C}}\,\overline{B\overline{D}}}$$

$$g = A + B\overline{C} + \overline{B}C + C\overline{D} = \overline{\overline{A}\,\overline{B\overline{C}}\,\overline{\overline{B}C}\,\overline{C\overline{D}}}$$

第 4 步，按照化简并变换后的逻辑表达式，画出逻辑电路图，如图 3-23 所示。

表 3-12　7 段数字显示译码器的真值表

输　　入				输　　出							显示的
A	B	C	D	a	b	c	d	e	f	g	十进制数
0	0	0	0	1	1	1	1	1	1	0	0
0	0	0	1	0	1	1	0	0	0	0	1
0	0	1	0	1	1	0	1	1	0	1	2
0	0	1	1	1	1	1	1	0	0	1	3
0	1	0	0	0	0	1	1	0	0	1	1	4
0	1	0	1	1	0	1	1	0	1	1	5
0	1	1	0	1	0	1	1	1	1	1	6
0	1	1	1	1	1	1	0	0	0	0	7
1	0	0	0	1	1	1	1	1	1	1	8
1	0	0	1	1	1	1	1	0	1	1	9

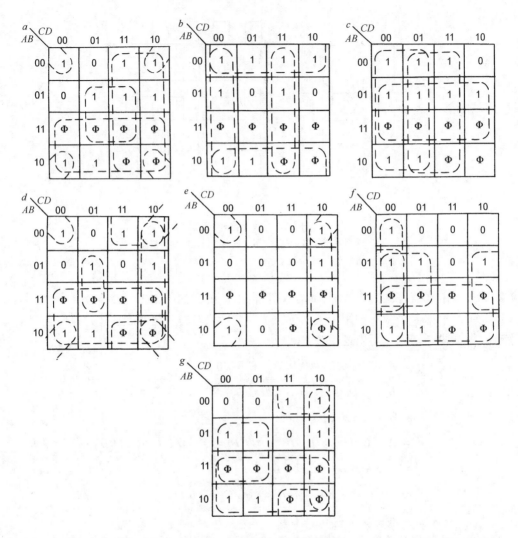

图 3-22　7 段译码器每段的卡诺图

*(**2**)　**MSI 4 线 – 7 段译码/驱动器**　CT74LS48 是一种功能比较齐全的 MSI 4 线 – 7 段字形译码器/驱动器，它除了具有 7 段字形译码显示的功能外，还具有动态灭零输入 $\overline{RBI}$、灭灯输入 $\overline{BI}$/动态灭零输出 $\overline{RBO}$ 和灯测试输入 $\overline{LT}$ 等辅助功能。现对其辅助功能的使用方法，分别简要介绍如下，见图 3-24a。

1)　**灯测试输入 $\overline{LT}$**　该端的功能是检查显示器各段能否正常发光，低电平有效。当 $\overline{LT} = 0$ 时，G_1、G_2 和 G_3 均输出高电平，即等效于 $A_1 = A_2 = A_3 = 0$ 的情况，此时若 $A_3 = 1$，显示器显示数字"8"；若 $A_3 = 0$，由于 $\overline{LT} = 0$，使 G_{19} 的两组**与非**输入信号中分别含低电平信号，使 Y_g 始终处于高电平。亦即无论输入端 A_0、A_1、A_2 和 A_3 处于什么状态，$Y_a \sim Y_g$ 均为高电平，这样驱动数码管的 7 段均同时点亮，达到检查芯片本身和数码管显示器各段好坏的目的。

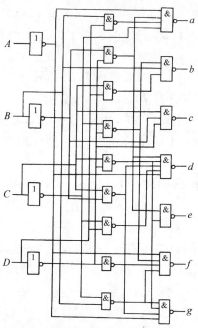

图 3-23　7 段字形译码驱动器的逻辑电路

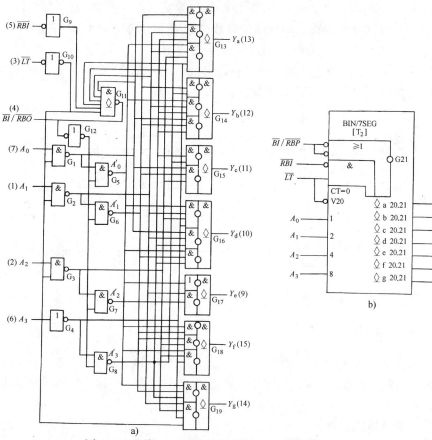

a)

图 3-24　4 线 – 7 段译码器/驱动器的附加功能介绍

a）逻辑电路　b）逻辑符号

2）**灭灯输入** $\overline{BI}$　当 $\overline{BI}=0$ 时，则图 3-24a 中 $A'_0=A'_1=A'_2=A'_3=1$，使**与或非**门 $G_{13}\sim$ G_{19} 均分别有一组**与非**输入全为 **1**，这样输出 $Y_a\sim Y_g$ 均为低电平，使驱动数码管的各段均同时熄灭。

3）**动态灭零输入** $\overline{RBI}$　当用多片 MSI 集成 7 段译码器/驱动器连接成多位十进制数字显示系统时，考虑到数字的书写规则且清晰显示，整数前的"0"和小数后的"0"不予显现，动态灭零输入 $\overline{RBI}$ 就是为此目的而设置的。由图 3-24a 可以看出，当输入 $A_0=A_1=A_2=A_3=0$ 时，输出 $Y_a\sim Y_f$ 为 **1**，$Y_g=0$，本应显示"0"，但此时如使 $\overline{RBI}=0$，则 G_{11} 输出为 **0**，其结果使应显示的"0"熄灭。

4）**动态灭零输出** $\overline{RBO}$　由图 3-24a 可以看出，当输入 $A_0=A_1=A_2=A_3=0$ 时，如 $\overline{RBI}=0$，$\overline{LT}=1$，则 $\overline{RBO}$ 输出低电平，表示已将本应显示的"0"熄灭。

图 3-24b 是 4 线 – 7 段译码器/驱动器的逻辑符号。图中 BIN/7SEG 是总限定符，V_m 是**或**关联标注，此处标识序号 $m=20$，标有 V_{20} 的输入端为影响端，标有标识序号 20 的 7 个输出端为受影响端，它表明受影响端与影响端之间有逻辑**或**的关系。与输入、输出有关的限定符"CT = 0"称为内容输入，其含意是，当 $A_0=A_1=A_2=A_3=0$ 时，它所标注的输出端为逻辑 **1**。当需要显示多位十进制数时，可采用多片 74LS48 将其 $\overline{RBI}$ 端与 $\overline{RBO}$ 端作适当的连接，就可组成熄灭整数前的"0"、小数后的"0"的数码显示系统。图 3-25 是一个 8 位十进制数字显示系统，它用 8 片 74LS48 分别驱动 8 个 7 段显示器，整数部分最高位的 $\overline{RBI}$ 接地，$\overline{RBO}$ 依次与相邻低位的 $\overline{RBI}$ 连接；小数部分最低位的 $\overline{RBI}$ 接地，$\overline{RBO}$ 依次与相邻高位的 $\overline{RBI}$ 连接。例如欲显示数字"00503.060"，由于从左至右数第 1、2、8 片共 3 片译码器/驱动器工作在灭零状态，故相应 3 位输入的"0"被熄灭，而左数第 4、6 两片未工作在灭零状态，输入的"0"被保留下来，故系统显示数据："503.06"。

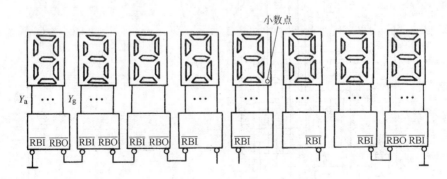

图 3-25　8 片 4 线 – 7 段译码/驱动器 CT74LS48 组成的数字显示系统

3.4.5　数值比较器

数值比较器是用来比较两个相同位数的二进制数大小的组合逻辑电路。它将 A、B 两个相同位数的二进制数相比，比较结果用 $A>B$、$A=B$、$A<B$ 3 个输出信号显示出来，高电平有效。

1. 1 位二进制数比较器

该比较器将两个 1 位二进制数 A、B 相比较，结果有 $F_{A>B}$、$F_{A=B}$、$F_{A<B}$ 3 种情况。真值表如表 3-13 所示。据真值表写出逻辑表达式为

$F_{A>B} = A\,\overline{B}$，$F_{A=B} = \overline{A}\,\overline{B} + AB = A \odot B$，$F_{A<B} = \overline{A}B$。

依据以上所列的逻辑表达式，不难画出其逻辑电路图。

2. 多位二进制数比较器

如将两个多位二进制数进行比较，则应从高位开始向低位逐位进行比较，只有当两个数的各位都相等时，两数才相等。现以比较两个 4 位二进制数 $A = A_3 A_2 A_1 A_0$ 和 $B = B_3 B_2 B_1 B_0$ 为例，说明多位数值比较器的设计方法。

表 3-13　1 位二进制数值比较器真值表

A	B	$F_{A>B}$	$F_{A=B}$	$F_{A<B}$
0	0	0	1	0
0	1	0	0	1
1	0	1	0	0
1	1	0	1	0

（1）根据要求列出功能表　首先从高位比起，若 $A_3 > B_3$ 则 $A > B$；若 $A_3 < B_3$ 则 $A < B$；若 $A_3 = B_3$，则以同样的方法比较次高位 A_2 和 B_2，依此类推，直至得出结果。按照以上分析，可列出 4 位数值比较器的功能表，如表 3-14 所示。

表 3-14　4 位数值比较器的功能表

输　　入				输　　出		
$A_3\ \ B_3$	$A_2\ \ B_2$	$A_1\ \ B_1$	$A_0\ \ B_0$	$F_{A>B}$	$F_{A=B}$	$F_{A<B}$
$A_3 > B_3$	Φ	Φ	Φ	1	0	0
$A_3 < B_3$	Φ	Φ	Φ	0	0	1
$A_3 = B_3$	$A_2 > B_2$	Φ	Φ	1	0	0
$A_3 = B_3$	$A_2 < B_2$	Φ	Φ	0	0	1
$A_3 = B_3$	$A_2 = B_2$	$A_1 > B_1$	Φ	1	0	0
$A_3 = B_3$	$A_2 = B_2$	$A_1 < B_1$	Φ	0	0	1
$A_3 = B_3$	$A_2 = B_2$	$A_1 = B_1$	$A_0 > B_0$	1	0	0
$A_3 = B_3$	$A_2 = B_2$	$A_1 = B_1$	$A_0 < B_0$	0	0	1
$A_3 = B_3$	$A_2 = B_2$	$A_1 = B_1$	$A_0 = B_0$	0	1	0

（2）由真值表写逻辑表达式　该 4 位数值比较器的输出逻辑表达式如下：

$$F_{A<B} = \overline{A_3}B_3 + \overline{(A_3 \oplus B_3)}\,\overline{A_2}B_2 + \overline{(A_3 \oplus B_3)}\,\overline{(A_2 \oplus B_2)}\,\overline{A_1}B_1 + \overline{(A_3 \oplus B_3)}\,\overline{(A_2 \oplus B_2)}\,\overline{(A_1 \oplus B_1)}\,\overline{A_0}\,B_0 \tag{3-10}$$

$$F_{A=B} = \overline{(A_3 \oplus B_3)}\,\overline{(A_2 \oplus B_2)}\,\overline{(A_1 \oplus B_1)}\,\overline{(A_0 \oplus B_0)} \tag{3-11}$$

$$F_{A>B} = \overline{F_{A<B} + F_{A=B}} \tag{3-12}$$

（3）画逻辑电路图　根据式（3-10）～式（3-12），不难画出 4 位比较器的逻辑图。为便于应用，给出 CMOS 4 位数值比较器 CC74HC85 的逻辑符号，见图 3-26，图中 COMP 是比较器的总限定符，$I_{A>B}$、$I_{A=B}$、$I_{A<B}$ 为级连输入端，用以扩展 4 位比较器的功能。如果 74HC85 仅对 4 位数据进行比较，应对 $I_{A>B}$、$I_{A=B}$、$I_{A<B}$ 作闲置处理，处理时所置电平是：$I_{A>B} = I_{A<B} = 0$，$I_{A=B} = 1$。

例 3-5　集成 4 位数值比较器的功能扩展　当两个相比较的数据多于 4 位时，可以用多片 4 位比较器级联来扩展被比较数据的位数。图 3-27 是用两片 4 位数值比较器 74HC85 组成的 8 位比较器的连线图。试分析其工作原理。

解：由上述内容可知，对于两个 8 位二进制数，若高 4 位相同，它们的大小则由低 4 位比较结果确定。因此在图3-27中，低4位比较结果作为高4位的条件，即低4位比较器的输出端连接到高4位比较器的级连输入端 $I_{A>B}$、$I_{A=B}$ 和 $I_{A<B}$，而高4位比较器输出8位数据的比较结果。图中低4位比较器芯片的级连输入端已作适当处理，即 $I_{A>B} = I_{A<B} = 0$，$I_{A=B} = 1$，故用级连方式将两片74HC85扩展成8位比较器。同理，用3片74HC85可以扩展成12位比较器，详见习题3-12。

当位数需要扩展，且要求达到一定的速度时，可以采取并联扩展方式。此处不作介绍。

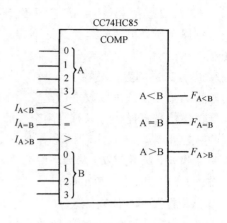

图3-26　4位比较器74HC85的逻辑符号

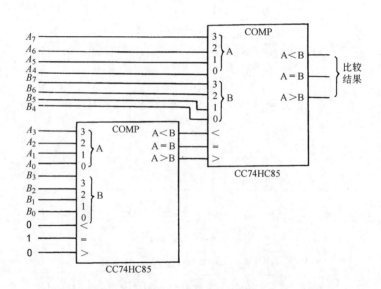

图3-27　用两片4位比较器组成8位比较器的连线图（级连方式）

*3.5　组合逻辑电路中的竞争－冒险

前面分析和设计组合逻辑电路时，未曾考虑门电路的传输延迟时间对电路的影响。实际上，从信号输入到稳定输出需要一定的时间。因为信号从输入端传送到输出端的过程中，不同路径的门数不尽相同，且门电路平均传输延迟时间有差异，所以信号从输入端经由不同路径传输到输出端的时间有先有后。源自此原因，会使逻辑电路产生错误输出。通常把此现象称作**竞争－冒险**。

3.5.1　产生竞争 – 冒险的原因

先分析图 3-28 所示电路的工作情况，以说明竞争 – 冒险的概念。在图 3-28a 的电路中，与门 G_2 的输入是 A 和 $\overline{A}$ 两个互补信号。由于门 G_1 的延迟，$\overline{A}$ 的下降沿滞后于 A 的上升沿，因此在很短暂的时间内，与门 G_2 的两个输入端都会出现高电平，致使该门输出 F_1 出现一个高电平窄脉冲（它被视为不应出现的干扰脉冲），如图 3-28b 所示。G_2 的两个输入信号分别经由 G_1 和 A 端两条路径在不同时刻到达的现象，称为**竞争**，由**竞争**出现的输出端短暂的干扰脉冲称为**冒险**。

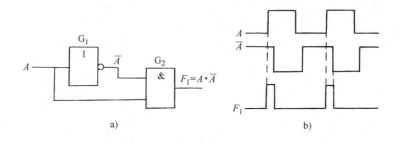

图 3-28　产生正跳变脉冲的竞争 – 冒险
a）逻辑电路　b）工作波形

下面进一步分析组合逻辑电路产生竞争 – 冒险的原因。设有一个逻辑电路如图 3-29a 所示，它的工作波形见图 3-29b，输出逻辑表达式 $F_2 = AC + B\overline{C}$。由此可见，当 A 和 B 都为 **1** 时，$F_2 = 1$，与 C 的状态无关。但从图 3-29b 可以看出，在 C 由 **1** 变 **0** 时，$\overline{C}$ 由 **0** 变 **1** 有一延迟时间，在此短暂的时间内，G_2 和 G_3 的输出 AC 和 $B\overline{C}$ 同时为 **0**，使输出端出现一个负跳变的窄脉冲，即冒险现象。所以此为竞争 – 冒险的原因之一。限于篇幅其他原因不作介绍。

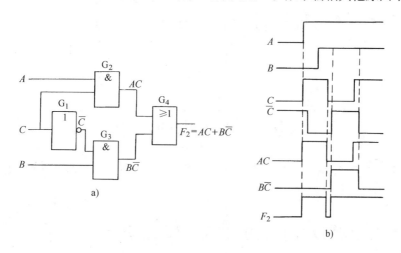

图 3-29　产生负跳变脉冲的竞争 – 冒险
a）逻辑电路　b）工作波形

通过上例分析知，当电路中存在由反相器产生的互补信号，且在互补信号发生变化时会出现竞争 – 冒险。

3.5.2　消除竞争 - 冒险的方法

针对上述原因，采取以下措施消除竞争 - 冒险现象。

1. 发现并消除互补变量

例如，逻辑函数式 $F = (A + B)(\bar{A} + C)$，在 $B = C = 0$ 时，$F = A\bar{A}$。若直接根据此表达式组成逻辑电路，可能会出现竞争 - 冒险。但可以将该式变换为 $F = AC + \bar{A}B + BC$，此处已将 $A\bar{A}$ 消去。所以据此表达式组成逻辑电路，不会出现竞争 - 冒险现象。

2. 增加乘积项

对于图 3-29a 所示逻辑电路，根据第 1.3.2 中所述的常用公式，在输出逻辑表达式中增加乘积项 AB，即令 $F_2 = AC + B\bar{C} + AB$，对应的逻辑电路图见图 3-30。由图 3-29b 可以看出，出现负跳变窄脉冲处，正是 A 和 B 均为 1 时。显然，对于图 3-30 所示电路，当 $A = B = 1$ 时，G_5 输出为 1，G_4 输出亦为 1，亦即去除了 C 跳变时对输出状态的影响，即消除了竞争 - 冒险。

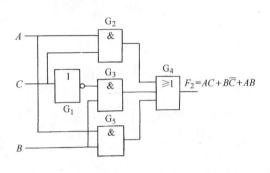

图 3-30　增加乘积项 AB 的逻辑电路

3. 输出端并联电容器

如果逻辑电路在较慢的速度下工作，为了消除竞争 - 冒险，可以在输出端并联一个电容器，其容量在 4 ~ 20pF 的范围内，如图 3-31a 所示，即在图 3-29a 电路输出端并联电容器 C。由于**或**门 G_4 有一个输出电阻 R_0，致使输出波形上升沿和下降沿都变得比较缓慢。因而对很窄的负跳变脉冲起到平波的作用，如图 3-31b 所示。显然，此时输出端不会出现逻辑错误。

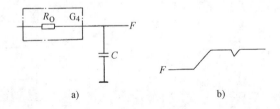

a)　　　　　　　　　　　　　　b)

图 3-31　并联电容器消除竞争 - 冒险

a) 电路　b) 输出波形

以上介绍了产生竞争 - 冒险的原因和消除它的方法。然而，要很好地解决此问题，还须在工程实际中积累并总结经验。

3.6　用 MSI 芯片设计其他的组合逻辑电路

随着数字集成电路生产工艺的日臻完善，MSI、LSI 通用集成器件产品现已批量生产，产品亦已标准化、系列化，且成本低廉，使得许多常用的数字电路直接用 MSI、LSI 标准模块来设计，如此做不仅缩小电路体积、减少连线、降低成本、提高电路可靠性，而且能用某些标准的 MSI 集成芯片来实现一般的组合逻辑功能，其设计方法与第 3.4 节介绍的用 SSI 设计组合逻辑电路大致相同。目前使用得较多的 MSI 芯片有数据选择器、译码器和全加器等。一般单输出组合逻辑电路常采用数据选择器，多输出组合逻辑电路常采用译码器，而使用全加器进行设计的关键问题是找出待设计电路与全加器之间的连线规律。现分别讨论如下。

3.6.1 用集成数据选择器实现其他组合逻辑功能

当 1 片 MSI 数据选择器芯片的数选功能不完全符合使用要求时，可将多片输入端互相连接，以扩大数据的字数和位数。此外，集成数据选择器还可连成各种数值比较器、图形发生电路、逻辑函数发生器、顺序选择电路等。以下主要讨论用数据选择器实现其他组合逻辑电路的功能。

1. 用数据选择器构成逻辑函数发生器

第 3.2.2 节已经介绍过 TTL 双 4 选 1 数据选择器 CT74LS153，并用两片 CT74LS153 扩展成 8 选 1 数据选择器（见图 3-7）。其实，集成数据选择器产品有很多种，74HC151 就是一种典型的 CMOS 数选器芯片。它有 3 个地址输入端 A_2、A_1、A_0，可供选择 $D_0 \sim D_7$ 共 8 个数据源；它具有两个互补的输出端：同相输出端 Y 和反相输出端 $\overline{Y}$，还有一个使能输入端 $\overline{EN}$。其功能表如表 3-15 所示。下面应用此两种数选器芯片来产生逻辑函数。

（1）函数变量数与地址端数相等 如果逻辑函数的变量数与数据选择器的地址选择端数相等，则该函数所有最小项与数据输入端一一对应，即可直接用数据选择器产生逻辑函数。

表 3-15 74HC151 功能表

使能	地址输入			输出	
$\overline{EN}$	A_2	A_1	A_0	Y	$\overline{Y}$
1	Φ	Φ	Φ	0	1
0	0	0	0	D_0	$\overline{D_0}$
0	0	0	1	D_1	$\overline{D_1}$
0	0	1	0	D_2	$\overline{D_2}$
0	0	1	1	D_3	$\overline{D_3}$
0	1	0	0	D_4	$\overline{D_4}$
0	1	0	1	D_5	$\overline{D_5}$
0	1	1	0	D_6	$\overline{D_6}$
0	1	1	1	D_7	$\overline{D_7}$

例 3-6 用 8 选 1 数据选择器 74HC151 产生 3 变量逻辑函数：$F_1 = \overline{A}BC + A\,\overline{B}C + AB$，画出连线图。

解：将逻辑函数 F_1 变换为最小项表达式

$$F_1 = \overline{A}BC + A\,\overline{B}C + AB(C + \overline{C}) = \overline{A}BC + A\,\overline{B}C + AB\,\overline{C} + ABC$$

将 F_1 式与 74HC151 的逻辑表达式（可由表 3-15 写出）：

$$Y = \overline{A_2}\,\overline{A_1}\,\overline{A_0}D_0 + \overline{A_2}\,\overline{A_1}A_0D_1 + \overline{A_2}\,A_1\,\overline{A_0}\,D_2 + \overline{A_2}A_1A_0D_3$$
$$+ A_2\,\overline{A_1}\,\overline{A_0}D_4 + A_2\,\overline{A_1}A_0D_5 + A_2A_1\,\overline{A_0}D_6 + A_2A_1A_0D_7 \tag{3-13}$$

比较后发现，若用 74HC151 产生逻辑函数 F_1，需使 $A_2 = A$、$A_1 = B$、$A_0 = C$，并使 $D_3 = D_5 = D_6 = D_7 = 1$，$D_0 = D_1 = D_2 = D_4 = 0$，因此连线图如图 3-32 所示。**希注意**：接线时须将使能端 $\overline{EN}$ 置于有效电平，即 $\overline{EN} = 0$。下同。

（2）函数变量数大于地址端数 如果逻辑函数的变量数大于地址输入端数，例如一个 3 变量逻辑函数要用 4 选 1 数据选择器实现，就要将逻辑函数的多余变量分离出来。从原理上讲，分离哪个变量都可以，但以便于与数据选择器的输出表达式［式（3-8）］相比较，且分离出的变量与数据端简洁连线为好。现举例说明如下。

例 3-7　已知 3 变量逻辑函数：$F_2(A, B, C) = \sum m(2, 3, 4, 5, 6)$，试用双 4 选 1 数据选择器 CT74LS153 实现之。

解：4 选 1 数据选择器只有两个地址输入端和 4 个数据输入端，无法直接用它实现题中的 3 变量逻辑函数 F_2，因此，须将 F_2 的一个变量 C 分离出，即

$$F_2(A, B, C) = \sum m(2,3,4,5,6)$$
$$= \bar{A}B\bar{C} + \bar{A}BC + A\bar{B}\bar{C} + A\bar{B}C + AB\bar{C}$$
$$= \bar{A}\bar{B}(0) + \bar{A}B(\bar{C} + C) + A\bar{B}(\bar{C} + C) + AB(\bar{C})$$

将该式与 CT74LS153 的逻辑表达式［式（3-8）］相比，可知若使 $A_1 = A$、$A_0 = B$；$D_0 = 0$、$D_1 = C + \bar{C} = 1$、$D_2 = C + \bar{C} = 1$、$D_3 = \bar{C}$，就可用 CT74LS153 的一半发生逻辑函数 F_2，如图 3-33 所示。

一般情况下，一个 n 变量逻辑函数可以用 2^n 或 2^{n-1} 选 1 数据选择器实现。但也有一些特殊的逻辑函数，它的部分变量在逻辑表达式每一个乘积项中几乎都出现，而另一些变量只是偶尔出现，此时可用 2^{n-2} 选 1 数据选择器来产生 n 变量逻辑函数。

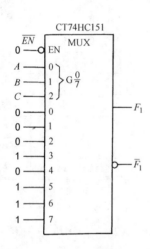

图 3-32　用 74HC151 实现 3 变量
逻辑函数 F_1 的连线图

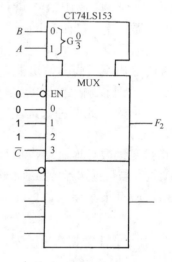

图 3-33　用双 4 选 1 数据选择器实现 3
变量逻辑函数 F_2 的连线图

例 3-8　选用合适的数据选择器实现 5 变量逻辑函数：

$$F_3 = \bar{A}\bar{B}\bar{C}D\bar{E} + \bar{A}B\bar{C}E + \bar{A}BC\bar{D} + A\bar{B}\bar{C}D + A\bar{B}C + ABC\bar{E}$$

解：观察逻辑函数 F_3 可见，A、B、C 此 3 个变量在所有乘积项中都出现，而变量 D、E 却少有出现。据此情况，将变量 D、E 分离出，再按例 3-7 的解题思路，选用 8 选 1 数据选择器 74HC151 加上 CMOS 与门电路实现，连线见图 3-34。

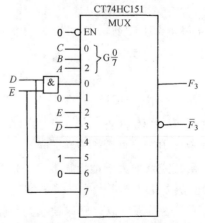

图 3-34　用 74HC151 产生 5 变量逻辑函数 F_3 的连线图

通过上述 3 例可以看出，与用 SSI 设

计组合逻辑电路相比，使用 MSI 数据选择器的优点是无需对逻辑函数进行化简。

2. 用双 4 选 1 数据选择器构成 1 位全加器

根据表 3-3 所示的 1 位全加器的真值表，写出全加器和数 S_i 及进位信号 C_{i+1} 的最小项表达式

$$S_i = \overline{A_i}\,\overline{B_i}\,C_i + \overline{A_i}B_i\,\overline{C_i} + A_i\,\overline{B_i}\,\overline{C_i} + A_iB_iC_i \tag{3-14}$$

$$C_{i+1} = \overline{A_i}B_iC_i + A_i\,\overline{B_i}\,C_i + A_iB_i\,\overline{C_i} + A_iB_iC_i \tag{3-15}$$

将式（3-14）和式（3-15）中的变量 C_i 分离出，并与 4 选 1 数据选择器逻辑表达式（3-8）相比，得到 $1D_0 = C_i$、$1D_1 = \overline{C_i}$、$1D_2 = \overline{C_i}$、$1D_3 = C_i$；$2D_0 = \mathbf{0}$、$2D_1 = C_i$、$2D_2 = C_i$、$2D_3 = \mathbf{1}$，于是，画出双 4 选 1 数据选择器 CT74LS153 和 TTL 非门构成的 1 位全加器的连线图，见图 3-35。

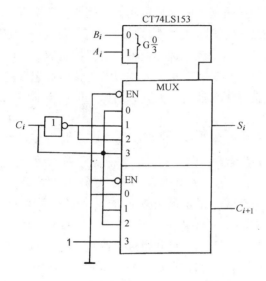

图 3-35　用 CT74LS153 组成 1 位全加器的连线图

3. 集成数据选择器的扩展使用

第 3.2.2 节曾经讨论过利用数据选择器使能端扩展其规模大小的方法。该方法实为集成电路芯片的扩展应用问题，工程技术中用得较多，因为当集成数据选择器的大小不满足实际需求时，就要对数据选择器进行字扩展或位扩展。

（1）位扩展　上面讨论的都是 1 位集成数据选择器。如果需要选择多位数据时，可以使用几片 1 位数据选择器芯片并联构成。以扩展成两位数据选择器为例，所用的方法是：将两片数选器芯片的使能端连在一起，相应的地址输入端并联起来。两位 8 选 1 数据选择器的连接方法如图 3-36 所示。由图可知，当需要进一步扩充位数时，只要相应地增加数据选择器的数目，连接方

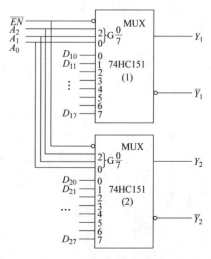

图 3-36　两位 8 选 1 数据选择器
74HC151 的连线方法

法与图 3-36 所示的连法相同。

（2）字扩展　所谓字扩展，即对可供选择的数据基数进行数倍的扩展。以 74HC151 作两倍的字扩展为例，应采用两片 74HC151 芯片连成 16 选 1 数据选择器。至于如何连线，参见习题 3-26。

3.6.2　用译码器实现多种组合逻辑功能

1. 用译码器产生逻辑函数

第 3.4.4 节讨论二进制译码器时已经知道，译码器的每一输出信号代表了与地址输入变量相对应的一个最小项，而任意一个逻辑函数都可以变换为最小项之和的形式。因此，利用集成译码器和门电路可以实现任何一个逻辑函数。但用译码器产生某一逻辑函数的前提是，译码器的地址输入端数须与逻辑函数的变量数相等。例如，欲实现 4 变量逻辑函数，则需采用 4 线 – 16 线译码器，且需将逻辑函数变换为最小项表达式。一般来说，每实现一个逻辑函数都需要外接一个逻辑门电路，至于选择何种功能和类型的逻辑门电路，则应视译码器芯片类型，译码器输出是低电平还是高电平有效，以及逻辑函数包含的最小项数目来定。由于目前生产的译码器的译出信号多为低电平有效，所以一般用**与非门**来组成。但也有例外。请看以下的例题。

例 3-9　用集成译码器外加必要的门电路，实现 3 变量逻辑函数：$F_4(A, B, C) = \sum m$ $(0, 2, 3, 4, 7)$，画出连线图。

解：方案 1　因为 F_4 为 3 变量逻辑函数，所以选用 CMOS 的 3 线 – 8 线二进制译码器 74HC138，其输出为低电平有效。将逻辑函数 F_4 的 3 个输入变量 A、B、C 分别加到译码器的 3 位地址输入端，译码器的 5 个输出端 0、2、3、4、7 接到一个 5 输入端的 CMOS **与非门**的各个输入端，则从该与非门输出端就可获得逻辑函数 F_4。连线图如图 3-37a 所示。

方案 2　将逻辑函数所具有的最小项 m_1、m_5、m_6，即 74HC138 的输出端 1、5、6（分别对应于 $\overline{Y_1}$、$\overline{Y_5}$、$\overline{Y_6}$）连接到一个 3 输入端 CMOS **与门**的输入端，从 CMOS **与门**输出端就可得到逻辑函数 F_4，连线图见图 3-37b。

作为练习，请对于上述两种 F_4 的实现方案，联系 74HC138 输出逻辑表达式，分别列式检验两种方案的正确性。

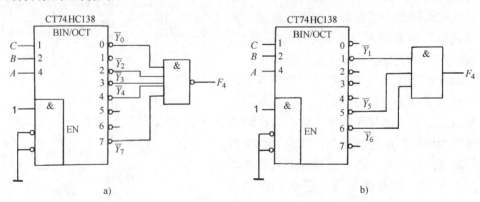

图 3-37　例 3-9 用图

a）用译码器和与非门实现 F_4　　b）用译码器和与门实现 F_4

2. 用译码器组成 1 位全加器

根据全加器的最小项表达式［式 (3-14)、式 (3-15)］不难看出，可以用 3 线 – 8 线译码器 74HC138 和两个 CMOS 与非门构成 1 位全加器，见图 3-38。由图可见，全加器的 3 个输入变量 A_i、B_i、C_i 分别加到 74HC138 的地址输入端，译码器输出端 1、2、4、7 接到一个 4 输入 CMOS 与非门 G_1 的输入端，G_1 输出全加和 S_i；74HC138 输出端 3、5、6、7 连线至另一个 4 输入 CMOS 与非门 G_2，G_2 输出全加器的进位信号 C_{i+1}。

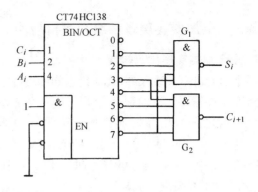

图 3-38　用 74HC138 和两个与非门组成 1 位全加器

3. 用二进制译码器构成各种 BCD 译码器

在日常生活和工作中，人们习惯于用十进制数计算，而在电脑和数字系统中，却常常用二进制数来计算。为了便于人与数字系统之间的联系，通常采用一种中间表示法，以 1 组二进制代码表示十进制数，它既有二进制数的形式，又具有十进制数的特点，通常称为二 – 十进制编码（即第 1.2.2 节中介绍的 BCD 码），它的每 1 位十进制数码 0、1、2、3、…、9 分别用 4 位二进制数 0000、0001、0010、0011、…、1001 表示。但 4 位二进制数可以组成 $2^4 = 16$ 种状态，而十进制数只有 0 ～ 9 共 10 个数字符号，因此就有了多种不同的 BCD 码，常见的 BCD 码已列于表 1-3 中。图 3-39 是 TTL 4 线 – 16 线译码器 CT74LS154 的逻辑符号，其输入端 A、B、C、D 可接任何的 BCD 码，只要将其输出按表 1-3 排列，就可得到相应的译码输出。从便于应用出发，表 3-16 列出用 CT74LS154 连接成各种二 – 十进制编码器的接线表。

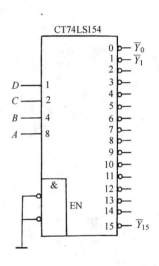

图 3-39　TTL 4 线 – 16 线译码器 74LS154 的逻辑符号

表 3-16　用 CT74LS154 连接成各种二 – 十进制编码器的连线表

十进制数	8421 码	余 3 码	2421B 码	余 3 循环码	5421 码	格雷码
0	$\overline{Y_0}$	$\overline{Y_3}$	$\overline{Y_0}$	$\overline{Y_2}$	$\overline{Y_0}$	$\overline{Y_0}$
1	$\overline{Y_1}$	$\overline{Y_4}$	$\overline{Y_1}$	$\overline{Y_6}$	$\overline{Y_1}$	$\overline{Y_1}$
2	$\overline{Y_2}$	$\overline{Y_5}$	$\overline{Y_2}$	$\overline{Y_7}$	$\overline{Y_2}$	$\overline{Y_3}$
3	$\overline{Y_3}$	$\overline{Y_6}$	$\overline{Y_3}$	$\overline{Y_5}$	$\overline{Y_3}$	$\overline{Y_2}$
4	$\overline{Y_4}$	$\overline{Y_7}$	$\overline{Y_4}$	$\overline{Y_4}$	$\overline{Y_4}$	$\overline{Y_6}$
5	$\overline{Y_5}$	$\overline{Y_8}$	$\overline{Y_{11}}$	$\overline{Y_{12}}$	$\overline{Y_8}$	$\overline{Y_7}$
6	$\overline{Y_6}$	$\overline{Y_9}$	$\overline{Y_{12}}$	$\overline{Y_{13}}$	$\overline{Y_9}$	$\overline{Y_5}$
7	$\overline{Y_7}$	$\overline{Y_{10}}$	$\overline{Y_{13}}$	$\overline{Y_{15}}$	$\overline{Y_{10}}$	$\overline{Y_4}$
8	$\overline{Y_8}$	$\overline{Y_{11}}$	$\overline{Y_{14}}$	$\overline{Y_{14}}$	$\overline{Y_{11}}$	$\overline{Y_{12}}$
9	$\overline{Y_9}$	$\overline{Y_{12}}$	$\overline{Y_{15}}$	$\overline{Y_{10}}$	$\overline{Y_{12}}$	$\overline{Y_{13}}$

3.6.3　用全加器实现多种组合逻辑功能

1. 用全加器实现代码转换

用全加器可以实现某些 BCD 码之间的转换。当采用全加器构成某两种 BCD 码之间的转换电路前，首先要分析两种 BCD 码之间的关系，然后找出它们之间的转换规律。现以 8421 码与余 3 码之间的相互转换为例，说明全加器用以实现代码转换的方法。因为 8421 码 $A_3A_2A_1A_0$ 加上 3（**0011**）等于相应的余 3 码 $PQRS$，所以只需利用 CMOS 4 位超前进位全加器 74HC283，将 8421 码与 **0011** 相加，便可得到余 3 码 $PQRS$，如图 3-40a 所示。反之，将 $PQRS$ 减去 **0011** 就是 8421 码 $A_3A_2A_1A_0$，如按第 3.2.2 节中所述概念，用 4 位全加器 74HC283 将余 3 码和 **0011** 的补码 **1101** 相加，则 74HC283 的输出即为 8421 码 $A_3A_2A_1A_0$，如图 3-40b 所示。

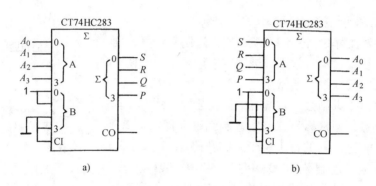

图 3-40　用全加器实现 BCD 码转换

a) 8421 码转换成余 3 码　b) 余 3 码转换成 8421 码

2. 8421BCD 码加法器

虽然 8421BCD 码由二进制代码组成，但因将两个 8421BCD 码所表示的 1 位十进制数相加之和，只能在 0 ~ 19（即 9 + 9 + 1 = 19，式中"1"是低位的进位信号）这 20 个数范围内，而且在本位的最高输出只能是 **1001**，超过 **1001** 就须向高位进位。因此，不能直接用 4 位二进制全加器完成两个 8421BCD 码的相加。如果用 4 位二进制全加器来完成两个 8421BCD 码相加，必须分析两个二进制数相加与两个 8421BCD 码相加的各自特点，找出规律性的异同关系，解决存在问题。为了便于分析，现将两个 4 位二进制数相加与两个 8421BCD 码相加的 20 个数列表，见表 3-17。表中 C_{i+4} 是两个二进制数相加的进位信号，K_{i+1} 是两个 8421BCD 码十进制数相加的进位信号。由表 3-17 可见：

表 3-17　4 位二进制数相加与两个 8421 码相加的运算规律

十进制数	二进制数相加的和数					8421BCD 码十进制数相加的和数				
D	C_{i+4}	S_3	S_2	S_1	S_0	K_{i+1}	B_3	B_2	B_1	B_0
0	**0**	**0**	**0**	**0**	**0**	**0**	**0**	**0**	**0**	**0**
1	**0**	**0**	**0**	**0**	**1**	**0**	**0**	**0**	**0**	**1**
2	**0**	**0**	**0**	**1**	**0**	**0**	**0**	**0**	**1**	**0**
3	**0**	**0**	**0**	**1**	**1**	**0**	**0**	**0**	**1**	**1**

（续）

十进制数	二进制数相加的和数					8421BCD 码十进制数相加的和数				
D	C_{i+4}	S_3	S_2	S_1	S_0	K_{i+1}	B_3	B_2	B_1	B_0
4	0	0	1	0	0	0	0	1	0	0
5	0	0	1	0	1	0	0	1	0	1
6	0	0	1	1	0	0	0	1	1	0
7	0	0	1	1	1	0	0	1	1	1
8	0	1	0	0	0	0	1	0	0	0
9	0	1	0	0	1	0	1	0	0	1
10	0	1	0	1	0	1	0	0	0	0
11	0	1	0	1	1	1	0	0	0	1
12	0	1	1	0	0	1	0	0	1	0
13	0	1	1	0	1	1	0	0	1	1
14	0	1	1	1	0	1	0	1	0	0
15	0	1	1	1	1	1	0	1	0	1
16	1	0	0	0	0	1	0	1	1	0
17	1	0	0	0	1	1	0	1	1	1
18	1	0	0	1	0	1	1	0	0	0
19	1	0	0	1	1	1	1	0	0	1

1）当两个 8421BCD 码十进制数相加之和数小于等于 **1001** 时，与两个 4 位二进制数相加之和完全相同；当两个 8421BCD 码十进制数相加的和数大于 **1001** 时，与两个 4 位二进制数相加之和则完全不同。在此范围内，8421BCD 码相加的每个和数都有进位，而二进制数相加的和数只在"16"以后才进位，显然，8421BCD 码的"16 ~ 19"共 4 个和数的进位可以直接采用二进制数相加的进位，称为自然进位，用 K 表示；和数为"10 ~ 15"共 6 个和数的进位须专门设计一个逻辑电路来完成，称为强迫进位，以 K' 表示。此处强迫进位的条件是，仅当两个二进制数相加的和数 $S_3S_2S_1S_0$ 为 **1010 ~ 1111** 时才产生，即此时 $K'=1$。强迫进位逻辑电路可用卡诺图法来设计，如图 3-41 所示。经化简后得 $K'=S_3S_2+S_3S_1$，所以两个 8421BCD 码十进制数相加的进位信号：

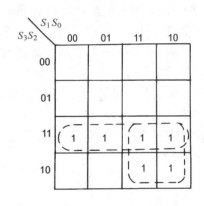

图 3-41　设计强迫进位逻辑电路的卡诺图

$$K_{i+1}=K+K'=K+S_3S_2+S_3S_1=\overline{\overline{K}\ \overline{S_3S_2}\ \overline{S_3S_1}} \qquad (3\text{-}16)$$

2）当进位信号 $K_{i+1}=\mathbf{0}$ 时，两个 8421BCD 码十进制数相加的和数和两个二进制数相加之和是完全相同的；当 $K_{i+1}=\mathbf{1}$ 时，两个 8421BCD 码十进制数相加的和数等于两个 4 位二进制数相加的和数加 6，即 $B_3B_2B_1B_0=S_3S_2S_1S_0+0110$，因此，还须使用 1 片 4 位二进制全加器来完成加"6"的操作。图 3-42 是用两片 74HC283 和 4 个 CMOS **与非门**组成的两个 1 位 8421BCD 码十进制数加法电路逻辑图。如果要完成两个 n 位 8421BCD 码十进制数相加，可以采用 n 个图 3-42 所示的电路来实现，但低位进位信号须接到高位进位信号的输入端。

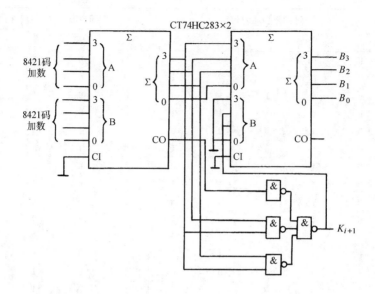

图 3-42　两个 1 位 8421 码十进制数加法电路逻辑图

3. 用 4 位全加器构成 4 位减法器

图 3-43 是用 4 位全加器构成的 4 位减法器。设 $X_3X_2X_1X_0$ 为被减数，$Y_3Y_2Y_1Y_0$ 为减数，根据第 3.2.2 节中所述的减法器可用加法器构成的概念，即式（3-7）：$A - B = A + B_补 = A + B_反 + \mathbf{1}$，经过分析后知，该电路实现了 4 位二进制数的减法运算，图中 $D_3D_2D_1D_0$ 为差值信号。由于全加器有进位信号时，对应于它作减法运算无借位信号之时，所以图中 $B = CO = \mathbf{0}$ 表示有借位信号。

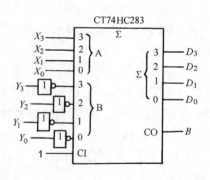

图 3-43　用 4 位全加器构成的 4 位减法器

如果增设加/减法控制端，再设计合适的电路，就可以构成 4 位可控二进制加/减法器。这种电路的分析详见习题 3-24。

3.7　组合逻辑电路综合应用例

为了便于选用 SSI、MSI 芯片实现组合逻辑电路，现再举两例，说明这些芯片的应用。

例 3-10　有一列自动控制的地铁列车，只有在所有车门都已关上和下一段路轨空出的条件下，才能离开站台。但是，如果发生关门故障，则在开着车门的情况下，列车可以通过手动操作开动，但仍要求下段空出路轨。试解答：

（1）全用 3 输入端 CMOS 与非门设计一个指示该地铁列车开动的逻辑电路，画出逻辑图。

（2）改用 CMOS 3 线–8 线二进制译码器 74HC138，外加必要的门电路，实现所设计的逻辑电路，画出连线图。

解：（1）设输入信号 A 为门开关信号，$A=1$ 时门关上；B 为路轨控制信号，$B=1$ 时路轨空出；C 为手动操作信号，$C=1$ 时手动操作。输出 F 为列车开动信号，$F=1$ 列车开动。根据题意列出真值表（表 3-18），用卡诺图法化简（见图 3-44a），得到逻辑表达式

$$F(A, B, C) = AB + BC = \overline{\overline{AB}\ \overline{BC}}$$

由上式可画出逻辑电路图，如图 3-44b 所示。

（2）根据卡诺图，写出 F 的最小项表达式为

$$F(A, B, C) = \sum m(3, 6, 7)$$

因此可用一片 74HC138，外加一个 3 输入端 CMOS 与非门实现，连线图见图 3-45。

表 3-18 例 3-10 的真值表

输　入			输　出	输　入			输　出
A	B	C	F	A	B	C	F
0	0	0	0	1	0	0	0
0	0	1	0	1	0	1	0
0	1	0	0	1	1	0	1
0	1	1	1	1	1	1	1

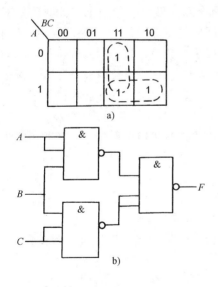

图 3-44 例 3-10（1）用图
a）化简用卡诺图 b）逻辑电路

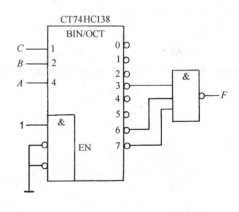

图 3-45 例 3-10（2）的连线图

例 3-11 有一片 8 选 1 数据选择器芯片 74LS151（见图 3-46），其数据选择输入端 A_2 的引脚断裂，信号无法从 A_2 输入（图中用虚线表示 A_2 引脚已断裂），该芯片其余部分完好。试问如何利用它实现逻辑函数 $L(A, B, C) = \sum m(1, 2, 4, 7)$？

解：由于 CT74LS151 是 TTL 产品，它的地址输入端 A_2 引脚断裂（即 A_2 悬空），引脚 A_2 始终等于逻辑 **1**，所以此时 CT74LS151 相当于 1 片 4 选 1 数据选择器芯片，它发挥作用的数

据输入端是 D_4、D_5、D_6、D_7。因此，该芯片的输出表达式实为

$$Y = \overline{A_1}\,\overline{A_0}D_4 + \overline{A_1}A_0D_5 + A_1\,\overline{A_0}D_6 + A_1A_0D_7$$

而　　　　　　$L(A,B,C) = \sum m(1,2,4,7) = \overline{A}\,\overline{B}C + \overline{A}B\,\overline{C} + A\,\overline{B}\,\overline{C} + ABC$

令 $A_1A_0 = BC$，比较上述两式可得

$$D_4 = D_7 = A,\ D_5 = D_6 = \overline{A}$$

所以拟出实现逻辑函数 L 的连线图，如图 3-46
所示。

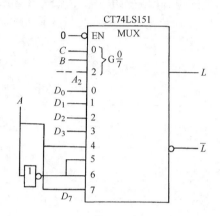

图 3-46　例 3-11 的连线图

从以上例题可以看出，运用 MSI 组合逻辑器件
设计其他的组合电路时，所用原理和步骤与用 SSI
门电路设计是基本一致的，但也有不同之处：

1）对逻辑表达式变换与化简的目的，是使其
尽可能地与 MSI 组合逻辑器件的形式一致，而不是
尽量简化。

2）设计时应考虑合理、充分地利用 MSI 组合
逻辑器件的功能。同种类型的组合器件有不同的型
号，应尽量选用较少的器件数和较简单的器件来满
足设计要求。

3）可能会出现只需一个 MSI 组合逻辑器件的部分功能就可满足要求，此时需要对有关
输入、输出信号作适当的处理，也可能一个组合逻辑器件不能满足设计要求，这就要对组合
器件功能进行扩展，例如两片 4 位数值比较器扩展成 8 位数值比较器、两片 4 位全加器外加
门电路用作 8421 码加法电路、两片 8 选 1 数据选择器扩成 16 选 1 数据选择器等。以上都是
直接将若干个器件连线，或者用适当的逻辑门电路，将若干个器件连接起来的例子。

第 3 章所用的 MSI 组合逻辑器件多半为 CMOS 产品，但在工程技术中也有一些 TTL 组
合逻辑器件供选用。CMOS 芯片的特点是比 TTL 芯片的静态功耗小得多。读者选用时可查阅
相关的集成电路器件手册。

习　题　3

3-1　组合逻辑电路在逻辑功能和电路结构两个方面各有什么特点？

3-2　分别列写图 3-47 所示的各电路输出逻辑函数表达式，列出真值表，指出各自的逻辑功能。

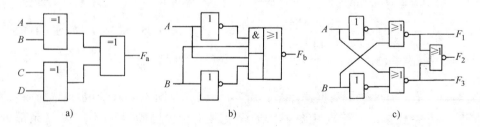

图 3-47　习题 3-2 图

3-3　图 3-48 所示的多输出组合逻辑电路是一种 4 位二进制数码 $A_3A_2A_1A_0$ 的原码 – 反码转换电路，图
中 C 为控制信号。试说明其转换工作原理。

3-4 分析图 3-49 所示的组合逻辑电路，设输入信号 $ABCD$ 为 1 位十进制数的 8421BCD 码，试列出真值表，说明该电路的功能。

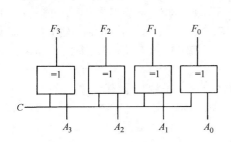

图 3-48 习题 3-3 图

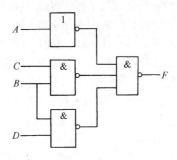

图 3-49 习题 3-4 图

3-5 数据选择器如图 3-50 所示。当 $D_3 = 0$，$D_2 = D_1 = D_0 = 1$ 时，有 $F = \overline{A_1} + \overline{A_0}$ 的逻辑表达式。试证明该逻辑表达式的正确性。

3-6 74HC147 是 CMOS 10 线 – 4 线优先编码器（8421BCD 反码输出），其逻辑符号如图 3-51（即第 3.4.3 节中图 3-14b）所示，真值表见第 3.4.3 节中表 3-9。分析真值表 3-9，试用 74HC147 和适当的门电路构成输出为 8421 原码，并有编码输出标志 GS 的编码器（要求 $GS = 0$ 时不编码，$GS = 1$ 时编码），画出连线图，就在图 3-51 上连线即可。

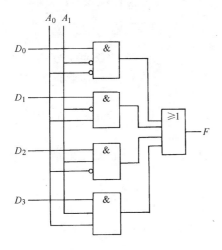

图 3-50 习题 3-5 图

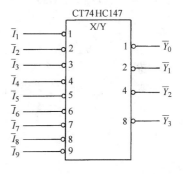

图 3-51 习题 3-6 图

3-7 对于图 3-52 由二 – 十进制译码器 CT74LS42 组成的逻辑电路（图中 BCD/DEC 是二 – 十进制译码器的总限定符），试写出 Z_1、Z_2、Z_3 的逻辑函数表达式，并用卡诺图法化简成最简与或式。

3-8 某图书馆上午 8 时至 12 时、下午 2 时至 6 时开馆，在开馆时间内图书馆门前的指示灯亮，试设计一个时钟控制指示灯开关的逻辑电路，画出全用 CMOS 与非门实现的最简逻辑电路图，允许输入端有反变量出现（提示：设输入信号 $ABCD$ 为钟点变量，并设 T 为区分午前、午后的标志变量，$T = 0$ 表示 1 ~ 12 点，$T = 1$ 表示

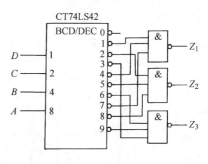

图 3-52 二 – 十进制译码器 CT74LS42 组成的逻辑电路

13 ~ 24 点，输出逻辑函数为 F）。

3-9　设计一个供 A、B、C 3 人使用的简单表决电路，如多数人同意，则提案通过，以指示灯亮表示；否则提案不通过，指示灯熄灭。如果约定 A、B、C 同意为 1，反对为 0，提案通过输出 F 为 1（指示灯亮），否则 F 为 0（指示灯灭）。要求全用 3 输入端的 CMOS 与非门实现，画出逻辑电路图。

3-10　设计一个组合逻辑电路，当其 4 个输入信号 A、B、C、D 中的信号不一致时，输出 F 为 1，否则 F 为 0。要求列出真值表，写出输出逻辑表达式，画出只用一个 CMOS 门电路实现的逻辑图，允许输入端出现反变量。

3-11　试用两片 3 线 – 8 线二进制译码器 74HC138 连接成 4 线 – 16 线二进制译码器，连线时不附加任何的门电路，画出连线图（**提示**：先设输入 4 位二进制数码为 A、B、C、D，4 线 – 16 线二进制译码器输出信号为 $\overline{Y_0}$、$\overline{Y_1}$、$\cdots$、$\overline{Y_{15}}$，再列出 4 线 – 16 线译码器的真值表，最后找出接线规律）。

3-12　图 3-53 是国产 CMOS 4 位数值比较器 74HC85 的逻辑符号。试用 3 片 74HC85 芯片组成 12 位级连方式的数值比较器，画出连线图。

*3-13　说出工程中有哪几种常用的消除竞争 – 冒险的方法。

*3-14　组合逻辑电路如图 3-54a 所示。设图中各个门电路的平均传输时间 t_{PD} 均相等。试解答：

（1）当 $A = B = D = 0$，C 由 0 跳变到 1 及 1 跳变到 0（C 的波形如图 3-54b 所示）时，试画出 Y_1、Y_2 及 Y 端相应的波形图；

（2）分析该逻辑电路在什么情况下可能会产生竞争 – 冒险？产生的是负跳变脉冲还是正跳变脉冲？

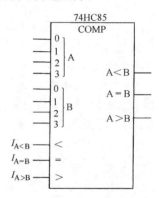

图 3-53　CMOS 4 位数值比较器
74HC85 的逻辑符号

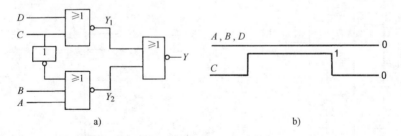

图 3-54　习题 3 – 14 图

3-15　1 位全加器的逻辑符号及其另一形式的输出逻辑表达式如图 3-55 所示。要求：

（1）证明 1 位全加器输出逻辑表达式亦可写成：$S_i = A_i \oplus B_i \oplus C_i$，$C_{i+1} = A_i B_i + B_i C_i + A_i C_i$，如图 3-55 所标注；

*（2）用一个 1 位全加器 74HC283 和适当的 CMOS 逻辑门设计一个 5 人表决电路，同意者过半数表决通过（假定无人弃权），画出所设计的 5 人表决逻辑电路图。

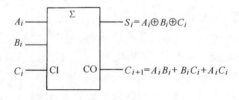

图 3-55　习题 3 – 15 图

3-16　设计一个步进电动机故障报警的逻辑电路，正常工作时电动机由 3 个输入信号 A、B、C 控制：$A=1$ 时电动机正转，$B=1$ 时电动机反转，$C=1$ 时电动机停转，其他均为故障状况，要求报警信号 $L=1$。具体设计要求如下：

（1）只用一个 TTL **或非门**实现，画出逻辑电路图，允许输入端有反变量出现；

（2）用 CMOS 3 线 –8 线二进制译码器 74HC138 实现，画出连线图，要求采用两种不同的设计方案，即附加不同的 CMOS 逻辑门电路分别实现之；

（3）试为（1）逻辑电路设计发光二极管（LED）报警电路，画出电路图。设 LED 正向导通电压为 2V，工作电流为 16mA，TTL **或非门**输出高电压 $U_{OH}=3.6V$，要求确定限流电阻 R 之阻值。

3-17　设真值表 3-19 给出的逻辑函数为 F，要求：

（1）列写输出逻辑表达式，全用 3 输入端的 CMOS **与非门**实现，画出逻辑图，允许输入端有反变量出现；

（2）改用双 4 选 1 数据选择器 CT74LS153 实现，画出连线图，连线时可附加适当的门电路。

3-18　设真值表 3-20 所给出的逻辑函数为 F，$F=f(A, B, C)$，要求：

（1）列出输出逻辑表达式，全用 3 输入端的 CMOS **与非门**实现，画出逻辑图，允许输入端有反变量出现；

（2）改用 3 线 –8 线二进制译码器 74HC138 实现，画出连线图，连线时只能附加一个 CMOS **与门**电路。

表 3-19　题 3-17 的真值表

A	B	C	F
0	0	0	0
0	0	1	0
0	1	0	1
0	1	1	1
1	0	0	0
1	0	1	1
1	1	0	1
1	1	1	0

表 3-20　题 3-18 的真值表

A	B	F
0	0	$\overline{C}$
0	1	1
1	0	C
1	1	$\overline{C}$

3-19　设计一种用 3 把开关 A、B、C 控制一个灯 L 的逻辑电路，要求任何一把开关只能单独控制灯的开或关。具体设计要求是：

（1）用适当的 CMOS **或非门**实现，画出逻辑电路图，允许输入端有反变量出现；

（2）用 CMOS 8 选 1 数据选择器 74HC151 实现，画出连线图。

3-20　试用一片 CMOS 3 线 –8 线二进制译码器 74HC138 和必要的 CMOS 逻辑门电路同时实现以下多输出的逻辑函数 F_1、F_2 和 F_3，画出连线图，连线时可附加适当的门电路。

$$F_1=AC; \quad F_2=\overline{A}\,\overline{B}C+A\,\overline{B}\,\overline{C}+BC; \quad F_3=\overline{B}\,\overline{C}+AB\,\overline{C}$$

3-21　试用一片 8 选 1 数据选择器 74HC151 实现逻辑函数：$F(A, B, C, D)=\sum m(1, 5, 6, 7, 9, 11, 12, 13, 14)$，画出连线图，连线时可附加适当的门电路。

3-22　用两片 8 选 1 数据选择器 74HC151 设计一个 1 位全减器电路。设被减数为 X_i，减数为 Y_i，低位借位信号为 B_i，向高位借位信号为 B_{i+1}，全减差为 D_i（**提示**：先列出全减器的真值表，再列式设法实现）。

3-23　试将 8 选 1 数据选择器 74HC151 和 3 线 –8 线二进制译码器 74HC138 连接成 3 位等值数码比较器，并用两个 3 位二进制数，分别加到 74HC151 数据输入端和 74HC138 的地址输入端，说明其等值数码比较功能。

3-24　试用一片 4 位超前进位全加器 74HC283 设计一个加/减法运算电路，C 为控制信号，当 $C=1$ 时，做4位二进制数加法运算；当$C=0$时，做4位二进制数减法运算。画出逻辑电路图，可以附加必要的门电路。

3-25　请用一片4位超前进位全加器74HC283和最少的门电路，设计一种比较两个4位二进制数 $A = A_3A_2A_1A_0$ 与 $B = B_3B_2B_1B_0$ 大小的比较电路，画出逻辑电路图。

3-26　试用两片8选1数据选择器74HC151连接成16选1数据选择器，即进行数据选择器的字扩展。要求画出连线图，图中可以附加适当的CMOS逻辑门电路。

*3-27　设计一个组合逻辑电路，C 为控制信号，U、V、W 为输入信号，F 为输出信号。当 $C=0$ 时，该电路完成意见一致功能（即只有当 U、V、W 都相同时，输出 F 才为 **1**，否则 F 为 **0**）；当 $C=1$ 时，完成意见不一致功能。可供选择的器件只有CMOS**异或**门和CMOS 8选1数据选择器74HC151各一。画出此设计方案的连线图。

3-28　试为某一燃油锅炉设计一个报警逻辑电路。要求在燃油喷嘴处于开启状态时，如锅炉水温或烟道温度过高则发出报警信号。具体设计要求如下：

（1）列出真值表，写出报警信号的最简**与或**逻辑表达式，并用最少的CMOS**与非门**实现，画出逻辑图；

（2）改用3线-8线CMOS二进制译码器74HC138及必要的CMOS**与**门实现，画出连线图。

3-29　单项选择题（请将下列各小题正确选项前的字母填入题中的括号内）：

（1）16选1数据选择器应有（　　　　）个数据输入端；

A. 2；　　　　　　　　B. 3；　　　　　　　　C. 4；　　　　　　　　D. 16

（2）8路分配器的数据输入、输出端的个数应为（　　　　）；

A. 4入4出；　　　　　B. 8入8出；　　　　　C. 1入4出；　　　　　D. 1入8出

（3）二-十进制编码器指的是（　　　　）；

A. 将二-十进制代码转换成"0~9"十个数字的电路；

B. BCD代码转换电路；

C. 将"0~9"十个数字转换成二进制代码的电路；

D. 8线-3线二进制编码电路

（4）4位超前进位全加器74HC283是对两个（　　　　）进行加法运算的数字集成电路；

A. 8421码；　　　　　B. 余3码；　　　　　　C. 格雷码；　　　　　D. 4位二进制数

（5）算术运算电路中的减法器可用加法器构成，所用的算式是：$A - B = $（　　　　）；

A. $A + B_{反}$；　　　B. $A + B_{反} + $**1**；　　C. $A + B_{补} + $**1**；　　D. $A_{补} + B_{反}$

（6）识别优先级别信号并进行编码的组合逻辑器件称为（　　　　）；

A. 优先编码器；　　　B. 二进制编码器；　　C. 8421码转换器；　　D. 二进制译码器

（7）CMOS 4位数值比较器74HC85是对两个（　　　　）作比较的中规模数字集成电路；

A. 5421码；　　　　　B. 余3码；　　　　　　C. 8421码；　　　　　D. 二进制数

（8）CMOS 4线-10线二-十进制译码器74HC42每次译码时只有（　　　　）个输出信号为有效电平；

A. 1；　　　　　　　　B. 4；　　　　　　　　C. 10；　　　　　　　D. 16

（9）在设计组合逻辑电路时普遍采用SSI门电路产品，因而应尽可能地（　　　　），这样可使组装好的电路结构紧凑，不但经济性较好而且工作可靠；

A. 减少所用器件的数目和种类；　　　　　B. 减少所用器件的种类；

C. 简化所用器件的逻辑函数表达式；　　　D. 优化所用门电路的性能

（10）用不同规模的集成逻辑器件来实现具有确定逻辑功能的数字电路或系统，通常称为（　　　　）的方法；

A. EDA；　　　　　　B. 硬接线逻辑设计；　C. 自上而下设计；　D. 自下而上设计

（11）组合逻辑电路可能产生竞争-冒险的原因之一是组成它的门电路（　　　　）；

A. 数目上有别；　　　　　　　　　　　B. 有平均传延时间；

C. 有 TTL 和 CMOS 之别；　　　　　　D. 逻辑功能有异

（12）若所需编码的信息有 500 条，则需用二进制数码的位数为（　　　）；

A. 7；　　　　　　　B. 8　　　　　　　C. 9；　　　　　　　D. 10

（13）用 4 选 1 数据选择器产生逻辑函数 $F = A_1 A_0 + \overline{A_1} A_0$，应使数据选择器的数据输入信号（　　　）；

A. $D_0 = D_2 = \mathbf{0}$，$D_1 = D_3 = \mathbf{1}$；　　　　　B. $D_0 = D_2 = \mathbf{1}$，$D_1 = D_3 = \mathbf{0}$；

C. $D_0 = D_1 = \mathbf{0}$，$D_2 = D_3 = \mathbf{1}$；　　　　　D. $D_0 = D_1 = \mathbf{1}$，$D_2 = D_3 = \mathbf{0}$

（14）在以下电路中，（　　　）加以适当的逻辑门电路，适宜于连接成其他的组合逻辑电路；

A. 二进制编码器；　　　　　　　　　　B. 二进制译码器；

C. 数值比较器；　　　　　　　　　　　D. 7 段字形译码显示器

第4章 锁存器和触发器

引言 在数字系统中，除了要用第3章学过的组合逻辑电路外，还要用到具有记忆功能的时序逻辑电路。数字技术中构成时序逻辑电路的基本逻辑单元是存储电路，包括两种逻辑单元：锁存器和触发器。本章将讨论各种锁存器和触发器的逻辑功能、触发方式和分析方法等。

4.1 概述

数字电路和数字系统不但对二值信号作算术运算和逻辑运算，而且要将这些信号和运算结果保存起来，以备后用。这就需要具有记忆功能的存储电路。工程技术中把能存储1位二进制数据的逻辑单元电路称为锁存器或触发器。为了实现记忆功能，它们必须具有以下3个特点：

1）具有两个能够自动保持的稳定状态，用来存储数据 **0** 和数据 **1**。

2）在输入信号作用下，它们的两个逻辑状态之间可以相互转换。

3）输入信号不变或撤去后，其能够将所存储数据长久保存。

迄今为止，人们已经研制出许多种类型的存储电路。根据其电路结构的不同，将它们分为数据锁存器、主从触发器和边沿触发器等类型。根据触发器逻辑功能的不同，又分为 JK 触发器、D 触发器、T 触发器和 T′触发器等。根据存储原理的不同，还可分成静态触发器和动态触发器两大类：静态触发器靠电路状态的自锁来存储数据；而动态触发器利用 MOS 管栅极电容的电荷存储效应存放数据，例如栅极电容上存有电荷时为 **0** 状态，未存电荷即为 **1** 状态。

为了分析方便起见，现对存储电路的一对互补输出状态约定如下：$Q=1$、$\overline{Q}=0$ 为 1 态；$Q=0$、$\overline{Q}=1$ 为 0 态。所以，锁存器和触发器实为一种对脉冲电平或脉冲边沿很敏感的双稳态电路。此外，教材中将它们接收信号前所处状态记为现态 Q^n，则接收信号后建立的新稳态就是次态 Q^{n+1}。

由于各种锁存器和触发器具有不同的逻辑功能，在电路结构和触发方式上也不尽相同，所以分析它们的逻辑功能时，通常采用列功能表、特性方程和画波形图的方法。而在研究触发方式时，往往考虑的是输出状态、输入信号和触发信号之间的关系。

4.2 基本 SR 锁存器

基本 SR 锁存器又名基本 SR 触发器，它能锁存住 "1" 或 "0" 两个数据。由于它被直接置位（Set）、直接复位（Reset），故被称为 SR 锁存器。在各类存储电路中，虽然基本 SR 锁存器的结构最为简单，但却是其他复杂的触发器的基本组成部分。

4.2.1 用与非门构成的基本 SR 锁存器

1. 电路组成

由第 2 章已知，各种门电路虽然在输入信号作用下，都有两种不同的输出状态（**0** 态和 **1** 态），但此两稳态不能自行锁存。在图 4-1a 所示的电路中，设 G_1、G_2 为 TTL 与非门，其工作情况可以分析如下：无反馈连线（图中虚线）时：当 $\overline{S}_d = 0$、$\overline{R}_d = 1$ 时，$Q = 1$，$\overline{Q} = 0$；仅当 $\overline{S}_d$ 由 0 变 1 后，$Q = 0$，$\overline{Q} = 1$，即 $Q = 1$ 的状态未保持住。而有了反馈连线后：当 $\overline{S}_d = 0$、$\overline{R}_d = 1$ 时，$Q = 1$，$\overline{Q} = 0$；当 $\overline{S}_d$ 由 0 变 1 后，仍有 $Q = 1$，$\overline{Q} = 0$，由于 $\overline{Q}$ 的反馈作用，此时电路赖以存储由 $\overline{S}_d = 0$ 所产生的 $Q = 1$，$\overline{Q} = 0$ 的 1 态，说明电路具有了记忆功能。

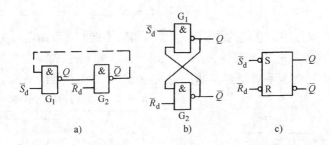

图 4-1 用两个与非门构成的基本 SR 锁存器

a) G_1、G_2 构成的组合逻辑电路 b) 基本 SR 锁存器电路 c) 逻辑符号

现将图 4-1a 改画成图 4-1b 电路，即把两个**与非**门 G_1、G_2 的输入、输出端交叉连接，构成基本 SR 锁存器，图中 $\overline{S}_d$ 和 $\overline{R}_d$ 是两个输入端，低电平有效，Q 和 $\overline{Q}$ 是互补的两个稳态，它的逻辑符号如图 4-1c 所示，图中 $\overline{S}_d$ 和 $\overline{R}_d$ 端的小圆圈 "o" 表示低电平有效。

2. 工作原理

因为锁存器某一时刻的输出不但与此刻的输入信号有关，而且还与前一时刻所处的状态有关，所以把前一时刻的状态（即现态 Q^n）也作为自变量来对待。

当 $\overline{S}_d = 0$、$\overline{R}_d = 1$ 时，无论现态 Q^n 是 1 还是 0，次态 Q^{n+1} 均为 1 态；

当 $\overline{S}_d = 1$、$\overline{R}_d = 0$ 时，无论现态 Q^n 是 1 还是 0，次态 Q^{n+1} 均为 0 态；

当 $\overline{S}_d = 1$、$\overline{R}_d = 1$ 时，现态 Q^n 是 1，次态 Q^{n+1} 亦为 1；Q^n 为 0，Q^{n+1} 亦为 0；

当 $\overline{S}_d = 0$、$\overline{R}_d = 0$ 时，无论现态 Q^n 是 1 态还是 0 态，次态 $Q^{n+1} = \overline{Q}^{n+1} = 1$，两个互补的次态同为 1。此时除了已出现的逻辑错误外，还会有深层次的状况。现说明如下：

当 $\overline{S}_d = 0$、$\overline{R}_d = 0$ 时，次态 $Q^{n+1} = \overline{Q}^{n+1} = 1$，若 $\overline{S}_d$ 由 0 变为 1，$\overline{R}_d$ 仍为 0 时，锁存器变为 0 态；若 $\overline{R}_d$ 由 0 变为 1，$\overline{S}_d$ 仍为 0 时，锁存器跳变成 1 态，以上分析说明 $\overline{S}_d$ 和 $\overline{R}_d$ 中只要有一个低电平信号消失时，锁存器状态是确定的。但在次态 $Q^{n+1} = \overline{Q}^{n+1} = 1$ 后，若 $\overline{S}_d = \overline{R}_d = 0$ 同时撤去（同回 1）时，锁存器状态将不能确定是 1 还是 0，因而称这种状况为**不定状态** "**Φ**"，画波形图时用阴影线表示。此不定状态应予避免。

3. 逻辑功能描述

（1）功能表 功能表是一种特殊的真值表，它把锁存器的现态也作为自变量，和输入信号一起，列在真值表的左边；而锁存器次态作为逻辑函数，放于真值表的右边。用两个**与**

非门构成的基本 SR 锁存器的功能表见表 4-1。由表可见，它只在 $\bar{S}_\mathrm{d}$ 和 $\bar{R}_\mathrm{d}$ 共同作用下置1、置0，故称为**置位复位锁存器，即 SR 锁存器**。

（2）特性方程　把上述功能表示成图 4-2 的卡诺图。经过化简后，获得基本 SR 锁存器的特性方程如下：

$$\begin{cases} Q^{n+1} = f(\bar{S}_\mathrm{d}, \bar{R}_\mathrm{d}, Q^n) = S_\mathrm{d} + \bar{R}_\mathrm{d}Q^n \\ S_\mathrm{d}R_\mathrm{d} = 0 (约束条件) \end{cases}$$

$$(4-1)$$

式中，$S_\mathrm{d}R_\mathrm{d} = 0$ 是约束条件，它制约住输入信号 $\bar{S}_\mathrm{d}$ 和 $\bar{R}_\mathrm{d}$ 不同时为 0，以避免出现**不定状态**。

（3）激励表　该表格是功能表的另一种描述方式，它表达了输出状态变化时输入信号取值的一种关系。由功能表不难得到与非门构成的基本 SR 锁存器的激励表如表 4-2 所示。

表 4-1　两个与非门构成的基本 SR 锁存器功能表

$\bar{S}_\mathrm{d}$	$\bar{R}_\mathrm{d}$	Q^n	Q^{n+1}
0	0	0	会"不定"
0	0	1	会"不会"
0	1	0	1
0	1	1	1
1	0	0	0
1	0	1	0
1	1	0	0
1	1	1	1

表 4-2　与非门构成的基本 SR 锁存器的激励表

Q^n	$\rightarrow$	Q^{n+1}	$\bar{S}_\mathrm{d}$	$\bar{R}_\mathrm{d}$
0		0	1	Φ
0		1	0	1
1		0	0	1
1		1	Φ	1

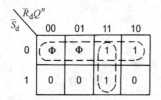

图 4-2　基本 SR 锁存器的次态卡诺图

（4）状态转换图　由激励表或功能表可画出状态转换图，与非门构成的基本 SR 锁存器的状态转换图如图 4-3 所示。

（5）工作波形图　现举一例，说明基本 SR 锁存器波形图的画法。

例 4-1　在图 4-1b 所示的基本 SR 锁存器中，已知输入信号波形如图 4-4 上方所示，设该锁存器的初始状态 $Q_初 = 0$，试画出输出 Q 及 $\bar{Q}$ 的波形图。

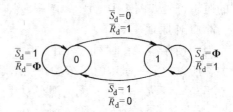

图 4-3　基本 SR 锁存器的状态转换图

解：依据两个与非门构成的基本 SR 锁存器的功能表（或特性方程或状态转换图）可以画出 Q、$\bar{Q}$ 的波形，如图 4-4 下方所示。注意：当 $\bar{S}_\mathrm{d} = \bar{R}_\mathrm{d} = 0$ 时，$Q = \bar{Q} = 1$，而当 $\bar{S}_\mathrm{d}$ 和 $\bar{R}_\mathrm{d}$ 同时撤去（回到 1）时，触发器状态是 1、是 0 将不能确定，因此称为**不定状态"Φ"**。为了将**不定状态**与 1 态和 0 态区别开来，"Φ"在波形图上用阴影线表示！

4. 各种描述方式之间的关系

同一个锁存器或者触发器可以分别用功能表、特性方程、状态转换图、激励表或波形图描述。尽管这几种描述方式有所不同，但它们实际上都是表示的同一个存储电路，所以它们之间可以相互转换。**建议**：读者理解并掌握存储电路的特性方程（包括约束条件）及其逻辑功能，学会画波形图，并用波形图来分析相应的存储电路。

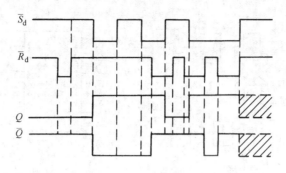

图 4-4　例 4-1 的波形图

4.2.2　用或非门构成的基本 SR 锁存器

　　基本 SR 锁存器也可用两个**或非门**构成，其逻辑图见图 4-5a，图 4-5b 是它的逻辑符号。由图 4-5a 可以看出，该电路的输入信号为高电平有效，所以用 S_d 和 R_d 表示。其输出状态用 Q 和 $\overline{Q}$ 表示。请读者结合做习题 4-2，自行分析其工作原理和逻辑功能。

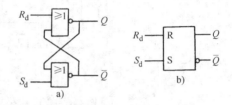

图 4-5　用两个**或非门**组成的基本 SR 锁存器
a) 逻辑电路图　b) 逻辑符号

4.2.3　集成基本 SR 锁存器

　　图 4-6 是 CMOS 集成 4 基本 SR 锁存器 CC4043 和 CC4044 的逻辑图及其引脚功能图，图 4-6a 为**或非门**构成的电路，图 4-6c 为**与非门**构成的电路，它们都经过 CMOS 传输门 TG 输出，因此都具有三态输出功能，故称三态 SR 锁存器。由图 4-6b 和图 4-6d 的引脚可见，两种芯片内部都包含有 4 个基本 SR 锁存器，且 4 个锁存器共用一个使能端 EN。当 $EN = 1$ 时，内部传输门 TG 处于导通状态，按照基本 SR 锁存器的逻辑功能工作。当 $EN = 0$ 时，TG 处于截止状态，因而所有输出端都呈现高阻态，其逻辑功能如表 4-3 所示。对于其他型号的基本 SR 锁存器，使用时可查阅有关集成电路器件手册。

　　例 4-2　运用基本 SR 锁存器，消除由于机械开关振动所引起的干扰脉冲。

　　解：机械开关接通时，由于振动会使电压或电流波形产生"毛刺"，如图 4-7a 和图 4-7b 所示。在电子电路中，一般不允许出现这种现象，因为这种干扰信号会导致电路工作出错。

　　利用基本 SR 锁存器的数据存储功能，可以消除上述开关振动所产生影响，开关与锁存器的连接如图 4-8a 所示。设单刀双掷开关原来与 B 点接通，此时锁存器的状态为 **0**。当开关由 B 拨向 A 时，其中有一短暂的浮空时间，此刻锁存器的输入均为 **1**，输出 Q 仍为 **0**。中间触点与 A 接触时，A 点的电位由于振动而产生"毛刺"。但是，首先是 B 点已经为高电平，A 点一旦出现低电平，锁存器的状态翻转为 **1**，即使 A 点再出现高电平，也不会改变锁存器的状态，所以 Q 端的电压波形不会出现"毛刺"现象，如图 4-8b 所示。

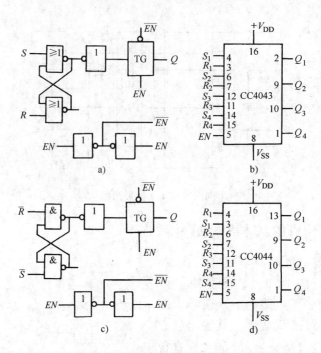

图 4-6　集成基本 SR 锁存器 CC4043、CC4044

a) $\frac{1}{4}$ CC4043 逻辑电路图　b) CC4043 管脚排列图

c) $\frac{1}{4}$ CC4044 逻辑电路图　d) CC4044 管脚排列图

表 4-3　集成基本 SR 锁存器 CC4043 和 CC4044 功能表

输　入　信　号			输　出　状　态	
			CC4043	CC4044
$R\ (\bar{R})$	$S\ (\bar{S})$	EN	Q^{n+1}	Q^{n+1}
Φ	Φ	0	高阻态	高阻态
0	0	1	Q^n	会"不定"
0	1	1	1	0
1	0	1	0	1
1	1	1	会"不定"	Q^n

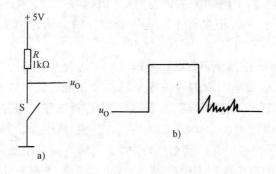

图 4-7　例 4-2 机械开关的工作情况

a) 机械开关的接通　b) 对电压波形的影响

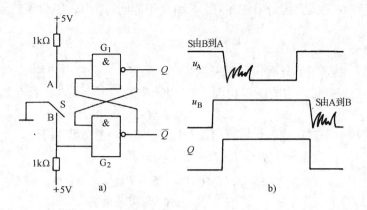

图 4-8 利用基本 SR 锁存器消除机械开关振动的影响

a）电路图 b）电压波形

4.3 时钟触发器

前面介绍的基本 SR 锁存器的触发翻转过程直接由输入信号控制，但工程实际上常常要求数字系统中的各个触发器，在规定的时刻按各自输入信号所决定的状态同步翻转，此时刻可由外加时钟脉冲（Clock Pulse，CP）来决定。这种受时钟信号 CP 控制的触发器通常称为时钟触发器。门控 SR 锁存器即为一种典型的时钟触发器。

4.3.1 门控 SR 锁存器

1. 电路组成

由 4 个与非门构成的门控 SR 锁存器见图 4-9a。在图 4-9a 中与非门 G_1 和 G_2 组成基本 SR 锁存器，G_3、G_4 组成输入控制电路，CP 为时钟信号，S、R 为输入信号，Q 和 $\overline{Q}$ 为一对互补输出信号。

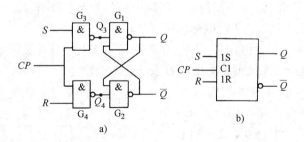

图 4-9 由与非门构成的门控 SR 锁存器

a）逻辑电路图 b）逻辑符号

2. 工作原理

当 $CP = 0$ 时，输入控制门 G_3 和 G_4 被封锁，G_3、G_4 输出均为 **1**，对基本 SR 锁存器 G_1、G_2 而言，相当于输入 $\overline{S} = 1$，$\overline{R} = 1$。由式（4-1）可知，此时触发器维持原态不变。

当 $CP = 1$ 时，图 4-9a 中 G_3、G_4 门打开，$Q_3 = \overline{S}$，$Q_4 = \overline{R}$，由于 $Q^{n+1} = S + \overline{R}Q^n$，所以锁

存器状态将随 S 和 R 之值变化。但应注意，S 和 R 不能同时为 **1**，因为须满足 $SR = 0$ 的约束条件。

3. 逻辑功能描述

（1）功能表　根据以上分析，利用表 4-1 的逻辑关系，可列出门控 SR 锁存器的功能表如表 4-4 所示。由表可见，它的逻辑功能是**在 $CP = 1$ 的控制下置 1、置 0**，故冠名门控 SR 锁存器。

（2）特性方程　根据功能表，可得门控 SR 锁存器的特性方程如下：

$$\begin{cases} CP = 0 \text{ 时，} Q^{n+1} = Q^n \\ CP = 1 \text{ 时} \begin{cases} Q^{n+1} = S + \overline{R}Q^n \\ SR = 0\text{（约束条件）} \end{cases} \end{cases} \quad (4\text{-}2)$$

（3）激励表　门控 SR 锁存器的激励表见表 4-5。

表 4-4　门控 SR 锁存器的功能表

S	R	Q^n	Q^{n+1}
0	0	0	0
0	0	1	1
0	1	0	0
0	1	1	0
1	0	0	1
1	0	1	1
1	1	0	会"不定"
1	1	1	会"不定"

表 4-5　门控 SR 锁存器的激励表

$Q^n \rightarrow Q^{n+1}$	S	R
0　　0	0	Φ
0　　1	1	0
1　　0	0	1
1　　1	Φ	0

（4）状态转换图　请读者自行画出门控 SR 锁存器的状态转换图，并与基本 SR 锁存器的状态转换图（见图 4-3）进行比较。

值得注意的是：图 4-9b 所示是门控 SR 锁存器的逻辑符号。其方框内用 C1 和 1S、1R 表达内部逻辑之间的关联。C 表示这种关联属于时钟控制类型，其后缀用标识序号 "1" 表示该输入逻辑状态对所有以 "1" 作为前缀的输入信号均起控制作用。此处因置位和复位输入均受 C1 控制，故在 S、R 之前冠以标识序号 "1"。

例 4-3　对于图 4-9 所示的门控 SR 锁存器，已知 CP、R、S 波形如图 4-10 上方所示，设锁存器初始状态 $Q_{初} = 0$，试画其输出端 Q 及 $\overline{Q}$ 的波形图。

解：依据门控 SR 锁存器的功能（见表 4-4），可画门控 SR 锁存器的波形图，见图 4-10 下方。**注意**：在 Q 及 $\overline{Q}$ 波形的末尾，存在着 $Q = \overline{Q} = 1$ 和不定状态 "Φ"，请对照波形图进行观察。

4. 门控 SR 锁存器的触发方式

门控 SR 锁存器的触发输入和状态转换均发生在每个周期时钟脉冲 $CP = 1$ 期间，故又称受 CP 控制的电平触发式 SR

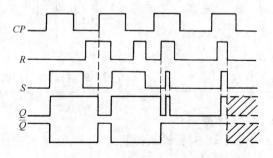

图 4-10　例 4-3 门控 SR 锁存器的波形图

锁存器或同步 SR 触发器。

5. 门控 SR 锁存器的空翻现象

门控 SR 锁存器接成的计数电路见图 4-11。图中将 Q 与 R 相连，$\bar{Q}$ 与 S 相连。从计数原理上讲，处于计数状态的锁存器，应是每来一个 CP，锁存器状态改变一次，如此才能累计 CP 脉冲的个数。但门控 SR 锁存器连接成计数电路的实际状况是：由于每个与非门都有平均传输延迟时间 t_{PD}，当 $t=0$ 时，设初态 $Q=0$，$\bar{Q}=1$，若 $CP=1$，经过 $2t_{PD}$ 以后 Q 由 0 变为 1，再经过 t_{PD} 以后，$\bar{Q}$ 由 1 变为 0，即 $Q^{n+1}=1$。亦即，欲使门

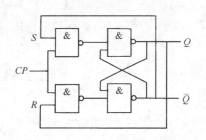

图 4-11　门控 SR 锁存器接成计数电路

控 SR 锁存器可靠翻转，要求 $CP=1$ 的宽度须大于 $3t_{PD}$，但是，当 $CP=1$ 的持续时间大于 $3t_{PD}$ 后，由于 $R=Q=1$，$S=\bar{Q}=0$，再经过 $3t_{PD}$ 以后，锁存器又会翻转到 $Q=0$、$\bar{Q}=1$ 的状态。工程实际中 CP 的宽度远大于 $3t_{PD}$，显然，在 $CP=1$ 期间锁存器会多次翻转，达不到来一个 CP、计一个数的目的。故把同一个 $CP=1$ 期间计数电路多次翻转的现象称为"空翻"现象。它限制了门控 SR 锁存器在计数器中的应用。

由于门控 SR 锁存器存在着不确定和空翻的状况，所以它很少有独立的产品。但是，许多集成锁存器和触发器都是由这种锁存器构成的。所以它仍然是重要的逻辑单元电路。

4.3.2　主从触发器

从第 4.3.2 节开始，将讨论另一类对时钟信号 CP 边沿敏感的双稳态电路。如前所述，门控 SR 锁存器在 CP 为逻辑 1 期间更新状态。在此期间，它的输出会随输入信号变化。而不少时序电路要求存储电路只对时钟信号的上升沿或下降沿敏感，而在其他时刻都保持状态不变，例如第 5.2 节将要讨论的移位寄存器和计数器。这种对时钟脉冲边沿敏感的状态更新称为**触发**，相应的具有边沿触发工作特性的存储单元就是**边沿触发器**。尽管电路结构不同的边沿触发器对 CP 的敏感边沿会有不同，但它们不外乎上升沿触发或下降沿触发两种边沿触发方式。

目前用到的边沿触发器主要有 4 种结构形式：主从触发器、维持 – 阻塞触发器、利用传输延迟的触发器和用 TG 门构成的 CMOS 触发器。

1. 主从 SR 触发器

（1）电路组成　用两个门控 SR 锁存器加上一个反相器 G_9，就构成了主从 SR 触发器，如图 4-12 所示。图中 G_5、G_6、G_7、G_8 组成的门控 SR 锁存器是主触发器，G_1、G_2、G_3、G_4 构成的门控 SR 锁存器为从触发器。主触发器输出 Q' 和 $\bar{Q}'$ 是从触发器的输入信号。反相器 G_9 使从触发器得到与主触发器相位相反的时钟信号。

（2）工作过程　当 $CP=1$ 时，$\overline{CP}=0$，主触发器根据输入信号 S、R 端的信号状态而翻转，从触发器因 $\overline{CP}=0$ 封锁 G_3、G_4 门而保持原态不变。

当 $CP=0$ 时，$\overline{CP}=1$，主触发器被封锁，即使 S、R 信号发生变化，主触发器状态也不变；但从触发器被打开，将主触发器 $CP=1$ 期间存储的信息作为从触发器的输入信号，使从触发器按门控 SR 锁存器的特性方程翻转，且在 $CP=0$ 期间，从触发器一直受主触发器控

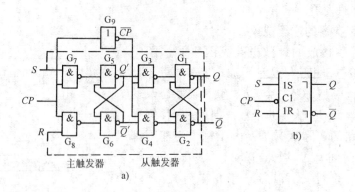

图 4-12 主从 SR 触发器

a）逻辑电路图 b）逻辑符号

制，两者状态相同，即 $Q = Q'$，$\overline{Q} = \overline{Q'}$。

综上所述，主从 SR 触发器可以把接收信号和输出状态转换分为两步进行，即：$CP = 1$ 期间接收信号，而当 CP 由 1 跳变为 0 后输出状态发生翻转。因其逻辑功能仍然是置 1、置 0，故名主从 SR 触发器。下面说明主从 SR 触发器是如何克服"空翻"的。

若将触发器连接成如图 4-12a 中虚线所示的计数工作状态，并设触发器现态 $Q^n = 0$、$\overline{Q^n} = 1$，则 $R = Q^n = 0$、$S = \overline{Q^n} = 1$。当 $CP = 1$ 时，主触发器工作，$Q' = 1$，$\overline{Q'} = 0$，从触发器保持原态不变；当 CP 由 1 变 0 后，从触发器按主触发器的状态翻转，使 $Q^{n+1} = 1$，$\overline{Q^{n+1}} = 0$。在 $CP = 0$ 期间，即使 R、S 状态改变，但因 $CP = 0$，主触发器不会工作，Q' 端保持 1 态不变。由此可见，在一个 CP 周期内，主从 SR 触发器输出状态只改变一次，因而克服了"空翻"现象。

（3）逻辑功能描述　显然，主从 SR 触发器与门控 SR 锁存器的功能表、特性方程、激励表和状态转换图都相同，所不同的是主从 SR 触发器在 CP 由 1 变 0（CP 下降沿）后，根据 $CP = 1$ 期间 S、R 的状态来触发翻转。它的逻辑符号见图 4-12b，图中框内靠近输出端的符号"￢"表示延迟输出，说明了主从触发器输出状态的更新与输入信号的接受，是在时钟的不同阶段进行的，且前者滞后于后者。

（4）存在问题　虽然主从 SR 触发器克服了"空翻"现象，但主触发器本身仍是门控 SR 锁存器，在 $CP = 1$ 期间 Q' 和 $\overline{Q'}$ 状态仍会随 S、R 信号之变而变，属于电平触发，因此它要求触发器的输入信号应在 $CP = 1$ 之前建立，并在 $CP = 1$ 期间保持不变。同时，输入信号仍应满足约束条件 $SR = 0$，亦即主从 SR 触发器仍旧会有"不定"状态。

2. 主从 JK 触发器

为解决主从 SR 触发器的"不定"问题，主从 JK 触发器应运而生。

（1）电路组成　若在图 4-12a 的基础上，于主触发器的两个与非门 G_7、G_8 的输入端各增加一个 J 端、K 端，就构成了主从 JK 触发器，如图 4-13a 所示，图 4-13b 是其逻辑符号。

（2）工作原理　由于主从 JK 触发器是在主从 SR 触发器的基础上获得的，所以可由 SR 锁存器的特性方程获得主从 JK 触发器的特性方程。因图 4-13a 输入端有 $S = J\overline{Q^n}$、$R = KQ^n$，故有：

当 $CP = 1$ 时，主触发器动作 $Q'^{n+1} = S + \overline{R}Q'^n = S + \overline{R}Q^n = J\overline{Q^n} + \overline{KQ^n}Q^n = J\overline{Q^n} + \overline{K}Q^n$

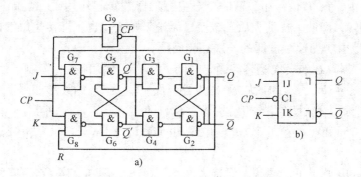

图 4-13 主从 JK 触发器

a）逻辑电路图 b）逻辑符号

当 $CP=0$ 时，从触发器动作 $Q^{n+1}=S+\overline{R}Q^n=Q'^n+\overline{Q'^n}Q^n=Q'^n$

由上述分析可得主从 JK 触发器的特性方程为

$$Q^{n+1}=S+\overline{R}Q^n=J\overline{Q^n}+\overline{K}Q^nQ^n=J\overline{Q^n}+\overline{K}Q^n(CP\downarrow) \tag{4-3}$$

在式（4-3）中，CP 下降沿是图 4-13a 主从 JK 触发器的时钟条件，它表示该触发器在 CP 下降沿到来后触发翻转。另外，从上述 S、R 式可见，由于 Q^n 与 $\overline{Q^n}$ 互补，S、R 不可能同时为 1，所以有效避免了"不定"状况。

（3）逻辑功能描述

1）功能表 根据式（4-3）可得主从 JK 触发器的功能表（见表 4-6）。由表可见，JK 触发器的逻辑功能最全面，正如表中附注所示。

2）激励表 由功能表可得激励表，如表 4-7 所示。

表 4-6 主从 JK 触发器功能表

J	K	Q^n	Q^{n+1}	注
0	0	0	0	
0	0	1	1	}保持
0	1	0	0	
0	1	1	0	}置 0
1	0	0	1	
1	0	1	1	}置 1
1	1	0	1	
1	1	1	0	}翻转

表 4-7 主从 JK 触发器激励表

Q^n	$\rightarrow$	Q^{n+1}	J	K
0		0	0	Φ
0		1	1	Φ
1		0	Φ	1
1		1	Φ	0

3）状态转换图 由激励表可画出状态转换图，如图 4-14 所示。

（4）主从 JK 触发器的一次翻转问题 在图 4-13a 所示的主从 JK 触发器电路中，由于有两条从输出到输入的交叉反馈线，在 $CP=1$ 期间，$\overline{CP}=0$，从触发器维持原状态不变，且 Q 和 $\overline{Q}$ 互补，总有一个为低电平，必然使主触发器输入端两个与非

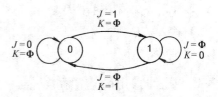

图 4-14 主从 JK 触发器状态转换图

门中有一个被封锁，J、K 信号中只有一个对主触发器翻转起作用，一旦此输入变量因干扰引起主触发器翻转，即使干扰消失后，该变量无论怎样变化也不能使主触发器翻转到原先的状态，此现象称为**主从 JK 触发器的一次翻转问题**。

主从 JK 触发器存在的**一次翻转问题**，降低了它的抗干扰能力，限制了使用场合。

例 4-4　在图 4-15a 所示的主从 JK 触发器电路中，设 CP 的波形如图 4-15b 所示，试画出 Q、$\overline{Q}$ 端的波形图。设触发器的初始状态为 $Q_初 = 0$。

解：由图 4-15a 可见，第 1 个 CP 高电平期间有 $J = 1$、$K = 1$，CP 下降沿到来后触发器状态翻转成 **1**。

第 2 个 CP 高电平期间 K 端状态保持为 **1**，而 $J = 0$、$K = 1$，当 CP 下降沿到来后触发器状态被置成 **0**，即 $Q^{n+1} = 0$。

第 3 个 CP 下降沿到达时，因为 $J = 1$、$K = 1$，所以此时触发器状态跳变为 **1**。

第 4 个 CP 高电平期间始终有 $J = 0$、$K = 1$，因而 CP 下降沿到达后触发器被置成 **0**。

如此画出 Q、$\overline{Q}$ 端的波形图，如图 4-15b 所示。由图可见，每输入一个 CP 脉冲，Q 端的状态就改变一次，这样 Q 端的方波信号频率是时钟脉冲频率的 1/2。因此，若以 CP 为输入信号，Q 为输出信号，则该触发器就可作为一个 2 分频电路。若用两个同样的触发器串联，则可获得 4 分频信号，其余类推。**请读者思考**：上述两个相同的触发器如何串联，从哪个端输出 4 分频信号？

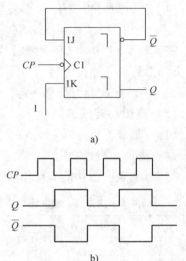

图 4-15　例 4-4 的电路和波形图
a）电路图　b）波形图

3. 集成主从 JK 触发器 CT74H72 简介

主从触发器的结构比较复杂，一个典型的集成主从 JK 触发器约有 40 余个晶体管、二极管和电阻，它们全部集成在一个 $60mm^2$ 的芯片上。另外，也可将多个触发器集成在一块芯片上。国产 TTL 与门输入主从 JK 触发器 CT74H72 的内部逻辑电路如图 4-16a 所示，图 4-16b 是它的逻辑符号。图 4-16a 中与非门 G_1、G_2 组成从触发器，与或非门 G_5、G_6 组成主触发器，与门 G_3、BJT 的 V_1 和与门 G_4、BJT 的 V_2 组成隔离引导门。该芯片的特点是：

1）主要电气性能参数典型值：最高工作频率 $f_{max} = 20MHz$，功耗 $P_D = 50mW$。

2）它有两个异步置位、复位输入端 $\overline{S}_d$ 和 $\overline{R}_d$，均为低电平有效。无论 CP 脉冲处于何种状态，只要在 $\overline{S}_d$ 端加低电平便使触发器直接置 **1**，或者只要 $\overline{R}_d$ 端加低电平亦能使触发器直接置 **0**。但 $\overline{S}_d$ 和 $\overline{R}_d$ 端不用时应接高电平或电源电压 $+V_{CC}$。

3）输入 J_1、J_2、J_3；K_1、K_2、K_3 分别是逻辑与关系，在功能表中用 J、K 表示，即 $J = J_1 J_2 J_3$、$K = K_1 K_2 K_3$。

4.3.3　几种常用的边沿触发器

目前用于数字系统中的边沿触发器还有维持–阻塞 D 触发器、利用传输延迟的 TTL 边沿 JK 触发器、利用 CMOS 传输门（TG）组成的边沿触发器等几种类型。

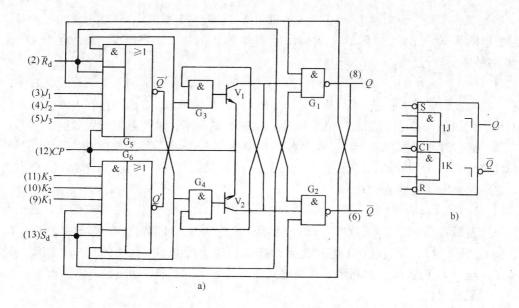

图 4-16　集成主从 JK 触发器 CT74H72

a）逻辑电路图　b）逻辑符号

1. 维持－阻塞 D 触发器

维持－阻塞结构是上升沿触发器的一种形式，在 TTL 逻辑电路中这种结构形式用得较多，例如适应单端输入数据的维持－阻塞 D 触发器。现以其为例，讨论维持－阻塞型触发器的电路结构及其工作原理。

（1）电路组成　在同步 SR 锁存器（$G_1 \sim G_4$）的输入端增加两个控制引导门 G_5、G_6，并引入 4 根反馈线（置 **1** 维持线①、置 **0** 维持线②、置 **0** 阻塞线③和置 **1** 阻塞线④），就构成了维持－阻塞 D 触发器。它的逻辑电路如图 4-17a 所示，图中虚线是直接置 **1** 端$\overline{S}_d$、直接置 **0** 端$\overline{R}_d$的引线，图 4-17b 是其逻辑符号。为了分析方便，以下将 $G_1 \sim G_6$ 门输出变量依次记为 $E_1 \sim E_6$。

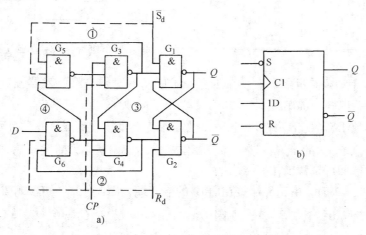

图 4-17　维持－阻塞 D 触发器

a）逻辑电路图　b）逻辑符号

(2) 工作原理　设 $\bar{S}_d = \bar{R}_d = 1$。当 $CP = 0$ 时，门 G_3、G_4 被低电平封锁，$E_3 = E_4 = 1$，此时触发器的状态保持不变，G_5、G_6 的输出随 D 端输入信号的状态而变。以下区分 $D = 1$ 或 $D = 0$ 两种情况进行分析。

1）$D = 1$　若 $D = 1$，则 E_6 为 0，E_5 为 1，CP 的上升沿到来后，门 G_3 被打开，它输出低电平，将触发器置成 **1** 状态，即 $Q^{n+1} = 1$，同时由于 E_3 为 0，一方面通过置 **1** 维持线①仍将 G_5 封锁，用以保持 G_5 门的输出高电平和 G_3 门的输出低电平，维持触发器置成的 **1** 状态；另一方面，通过置 **0** 阻塞线③，将门 G_3 的输出低电平状态引到 G_4 门的输入端，将 G_4 门封锁，从而使整个 $CP = 1$ 期间，始终保持 G_3 门开通、G_4 门关闭，这样即使 D 端输入信号发生变化，也能使触发器可靠地置 **1**。

2）$D = 0$　若 $D = 0$，则 E_6 为 1，E_5 为 0，CP 的上升沿到来后，G_4 门被打开，输出低电平，将触发器置成 **0** 状态，即 $Q^{n+1} = 0$；同时由于 E_4 为 0，可通过置 **0** 维持线②仍将 G_6 封锁，使 G_6 保持为 **1**，并通过置 **1** 阻塞线④，使 G_5 门输出低电平，在整个 $CP = 1$ 期间始终保持 G_4 门开通、G_3 门关闭，如此即便 D 端输入信号有变化，也能使触发器的输出可靠置 **0**。

(3) 逻辑功能

1）功能表　综上所述，可以得到维持－阻塞 D 触发器的逻辑功能表，见表 4-8。

2）特性方程　由功能表（见表 4-8）可得维持－阻塞 D 触发器的特性方程为

$$Q^{n+1} = D \qquad (CP\uparrow) \tag{4-4}$$

在式（4-4）中 $CP\uparrow$ 表示 CP 上升沿触发有效。读者可依据表 4-8，自行列出维持－阻塞 D 触发器的激励表，并画出其状态转换图。

3）工作波形　在图 4-17a 所示的维持－阻塞 D 触发器中，已知 CP、D 的波形如图 4-18 上方所示，则画出与之对应的 Q 端的输出波形图，如图 4-18 下方所示（设触发器的初始状态为 0）。

表 4-8　维持－阻塞 D 触发器功能表

D	Q^n	Q^{n+1}	注
0	0	0	置0
0	1	0	
1	0	1	置1
1	1	1	

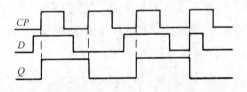

图 4-18　维持－阻塞 D 触发器的波形图

(4) 异步置 1 端和异步置 0 端　在工程技术中，有时须先将触发器预置成某一初始状态，因而在触发器电路中都设置了专用的直接置位端 $\bar{S}_d$ 和直接复位端 $\bar{R}_d$。这样不论 CP 为何种状态，只要单独在 $\bar{S}_d$ 端或 $\bar{R}_d$ 端加低电平，触发器就能直接置 **1** 或置 **0**（而无须 CP 有效边沿作用），故称 $\bar{S}_d$、$\bar{R}_d$ 为异步置位端、异步复位端。当初始状态设置完毕后，只要将 $\bar{S}_d$、$\bar{R}_d$ 接高电平，触发器即可正常工作。

当 $\bar{S}_d = 0$ 及 $\bar{R}_d = 1$ 时，由于 $\bar{S}_d$ 端接在门 G_1 的输入端，因此 $Q^{n+1} = 1$。若 $CP = 0$，则 $G_4 = 1$，可以保证 $\overline{Q^{n+1}} = 0$；若 $CP = 1$，则因 $G_5 = 1$，$G_3 = \overline{CP\,\bar{R}_d G_5} = 0$，$G_4 = 1$，从而保证了 $\overline{Q^{n+1}} = 0$。即无论 CP 是 0 还是 1，均保证对触发器直接置 **1**。

当 $\bar{S}_d = 1$ 及 $\bar{R}_d = 0$ 时，由于 $\bar{R}_d$ 端接在 G_2 的输入端，因此 $\overline{Q^{n+1}} = 1$，又由于 $\bar{R}_d$ 端也接到了

G_3 的输入端，所以 $G_3 = 1$，从而使 $Q^{n+1} = 0$。即无论 CP 为何状态，均可确保触发器直接复位。

总之，维持 – 阻塞 D 触发器 $\overline{S}_d$ 端或 $\overline{R}_d$ 端以及整个触发器的功能如下：

$$\overline{S}_d = 0 \text{ 及 } \overline{R}_d = 1 \text{ 时，} Q^{n+1} = 1, \overline{Q^{n+1}} = 0$$

$$\overline{S}_d = 1 \text{ 及 } \overline{R}_d = 0 \text{ 时，} Q^{n+1} = 0, \overline{Q^{n+1}} = 1$$

$$\overline{S}_d = 1 \text{ 及 } \overline{R}_d = 1 \text{ 时，} Q^{n+1} = D \quad (CP\uparrow)$$

$$Q^{n+1} = Q^n \quad (CP = 0)$$

$$Q^{n+1} = Q^n \quad (CP = 1)$$

$$Q^{n+1} = Q^n \quad (CP\downarrow)$$

例 4-5　在图 4-17a 所示的维持 – 阻塞 D 触发器中，已知 CP、$\overline{S}_d$、$\overline{R}_d$、D 的波形如图 4-19 上方所示，试画出与之对应的输出波形图。设触发器初始状态为 **0**。

解：根据输入信号画维持 – 阻塞 D 触发器的输出端的波形时，需考虑如下 3 点：第 1 点，$\overline{S}_d$、$\overline{R}_d$ 为直接置位端、复位端，只要有低电平作用，应直接将触发器置位或复位，不受 CP 信号到来与否的限制；第 2 点，在 CP 信号上升沿到来时状态更新；第 3 点，若时钟信号上升沿与输入信号 D 的跳变发生在同一时刻，这时应取时钟信号上升沿前一时刻输入的 D 值。根据以上 3 点，得到输出端 Q 的波形图，如图 4-19 下方所示。

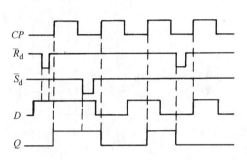

图 4-19　例 4-5 的波形图

在某些集成触发器中，直接置位端和直接复位端为高电平有效，记为 S_d 和 R_d。对于高电平有效的置位端和复位端，初始状态预置完毕后，S_d 和 R_d 端应处于低电平，触发器方可进入正常工作状态。可以想像，在图 4-17a 所示电路的 CP 端再接一个非门，电路就转变成下降沿有效的 D 触发器。直接置位端和直接复位端为高电平有效，CP 下降沿有效的维持 – 阻塞 D 触发器的逻辑符号如图 4-20a 所示。直接置位端和直接复位端为高电平有效，CP 上升沿有效的维持 – 阻塞 D 触发器的逻辑符号如图 4-20b 所示。

国产 TTL 数字集成电路现有 3 个系列、3 个品种的 D 触发器，使用较多。它们都有统一的、性能较完善的 6 门维持 – 阻塞结构。具体型号为：CT74H74、CT74S74、CT74LS74 等。

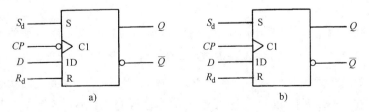

图 4-20　维持 – 阻塞 D 触发器的逻辑符号

a) S_d 端和 R_d 端为高电平有效，$CP\downarrow$ 有效的 D 触发器　b) S_d 端和 R_d 端为高电平有效，$CP\uparrow$ 有效的 D 触发器

2. 利用传输延迟的边沿 JK 触发器

另一类边沿触发器的电路结构如图 4-21a 所示，它是利用触发器内部各个门电路的传输延迟时间实现边沿触发的。

利用传输延迟的边沿 JK 触发器工作可靠，速度较高。目前国产集成 JK 触发器大多数采用这种结构，如 CMOS 双 JK 触发器 74LVC112A、TTL 双 JK 触发器 74LS113 等。

(1) 电路组成　由两个与或非门 G_1、G_2 首尾交叉连接成基本 SR 锁存器，两个与非门 G_3、G_4 作为输入控制门，而与非门 G_3、G_4 的传输延迟时间 t_{PD} 应大于基本 SR 锁存器的翻转时间。图 4-21a 为 TTL JK 触发器 74LS113（1/2）的典型电路图。为方便起见，设 G_1、G_2 中的 4 个与门 A_1、A_2 和 B_1、B_2 的输出变量也用 A_1、A_2 和 B_1、B_2 表示。

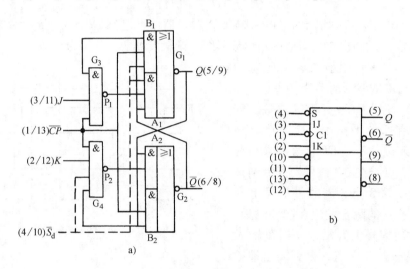

图 4-21　利用传输延迟的边沿 JK 触发器
a) 逻辑电路图　b) 逻辑符号

(2) 工作过程

1) 当 $\overline{CP} = 0$ 时　此时门 B_1、B_2、G_3、G_4 均被封锁，$B_1 = B_2 = 0$、$P_1 = P_2 = 1$，J、K 端的任何信号均被禁止输入，同时门 A_1、A_2 被打开，整个电路可等效为如图 4-22a 所示的基本 SR 锁存器，其中 $\overline{S}_d = P_1 = 1$，$\overline{R}_d = P_2 = 1$。根据基本 SR 锁存器的特性方程 $Q^{n+1} = S_d + \overline{R}_d Q^n$ 可知，$Q^{n+1} = Q^n$，即 $\overline{CP} = 0$ 时电路状态不变。

2) 当 $\overline{CP}$ 由低电平变为高电平后　由于与非门 G_3 和 G_4 有较大的传输延迟时间 t_{PD}，因此分两个阶段讨论：

第 1 阶段：在 $t < t_{PD}$ 这段时间内，P_1 和 P_2 的状态不会立即改变，仍为 $P_1 = P_2 = 1$，$B_1 = \overline{CP} \overline{Q^n} = \overline{Q^n}$，$B_2 = \overline{CP} Q^n = Q^n$，同时 $A_1 = P_1 \overline{Q^n} = \overline{Q^n}$，$A_2 = P_2 Q^n = Q^n$，此时电路等效成图 4-22b，从图中可以得到 $Q^{n+1} = \overline{A_1 + B_1} = Q^n$，$\overline{Q^{n+1}} = \overline{A_2 + B_2} = \overline{Q^n}$，因而电路状态仍保持不变。

第 2 阶段：在 $t > t_{PD}$ 时间以后，J、K 端的信号已通过 G_3、G_4 送至 P_1、P_2，此时 $P_1 = \overline{\overline{CP} J \overline{Q^n}} = \overline{J \overline{Q^n}}$，$P_2 = \overline{\overline{CP} K Q^n} = \overline{K Q^n}$，$B_1 = \overline{Q^n}$，$B_2 = Q^n$，$A_1 = \overline{J \overline{Q^n}} \cdot \overline{Q^n} = \overline{J} \cdot \overline{Q^n}$，$A_2 = Q^n P_2 = Q^n \overline{K Q^n} = \overline{K} Q^n$，电路等效成图 4-22c，触发器的输出状态为

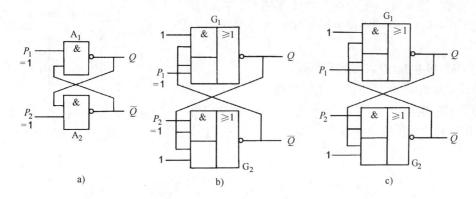

图 4-22 在 $\overline{CP}$ 不同时刻整个触发器的等效电路

a) $\overline{CP}=0$ 时　b) $\overline{CP}=1$ 第 1 阶段　c) $\overline{CP}=1$ 第 2 阶段

$$Q^{n+1} = \overline{A_1 + B_1} = \overline{\overline{J\,\overline{Q^n}} + \overline{Q^n}} = Q^n, \quad \overline{Q^{n+1}} = \overline{A_2 + B_2} = \overline{\overline{KQ^n} + Q^n} = \overline{Q^n}$$

以上分析结果表明，在 $\overline{CP}$ 的上升沿及 $\overline{CP}=1$ 期间，电路均保持原状态不变。

3) 当 $\overline{CP}$ 由高电平变为低电平时　由于与非门 G_3、G_4 有较大的传输延迟时间 t_{PD}，因此，亦需分两个阶段讨论：

第 1 阶段：$t < t_{PD}$ 的时间内，与门 B_1、B_2 先被封锁，即 $B_1 = B_2 = 0$，G_3、G_4 因有较大的传输延迟时间，P_1、P_2 的状态不会立刻改变，仍为 $P_1 = \overline{J\,\overline{Q^n}}$，$P_2 = \overline{KQ^n}$，在此极短暂的时间内，电路可等效成图 4-23。其中 $\overline{S}_d = P_1$，$\overline{R}_d = P_2$，所以有 $Q^{n+1} = J\,\overline{Q^n} + \overline{KQ^n}Q^n = J\,\overline{Q^n} + \overline{K}Q^n$。由于状态互补的 Q^n 和 $\overline{Q^n}$ 分别反馈到 G_3 和 G_4 的输入端，所以 P_1 和 P_2 同时为 0 的情况不会出现，即 J、K 间无约束条件。

第 2 阶段：当 $t > t_{PD}$ 以后，G_3、G_4 完全被封锁，$P_1 = P_2 = 1$，对基本 SR 锁存器的状态没有影响，所以 J、K 的变化对触发器状态也不会有影响。

以上分析结果说明了，在 CP 下降沿（$CP\downarrow$）到来这一短暂的时刻，该触发器的状态按照特性方程 $Q^{n+1} = J\,\overline{Q^n} + \overline{K}Q^n$ 触发翻转，所以，该触发器为一种边沿 JK 触发器。

利用器件内部电路 t_{PD} 的不同而进行工作的触发器，只在 CP 下降沿到来时触发器的状态才会更新。在 $CP=0$、$CP=1$ 以及在 CP 上升沿时刻，触发器状态均不会改变，因此电路的抗干扰能力较强，工作比较可靠。这种利用 t_{PD} 的触发器也可以设计成上升沿有效，即只在上升沿到来时触发器的状态才发生变化。

(3) 异步置 1 和异步置 0 功能（见图 4-21a 中虚线）

当 $\overline{S}_d = 0$ 和 $\overline{R}_d = 1$ 时，无论时钟脉冲 CP 为何状态，$Q^{n+1} = \overline{A_1 + B_1} = 1$，同时 $\overline{S}_d$ 也接到 G_4 的输入端，使 $P_2 = 1$，从而保证了 $\overline{Q^{n+1}} = 0$；同理可分析 $\overline{S}_d = 1$ 和 $\overline{R}_d = 0$ 时，无论

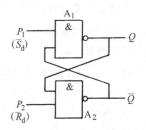

图 4-23 在 CP 下降沿到来后整个触发器的等效电路

CP 为何种状态，足以保证 $Q^{n+1} = 0$，$\overline{Q^{n+1}} = 1$（图 4-21a 中未示出）。这样就实现了直接置 1 和直接置 0 的功能。

异步置位端和异步复位端为低电平有效，且时钟
脉冲 CP 上升沿有效的 JK 触发器的逻辑符号如图 4-24
所示。

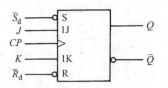

3. CMOS 主从结构边沿触发器

（1）CMOS 主从结构边沿 D 触发器

1）电路组成　此为一种利用 CMOS 传输门和
CMOS 反相器组成的边沿触发器，其内部电路采用主从
结构形式，典型电路如图 4-25 所示。

图 4-24　$\bar{S}_d$ 和 $\bar{R}_d$ 低电平有效、
$CP\uparrow$ 有效的边沿 JK 触发器逻辑符号

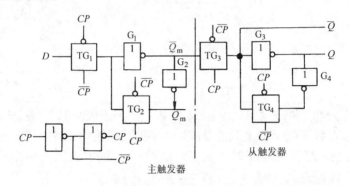

图 4-25　CMOS 主从结构边沿 D 触发器

该电路用反相器 G_1、G_2 和传输门 TG_1、TG_2 构
成主触发器，用反相器 G_3、G_4 和传输门 TG_3、TG_4
构成从触发器。TG_1 和 TG_3 分别为主触发器和从触
发器的输入控制门，D 为信号输入端，Q 和 $\bar{Q}$ 为互
补输出端，4 个传输门的工作状态表如表 4-9
所示。

表 4-9　4 个传输门的工作状态表

CP	TG_1、TG_4	TG_2、TG_3
0	导通	截止
1	截止	导通

2）工作原理　当 $CP=0$ 时，传输门 TG_1、TG_4 导通，TG_2、TG_3 截止，主、从两个触发
器被隔离。主触发器接收 D 端输入信号，使 $Q_m=D$，$\bar{Q}_m=\bar{D}$，此时，由于主触发器尚未形
成反馈连接，不能自行保持，即 Q_m 的状态随 D 端的状态而变化。因从触发器经 TG_4 反馈连
接形成基本 SR 触发器，故其保持原状态不变。

当 CP 由 $0\rightarrow1$（$\overline{CP}$ 由 $1\rightarrow0$）后，TG_1、TG_4 由导通变为截止，TG_2、TG_3 由截止变为导
通，主触发器形成基本 SR 触发器，将 CP 上升沿到来前一瞬间 D 端的状态存储起来。同时
由于主、从两触发器已连通，从触发器接收主触发器的状态，使 $Q=Q_m$，$\bar{Q}=\bar{Q}_m$，即
$Q^{n+1}=D(CP\uparrow)$。

当 CP 由 $1\rightarrow0$（$\overline{CP}$ 由 $0\rightarrow1$）后，TG_1、TG_4 由截止变为导通，TG_2、TG_3 由导通变为截
止，从触发器将已更新的状态存储起来，而主触发器又再次接收新的输入信号。由于触发器
保存的状态，仅仅是在 CP 上升沿到达瞬间的输入信号，所以称之为上升沿触发的 CMOS 边
沿 D 触发器。若将图中所有的传输门改换成相反的控制极性，则此触发器就变为下降沿触
发的 CMOS 边沿 D 触发器。

3）S_d 和 R_d 的直接置 1、直接置 0 作用　实际的 CMOS 边沿 D 触发器都设置了异步输入

端 S_d 和 R_d，以便需要时对触发器直接置 **1**（置位）或直接置 **0**（复位）。如将图 4-25 中 4 个反相器 $G_1 \sim G_4$ 改成**或非门**，并增加置位和复位端 S_d 和 R_d，就得到图 4-26 所示的国产 CMOS 边沿 D 触发器 CC4013 的逻辑电路，其逻辑符号见图 4-20b。现分析如下：

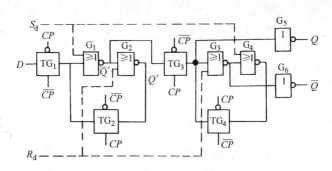

图 4-26　实际的 CMOS 边沿 D 触发器的逻辑电路

当 $R_d = 1$、$S_d = 0$ 时，无论 CP 和 D 的取值如何，触发器复位，$Q = 0$；

当 $R_d = 0$、$S_d = 1$ 时，无论 CP 和 D 的取值如何，触发器置位，$Q = 1$；

当 $R_d = S_d = 0$ 时，在 CP 上升沿到来时，将由 D 端的输入状态决定触发器的状态，即 $Q^{n+1} = D$；

当 $R_d = S_d = 1$ 时，将出现 $Q = \overline{Q} = 1$ 的未定义的不正常状态，故使用时应满足 $S_d R_d = 0$ 的约束条件。

国产 CC4013 和国际 74HC/HCT74 系列集成触发器产品都是 CMOS 双 D 触发器芯片，所加电源电压在 + 3 ~ + 15V 范围内（目前电源电压可以更低一点）。当施加电源电压（ + 10V）时，触发器最高翻转频率约为 8MHz，输出为高电平或低电平时的输出电阻分别为 400Ω 和 200Ω，芯片占用面积较小，逻辑设计方法也较简单，在大规模 CMOS 集成电路，特别是可编程逻辑器件（如 CPLD、FPGA）和专用集成电路（ASIC）中得到了普遍应用，因而在今后的工程实践中将会更多地面对此类 D 触发器产品。

（2）CMOS 主从结构边沿 JK 触发器　将图 4-26 所示 D 触发器的输入端接一个由 G_7、G_8 和 G_9 共 3 个门组成的转换电路，便构成了 CMOS 边沿 JK 触发器，如图 4-27 所示。从图 4-27 不难分析出，其特性方程为 $Q^{n+1} = D = \overline{KQ^n + \overline{J} + Q^n} = J\,\overline{Q^n} + \overline{K}Q^n + J\,\overline{K} = J\,\overline{Q^n} + \overline{K}Q^n$。

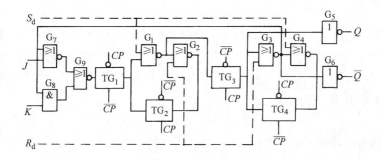

图 4-27　CMOS 主从结构边沿 JK 触发器的逻辑电路

4. 边沿触发器的触发方式

边沿触发器是在时钟脉冲的上升沿或下降沿接收输入信号并改变输出状态，而在 CP 周期的其他时间内，触发器输出状态与输入信号无关，因而抗干扰能力较强。边沿触发器逻辑符号图形框内时钟端有动态符号" $>$ "，而输出端无延时符号" ⌐ "，表示该触发器为边沿触发方式；逻辑符号图框外的时钟端有"o"表示下降沿触发，无"o"为上升沿触发。

4.4　T 触发器和 T′触发器

4.4.1　T 触发器

在数字系统的某些应用场合，需要如下逻辑功能的触发器：当控制信号 $T = 1$ 时，每来一个 CP 脉冲，它的状态翻转一次；而当 $T = 0$，且 CP 脉冲到来后，触发器状态保持不变。具备此功能的触发器称作 T 触发器，它的功能表如表4-10 所示。

从功能表4-10 中可得 T 触发器的特性方程

$$Q^{n+1} = T\overline{Q^n} + \overline{T}Q^n \qquad (4-5)$$

它的状态转换图见图4-28a，图4-28b 是 T 触发器的逻辑符号。

实际上只要将集成 JK 触发器的输入端 J 端和 K 端连在一起，并令其为 T，便构成了 T 触发器。

表 4-10　T 触发器功能表

T	Q^n	Q^{n+1}
0	0	0
0	1	1
1	0	1
1	1	0

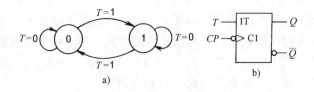

图 4-28　T 触发器
a）状态转换图　b）逻辑符号

4.4.2　T′触发器

若将上述 T 触发器的输入端 T 接至固定的高电平，则 T 触发器的特性方程就变为 $Q^{n+1} = T\overline{Q^n} + \overline{T}Q^n = \overline{Q^n}$，该式表示每当 CP 信号作用后，触发器必翻转成与现态相反的状态。工程技术中把这种接法的触发器称为 T′触发器。T′触发器又名翻转型触发器、计数型触发器，将在第5章中用来组成计数器。

4.5　触发器应用举例

例4-6　用 CMOS 双 D 触发器 74HC/HCT74 芯片组成的电路，如图 4-29a 所示。已知 CP、D_1 波形如图 4-29b 上方所示，设两个触发器的初态均为 **0**，试画出 Q_1、Q_2 端的波形图，

并说明 Q_1、Q_2 的时间关系。

解：根据图示电路和已知条件，可画出 Q_1、Q_2 端波形，如图 4-29b 下方所示。**注意**：因为 $D_2 = Q_1$，又 F_1 的直接置 **0** 信号 $\overline{R}$ 受到 $\overline{Q_2}$ 的控制，所以宜同时画 Q_1、Q_2 端的波形；画图时应瞻前顾后，同时兼顾 $\overline{Q_2}$ 对 F_1 的直接置 **0** 作用和 CP 脉冲上升沿对 F_1、F_2 的同步触发作用。

由图 4-29b 可见，Q_2 比 Q_1 滞后一个 CP 周期产生高电平脉冲。

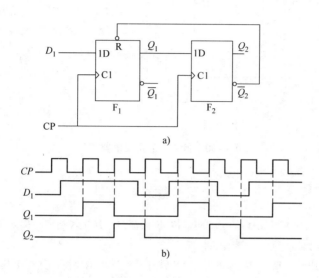

图 4-29 例 4-6 图

a) 电路图 b) 波形图

有关用画波形图的方法，分析两个触发器组成的电路的工作状况，请读者选做习题 4-13、习题 4-14、习题 4-15、习题 4-17。

例 4-7 设计一个举重裁判逻辑电路，当一位主裁判员和两位副裁判员中，须有包括主裁判员在内的两人以上认定试举动作合格，并按下自己的按钮时，试举成功的输出信号 $Z = 1$。且要求这个 $Z = 1$ 的信号一直保持下去，直到工作人员按动清除按钮为止。

解：由于 3 位裁判员按下按钮发出的信号不能自行保持，且按下的动作有先有后，有长有短，所以需用 3 个触发器分别保持 3 人按下按钮发出的信号。因为只要求触发器有置 **1**、置 **0** 即可，所以用基本 SR 锁存器、JK 触发器或 D 触发器均可，对触发器的结构类型无特殊要求。

如果选用用两个**与非**门组成的基本 SR 锁存器，则用裁判员按动开关 A、B、C 给出的低电平作为置 **1** 信号，而用工作人员按下开关 P 得到的低电平作为置 **0** 信号。电路连线如图 4-30 所示。**建议读者**：对照图 4-30 的电路图，检查所设计电路能否实现题设的逻辑功能。

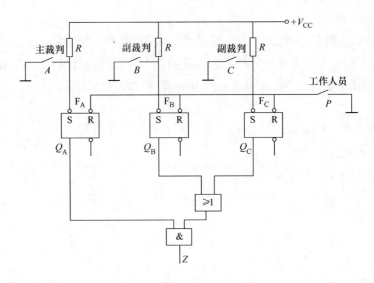

图 4-30　例 4-7 的逻辑电路图

习 题 4

4-1　由两个**与非门**首尾交叉连接所构成的基本 SR 锁存器，其输入端 $\overline{S}_d$ 和 $\overline{R}_d$ 之间的约束条件是什么？若违反约束条件时，输出端 Q、$\overline{Q}$ 会出现什么情况？

4-2　(1) 试画出用两个**或非门**构成的基本 SR 锁存器的逻辑电路图，并列出其功能表，写出特性方程式。

(2) 试问该基本 SR 锁存器的输入端 R_d 和 S_d 之间是否也要有约束？若违反约束条件时，输出端 Q、$\overline{Q}$ 会出现什么情况？

4-3　门控 SR 锁存器和基本 SR 锁存器的主要区别是什么？

4-4　在图 4-31 中，图 a 是电路图，图 b 是输入信号 A、B、C 的波形图，试画出其输出端 Q 及 $\overline{Q}$ 的波形图。设触发器初始状态 $Q_{初}$ 为 **0**。

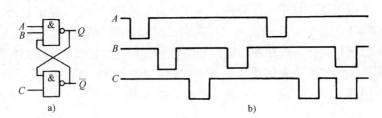

图 4-31　习题 4-4 图
a) 逻辑电路图　b) 输入信号 A、B、C 的波形图

4-5　一种消除门控 SR 锁存器不确定状态的锁存器电路如图 4-32 所示。它是在**与非门**构成的门控 SR 锁存器的基础上，加上非门 G_5 组成的。**注意**：S 和 R 两个输入端之间连接了 G_5，从而满足了 S 和 R 不同为 **1** 的约束条件。由于它只有两个输入端：数据输入 D 和时钟脉冲 CP，所以被称为门控 D 锁存器。试分析其工作状况，并将分析结果填入表 4-11 内。

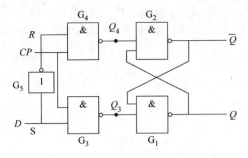

图 4-32　门控 D 锁存器电路

表 4-11　门控 D 锁存器的功能表

CP	D	Q	$\overline{Q}$	功能
0	Φ			
1	**0**			
1	**1**			

4-6　主从 JK 触发器输入端 J、K、$\overline{S}_d$、$\overline{R}_d$ 及 CP 的波形如图 4-33 所示。试分别画出相应的 Q 和 $\overline{Q}$ 的波形图。设触发器初始状态 $Q_{初}$ 为 **0**。

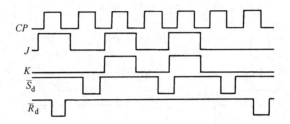

图 4-33　主从 JK 触发器 J、K、$\overline{S}_d$、$\overline{R}_d$ 及 CP 的波形图

4-7　CMOS 双边沿 JK 触发器 74LVC112A 中的一个触发器及其输入信号 CP、J、K 的波形，见图 4-34a。设此触发器初始状态为 **0**，试画出 Q 和 $\overline{Q}$ 的波形图。已知时钟脉冲频率 $f_{CP} = 3\text{kHz}$，求触发器输出信号的频率 $f_Q = ?$

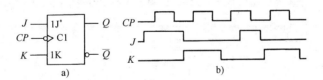

图 4-34　习题 4-7 图

a）逻辑符号图　　b）CP、J、K 端输入的波形图

4-8　集成双 CMOS 边沿 D 触发器 CC4013 中的一个触发器及其输入信号 CP、D、R_d、S_d 波形，如图 4-35 所示。设该边沿 D 触发器的初始状态为 **0**，试画出其 Q 端的波形图。

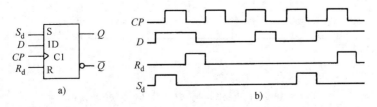

图 4-35　习题 4-8 图

a）逻辑符号图　b）CP、D、R_d、S_d 的波形图

4-9 图 4-36a 所示各触发器均为边沿触发器，其 CP、A、B、C 的波形图如图 4-36b 所示，试分别写出各触发器次态 Q^{n+1} 的逻辑表达式，并注明触发方式（$CP\downarrow$ 或 $CP\uparrow$）。设各触发器初态均为 0，试画出各触发器 Q 端的波形图。

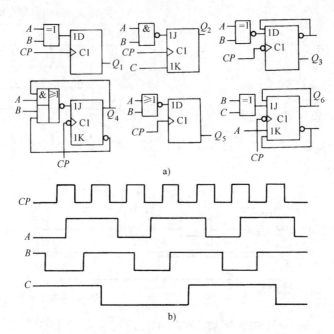

图 4-36 习题 4-9 图

a) 6 个触发器的电路图 b) CP、A、B、C 端的波形图

4-10 图 4-37a 中的 F_1、F_2 是 CMOS 边沿触发器，F_3、F_4 是 TTL 边沿触发器，CP 及 A、B、C 信号波形如图 4-37b 所示，设各触发器的初始状态均为 0，试画出各触发器输出端 Q 的波形图。

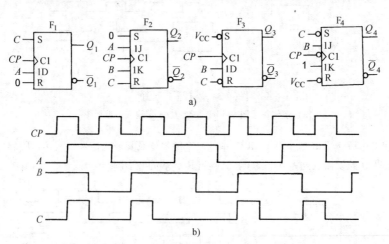

图 4-37 习题 4-10 图

a) 4 个触发器的电路图 b) CP、A、B、C 端的波形图

4-11 在图 4-38a 所示的 T 触发器电路中，已知 CP 和输入信号 T 的波形图如图 4-38b 所示，设初始状态为 0，试画出 Q 和 $\overline{Q}$ 端的波形图。

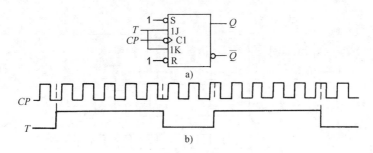

图 4-38 习题 4-11 图

a）T 触发器的电路图 b）CP、T 信号的波形图

4-12 试列表归纳出基本 SR 锁存器（用两个与非门构成）、门控 SR 锁存器、主从 JK 触发器和维持－阻塞 D 触发器的逻辑符号、功能表、特性方程和触发方式。

4-13 对于图 4-39a 所示电路，设初始状态 $Q_{1初} = Q_{2初} = 0$，CP、A 信号的波形如图 4-39b 所示，试画出 Q_1、Q_2 信号的波形图。

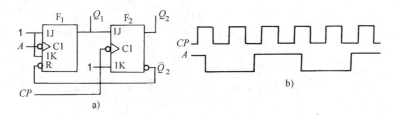

图 4-39 习题 4-13 图

a）两个触发器组成的电路图 b）CP、A 的波形图

4-14 如图 4-40a 所示电路，设初始状态 $Q_{1初} = Q_{2初} = 1$，其输入信号 D、$\overline{R}_d$ 以及 CP 的波形见图 4-40b，试画出 Q_1 和 Q_2 信号的波形图。

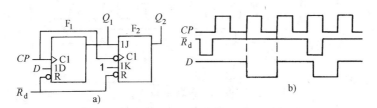

图 4-40 习题 4-14 图

a）两个触发器组成的电路图 b）CP、$\overline{R}_d$、D 的波形图

4-15 两相脉冲产生电路如图 4-41 所示，试画出在 6 个 CP 脉冲作用下 Φ_1 和 Φ_2 的波形图，并说明 Φ_1 和 Φ_2 的时间关系。设各触发器的初始状态为 0。

4-16 设计一种 4 人智力竞赛抢答逻辑电路，具体要求如下：

（1）每位参赛者座位前有一个按钮，用按动按钮发出抢答信号；

（2）竞赛主持人另有一个按钮，用于将逻辑电路复位；

（3）竞赛开始后，先按动按钮者将对应的一个发光二极管点亮，此后其他 3 位参赛者再按动按钮将会对电路不起作用。

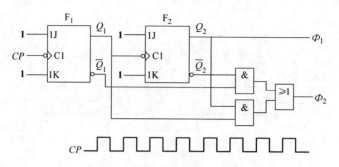

图 4-41　习题 4-15 的电路和 CP 波形图

4-17　图 4-42 所示是单脉冲发生器电路。操作者每按动一次按钮 SB，该电路中 CMOS 边沿 JK 触发器 F_1 能输出一个定脉宽的脉冲。设 F_2 为 CMOS 边沿 D 触发器，CP 和 A 端波形如电路图下方所示，要求：

（1）画出 Q_1 和 Q_2 的波形图；

（2）结合所绘时序波形图简述该电路的工作原理；

（3）设时钟脉冲频率 f_{CP} 为 25Hz，试计算 F_1 的 Q_1 端输出的单脉冲的宽度 t_W。

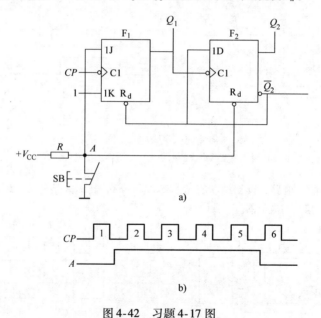

图 4-42　习题 4-17 图

a）单脉冲发生器的电路图　b）CP、A 的波形图

4-18　单项选择题（请将下列各小题正确选项前的字母填在题中的括号内）：

（1）锁存器和触发器有两个工作特性，一是具有两个能够自动保持的稳定状态，二是在输入信号作用下可以触发翻转。正是由于这两个性能，才使锁存器和触发器得以（　　　）；

　A. 实现不同的逻辑功能；　　　　　　B. 有不同的电路结构形式；

　C. 存储 1 位二进制数据；　　　　　　D. 有不同的触发方式

（2）锁存器和触发器虽由门电路构成，但它不同于门电路的逻辑功能，它的主要特点是具有（　　　）功能；

　A. 存数；　　　　B. 记忆；　　　　C. 输出互补；　　　　D. 置 1、置 0

（3）以下 4 种集成数字逻辑电路中，（　　　）属于组合逻辑器件；

A. 集成触发器；　　　B. 集成计数器；　　　C. 集成寄存器；　　　　D. 集成译码器

（4）由两个 CMOS 或非门构成的基本 SR 锁存器的输入触发信号是（　　　　）；

A. 低电平；　　　　　B. 高电平；　　　　　C. 脉冲上升沿；　　　　D. 脉冲下降沿

（5）由两个 TTL 或非门组成的基本 SR 锁存器，其输入信号 R_d、S_d 必须满足的约束条件是（　　　　）；

A. $R_d + S_d = 0$；　　B. $R_d S_d = 1$；　　C. $R_d S_d = 0$；　　　　D. $R_d + S_d = 1$

（6）欲使主从 JK 触发器在时钟脉冲作用下的次态与现态相反，则 JK 的取值应为（　　　　）；

A. 00；　　　　　　　B. 11；　　　　　　　C. 01；　　　　　　　D. 10

（7）将主从 JK 触发器的 J 和 K 都接至低电平，则在时钟脉冲 CP 的作用下其特性方程 $Q^{n+1} = $（　　　　）；

A. $\overline{Q^n}$；　　　　　B. Q^n；　　　　　C. 0；　　　　　　　D. 1

（8）若维持阻塞 D 触发器的现态 Q^n 为 0，要使其每来一个 CP 翻转一次，输入 D 应接至（　　　　）；

A. $\overline{Q}$；　　　　　　B. Q；　　　　　　C. 低电平；　　　　　D. 高电平

（9）国产 CC4013 是集成双 CMOS 边沿 D 触发器，它可用于各种（　　　　）、移位寄存器和控制电路；

A. 编码器；　　　　　B. 数据存储电路；　　C. 译码器；　　　　　D. 数值比较器

（10）当集成维持 – 阻塞 D 触发器的异步置 0 端 $\overline{R_d} = 0$ 时，该触发器的次态（　　　　）；

A. 与 CP 和 D 有关；　B. 与 CP 和 D 无关；　C. 只与 CP 有关；　　D. 只与 D 有关

（11）用 8 级集成 JK 触发器可以记忆（　　　　）种不同的状态。

A. 64；　　　　　　　B. 128；　　　　　　　C. 256；　　　　　　　D. 512

第5章 时序逻辑电路

引言 第3章曾提及,逻辑电路分为组合逻辑电路和时序逻辑电路。第4章又讲述了时序逻辑电路的基本组成单元——锁存器和触发器。本章将在此基础上首先讲述时序逻辑电路的基本概念,然后讨论时序逻辑电路的分析和设计方法,最后介绍在微机和其他数字系统中应用较广的中规模集成(MSI)时序逻辑器件——寄存器和计数器,其中寄存器的基本功能是存储或传输用二进制数码表示的数据或信息,即完成数码的寄存、移位和传输操作,而计数器的基本功能则是累计时钟脉冲 CP 的个数,即实现计数操作。此外,计数器也用于分频、定时和产生序列脉冲等。

5.1 概述

第3章所讨论的各种组合逻辑电路,其任一时刻的输出状态仅仅取决于此刻的输入信号。第5章将讨论的时序逻辑电路(简称时序电路),它任一时刻的输出状态不仅取决于此刻电路的输入信号,而且还与电路先前的输出状态有关。根据这一概念,第4章所讨论的各种锁存器和触发器实际上都是一些简单的时序逻辑电路。

根据上述时序逻辑电路的定义,可以推知时序电路中必含有**存储电路**,因为需用存储电路将此刻之前的状态记忆住。存储电路用延迟元件组成,也可由锁存器或触发器构成。第5章只讨论由锁存器和触发器等元器件构成的时序电路。

时序电路基本结构框图如图5-1所示。从总体上看,它由组合逻辑电路和存储电路两大部分组成,其中 $X(X_1, X_2, \cdots, X_i)$ 是时序电路的输入信号,$Q(Q_1, Q_2, \cdots, Q_r)$ 是存储电路的输出信号,它被反馈到组合电路输入端,与输入信号共同决定时序电路的输出状态。$Z(Z_1, Z_2, \cdots, Z_j)$ 是时序电路的输出信号[⊖],而 $Y(Y_1, Y_2, \cdots, Y_k)$ 是存储电路的输入信号。这些信号之间的逻辑关系可以表示为

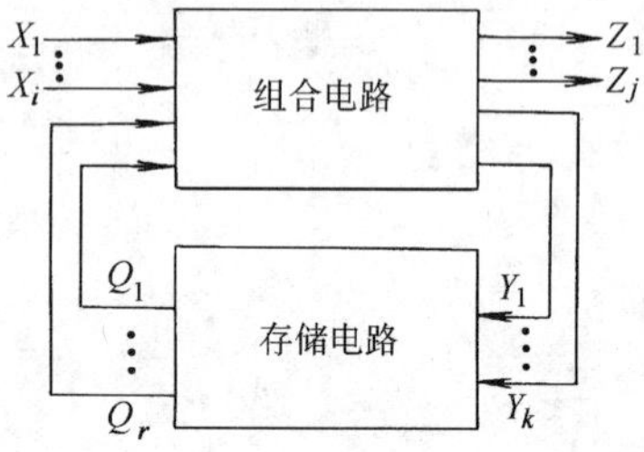

$$Z = F_1(X, Q^n) \tag{5-1}$$

$$Y = F_2(X, Q^n) \tag{5-2}$$

$$Q^{n+1} = F_3(Y, Q^n) \tag{5-3}$$

图5-1 时序电路的基本结构框图

式(5-1)是**输出方程**,式(5-2)是存储电路的**驱动方程**(或称**激励方程**)。由于第5章所用存储电路均由锁存器或触发器构成,即 Q_1、Q_2、$\cdots$、Q_r 表示存储电路中各个锁存器

⊖ 在有些时序逻辑电路中,输出信号不仅与存储电路的输出状态有关,而且还与时序电路的输入信号有关,此类电路称为 Mealy 型电路;但在另一些时序电路中,输出信号只与存储电路的输出状态有关,此类电路称为 Moore 型电路,这两种电路分别由 G. H. Mealy 和 E. F. Moore 提出,详见有关参考文献。

或触发器的状态，所以式（5-3）是存储电路的状态方程，也就是时序电路的**状态方程**，式中 Q^n 是**现态**，Q^{n+1} 即为**次态**。

由上述概念可知，时序电路具有以下特点：

1）时序电路用组合电路和存储电路（即锁存器、触发器）组成。

2）时序电路中存在着反馈，因而电路的工作状态与时间因素有关，即时序电路的输出状态由电路的输入信号和电路原先的输出状态共同决定。

按照锁存器和触发器的状态变化特点，时序电路分为**同步时序电路**和**异步时序电路**两大类。在同步时序电路中，存储电路内所有锁存器、触发器的时钟端都连接同一时钟脉冲 CP，因而所有的锁存器和触发器状态（即时序电路状态）变化都与所加时钟脉冲 CP 同步。而在异步时序电路中，没有统一的时钟脉冲，有些锁存器、触发器的时钟端与 CP 相连，因而它们的状态变化与 CP 同步，而不接 CP 的锁存器、触发器的状态变化并不与 CP 同步。由此可见，同步时序电路的工作速度要比异步时序电路快。

5.2　时序逻辑电路的分析方法

5.2.1　分析时序逻辑电路的大致步骤

分析时序电路，就是要根据给出的时序逻辑电路图，确定该时序电路所能完成的逻辑功能。分析的大致步骤如下：

1）从给定的逻辑电路中，写出每个锁存器或触发器的时钟方程（即 CP 的表达式）、驱动方程（锁存器或触发器驱动信号的逻辑表达式）及电路的输出方程。

2）求出电路的状态方程。**将各个锁存器或触发器的驱动方程分别代入其特性方程，求出它们的次态方程，并将所得次态方程有序排列，就可获得整个时序电路的状态方程。**为便于分析可在状态方程之后标注时钟条件。

3）列出完整的**状态转换表**（简称**状态表**），并检查电路的自启动能力，画出状态转换图或时序图。具体做法是：首先设定初态，代入电路的状态方程和输出方程，求出次态（对 n 个锁存器和触发器而言，应包括 2^n 个状态）和输出状态。然后把 CP 脉冲、输入变量和初态列在状态表的左侧，把次态和输出状态列于表的右侧。最后根据状态表画出状态转换图和时序图。

4）用文字表述时序电路的逻辑功能。

需要指出的是：① 上述第 3 步尤为重要，因为只有列对状态表或画出状态转换图，才能看得出逻辑功能。建议读者在今后的学习中留心体会；② 分析一些较复杂的时序电路时，必须完全遵循上述步骤，但当分析一些较简单的时序电路时，可以省略其中的个别步骤。

5.2.2　寄存器和移位寄存器

1. 寄存器概述

（1）寄存器的功能　在数字系统中，通常需要将一些数码暂时存放起来，这种暂存数码的逻辑部件被称为寄存器。寄存器的基本功能是存储或传输二进制数据，即完成代码寄存、移位和传输等操作。

（2）寄存器的构成　因为一个锁存器或触发器存储 1 位二进制数据，所以要寄存 n 位二进制数就需有 n 个触发器。此外，寄存器还应具有门电路组成的控制电路，以确保信号的接收或清除。

对于寄存器中的锁存器和触发器，只要求它们具有置 **1**、置 **0** 的功能即可，因此无论是用门控 D 锁存器，还是用边沿 D 触发器，都可以构成寄存器。

（3）移位寄存器　移位寄存器除具有寄存数码的功能外，还具备移位的功能。所谓移位，指在寄存器中存储的数码能在移位脉冲的作用下依次左移或右移。按照代码移动方向的不同，寄存器分为单向（左移或右移）和双向移位寄存器。按照代码输入、输出方式的不同，移位寄存器有 4 种工作方式：串行输入 – 串行输出；串行输入 – 并行输出；并行输入 – 串行输出；并行输入 – 并行输出。在工程实际中，移位寄存器除了可以寄存数码，还可以实现数据的串行 – 并行转换、数值的乘法、除法运算以及数据的处理等。

2. 寄存器分析（CT74LS175）

4 位集成寄存器 CT74LS175 的逻辑电路和逻辑符号分别如图 5-2a、b 所示。它由 4 个 CP 上升沿触发的 D 触发器构成，图中 CP 是时钟端，$\overline{CR}$ 是清零端，D_0、D_1、D_2、D_3 是数据并行输入信号，Q_0、Q_1、Q_2、Q_3 为原码输出信号，$\overline{Q_0}$、$\overline{Q_1}$、$\overline{Q_2}$、$\overline{Q_3}$ 为反码输出信号。因触发器输出状态仅取决于时钟脉冲上升沿到达时刻 D 端状态，所以，图 5-2 所示电路的逻辑功能如下：

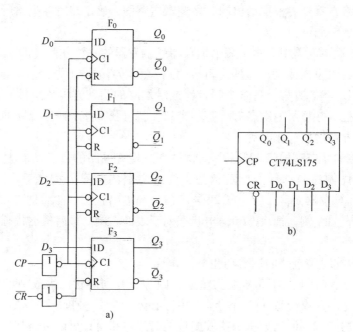

图 5-2　CT74LS175 4 位 TTL 集成寄存器

a）逻辑电路　b）逻辑符号

（1）异步清零　无论触发器处于何种状态，只要 $\overline{CR}=0$，则 4 个触发器同时清零，$Q_0 \sim Q_3$ 均为 **0** 状态。当寄存器不需要清零时，应使 $\overline{CR}=1$。

（2）送数　当 $\overline{CR}=1$，CP 正跳变（$CP\uparrow$）瞬间，4 位数据 D_0、D_1、D_2、D_3 并行输入，

准确无误地获得状态方程 $Q_0^{n+1} = D_0$、$Q_1^{n+1} = D_1$、$Q_2^{n+1} = D_2$、$Q_3^{n+1} = D_3$。

（3）保持　当 $\overline{CR} = 1$ 且 $CP = 0$ 或 $CP = 1$ 或 $CP\downarrow$ 到来时，因无时钟脉冲上升沿，故各触发器均保持原态不变。

根据以上分析，可列出 CT74LS175 的功能表（见表 5-1）。该电路是带有异步清零端、互补输出、单拍接收方式的 4 位寄存器。由于采用了边沿 D 触发器，所以数据并行输入端具有极强的抗干扰能力。使用时需注意：当向 CT74LS175 寄存数据之前，必须先将寄存器清零，否则会出错。

表 5-1　CT74LS175 功能表

输　入						输　出			
$\overline{CR}$	CP	D_0	D_1	D_2	D_3	Q_0	Q_1	Q_2	Q_3
0	Φ	Φ	Φ	Φ	Φ	**0**	**0**	**0**	**0**
1	↑	d_0	d_1	d_2	d_3	d_0	d_1	d_2	d_3
1	0	Φ	Φ	Φ	Φ	Q_0^n	Q_1^n	Q_2^n	Q_3^n
1	1	Φ	Φ	Φ	Φ	Q_0^n	Q_1^n	Q_2^n	Q_3^n
1	↓	Φ	Φ	Φ	Φ	Q_0^n	Q_1^n	Q_2^n	Q_3^n

3. 移位寄存器分析

（1）单向移位寄存器 CC4015　图 5-3a 为国产 CMOS 双 4 位移位寄存器中 $\frac{1}{2}$CC4015（串行输入、并行输出）的逻辑电路，图 5-3b 是它的逻辑符号。图 5-3a 中 CP 是时钟脉冲信

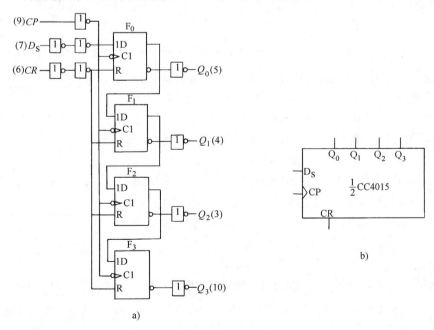

图 5-3　CC4015 CMOS 单向移位寄存器

a) $\frac{1}{2}$CC4015 的逻辑电路　b) 逻辑符号

号，CR 是清零信号（高电平有效），D_S 是串行数据输入信号，$Q_0 \sim Q_3$ 是并行输出信号。由该逻辑图可以写出各触发器的驱动方程：$D_0 = D_S$，$D_1 = Q_0^n$，$D_2 = Q_1^n$，$D_3 = Q_2^n$。将各触发器的驱动方程代入 D 触发器特性方程，得到电路的状态方程：$Q_0^{n+1} = D_S$，$Q_1^{n+1} = Q_0^n$，$Q_2^{n+1} = Q_1^n$，$Q_3^{n+1} = Q_2^n$。由于 4 个触发器的时钟输入端都接同一时钟脉冲 CP，所以该寄存器为同步时序电路。而对于同步时序电路来说，上述状态方程中的时钟条件可以省略。该寄存器的功能如下：

1) 异步清零　无论触发器处于何种状态，只要 $CR = 1$，则 4 个 D 触发器全部清零。若寄存器不需要异步清零时，应使 $CR = 0$。

2) 右移工作状态　当 $CR = 0$ 时，在时钟脉冲 CP 的作用下，寄存器处于"右移"工作状态。设初态 $Q_0^n Q_1^n Q_2^n Q_3^n = 0000$，且串行输入数据为 **1011**，在第一个 CP 脉冲作用前串行数据输入端 $D_S = 1$，在第 1 个 CP 脉冲作用下，$Q_0^{n+1} = D_S = 1$，$Q_1^{n+1} = Q_0^n = 0$，$Q_2^{n+1} = Q_1^n = 0$，$Q_3^{n+1} = Q_2^n = 0$，即依次右移 1 位。在 4 个 CP 脉冲作用下输入数据依次为 **1011**，移位寄存器中的数据移位情况见表 5-2，即经过 4 个 CP 脉冲后，串行输入的 4 个数据全部移进寄存器。

表 5-2　$\frac{1}{2}$ CC4015 状态转换（移位）表

时钟脉冲顺序	串行输入数据	移位寄存器状态			
		Q_0	Q_1	Q_2	Q_3
0	0	0	0	0	0
1	1	1	0	0	0
2	0	0	1	0	0
3	1	1	0	1	0
4	1	1	1	0	1

为了便于检查时序电路的功能，可以根据电路的状态转换顺序画出时序图。所谓时序图，就是在序列时钟脉冲 CP 作用下，电路状态（输出状态）随时间变化的波形图。时序图至少要画出状态转换的一个循环，才能看清状态转换规律。根据表 5-2 所画的时序图，如图 5-4 所示。

因为 CC4015 中每个寄存单元的输出端 $Q_0 \sim Q_3$ 均有引脚线，所以该电路可以实现串行输入 – 并行输出工作方式；若要串行输出，需要再经过 4 个 CP 脉冲周期，数据才按原来的输入次序从 Q_3 端（10 脚）输出，这就实现了串行输入 – 串行输出的工作方式。

3) 保持　当 $CR = 0$ 时，若时钟输入端所加 CP 处于下降沿或者 $CP = 1$ 或者 $CP = 0$，移位寄存器保持原态不变。综上分析，可得 $\frac{1}{2}$ CC4015 的功能表（见表 5-3）。

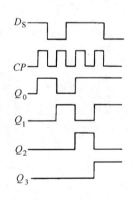

图 5-4　$\frac{1}{2}$ CC4015 单向移位寄存器的时序图

表 5-3 $\dfrac{1}{2}$ CC4015 的功能表

输 入			输 出				功 能
CP	D_S	CR	Q_0	Q_1	Q_2	Q_3	
Φ	Φ	1	0	0	0	0	清 零
↓	Φ	0	Q_0	Q_1	Q_2	Q_3	保 持
0	Φ	0	Q_0	Q_1	Q_2	Q_3	
1	Φ	0	Q_0	Q_1	Q_2	Q_3	
↑	0	0	0	Q_0^n	Q_1^n	Q_2^n	右 移
↑	1	0	1	Q_0^n	Q_1^n	Q_2^n	

（2）双向移位寄存器（CT74LS194） CT74LS194 是一种功能比较齐全的 4 位 TTL 双向移位寄存器。该电路由 4 个边沿 D 触发器 $F_0 \sim F_3$ 和相应的输入控制电路所组成，如图 5-5a 所示。图中 D_{SR} 为数据右移输入信号，D_{SL} 为数据左移输入信号，$D'_0 \sim D'_3$ 为数据并行输入信号。移位寄存器的工作方式由控制信号 M_1、M_0 的 4 种不同取值，通过 4 个完全相同的**与或非门**组成的 4 选 1 数据选择器控制。$\overline{CR}$ 为异步清零端（低电平有效），CP 为时钟信号，$Q_0 \sim Q_3$ 为并行输出信号。为分析方便起见，设每个**与或非门**中的 4 个**与门**自上而下依次为 G_0、G_1、G_2、G_3。现分析如下：

1）写驱动方程等 由电路图（见图 5-5a），写出该移位寄存器的时钟方程、驱动方程如下：

$$CP_0 = CP_1 = CP_2 = CP_3 = CP$$
$$D_0 = \overline{M}_1 M_0 D_{SR} + M_1 M_0 D'_0 + M_1 \overline{M}_0 Q_1^n + \overline{M}_1 \overline{M}_0 Q_0^n$$
$$D_1 = \overline{M}_1 M_0 Q_0^n + M_1 M_0 D'_1 + M_1 \overline{M}_0 Q_2^n + \overline{M}_1 \overline{M}_0 Q_1^n$$
$$D_2 = \overline{M}_1 M_0 Q_1^n + M_1 M_0 D'_2 + M_1 \overline{M}_0 Q_3^n + \overline{M}_1 \overline{M}_0 Q_2^n$$
$$D_3 = \overline{M}_1 M_0 Q_2^n + M_1 M_0 D'_3 + M_1 \overline{M}_0 D_{SL} + \overline{M}_1 \overline{M}_0 Q_3^n$$

2）求状态方程 将驱动方程代入 D 触发器的特性方程 $Q^{n+1} = D$，得到状态方程

$$Q_0^{n+1} = \overline{M}_1 M_0 D_{SR} + M_1 M_0 D'_0 + M_1 \overline{M}_0 Q_1^n + \overline{M}_1 \overline{M}_0 Q_0^n \quad (CP\uparrow)$$
$$Q_1^{n+1} = \overline{M}_1 M_0 Q_0^n + M_1 M_0 D'_1 + M_1 \overline{M}_0 Q_2^n + \overline{M}_1 \overline{M}_0 Q_1^n \quad (CP\uparrow)$$
$$Q_2^{n+1} = \overline{M}_1 M_0 Q_1^n + M_1 M_0 D'_2 + M_1 \overline{M}_0 Q_3^n + \overline{M}_1 \overline{M}_0 Q_2^n \quad (CP\uparrow)$$
$$Q_3^{n+1} = \overline{M}_1 M_0 Q_2^n + M_1 M_0 D'_3 + M_1 \overline{M}_0 D_{SL} + \overline{M}_1 \overline{M}_0 Q_3^n \quad (CP\uparrow)$$

3）列功能表

① 当 $\overline{CR} = \mathbf{0}$ 时，通过各触发器的 $\overline{R}$ 端，使寄存器**异步清零**。如不需清零，应使 $\overline{CR} = \mathbf{1}$。

② 当 $M_1 M_0 = \mathbf{00}$ 时，4 个**与或非门**中的 G_3 均被选中，由状态方程可知：$Q_0^{n+1} = Q_0^n$，$Q_1^{n+1} = Q_1^n$，$Q_2^{n+1} = Q_2^n$，$Q_3^{n+1} = Q_3^n$，当时钟脉冲 CP 的上升沿到来时，移位寄存器工作在**保持状态**。

③ $M_1 M_0 = \mathbf{01}$ 时，4 个**与或非门**中的 G_0 均被选中，状态方程变为 $Q_0^{n+1} = D_{SR}$，$Q_1^{n+1} = Q_0^n$，$Q_2^{n+1} = Q_1^n$，$Q_3^{n+1} = Q_2^n$，当 CP 脉冲上升沿到来时，移位寄存器工作在**右移状态**。

④ $M_1 M_0 = \mathbf{10}$ 时，4 个**与或非门**中的 G_2 均被选中，可得状态方程 $Q_0^{n+1} = Q_1^n$，$Q_1^{n+1} =$

Q_2^n，$Q_2^{n+1} = Q_3^n$，$Q_3^{n+1} = D_{SL}$，当 CP 上升沿到来时，移位寄存器工作在**左移**状态。

⑤ $M_1 M_0 = 11$ 时，4 个与或非门中的 G_1 均被选中，状态方程变为：$Q_0^{n+1} = D_0'$，$Q_1^{n+1} = D_1'$，$Q_2^{n+1} = D_2'$，$Q_3^{n+1} = D_3'$，当 CP 上升沿到来时，移位寄存器处于**数据并行输入**状态。

综上所述，CT74LS194 具有**左移、右移、数据并行输入、保持**及**异步清零**共 5 种功能，可谓功能较齐全的双向移位寄存器。表 5-4 是它的功能表，图 5-5b 为其逻辑符号。

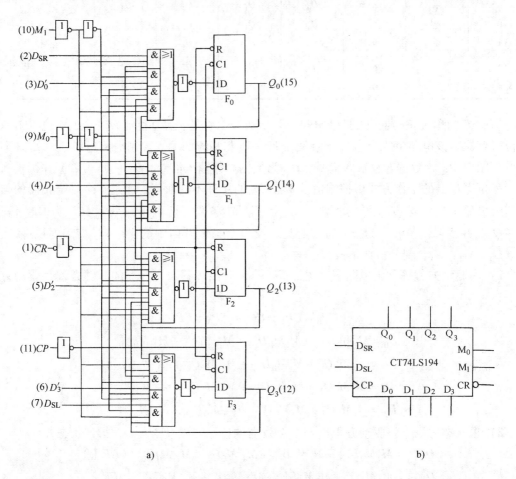

a)　　　　　　　　　　　　　　　　　　　　　b)

图 5-5　4 位双向移位寄存器 CT74LS194

a）逻辑电路　b）逻辑符号

表 5-4　CT74LS194 双向移位寄存器的功能表

功能	输　入										输　出			
	$\overline{CR}$	M_1	M_0	CP	D_{SR}	D_{SL}	D_0'	D_1'	D_2'	D_3'	Q_0^{n+1}	Q_1^{n+1}	Q_2^{n+1}	Q_3^{n+1}
清零	0	Φ	Φ	Φ	Φ	Φ	Φ	Φ	Φ	Φ	0	0	0	0
保持	1	Φ	Φ	0	Φ	Φ	Φ	Φ	Φ	Φ				
	1	Φ	Φ	1	Φ	Φ	Φ	Φ	Φ	Φ	Q_0^n	Q_1^n	Q_2^n	Q_3^n
	1	0	0	↑	Φ	Φ	Φ	Φ	Φ	Φ				
送数	1	1	1	↑	Φ	Φ	d_0	d_1	d_2	d_3	d_0	d_1	d_2	d_3

（续）

功能	输入									输出			
	$\overline{CR}$	M_1	M_0	CP	D_{SR}	D_{SL}	D'_0	D'_1	D'_2	D'_3	Q_0^{n+1}	Q_1^{n+1}	Q_2^{n+1}	Q_3^{n+1}
右移	1	0	1	↑	1	Φ	Φ	Φ	Φ	Φ	1	Q_0^n	Q_1^n	Q_2^n
	1	0	1	↑	0	Φ	Φ	Φ	Φ	Φ	0	Q_0^n	Q_1^n	Q_2^n
左移	1	1	0	↑	Φ	1	Φ	Φ	Φ	Φ	Q_1^n	Q_2^n	Q_3^n	1
	1	1	0	↑	Φ	0	Φ	Φ	Φ	Φ	Q_1^n	Q_2^n	Q_3^n	0

5.2.3　计数器

1. 概述

（1）计数器的功能　计数器的功能是累计时钟脉冲 CP 的个数，即实现计数操作，亦可用来分频、定时、产生节拍脉冲和序列脉冲等。

（2）计数器构成及其表示计数值之法　因为计数器的基本功能是累计时钟脉冲的个数，所以计数器由记忆元件锁存器、触发器并附加必要的门电路构成。计数器所计的数值用二进制数码表示，即来一个 CP 脉冲，其输出的二进制数码就改变一次。由于触发器的状态本身就是二进制数，因此，通常用触发器的状态组合来表示计数器所处状态或所累计的 CP 脉冲的个数。

（3）计数器分类　按照计数器中各触发器状态转换所需的时钟脉冲 CP 是否来自统一的计数脉冲，将它分为同步计数器和异步计数器；按照计数值递增还是递减，计数器又分为加法（递增）计数器和减法（递减）计数器；按照计数进位制的不同，计数器还分为二进制计数器、十进制计数器、任意进制计数器。此外，有时也按计数器的容量（亦称模 M，意即一个计数器的有效状态数等于其模数）来区分，例如模 5 计数器、模 60 计数器等。

另外，计数器可以用小规模集成（SSI）门电路和触发器设计而成，也有中规模集成（MSI）计数器芯片供选用。

2. 同步计数器的分析

同步计数器的特点是，组成计数器的各个触发器的时钟脉冲均来自同一个时钟脉冲源，当计数脉冲 CP 的有效边沿到来时，各触发器的次态方程均有效，所有的触发器同时动作。因此，在分析同步计数器时，状态方程的时钟条件可以略去不写。

（1）同步二进制加法计数器　图 5-6 所示的同步时序电路，由 4 个下降沿触发的 JK 触发器接成 T 触发器组成。现分析如下。

1）时钟方程　$CP_0 = CP_1 = CP_2 = CP_3 = CP$

驱动方程　$T_0 = 1$，$T_1 = Q_0^n$，$T_2 = Q_1^n Q_0^n$，

$T_3 = Q_2^n Q_1^n Q_0^n$

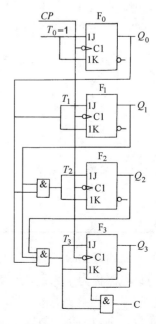

图 5-6　同步二进制加法计数器的逻辑电路

输出方程　　$C = Q_3^n Q_2^n Q_1^n Q_0^n$

2）状态方程　　$Q_0^{n+1} = T_0 \oplus Q_0^n = \overline{Q_0^n}$，$Q_1^{n+1} = T_1 \oplus Q_1^n = Q_0^n \oplus Q_1^n$

$Q_2^{n+1} = T_2 \oplus Q_2^n = (Q_1^n Q_0^n) \oplus Q_2^n$，$Q_3^{n+1} = T_3 \oplus Q_3^n = (Q_2^n Q_1^n Q_0^n) \oplus Q_3^n$

3）状态转换表　根据上述状态方程，列出电路的状态转换表，如表5-5所示。

为了形象地显示时序电路的状态转换规律，可以画出如图5-7所示的状态转换图。其中，每个圆圈代表一个状态，圈内依次填入电路各状态的二进制代码，箭头线表示每个时钟脉冲到来时电路状态转换的方向，箭头线旁边斜线上方和下方分别填写状态转换前的输入和输出变量取值，即 X/Z，若没有就空着。显然在上述时序电路中，次态是现态的函数，输出信号 Z 即进位信号 C。

4）分析结果　由以上分析可见，该时序电路是一个同步4位二进制加法计数器。为了进一步说明计数器的功能，常需画出计数器的时序图。图5-8为该计数器的时序图。从时序图可以看出，若计数脉冲的频率为 f_0，则 Q_0、Q_1、Q_2 和 Q_3 端输出脉冲的频率依次为 $\frac{1}{2}f_0$、$\frac{1}{4}f_0$、$\frac{1}{8}f_0$ 和 $\frac{1}{16}f_0$。计数器的此功能称为**分频功能**。因为 n 位二进制计数器具有 2^n 个状态，所以称为**模 2^n 计数器**，它的最后一级触发器输出信号频率降为 CP 频率的 $1/2^n$。

表5-5　同步4位二进制加法计数器的状态转换表

输入计数脉冲数	现　态				次　态				输出 C
	Q_3^n	Q_2^n	Q_1^n	Q_0^n	Q_3^{n+1}	Q_2^{n+1}	Q_1^{n+1}	Q_0^{n+1}	
1	0	0	0	0	0	0	0	1	0
2	0	0	0	1	0	0	1	0	0
3	0	0	1	0	0	0	1	1	0
4	0	0	1	1	0	1	0	0	0
5	0	1	0	0	0	1	0	1	0
6	0	1	0	1	0	1	1	0	0
7	0	1	1	0	0	1	1	1	0
8	0	1	1	1	1	0	0	0	0
9	1	0	0	0	1	0	0	1	0
10	1	0	0	1	1	0	1	0	0
11	1	0	1	0	1	0	1	1	0
12	1	0	1	1	1	1	0	0	0
13	1	1	0	0	1	1	0	1	0
14	1	1	0	1	1	1	1	0	0
15	1	1	1	0	1	1	1	1	0
16	1	1	1	1	0	0	0	0	1

此外，每输入16个计数脉冲，计数器工作一个周期，并在输出端产生一个进位信号 C，所以也将该电路称为十六进制计数器。显然，进位信号 C 的频率是时钟脉冲频率的 $1/2^4$。此例进位信号 C 高电平有效。若将输出端与门改为与非门，则进位输出信号为低电平有效。

由4位二进制加法计数器不难得到模 M 为2、4、8的一类计数器，即用1个触发器 F_0，两个触发器 F_0、F_1，3个触发器 F_0、F_1、F_2，分别可以构成模2、模4、模8计数器（2、4、

8 分频器）。

常用的 MSI 二进制加法计数器芯片有：4 位二进制加法计数器 CT74LS161，4 位二进制加/减法可逆计数器 CT74LS193。所谓可逆计数器，是指兼有加法、减法两种计数功能的二进制计数器。此外，二进制计数器在数字系统中还常用作分频器、地址码发生器等。

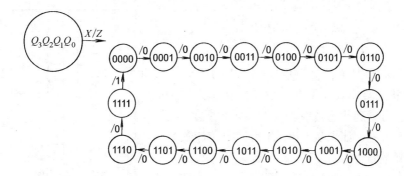

图 5-7 同步 4 位二进制加法计数器状态转换图

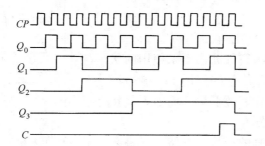

图 5-8 4 位同步二进制加法计数器的时序图

（2）同步十进制加法计数器

1）用触发器和门电路构成同步十进制加法计数器 虽然二进制计数器电路简单，运算方便，但二进制数位数较多时，要很快读出数来就比较困难。在日常生活中，人们习惯于用十进制数计数，因而十进制计数器用得比较普遍。

在十进制计数器的分析中读者要注意多余状态的处理问题。在上例中，4 位二进制数共有 16 种组合，此 16 种组合全都用上了。而十进制计数器的输出状态亦为 4 位二进制数，也有 16 种状态组合，但只用了其中的 10 种，剩余的 6 种状态如何处理？对计数器有没有影响？分析完此例后，答案就会很清楚了。

同步十进制计数器有加法计数器、减法计数器和加/减法可逆计数器之别。下面以图 5-9 所示的同步十进制加法计数器为例进行分析。因图 5-9 中边沿 JK 触发器仍接成了 T 触发器，故可比照上例分析如下：

① 根据逻辑电路写出

时钟方程 $CP_0 = CP_1 = CP_2 = CP_3 = CP$（同步计数器）

驱动方程 $T_0 = 1$，$T_1 = \overline{Q_3^n} Q_0^n$，$T_2 = Q_1^n Q_0^n$，$T_3 = Q_2^n Q_1^n Q_0^n + Q_3^n Q_0^n$

输出方程　$C = Q_3^n Q_0^n$

② 求出电路的状态方程　将上述驱动方程分别代入 T 触发器的特性方程，求得电路的**状态方程**为

$$Q_0^{n+1} = \overline{Q_0^n}(CP\downarrow),$$

$$Q_1^{n+1} = (\overline{Q_3^n Q_0^n}) \oplus Q_1^n (CP\downarrow)$$

$$Q_2^{n+1} = (Q_1^n Q_0^n) \oplus Q_2^n \quad (CP\downarrow),$$

$$Q_3^{n+1} = (Q_2^n Q_1^n Q_0^n + Q_3^n Q_0^n) \oplus Q_3^n \quad (CP\downarrow)$$

③ 列出状态转换表　根据触发器的状态方程和输出方程，可得到状态转换表，如表 5-6 所示。

由表 5-6 可见，如果从 **0000** 开始计数，计数顺序按二进制数自然递增，那么在第 9 个计数脉冲输入后，电路进入 **1001** 状态，当第 10 个计数脉冲输入后，电路则回到 **0000** 状态，同时产生一个进位输出信号。因而该电路是一个 8421BCD 码十进制加法计数器。

用 n 个触发器构成的时序电路可以有 2^n 个状态，凡是使用的状态称为**有效状态**，未使用的状态称为**无效状态**。在 CP 信号的作用下，电路用有效状态形成的循环称作**有效循环**，而由无效状态形成的循环称作**无效循环**。

由于电源或外部信号的干扰，电路一旦进入无效状态后，在 CP 脉冲作用下能够自动返回到有效状态的电路为**能自启动的电路**，否则电路**不能自启动**。很明显，有无效状态的时序电路才出现无效循环，也才有必要讨论自启动问题。

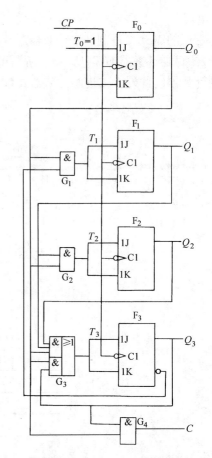

图 5-9　同步十进制加法计数器逻辑电路图

表 5-6　同步十进制加法计数器的状态转换表

输入计数脉冲个数	Q_3^n	Q_2^n	Q_1^n	Q_0^n	Q_3^{n+1}	Q_2^{n+1}	Q_1^{n+1}	Q_0^{n+1}	C
1	0	0	0	0	0	0	0	1	0
2	0	0	0	1	0	0	1	0	0
3	0	0	1	0	0	0	1	1	0
4	0	0	1	1	0	1	0	0	0
5	0	1	0	0	0	1	0	1	0
6	0	1	0	1	0	1	1	0	0
7	0	1	1	0	0	1	1	1	0
8	0	1	1	1	1	0	0	0	0
9	1	0	0	0	1	0	0	1	0
10	1	0	0	1	0	0	0	0	1
1	1	0	1	0	1	0	1	1	0
2	1	0	1	1	0	1	1	0	1

（续）

输入计数脉冲个数	Q_3^n	Q_2^n	Q_1^n	Q_0^n	Q_3^{n+1}	Q_2^{n+1}	Q_1^{n+1}	Q_0^{n+1}	C
1	1	1	0	0	1	1	0	1	0
2	1	1	0	1	0	1	0	0	1
1	1	1	1	0	1	1	1	1	0
2	1	1	1	1	0	0	1	0	1

此例8421BCD码十进制计数器电路中有4个触发器，共有16个计数状态，其中**0000 ~ 1001** 共10个状态为有效状态，其余6个状态**1010 ~ 1111** 为无效状态。当计数器正常工作时，6个无效状态是不会出现的。如果因为干扰，该计数器进入了无效状态，但从表5-6（虚线下方部分）可见，计数器只需输入两个计数脉冲后便能自动返回到有效状态上，因此该电路具有自启动能力。

根据表5-6分别画出状态转换图和时序图，如图5-10和图5-11所示。

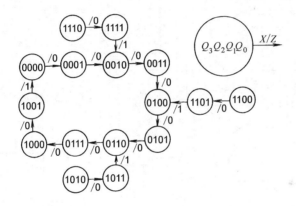

图5-10　同步十进制加法计数器的状态转换图

2）MSI 同步十进制加法计数器 CT74LS160

中规模集成（MSI）同步十进制加法计数器 CT74LS160 是在图5-9基础上增加了**同步置数、异步清零**和**保持**功能设计成的。图5-12a是它的逻辑电路图，图5-12b为其逻辑符号。图中 $\overline{CR}$ 为异步清零端，$\overline{LD}$ 为置数端，$D_0 \sim D_3$ 为数据输入端，CT_P 和 CT_T 为计数控制端。分析该图所示逻辑电路后便知，MSI 同步十进制加法计数器 CT74LS160 具有下列功能：

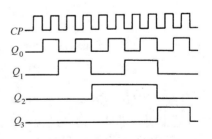

图5-11　同步十进制加法计数器的时序图

① **异步清零**　只要清零信号 $\overline{CR}=0$，不仅将所有的触发器全部置**0**，而且置**0**操作既不受其他输入端的影响，也无需 CP 脉冲的配合。此为计数器的**异步清零**功能。

② **同步预置**　当 $\overline{CR}=1$ 且 $\overline{LD}=0$ 时，在置数输入端 D_0、D_1、D_2、D_3 外加4位数据，**计数器 CT74LS160 借助下一个 CP 上升沿的作用**，这4位数据就被预置到计数器输出端 $Q_0 \sim Q_3$。此为计数器的**同步预置**功能。**建议：请自行比较同步预置与异步清零功能的差别！**

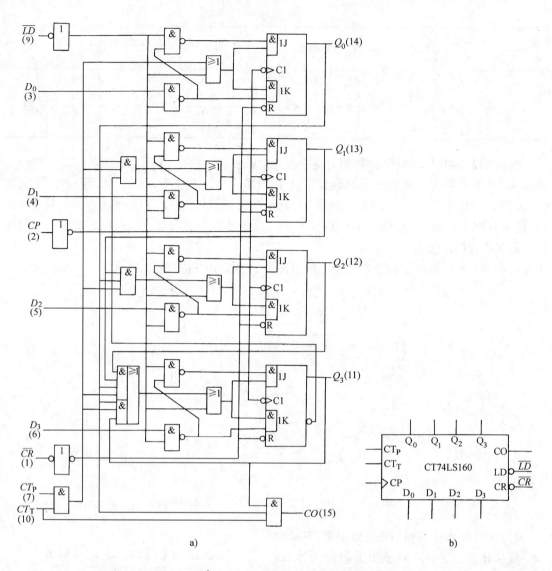

图 5-12 CT74LS160 MSI 同步十进制加法计数器

a) 逻辑电路图 b) 逻辑符号

③ **计数** 当 $\overline{LD} = \overline{CR} = CT_P = CT_T = 1$ 时，在 CP 上升沿的作用下，CT74LS160 完成 8421 码同步十进制计数功能。此处进位输出 $CO = CT_T Q_3 Q_0$，表明当第 1~8 个 CP 脉冲到来时，CO 输出为低电平，当且仅当第 9 个计数脉冲到来时，计数端 $CT_P = CT_T = 1$，且此时触发器输出 $Q_3 = Q_0 = 1$，$CO = 1$。因此，当计数器输出 **1001** 时，进位输出 CO 由低电平变为高电平，而当第 10 个计数脉冲到来时，计数器返回 **0000** 状态，CO 信号即由高电平变为低电平，发出一个进位脉冲信号。

④ **保持** 当 $\overline{LD} = \overline{CR} = 1$ 且 $CT_T \cdot CT_P = 0$ 时，计数器处于保持状态。

综上所析，列出 CT74LS160 的功能表，见表 5-7。请留心观察 CT74LS160 芯片的逻辑功能，第 5.4 节中将直接对它进行应用。

表 5-7 CT74LS160 MSI 同步十进制加法计数器的功能表

输　入									输　出			
$\overline{CR}$	$\overline{LD}$	CT_P	CT_T	CP	D_0	D_1	D_2	D_3	Q_0	Q_1	Q_2	Q_3
0	Φ	Φ	Φ	Φ	Φ	Φ	Φ	Φ	0	0	0	0
1	0	Φ	Φ	↑	d_0	d_1	d_2	d_3	d_0	d_1	d_2	d_3
1	1	1	1	↑	Φ	Φ	Φ	Φ	计	数		
1	1	0	Φ	Φ	Φ	Φ	Φ	Φ	保	持		
1	1	Φ	0	Φ	Φ	Φ	Φ	Φ	保	持		

例 5-1 分析图 5-13a 所示的计数器电路，列出状态转换表，画出状态转换图，并说明它的逻辑功能（包括同步还是异步、加法还是减法、模 M 等于多少，能否自启动）。

解：（1）由图 5-13a 所示电路，可直接列写出时钟方程

$$CP_0 = CP_1 = CP_2 = CP_3 = CP(\text{同步计数器})$$

驱动方程：$T_0 = 1$，$T_1 = \overline{Q_0^n}\ \overline{\overline{Q_3^n}\ \overline{Q_2^n}\ \overline{Q_1^n}}$，$T_2 = \overline{Q_1^n}\ \overline{Q_0^n}\ \overline{\overline{Q_3^n}\ \overline{Q_2^n}\ \overline{Q_1^n}}$，$T_3 = \overline{Q_2^n}\ \overline{Q_1^n}\ \overline{Q_0^n}$

（2）将上述驱动方程代入 T 触发器的特性方程，可得电路状态方程如下：

$$Q_1^{n+1} = \overline{Q_0^n}, Q_1^{n+1} = \overline{Q_0^n}\ \overline{\overline{Q_3^n}\ \overline{Q_2^n}\ \overline{Q_1^n}} \oplus Q_1^n$$

$$Q_2^{n+1} = \overline{Q_1^n}\ \overline{Q_0^n}\ \overline{\overline{Q_3^n}\ \overline{Q_2^n}\ \overline{Q_1^n}} \oplus Q_2^n，\ Q_3^{n+1} = \overline{Q_2^n}\ \overline{Q_1^n}\ \overline{Q_0^n} \oplus Q_3^n$$

（3）由以上状态方程列出该计数器的状态转换表（见表 5-8），并由表画出状态图，见图 5-13b。

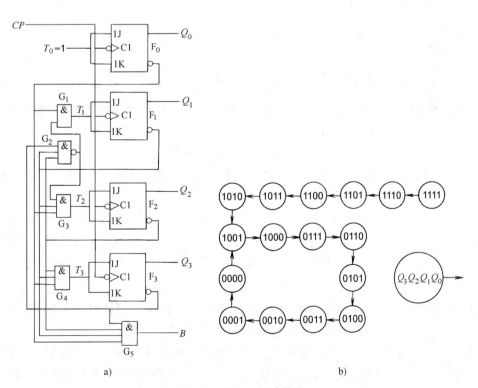

a)　　　　　　　　　　　　　　b)

图 5-13　例 5-1 的计数器

a）逻辑电路　b）状态转换图

表 5-8　例 5-1 同步十进制减法计数器的状态转换表

输入计数脉冲数	Q_3^n	Q_2^n	Q_1^n	Q_0^n	Q_3^{n+1}	Q_2^{n+1}	Q_1^{n+1}	Q_0^{n+1}	B
1	0	0	0	0	1	0	0	1	1
2	1	0	0	1	1	0	0	0	0
3	1	0	0	0	0	1	1	1	0
4	0	1	1	1	0	1	1	0	0
5	0	1	1	0	0	1	0	1	0
6	0	1	0	1	0	1	0	0	0
7	0	1	0	0	0	0	1	1	0
8	0	0	1	1	0	0	1	0	0
9	0	0	1	0	0	0	0	1	0
10	0	0	0	1	0	0	0	0	0
1	1	0	1	0	1	0	0	1	0
2	1	0	1	1	1	0	1	0	0
3	1	1	0	0	1	0	1	1	0
4	1	1	0	1	1	1	0	0	0
5	1	1	1	0	1	1	0	1	0
6	1	1	1	1	1	1	1	0	0

（4）根据表 5-8 的分析结果可见，由于该计数器每来 10 个计数脉冲，完成一个周期的递减计数，所以它是一种同步十进制减法计数器。另外，有关自启动能力的分析附在表 5-8 中的虚线下方，从表中此部分的分析结果可见，该计数器具有自启动能力。

采用图 5-13a 电路制成的同步十进制减法计数器 MSI 芯片有 CC14522。此 CMOS 计数器芯片附有预置数、异步清零等功能。现作为练习，读者可以自行画出图 5-13a 所示计数器的时序图。

如果将图 5-10 同步十进制加法计数器的控制电路，与图 5-13a 同步十进制减法计数器的控制电路合并，并加上一个加/减法控制信号，即得图 5-14 所示的同步十进制加/减计数器电路。这正是 MSI 同步十进制加/减法可逆计数器芯片 CT74LS190 的内部逻辑电路，现简介如下：

由图 5-14 可知，当加/减控制信号 $\overline{U}/D = 0$ 时作加法计数；当 $\overline{U}/D = 1$ 时作减法计数。CT74LS190 MSI 同步十进制加/减法可逆计数器的功能如表 5-9 所示。

因为图 5-14 电路只有一个时钟输入信号（亦即计数脉冲）CP_1，电路的加、减转换由 $\overline{U}/D$ 所加电平决定，故称之为单时钟结构。以此类推，若加法计数脉冲和减法计数脉冲来自两个不同的时钟源，则需使用双时钟结构的加/减法可逆计数器。

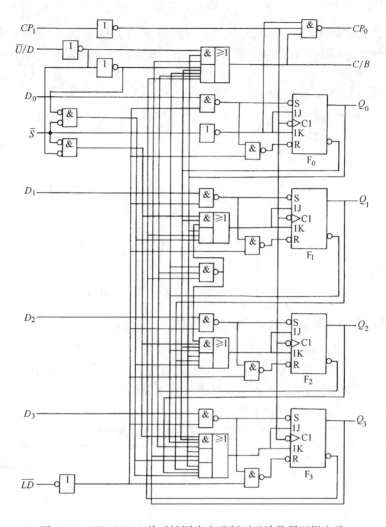

图 5-14　CT74LS190 单时钟同步十进制可逆计数器逻辑电路

表 5-9　CT74LS190 MSI 同步十进制加/减法可逆计数器的功能表

CP_1	$\bar{S}$	$\overline{LD}$	$\bar{U}/D$	工作状态
Φ	1	1	Φ	保持
Φ	Φ	0	Φ	预置数
↑	0	1	0	加法计数
↑	0	1	1	减法计数

3. 异步计数器的分析

由于在异步计数器中，各触发器的时钟信号不是来自于同一 CP 脉冲源，所以当分析此类时序电路时，应特别注意状态方程的时钟条件。在 CP 脉冲作用下，整个异步计数器要从一个状态转换到另一个状态，而各触发器的次态方程有的时钟条件具备，有的时钟条件不具备，因此只有那些具备了时钟条件的次态方程才是有效的，可以按次态方程计算次态，否则将保持原状态不变。异步计数器与同步计数器相比较，除了上述不同之处以外，其他分析步骤一样。

（1）异步二进制计数器　图5-15是用下降沿触发的 T′ 触发器（图中各触发器 $J = K = 1$，由第4.4节知，各 JK 触发器均接成 T′ 触发器，即翻转型触发器）组成的计数器。现分析如下：

1）列写驱动方程等　根据逻辑电路图列出

$$时钟方程\ CP_0 = CP,\ CP_1 = Q_0^n,\ CP_2 = Q_1^n（异步计数器）$$

$$驱动方程\ T_0 = 1,\ T_1 = 1,\ T_2 = 1$$

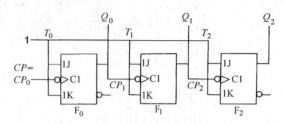

图5-15　异步二进制计数器的逻辑电路图

2）写出状态方程　计数器电路的状态方程为

$$Q_0^{n+1} = \overline{Q_0^n}（CP\downarrow）,\ Q_1^{n+1} = \overline{Q_1^n}\qquad（Q_0^n\downarrow）$$

$$Q_2^{n+1} = \overline{Q_2^n}\quad（Q_1^n\downarrow）\qquad（T′触发器每来一个 CP 翻转一次）$$

3）列出状态转换表　图5-15电路的状态转换表见表5-10。

注意： 表中最右档附注了时钟条件。

表5-10　异步二进制计数器状态转换表

计数脉冲个数	Q_2^n	Q_1^n	Q_0^n	Q_2^{n+1}	Q_1^{n+1}	Q_0^{n+1}	CP_0	CP_1	CP_2
1	0	0	0	0	0	1	↓		
2	0	0	1	0	1	0	↓	↓	
3	0	1	0	0	1	1	↓		
4	0	1	1	1	0	0	↓	↓	↓
5	1	0	0	1	0	1	↓		
6	1	0	1	1	1	0	↓	↓	
7	1	1	0	1	1	1	↓		
8	1	1	1	0	0	0	↓	↓	↓

4）画出计数器的时序图　根据状态转换表可以画出该计数电路的时序图，如图5-16所示。应当注意的是，画此时序图时考虑了触发器的平均传输延迟时间 t_{PD}。

从状态转换表还可画出电路的状态转换图，该图与同步计数器的时序图相同，此处不再赘述。

（2）异步十进制计数器

1）用触发器和门电路构成异步十进制计数器　图5-17所示是异步十进制加法计数器逻辑电路图。设所用触发器为 TTL 电路，则 J、K 悬空时相当于接逻辑 **1**。现分析该计数器如下：

① 根据电路列出下列方程

$$时钟方程\qquad CP_0 = CP,\ CP_1 = Q_0^n,\ CP_2 = Q_1^n,\ CP_3 = Q_0^n$$

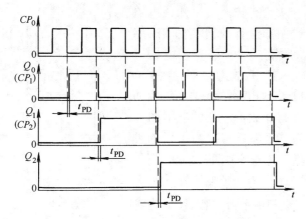

图 5-16   图 5-15 计数器的波形图

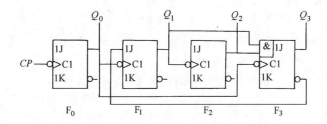

图 5-17   异步十进制计数器逻辑电路图

驱动方程 $J_0 = K_0 = 1$,$J_1 = \overline{Q_3^n}$,$K_1 = 1$,$J_2 = K_2 = 1$,$J_3 = Q_2^n Q_1^n$,$K_3 = 1$

② 写出电路的状态方程

$$Q_0^{n+1} = \overline{Q_0^n} \ (CP\downarrow),\quad Q_1^{n+1} = \overline{Q_1^n}\ \overline{Q_3^n}\ (Q_0^n\downarrow)$$
$$Q_2^{n+1} = \overline{Q_2^n}\ (Q_1^n\downarrow),\quad Q_3^{n+1} = Q_2^n Q_1^n\ \overline{Q_3^n}\ (Q_0^n\downarrow)$$

③ 列出状态转换表   异步十进制计数器的状态转换表如表 5-11 所示。

表 5-11   异步十进制加法计数器的状态转换表

输入脉冲个数	Q_3^n	Q_2^n	Q_1^n	Q_0^n	Q_3^{n+1}	Q_2^{n+1}	Q_1^{n+1}	Q_0^{n+1}	CP_0	CP_1	CP_2	CP_3
1	0	0	0	0	0	0	0	1	↓			
2	0	0	0	1	0	0	1	0	↓	↓		↓
3	0	0	1	0	0	0	1	1	↓			
4	0	0	1	1	0	1	0	0	↓	↓	↓	↓
5	0	1	0	0	0	1	0	1	↓			
6	0	1	0	1	0	1	1	0	↓	↓		↓
7	0	1	1	0	0	1	1	1	↓			
8	0	1	1	1	1	0	0	0	↓	↓	↓	↓
9	1	0	0	0	1	0	0	1	↓			
10	1	0	0	1	0	0	0	0	↓	↓		↓
1	1	0	1	0	1	0	1	1	↓			
2	1	0	1	1	0	1	0	0	↓	↓	↓	↓
1	1	1	0	0	1	1	0	1	↓			
2	1	1	0	1	0	0	1	0	↓	↓		↓
1	1	1	1	0	1	1	1	1	↓			
2	1	1	1	1	0	0	0	0	↓	↓	↓	↓

④ **说明分析结果** 从状态转换表可知该电路是能自启动的异步十进制加法计数器。它的时序图见图 5-18。

2) MSI 异步二 – 五 – 十进制计数器
CT74LS290 是在图 5-17 计数电路的基础上组成的 MSI 异步二 – 五 – 十进制计数器，它的逻辑图如图 5-19a 所示，图 b 为其逻辑符号。为了增加灵活性，F_1 和 F_3 的 CP 端未与 Q_0 端连在一起，而是从 $\overline{CP_1}$ 端单独引出。若以 $\overline{CP_0}$ 为计数输入端、Q_0 为输出端，就得到 1 位二进制计数器；若以 $\overline{CP_1}$ 为输入端、$Q_3Q_2Q_1$ 为输出端，便得五进制计数器。上述两部分可以单独使用，亦可连接起来使用。若将 $\overline{CP_1}$ 与 Q_0 相连，同时以 $\overline{CP_0}$ 为输入端，则构成

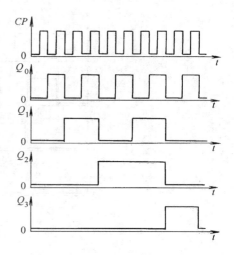

图 5-18　异步十进制计数器的时序图

8421BCD 码十进制计数器；若将 Q_3 与 $\overline{CP_0}$ 相连，计数脉冲从 $\overline{CP_1}$ 输入，则构成 5421BCD 码十进制计数器。此两种计数状态转换表见表 5-12。

表 5-12　CT74LS290 的两种计数状态表

计数脉冲 CP	8421 码				5421 码			
	Q_3	Q_2	Q_1	Q_0	Q_0	Q_3	Q_2	Q_1
0	0	0	0	0	0	0	0	0
1	0	0	0	1	0	0	0	1
2	0	0	1	0	0	0	1	0
3	0	0	1	1	0	0	1	1
4	0	1	0	0	0	1	0	0
5	0	1	0	1	1	0	0	0
6	0	1	1	0	1	0	0	1
7	0	1	1	1	1	0	1	0
8	1	0	0	0	1	0	1	1
9	1	0	0	1	1	1	0	0

另外，在图 5-19a 所示电路中还设置了两个直接置 0 输入端 $R_{0(1)}$、$R_{0(2)}$ 和两个直接置 9 输入端 $S_{9(1)}$、$S_{9(2)}$，以便于工作时根据需要将计数器预置成 **0000** 或 **1001** 状态。分析图 5-19a 的电路，可以得到 CT74LS290 的功能如下：

① **异步置 0** 当 $R_{0(1)} \cdot R_{0(2)} = 1$ 且 $S_{9(1)} = S_{9(2)} = 0$ 时，不需要 CP 配合，就可使所有触发器全部清零。

② **异步置 9** 当 $S_{9(1)} = S_{9(2)} = 1$ 且 $R_{0(1)} \cdot R_{0(2)} = 0$ 时，不需要 CP 配合，就可使 $Q_3Q_2Q_1Q_0$ 置为 **1001**。

③ **计数** 当 $R_{0(1)} \cdot R_{0(2)} = 0$ 且 $S_{9(1)} = S_{9(2)} = 0$ 时，在时钟 $\overline{CP_0}$ 或 $\overline{CP_1}$ 下降沿的作用下，电路呈现计数状态。

与同步计数器相比，异步计数器具有结构简单的优点。比如：在 T′触发器构成的异步二进制计数器中，可以不附加任何其他的电路。但异步计数器也存在着两个明显的缺点，一是工作频率比较低，因为异步计数器的各级触发器是以串行进位方式连接的，所以在最不利的情况下要经过所有触发器的传输延迟时间之和后，新状态才能稳定建立起来（详见图

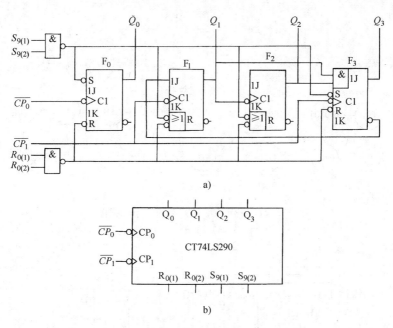

图 5-19　CT74LS290 异步二 – 五 – 十进制计数器

a）逻辑电路　b）逻辑符号

5-16的波形图）；二是在对电路状态进行译码时存在着竞争 – 冒险现象。此两缺点使异步计数器的应用受到了限制。

4. 移位寄存型计数器

（1）基本环形计数器　若将 4 位单向移位寄存器的 Q_3 反馈至输入端与 D_0 相连，则构成基本环形计数器，见图 5-20。

设环形计数器的初始状态为 $Q_3Q_2Q_1Q_0 = \mathbf{0001}$（通过各个 D 触发器的直接置 0 端 $\overline{R}_d$、直接置 1 端 $\overline{S}_d$ 置入，但图 5-20 电路中未画出 $\overline{R}_d$、$\overline{S}_d$ 端）。在 CP 作用下，该计数器的状态转换图见图 5-21a。

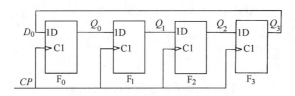

图 5-20　4 位环形计数器的逻辑电路

图 5-21a 中 4 个状态为有效循环，因此该电路成为模 4 计数器。显然，该计数器是一个不能自启动的电路，因为其余的状态转换均为无效循环，如图 5-21b、c、d、e、f 所示。

为了确保电路能够自启动，必须消除无效循环。工程技术中常采用以下两种方法：① 当电路进入无效状态时，利用触发器的 $\overline{R}_d$、$\overline{S}_d$，将电路置入有效状态；② 修改输出与输入之间的反馈逻辑，使电路具有自启动能力。据此，图 5-22a 是经过反馈逻辑修改后能自启动的 4 位基本环形计数器，图 5-22b 为其状态转换图。读者可对照图 5-22b，分析图 5-22a

的自启动能力。

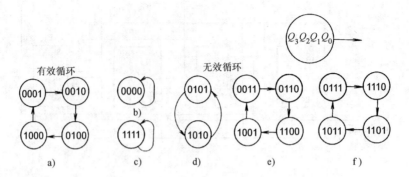

图 5-21 4位环形计数器的状态转换图

a) 有效循环 b) c) d) e) f) 无效循环

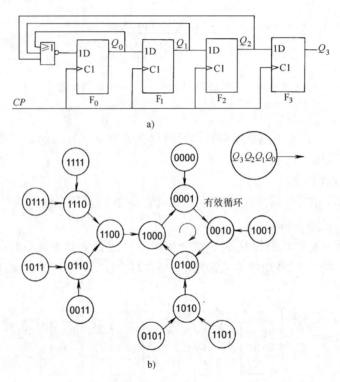

图 5-22 能自启动的 4 位环形计数器

a) 逻辑电路 b) 状态转换图

（2） 扭环形计数器 上述基本环形计数器的状态利用率不高，4 个触发器只用了 4 个有效状态。若将图 5-20 中的 $\overline{Q_3}$ 端馈接到 D_0，即 $D_0 = \overline{Q_3}$，则可构成**扭环形计数器**，又称之为约翰逊计数器（Johnson Counter）。此时电路的状态将增加一倍。它的逻辑电路如图 5-23 所示，图 5-24 是其状态转换图，包括状态的有效循环和无效循环。由图可见，此 4 位扭环形计数器也不能自启动。如果将此电路的反馈逻辑修改为 $D_0 = \overline{\overline{Q_1\,Q_2}Q_3}$，即可获得具有自启动能力的扭环形计数器，如图 5-25a 所示。图 5-25b 是其状态转换图。

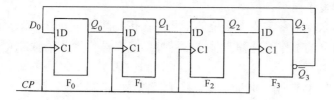

图 5-23　扭环形计数器逻辑电路

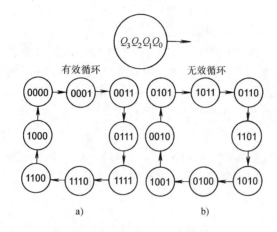

图 5-24　扭环形计数器的状态转换图

a）有效循环　　b）无效循环

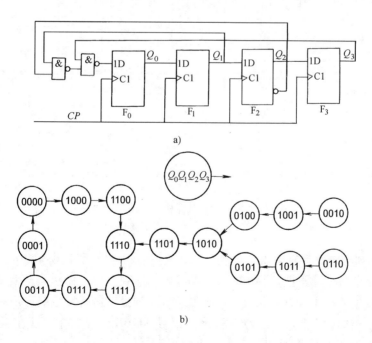

图 5-25　具有自启动能力的扭环形计数器

a）逻辑电路　　b）状态转换图

*5. 顺序脉冲发生器

在微机和控制系统中常常要求系统的某些操作按时间顺序分时工作，因而需要产生节拍脉冲，以协调各部分的工作。这种产生节拍脉冲的电路被称为节拍脉冲发生器，又称顺序脉冲发生器。

顺序脉冲发生器用下列两种方法实现：① 当基本环形计数器的每个循环工作状态中只有一个 **1** 或只有一个 **0** 时，它就是一个顺序脉冲发生器；② 设计一个与节拍脉冲周期相同的计数器，把计数器状态经过译码电路输出，亦可顺序产生节拍脉冲。图 5-26a 所示电路是用基本环形计数器构成的顺序脉冲发生器，图 5-26b 为其输出信号波形图。由图 5-26b 可见，该电路在 Q_0、Q_1、Q_2 和 Q_3 端依次输出了 4 个矩形波脉冲。

图 5-27a 所示电路中两个触发器 F_0、F_1 组成 2 位二进制计数器，4 个与门构成 2 线 – 4 线二进制译码器。该电路只要在计数器的 CP 端加入固定频率的脉冲，便可在 $Z_0 \sim Z_3$ 端依次得到输出脉冲信号，如图 5-27b 所示。但由于该电路中使用了异步计数器，在电路状态转换时两个触发器翻转有先有后，因此当两个触发器同时改变状态时将出现竞争 – 冒险现象，会在译码器的输出端出现干扰尖峰脉冲，如图 5-27b 所示。例如，当计数器状态 $Q_1 Q_0$ 由 **01** 变为 **10** 的过程中，由于 F_0 先翻转为 **0** 而 F_1 后跳变为 **1**，所以在 F_0 已经翻转而 F_1 尚未跳变瞬间计数器将出现 **00** 状态，从而使译码器输出端 Z_0 出现了干扰脉冲。对于其他类似情况，读者可以自行分析。

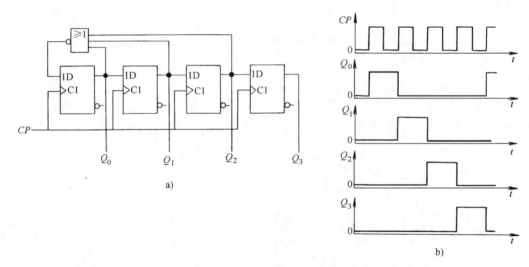

图 5-26　用基本环形计数器构成的顺序脉冲发生器

a) 逻辑电路　b) 输出信号波形图

例 5-2　序列数字信号发生器　在数字信号的传输和数字系统的测试中，有时需用一组特定的串行数字信号。通常把这种串行数字信号称为序列信号，显然，产生序列信号的电路即为序列信号发生器。用计数器和数据选择器组成**序列数字信号发生器**，是一种较简单、直观的实现方案。例如，需要产生一个 8 位序列信号 **00010111**（顺序为从左至右依次产生），则用一个改接的八进制计数器和一个 8 选 1 数据选择器 CT74LS151 组成，如图 5-28 所示。试分析其工作原理。

解：当 CP 信号连续不断地加到八进制计数器上时，$Q_2 Q_1 Q_0$ 的状态（亦即加到

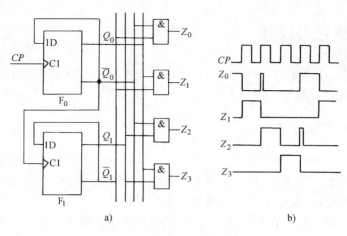

图 5-27　用计数器和译码器组成的顺序脉冲发生器

a）逻辑电路　b）输出波形图

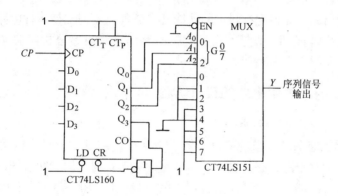

图 5-28　用计数器和数据选择器构成序列数字信号发生器

CT74LS151 地址码输入端 $A_2A_1A_0$ 的信号）按照表 5-13 中所示顺序不断循环，$D_0 \sim D_7$ 端的信号就循环不断地依次出现在 CT74LS151 的 Y 端。令 $D_0 = D_1 = D_2 = D_4 = 0$、$D_3 = D_5 = D_6 = D_7 = 1$，便在 Y 端得到循环不已的序列信号 **00010111**。若需要改变 8 位序列信号时，只要修改 $D_0 \sim D_7$ 的高、低电平即可。因而用此电路产生 8 位序列信号既灵活又方便。

表 5-13　图 5-28 所示电路的状态转换表

CP	Q_2	Q_1	Q_0	Y
0	**0**	**0**	**0**	**0**
1	**0**	**0**	**1**	**0**
2	**0**	**1**	**0**	**0**
3	**0**	**1**	**1**	**1**
4	**1**	**0**	**0**	**0**
5	**1**	**0**	**1**	**1**
6	**1**	**1**	**0**	**1**
7	**1**	**1**	**1**	**1**
8	**0**	**0**	**0**	**0**

5.3　时序逻辑电路设计

设计时序电路是分析时序电路的逆过程。设计者根据给定的逻辑功能要求，选择适当的 MSI、SSI 器件（包括计数器、锁存器和触发器、门电路等），设计出符合要求的时序电路。

5.3.1　3 种设计方法

与第 3 章组合逻辑电路的设计方法相对应，时序逻辑电路的设计方法分成以下 3 种：

（1）经典设计法　要求采用尽可能少的、标准的 SSI 触发器和门电路，通过一般设计步骤获得符合要求的逻辑电路。此方法亦被称为小规模设计方法。

（2）MSI 芯片改接法　采用标准的 MSI 寄存器或计数器芯片，配以触发器和门电路，进行逻辑设计。该设计方法和步骤与经典设计方法有所不同。下节拟重点介绍。

（3）LSI 芯片设计法　采用现场可编程逻辑器件 FPGA 和复杂可编程逻辑器件 CPLD 进行设计。目前可编程逻辑器件 FPGA/CPLD 的生产厂商比较多，如 Altera、Lattice、Xilinx 等公司。上述公司推出的芯片均配有强大的功能开发软件，不但支持多种电路设计方法，如电路原理图、硬件描述语言 VHDL 等，而且支持电路仿真和时序分析等功能。这部分内容将在第 6 章、第 9 章介绍。

5.3.2　一般同步时序逻辑电路的设计方法

1. 设计同步时序电路的大致步骤

（1）建立原始状态图或状态转换表　依据文字描述的设计要求进行逻辑抽象得到的状态转换图，称为原始状态图，它是设计时序电路的关键资料。原始状态图的建立，需要确定以下 3 个问题：① 输入和输出变量的数目，并将这些变量用字母表示；② 系统的状态数，用字母或数字表示；③ 状态之间的转换关系，即在规定条件下每个状态转换到另一状态的方向。只要不影响逻辑设计的正确性，在建立原始状态图时，允许引入冗余状态。

（2）状态化简　由于在建立原始状态图时，主要考虑如何正确地反映设计要求，因此没有做到状态数目最少。为了减少所设计电路的复杂程度及所用元器件的数量，需要对原始状态图进行状态化简，消去多余的状态，得到最小状态表。所谓最小状态表，是指既能满足设计命题的全部性能要求，又能使状态数目最少的状态表。状态化简的依据是：若有两个或两个以上的状态，它们的输入相同，转换后的次态和输出也相同，则这两个状态为等价状态，互为等价的两个或多个状态可以合并成一个状态。

（3）状态分配　首先确定锁存器和触发器的数目 n。若最小状态数为 N，则由不等式

$$2^{n-1} < N \leqslant 2^n \tag{5-4}$$

来确定 n。然后进行状态分配，即给每个状态分配 1 组二进制代码，故状态分配亦称状态编码，编码方案可以有多种，应根据题目要求来编码。

（4）选定触发器，求出输出和驱动方程　实际上时序电路设计的最终结果是求出输出方程和驱动方程，因为有了这些方程后，就可画出逻辑电路图。求这些个方程的思路是：经过上述 3 步，已经将输入、现态与输出、次态之间的函数关系，用状态转换图或状态转换表描述了出来。现把输入、现态作为自变量，输出、次态作为函数，可以利用前几章所学知

识，获得输出方程和次态方程。获得次态方程后，将次态方程与所选触发器的特性方程相比较，即得驱动方程。

（5）检查自启动能力　若所设计的时序电路有无效状态，应检查电路能否自启动。如果电路不能自启动，则应采取措施使其能自启动。

（6）画出逻辑图　根据输出方程和驱动方程即可画出所设计的逻辑电路图。

2. 设计举例

例 5-3　用 CMOS 双边沿 JK 触发器 74LVC112A 设计一个同步模 6 递增计数器。

解：（1）根据要求画电路的状态转换图　如图 5-29 所示。从前面计数器的分析中已经知道，计数器不需要输入变量，可以有输出信号，也可以没有输出信号。题目要求设计成每计 6 个脉冲给出一个进位信号 C（高电平有效），即把从 S_5 回到 S_0 的进位信号作为输出。由于同步模 6 递增计数器有 6 个状态 $S_0 \sim S_5$，所以它们之间的转换关系如图 5-29 所示。

（2）状态分配　同步模 6 递增计数器有 6 个状态无须化简。根据式（5-4）：$2^{n-1} < N \leqslant 2^n$，应取 $n = 3$，即用 3 个边沿 JK 触发器。在状态分配时，选用 3 位二进制递增计数编码，即 3 位二进制编码中的前 6 种组合：$S_0 = 000$，$S_1 = 001$，$S_2 = 010$，$S_3 = 011$，$S_4 = 100$，$S_5 = 101$。据此，画出状态转换图，见图 5-30。

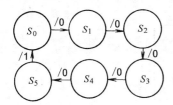

图 5-29　例 5-3 的原始状态图

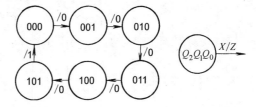

图 5-30　例 5-3 经状态编码后的状态转换图

（3）求输出方程和次态方程　由状态编码后的状态转换图列出状态转换表，如表 5-14 所示。表中把现态列为自变量，次态和输出作为函数。状态转换表清楚表达了计数器的次态、输出函数与现态之间的关系。

表 5-14　例 5-3 的状态转换表

计数脉冲个数	Q_2^n	Q_1^n	Q_0^n	Q_2^{n+1}	Q_1^{n+1}	Q_0^{n+1}	C
1	**0**	**0**	**0**	**0**	**0**	**1**	**0**
2	**0**	**0**	**1**	**0**	**1**	**0**	**0**
3	**0**	**1**	**0**	**0**	**1**	**1**	**0**
4	**0**	**1**	**1**	**1**	**0**	**0**	**0**
5	**1**	**0**	**0**	**1**	**0**	**1**	**0**
6	**1**	**0**	**1**	**0**	**0**	**0**	**1**
1	**1**	**1**	**0**	Φ	Φ	Φ	Φ
2	**1**	**1**	**1**	Φ	Φ	Φ	Φ

表 5-14 中有约束项，可用第 1 章学过的卡诺图化简法，求次态方程和输出方程。列出状态转换表只是为了说明次态、输出与现态之间的函数关系，在以后的解题过程中可以不列出状态转换表，直接画出如图 5-31a 所示的次态及输出卡诺图。为了便于化简，现将图

5-31a分解为b、c、d、e共4张次态卡诺图。

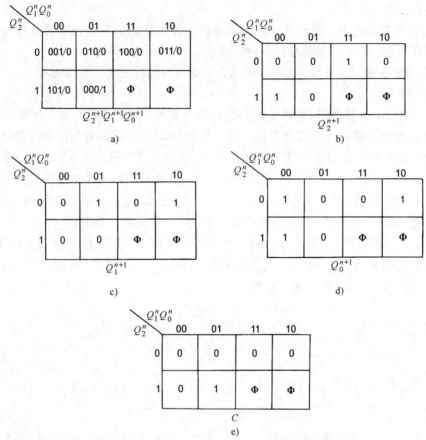

图5-31　模6计数器次态及输出卡诺图

a) 次态及输出卡诺图　b) Q_2^{n+1} 的卡诺图　c) Q_1^{n+1} 的卡诺图

d) Q_0^{n+1} 的卡诺图　e) 输出 C 的卡诺图

由于例5-3指定用CMOS边沿JK触发器设计，其特性方程为 $Q^{n+1} = J\,\overline{Q^n} + \overline{K}Q^n$，故先求出电路的状态方程，然后与JK触发器的特性方程比较，以求出驱动方程。为此，在卡诺图化简、求每个触发器的次态方程时，应把包含有因子 Q^n、$\overline{Q^n}$ 的最小项分开画圈合并，这样就得到形式上与特性方程一致的状态方程。此题求出状态方程和输出方程分别为

$$\begin{cases} Q_2^{n+1} = Q_1^n Q_0^n\,\overline{Q_2^n} + \overline{Q_0^n}Q_2^n \\ Q_1^{n+1} = \overline{Q_2^n}Q_0^n\,\overline{Q_1^n} + \overline{Q_0^n}Q_1^n \\ Q_0^{n+1} = \overline{Q_0^n} \end{cases} \tag{5-5}$$

$$C = Q_2^n Q_0^n \tag{5-6}$$

将状态方程分别与相应触发器的特性方程作比较，求得驱动方程为

$$\begin{cases} J_2 = Q_1^n Q_0^n, K_2 = Q_0^n \\ J_1 = \overline{Q_2^n}Q_0^n, K_1 = Q_0^n \\ J_0 = 1, K_0 = 1 \end{cases} \tag{5-7}$$

由于用了卡诺图化简法，所以驱动方程式（5-7）为最简形式。

（4）检查电路能否自启动 将无效状态 **110** 和 **111** 分别代入状态方程及输出方程进行逻辑运算，可得次态依次为 **111** 和 **000**，因 **000** 是有效状态，故所设计的计数器具有自启动能力。

（5）画出计数器电路图 取用两片 74LVC112A 中的 3 个 JK 触发器和一个 CMOS 与门（或用一个 CMOS 与非门另加一个 CMOS 反相器），按照式（5-6）、式（5-7）进行连线，组成所设计的同步模 6 递增计数器的逻辑电路。该计数器电路如图 5-32 所示。

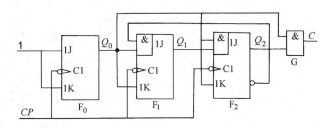

图 5-32 例 5-3 设计的计数器电路

例 5-4 试用边沿 JK 触发器设计一个能实现图 5-33 状态转换图的时序电路。

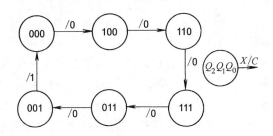

图 5-33 例 5-4 的状态转换图

解：（1）画次态卡诺图 根据给定的已知条件，画出电路的次态卡诺图，如图 5-34a 所示，为了便于化简，把图 5-34a 分解成图 5-34b、c、d 共 3 张次态卡诺图。用此 3 张次态卡诺图求出状态方程为

$$\begin{cases} Q_2^{n+1} = \overline{Q_0^n}\ \overline{Q_2^n} + \overline{Q_0^n}Q_2^n \\ Q_1^{n+1} = Q_2^n\ \overline{Q_1^n} + Q_2^n Q_1^n \\ Q_0^{n+1} = Q_1^n\ \overline{Q_0^n} + Q_1^n Q_0^n \end{cases} \tag{5-8}$$

将状态方程与 JK 触发器特性方程 $Q^{n+1} = J\ \overline{Q^n} + \overline{K}Q^n$ 比较，求出驱动方程如下：

$$\begin{cases} J_2 = \overline{Q_0^n}, K_2 = Q_0^n \\ J_1 = Q_2^n, K_1 = \overline{Q_2^n} \\ J_0 = Q_1^n, K_0 = \overline{Q_1^n} \end{cases} \tag{5-9}$$

（2）检查自启动能力 分别把 **010** 和 **101** 代入状态方程，得到次态分别为 **101** 和 **010**。由于两个无效状态形成了无效循环，所以不能自启动。下面介绍用改变卡诺图圈法以修改逻

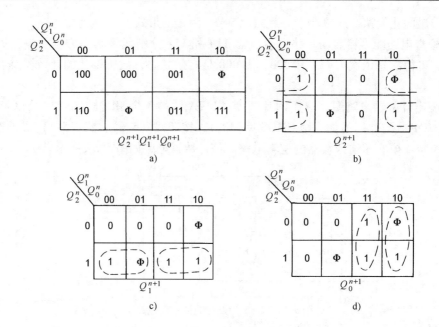

图5-34　例5-4的次态卡诺图

a）整个计数器的次态卡诺图　b）Q_2^{n+1}的次态卡诺图　c）Q_1^{n+1}的次态卡诺图　d）Q_0^{n+1}的次态卡诺图

辑设计，使电路能自启动的方法。

从前面求次态方程的过程中，可以看出，通过卡诺图上合并 **1** 获得次态方程。如果某无关项 **Φ** 被圈入，意味着把该项作为 **1** 对待，否则就把该项作 **0** 处理，即在圈 **1** 的化简中，实际上已为每个无效状态指定了次态。如果无效状态的次态仍为无效状态，电路就不能自启动。因此，只要将某个无效状态的次态重新指定为有效状态，电路就能够自启动。

由图 5-34b、c、d 可见，因无效状态 **101** 在圈 **1** 时被指定到 **010**，无效状态 **010** 被指定到 **101**，故电路不能自启动。若将 **101** 的次态指定为 **110**，电路即能自启动，即只需改变 Q_2^{n+1} 次态卡诺图的圈法，将其中与 **101** 对应的无关项 **Φ** 当作 **1** 圈进去，见图 5-35，便可得到 $Q_2^{n+1} = \overline{Q_0^n}\,\overline{Q_2^n} + \overline{Q_0^n}Q_2^n + \overline{Q_1^n}Q_2^n$。因此，$J_2 = \overline{Q_0^n}$，$K_2 = Q_0^n Q_1^n$。如此画圈的状态转换图如图 5-36 所示，可见电路变成能够自启动。图 5-37 为改圈后的计数器逻辑电路图。

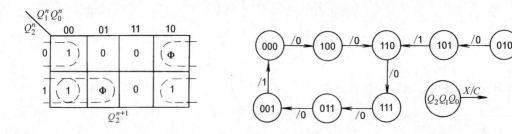

图5-35　重新圈定 Q_2^{n+1} 的卡诺图　　　　　图5-36　例5-4能自启动的状态转换图

然而，改圈卡诺图的方案有多种，例如可将 **101** 的次态指定为 **000** 或 **011**，此时只需重新化简 Q_1^{n+1} 或 Q_0^{n+1} 的卡诺图；也可将 **101** 的次态指定为 **100** 或 **001** 或 **111**，指定为 **100** 需

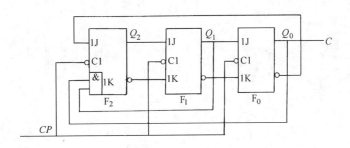

图 5-37 改圈后的计数器逻辑电路图

要重新化简 Q_2^{n+1} 和 Q_1^{n+1}，指定为 **001** 需要重新化简 Q_1^{n+1} 和 Q_0^{n+1}，指定为 **111** 需要重新化简 Q_2^{n+1} 和 Q_0^{n+1} 的卡诺图。同理，可以通过改圈 **010** 的次态，来使所设计的电路能够自启动。

总之，**将不能自启动改圈为能自启动的原则是，先把无效循环的环路破坏掉，从断开处使无效状态的次态为有效状态，然后再确定改圈哪个或哪几个次态卡诺图。当然，最简单的方法是只改圈若干个次态卡诺图中的一个。**

例 5-5 试设计一个 **1111** 序列检测器，用来检测串行二进制数码序列，当连续输入 4 个或 4 个以上的 **1** 时，检测器输出为 **1**，否则输出为 **0**。

解：题目要求检测串行二进制数码序列，因而电路应能记忆住前已输入的数据，故只有用时序逻辑电路才能实现。以下是此串行 **1111** 序列检测器的设计步骤。

（1）建立原始状态图和原始状态表 该电路有一个输入变量 X 和一个输出变量 Z，以及以下几个记忆状态：

S_0——没有输入 **1** 以前的状态；

S_1——输入 **1** 个 **1** 以后的状态；

S_2——连续输入两个 **1** 以后的状态；

S_3——连续输入 **3** 个 **1** 以后的状态；

S_4——连续输入 **4** 个或 **4** 个以上 **1** 以后的状态。

设检测器开始处于 S_0 状态。输入第 **1** 个 **1** 以后，状态转换到 S_1，连续输入第 **2** 个 **1** 或第 **3** 个 **1** 以后，状态分别转换到 S_2 和 S_3，同时，以上 3 种情况输出均为 **0**；当连续输入第 **4** 个 **1** 以后，状态转换到 S_4，同时输出为 **1**；如果以后再连续输入 **1**，则状态仍停留在 S_4，准备接受更多的 **1**，且输出为 **1**；无论电路处于何种状态，一旦输入为 **0** 时，便破坏了连续接受 **1** 的条件，电路均返回初始状态 S_0，且输出为 **0**，如此得到 **1111** 序列检测器的原始状态转换图，如图 5-38 所示。其对应的原始状态表见表 5-15。

（2）状态化简 S_0、S_1、S_2、S_3、S_4 的输入、次态及输出情况如图 5-39 所示。从图 5-39 可以清楚地看到，S_3、S_4 是等价状态，它们可以合二而一，用 S_3 表示，图中其余没有等价状态。因此得到最小状态表，如表 5-16 所示。

（3）状态分配 最小状态表（表 5-16）中有 $N = 4$ 个独立状态，根据式（5-4）：$2^{n-1} < N \leqslant 2^n$，选定触发器的个数 $n = 2$，且令 $S_0 = 00$，$S_1 = 01$，$S_2 = 10$，$S_3 = 11$，没有无效状态，这样可得编码后的状态转换图和状态转换表，分别如图 5-40 和表 5-17 所示。

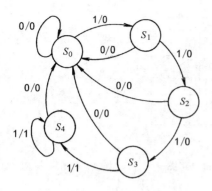

图 5-38　例 5-5 的原始状态图

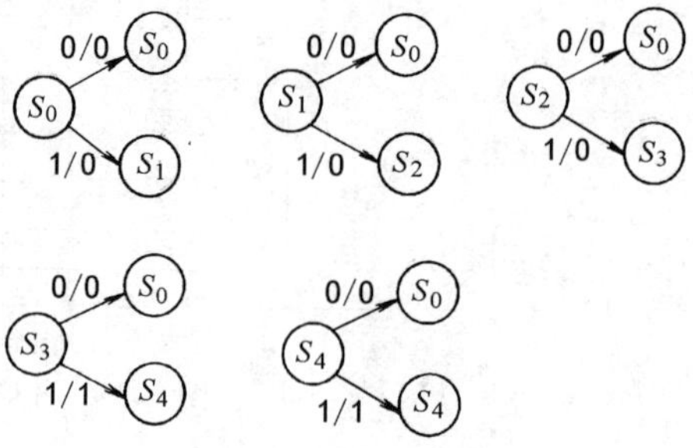

图 5-39　S_0、S_1、S_2、S_3、S_4 的状态转换情况

表 5-15　例 5-5 的原始状态表

现状	次态/输出	
	$X=0$	$X=1$
S_0	$S_0/0$	$S_0/0$
S_1	$S_0/0$	$S_0/0$
S_2	$S_0/0$	$S_0/0$
S_3	$S_0/0$	$S_4/1$
S_4	$S_0/0$	$S_4/1$

表 5-16　例 5-5 的最小状态表

现态	次态/输出	
	$X=0$	$X=1$
S_0	$S_0/0$	$S_0/0$
S_1	$S_0/0$	$S_0/0$
S_2	$S_0/0$	$S_0/0$
S_3	$S_0/0$	$S_3/1$

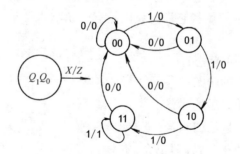

图 5-40　状态转换图

表 5-17　例 5-5 经状态分配后的状态转换表

现态	次态/输出	
	$X=0$	$X=1$
00	00/0	01/0
01	00/0	10/0
10	00/0	11/0
11	00/0	11/1

　　（4）选触发器类型，求输出方程和驱动方程　　选用边沿 JK 触发器，根据表 5-17 画出次态、输出卡诺图，如图 5-41a 所示，将其分解为图 5-41b、c、d 共 3 张卡诺图。经化简后求得状态方程、输出方程分别为

$$\begin{cases} Q_1^{n+1} = XQ_0^n \overline{Q_1^n} + XQ_1^n \\ Q_0^{n+1} = X\overline{Q_0^n} + XQ_1^n Q_0^n \end{cases} \tag{5-10}$$

$$Z = XQ_1^n Q_0^n \tag{5-11}$$

将状态方程式（5-10）与 JK 触发器的特性方程 $Q^{n+1} = J\overline{Q^n} + \overline{K}Q^n$ 相比较，可得其驱动方程为

$$\begin{cases} J_1 = XQ_0^n, K_1 = \overline{X} \\ J_0 = X, K_0 = \overline{XQ_1^n} \end{cases} \tag{5-12}$$

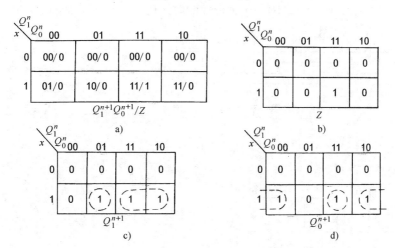

图 5-41 例 5-5 **1111** 序列检测器用图

a) 输出及次态卡诺图   b) 输出 Z 的卡诺图

c) Q_1^{n+1} 的次态卡诺图   d) Q_0^{n+1} 的次态卡诺图

（5）画逻辑电路图 根据式（5-11）、式（5-12），可画出例 5-5 的逻辑电路图，见图 5-42。

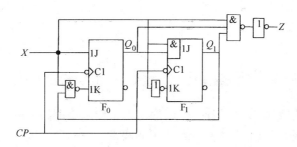

图 5-42 例 5-5 用边沿 JK 触发器组成的逻辑电路

* **例 5-6** 试用维持－阻塞 D 触发器设计一个时序逻辑电路，用以实现如图 5-43a 的输出波形。

解：根据图 5-43a 可以得到电路的状态转换图，如图 5-43b 所示，电路的次态卡诺图如图 5-43c 所示。由次态卡诺图得到所设计的时序电路的次态方程为

$$\begin{cases} Q_2^{n+1} = Q_1^n \\ Q_1^{n+1} = Q_0^n \\ Q_0^{n+1} = \overline{Q_2^n Q_1^n} \end{cases} \tag{5-13}$$

根据状态方程得到各个触发器的驱动方程为

$$D_0 = \overline{Q_2^n Q_1^n}, \ D_1 = Q_0^n, \ D_2 = Q_1^n \tag{5-14}$$

现检查电路的自启动状况：把状态 **000**、**101**、**010** 分别代入次态方程式（5-13），得到次态分别为 **001**、**011**、**101**，这样电路完整的状态转换图如图 5-43d 所示。由图可见，该时序电路能够自启动。于是，画出例 5-6 所设计的时序逻辑电路图，见图 5-43e。

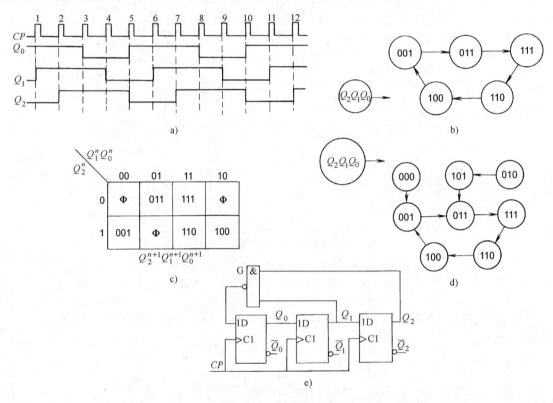

图 5-43　例 5-6 用图

a）欲实现的输出波形　b）状态转换图　c）次态卡诺图　d）完整的状态转换图　e）逻辑电路

例 5-7　试用主从 JK 触发器设计一个时序电路，要求该电路的输出 Z 与 CP 之间的关系满足如图 5-44a 所示的波形图。设输入信号 u_1 的频率 $f_1 = 4.5\text{kHz}$，试问输出信号 u_0 的频率 $f_0 = ?$

解：（1）从波形图 5-44a 可看出，每 3 个 u_1 的信号周期等于一个输出信号 $u_0(Z)$ 的周期，所以应设计一个模 3 计数器，并以输入信号 u_1 作为 CP 信号，取其状态转换图，如图 5-44b 所示。根据状态转换图得到次态和输出卡诺图，如图 5-44c 所示。由此获得状态方程、驱动方程和输出方程依次如下：

$$\begin{cases} Q_1^{n+1} = \overline{Q_1^n} Q_0^n \\ Q_0^{n+1} = \overline{Q_1^n} \ \overline{Q_0^n} \end{cases} \tag{5-15}$$

$$\begin{cases} J_1 = Q_0^n, K_1 = 1 \\ J_0 = \overline{Q}_1^n, K_0 = 1 \end{cases} \tag{5-16}$$

$$Z = Q_1^n \tag{5-17}$$

将状态 **11** 代入特性方程得到次态为 **00**，可见该电路具有自启动能力。由式（5-16）、式（5-17），画出逻辑电路图，见图 5-44d。

（2）由于模 3 计数器实际上是一个 3 分频器，所以当输入信号 u_1 的频率 $f_I = 4.5\text{kHz}$ 时，输出 u_O 的频率 $f_O = 4.5\text{kHz}/3 = 1.5\text{kHz}$。

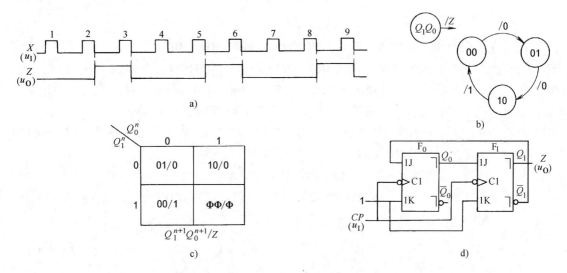

图 5-44　例 5-7 用图

a）要求实现的波形图　b）状态转换图　c）次态和输出卡诺图　d）逻辑电路

例 5-8　试用维持 - 阻塞 D 触发器设计一个模 M 可控计数器，要求当 $X = 1$ 时，计数器输出 Q_2、Q_1、Q_0 的状态转换顺序为

$$000 \rightarrow 011 \rightarrow 110$$

而当 $X = 0$ 时，Q_2、Q_1、Q_0 的状态转换顺序为

$$000 \rightarrow 010 \rightarrow 100 \rightarrow 110$$

要求画出状态转换图和逻辑电路图。

解： 按题意列出状态转换表，如表 5-18 所示。由表 5-18 可得次态卡诺图，见图 5-45a。

表 5-18　例 5-8 的状态转换表

X	Q_2^n	Q_1^n	Q_0^n	Q_2^{n+1}	Q_1^{n+1}	Q_0^{n+1}
0	0	0	0	0	1	0
0	0	1	0	1	0	0
0	1	0	0	1	1	0
0	1	1	0	0	0	0
1	0	0	0	0	1	1
1	0	1	1	1	1	0
1	1	1	0	0	0	0

根据次态卡诺图可以解得次态方程

$$\begin{cases} Q_2^{n+1} = Q_2^n \overline{Q_1^n} + \overline{Q_2^n} Q_1^n \\ Q_1^{n+1} = \overline{Q_1^n} + Q_0^n \\ Q_0^{n+1} = X \overline{Q_1^n} \end{cases} \tag{5-18}$$

由 D 触发器特性方程 $Q^{n+1} = D$，得到各触发器的驱动方程为

$$\begin{cases} D_2 = Q_2^n \overline{Q_1^n} + \overline{Q_2^n} Q_1^n \\ D_1 = \overline{Q_1^n} + Q_0^n \\ D_0 = X \overline{Q_1^n} \end{cases} \tag{5-19}$$

现检查自启动能力：将 $X = 0$ 时，$Q_2^n Q_1^n Q_0^n$ 为 **001**、**011**、**101**、**111** 分别代入次态方程组，得到次态依次为 **010**、**110**、**110**、**010**；再把 $X = 1$ 时，$Q_2^n Q_1^n Q_0^n$ 为 **001**、**010**、**100**、**101**、**111** 分别代入次态方程组，得到次态依次为：**011**、**100**、**111**、**111**、**010**。据此可画出状态转换图，如图 5-45b 所示。由图可见，此为一种当 $X = 1$ 时不能自启动的电路。所以将 $X = 1$ 时，状态 **010** 的次态修改为 **110** 即可自启动。为此，改圈 Q_1^{n+1} 的次态卡诺图如图 5-45c 所示，由图写出 $Q_1^{n+1} = \overline{Q_1^n} + Q_0^n + X \overline{Q_2^n}$，从而得到驱动方程为

$$D_1 = \overline{Q_1^n} + Q_0^n + X \overline{Q_2^n} \tag{5-20}$$

根据式（5-19）中 D_2、D_0 和式（5-20），画出所设计的逻辑电路图，示于图 5-45d 中。

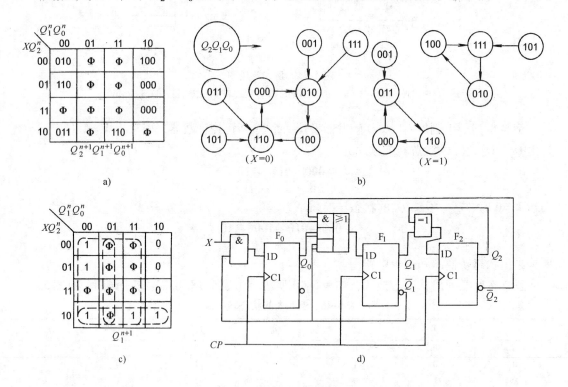

图 5-45　例 5-8 用图

a）次态卡诺图　b）状态转换图　c）改圈的 Q_0^{n+1} 的卡诺图　d）逻辑电路

5.4　MSI 时序逻辑器件的应用

5.4.1　MSI 计数器芯片的应用

从降低成本考虑，集成电路定型产品必须有足够大的生产批量。因此，目前常见的 MSI 计数器芯片在计数制上只制作成应用较广的几种类型，如十进制、4 位二进制、7 位二进制、12 位二进制、14 位二进制计数器芯片等。在需要其他任意一种模数计数器的场合，采用已有计数器芯片加以适当的连线获得。下面讨论常用的 MSI 异步计数器芯片 CT74LS290、同步计数器芯片 CT74LS160 和 CT74LS161 的改接线应用题。通过改接此 3 种计数器芯片，力求掌握连接成其他模数计数器的方法。

1.　CT74LS290 集成计数器

第 5.2.3 节曾经介绍过 CT74LS290 芯片的逻辑功能。此芯片是一种较为典型的 MSI 异步二－五－十进制计数器，具有**异步清零、异步置 9、计数**等 3 种功能。实际上通过对其外部电路改接线，可将它连接成其他任意模数的计数器（分频器）。工程技术中常用的方法有以下两种：

(1) 反馈归零法（复位法）　该法是：设需要获得的模数为 M，在第 M 个计数脉冲 CP 的作用下，将所有输出状态为 **1** 的触发器（MSI 计数器内部）输出端，通过一个**与门**去控制计数器的直接复位端，使计数器回归 **0** 状态，从而改接成模 M 计数器。设已有计数器芯片为 N 进制，而需要得到的是模 M 计数器，此时有 $M < N$ 和 $M > N$ 两种情况：如果 $M < N$，则只需一片 N 进制计数器即可；如果 $M > N$，则需用多片 N 进制计数器才能改接成。

反馈归零法的步骤是：① 按照计数器的码制写出模 M 的二进制代码；② 求出反馈复位逻辑 R_d 的表达式 $R_d = \prod_{0 \sim (n-1)} Q^1$，式中 $\prod_{0 \sim (n-1)} Q^1$ 代表模 M 状态时输出为 **1** 的各个触发器 Q 端之连乘积；③ 画出计数器芯片的外部电路连线图。该方法的特点是：简单易行；存在着过渡状态；复位信号 R_d 的存在时间短；计数器状态转换固定。

例 5-9　用一个 CT74LS290 芯片构成模 7 计数器。

解：方法 1　（1）由表 5-12 可知，CT74LS290 构成 8421 码十进制计数器时（$\overline{CP_1}$ 与 Q_0 相连，同时以 $\overline{CP_0}$ 为计数输入端），$M = 7$ 的二进制代码 $Q_3 Q_2 Q_1 Q_0 = \mathbf{0111}$；（2）由于 $R_d = Q_2 Q_1 Q_0$，故将**与门**的输出信号 R_d 反馈至直接复位端 $R_{0(1)}$、$R_{0(2)}$，当计数到 **0111** 时，$R_{0(1)}$、$R_{0(2)}$ 全为高电平，电路立即返回到 **0000** 状态，所以 **0111** 是一个极短暂的过渡状态，见表 5-19 最末一行；（3）图 5-46a 是其外部电路接线图。

方法 2　此例亦可用 5421 码计数状态设计。设计步骤为：（1）CT74LS290 构成 5421 码十进制计数器时（$\overline{CP_0}$ 与 Q_3 相连，而 $\overline{CP_1}$ 作为计数脉冲输入端），模 $M = 7$ 的二进制代码为 $Q_0 Q_3 Q_2 Q_1 = \mathbf{1010}$；（2）复位信号 $R_d = Q_0 Q_2$；（3）画出外部电路接线图，如图 5-46b 所示。

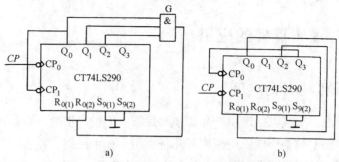

图 5-46　用 CT74LS290 接成模 7 计数器的外部接线图

a) 采用 8421 码计数状态　b) 采用 5421 码计数状态

表 5-19　例 5-9 解法 1 的状态转换表

计数脉冲	计数状态			
	Q_3	Q_2	Q_1	Q_0
0	0	0	0	0
1	0	0	0	1
2	0	0	1	0
3	0	0	1	1
4	0	1	0	0
5	0	1	0	1
6	0	1	1	0
7	0	1	1	1

例 5-10　试用 CT74LS290 构成模 24 计数器。

解: 仍用**反馈归零法**。此例与上例不同之处在于，需用两片 CT74LS290，这就要解决第 1 片与第 2 片 MSI 计数器的连接问题。用反馈归零法构成大模数计数器时，低位通常接成十进制计数器，充当个位，即当低位计 10 个 *CP* 脉冲时，低位计数器变成 **0000**，同时向高位进 1。对于采用 8421 码的 CT74LS290，通过把 Q_3 接到十位的时钟输入端来实现，因为 Q_3 仅在第 8 个 *CP* 信号下降沿到来时才变为 **1**，第 9 个 *CP* 信号到来时仍为 **1**，只有第 10 个 *CP* 信号到来时才变为 **0**，亦即第 10 个 *CP* 信号到来时，Q_3 才产生一个下降沿进位信号。具体设计步骤如下:

(1) 分别写出当 *M* = 24 时个位 (片 1) 和十位 (片 2) 的 BCD 码。若采用 8421 码计数状态，则为 $(0100)_1$、$(0010)_2$；(2) 反馈复位逻辑 $R_d = Q_1' Q_2$；(3) 图 5-47 为其外部电路接线图。

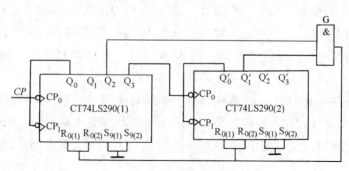

图 5-47　例 5-10 用反馈归零法构成模 24 计数器的连线图

（2）**级连法**。所谓级连法是将两个以上的计数器芯片串接起来，从而获得任意进制计数器，即把一个 N_1 进制计数器和一个 N_2 进制计数器级连起来，构成 $N = N_1 N_2$ 计数器。

例 5-11　用级连法将两片 CT74LS290 连接成模 12 计数器。

解：因 12 可分解成 3×4、2×6，故此题有 4 种解法。现以 3×4 为例进行介绍，第 1 片连成模 3 计数器，第 2 片接成模 4 计数器。第 1 片计 3 个 CP 时状态变为 $Q_3 Q_2 Q_1 Q_0 = \mathbf{0000}$，且产生一个进位信号，用来触发第 2 片 CT74LS290 计 1。当外部第 12 个 CP 信号到来时，第 1 片变为 $Q_3 Q_2 Q_1 Q_0 = \mathbf{0000}$，同时因为第 2 片接成模 4 计数器，所以第 2 片也变为 $Q_3' Q_2' Q_1' Q_0' = \mathbf{0000}$，从而实现了模 12 计数功能。基于此，电路的接线图如图 5-48 所示，其状态转换表见表 5-20。

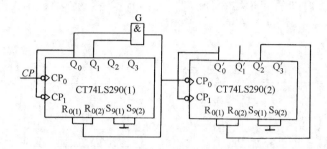

图 5-48　例 5-11 计数器的外部电路接线图

表 5-20　例 5-11 用级连法构成模 12 计数器的状态转换表

计数脉冲	计数状态							
	Q_3'	Q_2'	Q_1'	Q_0'（第 2 片）	Q_3	Q_2	Q_1	Q_0（第 1 片）
0	0	0	0	0	0	0	0	0
1	0	0	0	0	0	0	0	1
2	0	0	0	0	0	0	1	0
3	0	0	0	1	0	0	1	1
4	0	0	0	1	0	0	0	1
5	0	0	0	1	0	0	1	0
6	0	0	1	0	0	0	1	1
7	0	0	1	0	0	0	0	1
8	0	0	1	0	0	0	1	0
9	0	0	1	1	0	0	1	1
10	0	0	1	1	0	0	0	0
11	0	0	1	1	0	0	1	0
12	0	1	0	0	0	0	1	1

级连法和反馈归零法有以下两点不同：① 以两片 CT74LS290 改接线为例，级连法的每片都是独立的，均接成某一模数的计数器，而反馈归零法每片都不独立，个位构成十进制计数器，十位并不一定构成固定模数的计数器；② 低位触发高位的方式不同。

然而，无论是反馈归零法还是级连法，当用 CT74LS290 改接成 $M > N$ 的计数器时，从整体而言所连接的计数器总是异步计数器。

2. CT74LS160 MSI 计数器芯片的应用

第 5.2.3 节中曾介绍过 CT74LS160 的逻辑功能，它是一种较为典型的 MSI 同步十进制计数器，具有**异步清零、同步预置、计数**和**保持** 4 种功能。通过对芯片外部电路不同方式的连接，可用 CT74LS160 构成其他任意模数的计数器（分频器）。除上述介绍的**反馈归零法**和**级连法**外，依据表 5-7 中 CT74LS160 的同步预置功能，还可以运用**置位法**。

当运用置位法时，可以在计数器计到最大值时置入某个最小值，作为下一个计数循环的起始状态，也可以在计数器计到较大值时置入某个较小值，作为下一个计数循环的起始状态。

例 5-12　分析图 5-49a、b 所示两个电路的逻辑功能。

解：（1）对于图 5-49a 所示电路，根据反馈信号接至 $\overline{CR}$ 端可知，该电路利用异步清零功能，将 CT74LS160 复位，故采用了反馈归零法。画出其状态转换图示于图 5-50a 中，由图便知，该电路为能够自启动的同步模 6 计数器。**请注意**：在图 5-50a 中，虚线圆圈表示过渡状态。

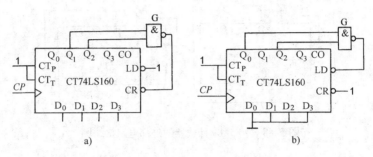

图 5-49　例 5-12 要求分析的电路
a）一种接法的电路　b）另一种接法的电路

（2）对于图 5-49b 电路，因为反馈信号接至 $\overline{LD}$ 端，所以它利用同步预置功能将计数器复位，采用的是置位法。画出其状态转换图，如图 5-50b 所示，由图便知，该电路是能自启动的同步模 6 计数器。**需要注意的是**：在图 5-49b 中，CT74LS160 的 $\overline{LD}$ 端为**同步置数**端，在完成一个周期的六进制计数时，它须靠下一个 CP 配合，亦即当来了 5 个 CP 时，$\overline{LD} = 0$，再来下一个 CP，才能置数（置进全 **0**），完成一个周期的模 6 计数功能。

建议：做此类习题时，特别留心区别**同步置数**与**异步清零**功能的不同之处。

例 5-13　试用同步十进制计数器 CT74LS160，且用整体反馈归零法构成模 12 计数器。

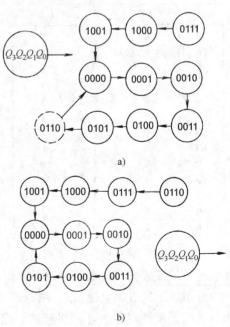

图 5-50　例 5-12 解题用图
a）图 5-49a 的状态转换图　b）图 5-49b 的状态转换图

解：思路：利用 CT74LS160 的异步清零功能，个位计数器接成十进制计数器，即当个位计 10 个 CP 时，个位计数器状态变成 **0000**，同时十位的计数条件满足，十位计数一次。

对于 CT74LS160 来说，可以把 Q_3 经过一个非门接到高位的时钟输入端，因为 Q_3 仅在第 8 个时钟信号上升沿到来时才变为 **1**，第 9 个时钟信号到来时仍为 **1**，只有当第 10 个时钟信号到来后才变为 **0**，即当第 10 个时钟信号到来时 Q_3 才产生一个下降沿，$\overline{Q_3}$ 才产生一个上升沿。另外，也可以利用进位输出端 CO 来实现，即 CO 经过一个非门接到高位的时钟输入端，因为只有当计数器计到 $Q_3Q_2Q_1Q_0 = $ **1001** 时，$CO = $ **1**，其余情况下 $CO = $ **0**。当个位计到 $Q_3Q_2Q_1Q_0 = $ **0010**，十位计到 $Q_3'Q_2'Q_1'Q_0' = $ **0001** 时，异步清零端有效，两片 CT74LS160 一起重新回到 $Q_3'Q_2'Q_1'Q_0' = $ **0000**、$Q_3Q_2Q_1Q_0 = $ **0000**，完成模 12 计数。据此，利用异步清零功能接成模 12 计数器的连线图，如图 5-51 所示。

请思考：能否利用同步预置功能，当计到第 11 个 CP 时，计数器置数端 $\overline{LD}$ 为有效电平，当第 12 个 CP 到来时将其置成 $Q_3'Q_2'Q_1'Q_0' = $ **0000**，$Q_3Q_2Q_1Q_0 = $ **0000**。利用前面所学的知识，按照图 5-52 所示连线，仔细观察该图电路后可以看出，虽然个位在第 12 个脉冲到来时可以置成 $Q_3Q_2Q_1Q_0 = $ **0000**，但因此时十位的时钟条件并不满足，故不能置成 $Q_3'Q_2'Q_1'Q_0' = $ **0000**。所以构成模 $M > 10$ 的计数器时，利用 $\overline{LD}$ 端并采用置位法时，不能接成异步计数器。下面讨论利用 $\overline{LD}$ 端并用置位法接成同步计数器的方法。

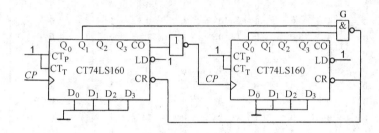

图 5-51 例 5-13 采用异步清零功能的连线图

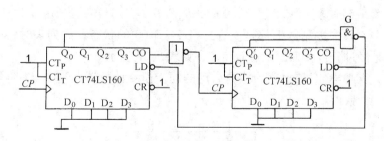

图 5-52 例 5-13 采用同步预置功能的连线图

例 5-14 分析图 5-53 所示计数电路的逻辑功能。

解：两片 CT74LS160 的 CP 端接在一起，故采用了同步连接法。由于第 1 片的 CO 与第 2 片的 CT_T、CT_P 接在一起，所以只有当第 1 片 CT74LS160 的 $CO = $ **1**，且第 2 片 CT74LS160 的 $\overline{LD} = $ **1** 时，第 2 片计数器才计数一次。如此分析得到电路的状态转换表，见表 5-21。由表可知，该电路连接成同步模 12 计数器。

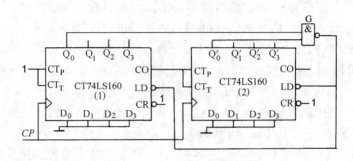

图 5-53 例 5-14 所要分析的电路

表 5-21 例 5-14 的状态转换表

时钟脉冲 个数 CP	十位状态				个位状态				第 2 片的 CT_T、CT_P	两片的 $\overline{LD}$
	Q_3'	Q_2'	Q_1'	Q_0'	Q_3	Q_2	Q_1	Q_0		
0	0	0	0	0	0	0	0	0	0	1
1	0	0	0	0	0	0	0	1	0	1
2	0	0	0	0	0	0	1	0	0	1
3	0	0	0	0	0	0	1	1	0	1
4	0	0	0	0	0	1	0	0	0	1
5	0	0	0	0	0	1	0	1	0	1
6	0	0	0	0	0	1	1	0	0	1
7	0	0	0	0	0	1	1	1	0	1
8	0	0	0	0	1	0	0	0	0	1
9	0	0	0	0	1	0	0	1	1	1
10	0	0	0	0	0	0	0	0	0	1
11	0	0	0	1	0	0	0	1	0	0
12	0	0	0	0	0	0	0	0	0	1

*例 5-15 列出图 5-54 所示计数电路的状态转换表，并指出其逻辑功能。

解：分析图 5-54 电路可知，当 $X=0$ 时，$D_3 D_2 D_1 D_0 = 0110$；当 $X=1$ 时，$D_3 D_2 D_1 D_0 = 0011$。以上两个 4 位二进制数据都是能置进 CT74LS160 的状态，故列表时将它们分别作为起始状态。于是经过分析，列出状态转换表，如表 5-22 所示。

由表可见，当 $X=0$ 时该电路为能自启动的同步模 4 计数器；当 $X=1$ 时该电路为能自启动的同步模 7 计数器。

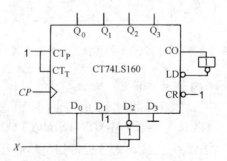

图 5-54 例 5-15 要求分析的电路

表 5-22　例 5-15 的状态转换表

X	Q_3	Q_2	Q_1	Q_0
0	0	1	1	0 ←
0	0	1	1	1
0	1	0	0	0
0	1	0	0	1
1	0	0	1	1 ←
1	0	0	1	0
1	0	1	1	1
1	0	1	1	0
1	0	1	1	1
1	1	0	0	0
1	1	0	0	1

例 5-16　分析图 5-55 所示电路的逻辑功能，分别列出 $X = 1$ 和 $X = 0$ 时的状态转换表。

解：图 5-55 所示为 CT74LS161 和 8 选 1 数据选择器 CT74LS151 构成的时序逻辑电路。CT74LS161 是可预置的同步 4 位二进制加法计数器（即模 16 计数器），它与 CT74LS160 相比，除了模数不同以外，其他功能均相同。现对该电路分析如下：

当 $X = 0$ 时，CT74LS161 构成模 7 计数器，同时 $Q_2 Q_1 Q_0$ 分别接 8 选 1 数据选择器的地址码输入端，计数器每计数一次输出 1 位数字信号，因而构成序列数码发生器；同理，当 $X = 1$ 时 CT74LS161 构成模 5 计数器。$X = 0$ 或 1 时，状态转换表及输出的 1 位数字信号 Z，如表 5-23 所示。

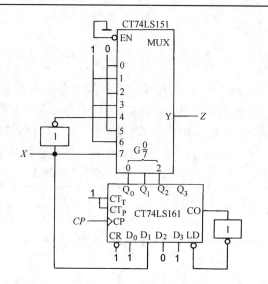

图 5-55　例 5-16 要求分析的电路

表 5-23　例 5-16 的状态转换表及输出信号表

X	Q_3	Q_2	Q_1	Q_0	Z
0	1	0	0	1 ←	1
0	1	0	1	0	0
0	1	0	1	1	1
0	1	1	0	0	1
0	1	1	0	1	0
0	1	1	1	0	1
0	1	1	1	1	0
1	1	0	1	1 ←	1
1	1	1	0	0	0
1	1	1	0	1	0
1	1	1	1	0	1
1	1	1	1	1	1

5. 4. 2　MSI 寄存器芯片的应用

常用 MSI 寄存器主要有单向移位寄存器和双向移位寄存器。现以第 5.2.2 节介绍过的双向移位寄存器 CT74LS194 为例，说明 MSI 寄存器的应用。MSI 寄存器的主要用途有 3 个方面：① 实现数据的串 – 并行转换；② 构成序列信号发生器；③ 构成移位寄存型计数器。下面举例说明：

例 5-17　试说明图 5-56a、b 所示两个电路的逻辑功能。

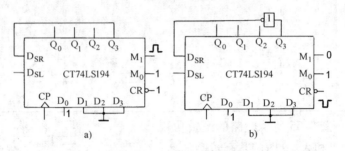

图 5-56　例 5-17 要求分析的电路

解：（1）在图 5-56a 所示的电路工作前，应在 M_1 端加一个正脉冲，以实现并行送数（根据表 5-4 第 3 行功能），将移位寄存器 CT74LS194 预置成 $Q_3Q_2Q_1Q_0 = D_3D_2D_1D_0 = \mathbf{0001}$，随后 $M_1M_0 = \mathbf{01}$，在 CP 脉冲作用下，电路实现循环右移（表 5-4 第 4 行功能），因此列状态转换表，见表 5-24。由表可知，该电路接成了一个 4 位环型移位计数器。

表 5-24　图 5-56a 所示电路的状态转换表

CP	D_{SR}	Q_3	Q_2	Q_1	Q_0
0	**0**	**0**	**0**	**0**	**1**
1	**0**	**0**	**0**	**1**	**0**
2	**0**	**0**	**1**	**0**	**0**
3	**1**	**1**	**0**	**0**	**0**

（2）图 5-56b 电路将 Q_3 反相后接至右移数据输入端 D_{SR}，工作前先清零，然后进行循环右移，状态转换表如表 5-25 所示。显然，该电路是一种 4 位扭环型计数器。

表 5-25　图 5-56b 所示电路的状态转换表

D_{SR}	Q_3	Q_2	Q_1	Q_0
1	0	0	0	0
1	0	0	0	1
1	0	0	1	1
1	0	1	1	1
0	1	1	1	1
0	1	1	1	0
0	1	1	0	0
0	1	0	0	0
1	0	0	0	0

例 5-18　分析图 5-57 所示电路，列出它的状态转换表，并指出其逻辑功能。

解：电路工作前先清零，同时 $M_1 M_0 =$ **11**，CT74LS194 借助 CP 的上升沿并行送数，使 $Q_3 Q_2 Q_1 Q_0 = D_3 D_2 D_1 D_0 = $ **0001**，然后 $M_1 M_0 = $ **01**，移位寄存器处于右移循环工作状况（表 5-4 第 4 行功能），且 $D_{SR} = (\overline{Q_2 \oplus Q_0}) + \overline{Q_2 + Q_1 + Q_0}$，$Z = Q_2$。因此，列出状态转换表（见表 5-26）。由表可见，此为一种序列数字信号发生器，产生的序列脉冲信号 Z 为：**00111010**。

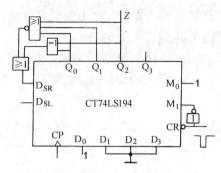

图 5-57　例 5-18 要求分析的电路

表 5-26　例 5-18 所示电路的状态转换表

CP	Q_3	Q_2	Q_1	Q_0	D_{SR}	Z
1	0	0	0	1	1	0
2	0	0	1	1	1	0
3	0	1	1	1	0	1
4	1	1	1	0	1	1
5	1	1	0	1	0	1
6	1	0	1	0	0	0
7	0	1	0	0	1	1
8	1	0	0	1	1	0

例 5-19　已知脉冲分配器的两种输出波形分别如图 5-58a、b 所示，试用 MSI 同步 4 位二进制加法计数器 CT74LS161 和 3 线 – 8 线译码器 CT74LS138 设计脉冲分配器，并画出它们的逻辑电路图。

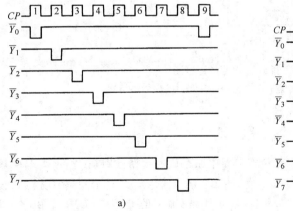
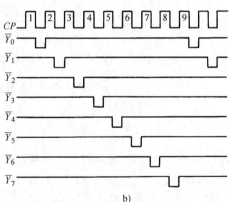

a)　　　　　　　　　　　　　　　b)

图 5-58　例 5-19 要求实现的输出波形

解：（1）观察图 5-58a、b 所示波形可知，应该设计产生 8 个节拍脉冲的脉冲分配器。为此，先用 CT74LS161 改接成一个模 8 计数器，其输出 $Q_3 Q_2 Q_1 Q_0$ 的状态转换为

$$0000 \to 0001 \to 0010 \to 0011 \to 0100 \to 0101 \to 0110 \to 0111 \to (1000) \text{ 过渡状态}$$

因此，将 CT74LS161 的 Q_2、Q_1、Q_0 依次接入译码器的地址码输入端 A_2、A_1、A_0，译码器的使能输入端 $\overline{ST_B}$、$\overline{ST_C}$ 接 **0**，再利用 $CP = 1$ 控制译码器的使能输入端 ST_A，则在译码器

CT74LS138 的输出端依次输出低电平，从而实现 5-58a 所示的输出波形，最后画出这一设计方案的逻辑电路，见图 5-59a。

（2）图 5-58b 波形与图 5-58a 的区别仅是 8 个输出信号的低电平持续时间不同，但这可利用 CP 控制 CT74LS138 的使能端 $\overline{ST}_B$、$\overline{ST}_C$ 来实现。该设计方案的逻辑电路图，如图 5-59b 所示。

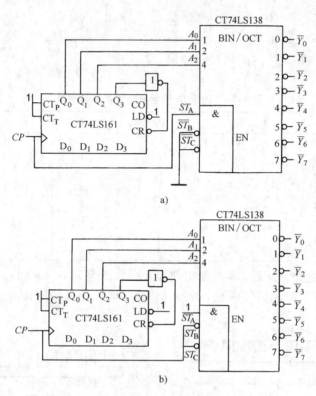

图 5-59　例 5-19 电路的连线图

a）图 5-58a 脉冲波形实现方案　b）图 5-58b 脉冲波形实现方案

习　题　5

5-1　在图 5-60 所示的电路中，若两个移位寄存器中原存放的数据分别是：$A_3 A_2 A_1 A_0 = 1001$，$B_3 B_2 B_1 B_0 = 0011$，试问经过 4 个 CP 作用后，两个移位寄存器中的数据各为多少？该电路完成了什么运算功能？图 5-60 中所有的触发器均为 CMOS 边沿 D 触发器，其中触发器 F 的初始状态为 **0**，Σ 为 1 位 CMOS 全加器。

5-2　如果在图 5-61 所示的循环移位寄存器的数据输入端加上高电平，并设时钟脉冲 CP 到来之前两个双向移位寄存器 CT74LS194 的 $Q_0 \sim Q_3'$ 为 **11000110**，基本 SR 锁存器的输入信号分别为：（1）$\overline{S} = 0$，$\overline{R} = 1$；（2）$\overline{S} = 1$，$\overline{R} = 0$。试分别在 6 个 CP 作用后，确定此循环移位寄存器相应的输出 $Q_0 \sim Q_3'$ 为何状态？

5-3　试解答下列问题：

（1）欲将存放在一个 4 位双向移位寄存器中的二进制数乘以 16，需要多少个移位脉冲？

（2）若高位在此移位寄存器的右边，要完成上述功能应是左移还是右移？

（3）如果时钟脉冲 CP 的频率为 50kHz，要完成此操作需要多少时间？

5-4　除了教材 5.2.3 节中介绍的二进制计数器、十进制计数器以外，其他进制的计数器习惯上被称为

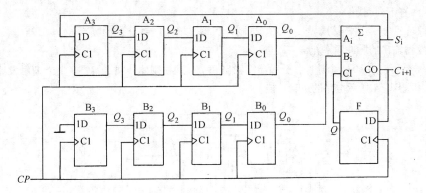

图 5-60　习题 5-1 图

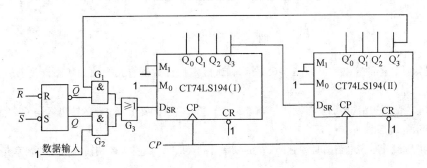

图 5-61　习题 5-2 图

任意进制计数器或模 M 计数器。试分析图 5-62 所示计数器的逻辑功能（包括同步还是异步，加法还是减法，模 M 等于多少，能否自启动等。以下各题分析计数器逻辑功能时要求相同，不再赘述）。设全部触发器均为 TTL 边沿 JK 触发器。

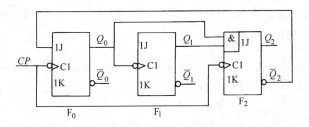

图 5-62　习题 5-4 图

5-5　试分析图 5-63 所示电路的逻辑功能。设全部触发器均为 TTL 边沿 JK 触发器。

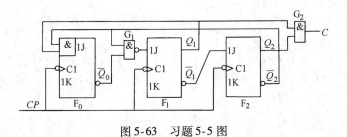

图 5-63　习题 5-5 图

5-6　试回答下列问题：

（1）用 7 个 T′触发器链接成异步 7 位二进制计数器，输入时钟脉冲的频率 $f_{CP} = 512\text{kHz}$，试问此计数器最高位触发器输出的脉冲频率 $f_0 = ?$

（2）若需要每输入 1024 个脉冲，分频器能输出一个脉冲，则此分频器需要多少个 T′触发器链接而成？

5-7　分析图 5-64 所示电路的逻辑功能。

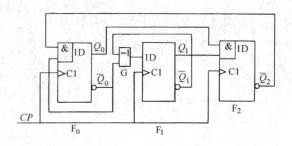

图 5-64　习题 5-7 图

5-8　已知计数器的输出波形如图 5-65 所示，试确定该计数器有几个独立状态，并画出它的状态转换图。

5-9　（1）试用边沿 JK 触发器设计一个同步时序逻辑电路，要求该电路的输出 Z 与 CP 之间的关系满足图 5-66 所示的波形图。

（2）如果所设计时序电路的时钟脉冲 CP 的频率 $f_{CP} = 6\text{kHz}$，试问从 Z 端输出信号的频率 $f_Z = ?$

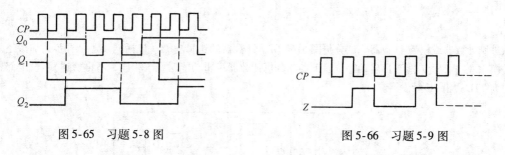

图 5-65　习题 5-8 图　　　　　　　　　　　　　图 5-66　习题 5-9 图

5-10　用边沿 JK 触发器和门电路设计一个有进位输出信号 C 的同步模 5 递增计数器。

5-11　用边沿 JK 触发器及最少的门电路设计一个同步模 5 计数器，其输出 $Q_2Q_1Q_0$ 状态转换顺序为

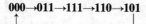

$$000 \rightarrow 011 \rightarrow 111 \rightarrow 110 \rightarrow 101$$

5-12　设计一个控制步进电动机 3 相 6 状态工作的逻辑电路。如果用 1 表示线圈通电，0 表示线圈断电，设正转时控制输入信号 $M = 1$，反转时 $M = 0$，则 3 个线圈 ABC 的状态转换图如图 5-67 所示。提示：选用 CMOS 边沿 D 触发器，以简化逻辑设计，并要求所设计的控制逻辑电路具有自启动能力。

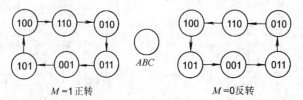

图 5-67　习题 5-12 图

5-13　试用下降沿触发的 JK 触发器构成一个 4 位二进制异步加法计数器，画出逻辑电路图。

5-14　分析图 5-68a、b 所示电路，分别列出它们的状态转换表，说出其逻辑功能。

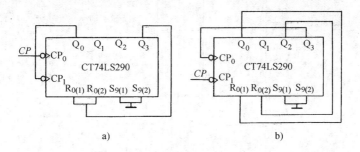

a)　　　　　　　　　　　　　　　b)

图 5-68　习题 5-14 图

5-15　图 5-69 是用两片 MSI 计数器芯片 CT74LS290 组成的计数电路，试分析该电路是多少进制计数器。

5-16　分析图 5-70 所示电路，列出其状态转换表，从而说明用什么方法接成了几进制计数器。

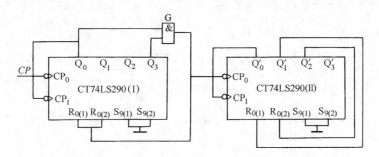

图 5-69　习题 5-15 图

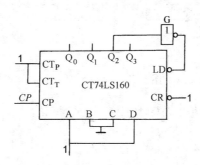

图 5-70　习题 5-16 图

5-17　试用 CT74LS290 并采用级连方式构成模 40 计数器。

5-18　试用 CT74LS290 构成 8421 BCD 码计数状态的模 24 计数器。

5-19　试用 MSI 同步十进制加法计数器 CT74LS160，并附加必要的门电路，设计一种模 273 计数器。

5-20　图 5-71 是由二－十进制优先权编码器 CT74LS147（真值表见表 3-9）和同步十进制加法计数器 CT74LS160（功能表见表 5-7）组成的可控分频器。试说明当输入控制信号 $\bar{I}_1$、$\bar{I}_2$、$\bar{I}_3$、$\bar{I}_4$、$\bar{I}_5$、$\bar{I}_6$、$\bar{I}_7$、$\bar{I}_8$ 和 $\bar{I}_9$ 分别为低电平，并设 CP 脉冲频率为 f_{CP} 时，Z 端输出脉冲频率 f_Z = ?

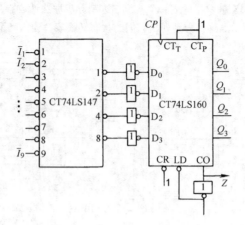

图 5-71　习题 5-20 图

5-21　在图 5-72 中，CT74LS160 是同步十进制加法计数器，CT74LS42 为 4 线－10 线译码器，设计数器的初始状态为 **0000**，试画出与 CP 相对应的 Q_0、Q_1、Q_2、Q_3 及输出信号 Y 的波形图。

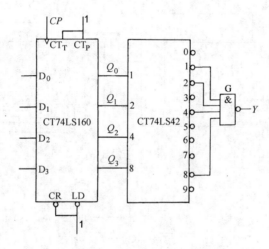

图 5-72　习题 5-21 图

5-22　试分析图 5-73 计数器的输出 Z 与时钟脉冲 CP 的频率之比。

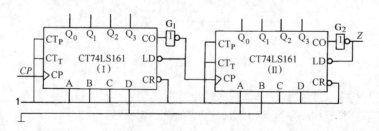

图 5-73　习题 5-22 图

5-23　试用 MSI 同步 4 位二进制加法计数器 CT74LS161 构成模 10 递增计数器。要求至少用两种方法接线构成。

5-24　试用两片 CT74LS160 及少量的门电路构成模 100 计数器。

5-25　已知时钟脉冲的频率为 96kHz，试用 3 片中规模集成计数器芯片组成分频器，将时钟脉冲的频率降低为 60Hz，画出该分频器电路的接线图。

5-26　图 5-74a、b 为双向移位寄存器 CT74LS194 构成的分频器电路。要求：

（1）分别列出它们的状态转换表，并说出它们各为几分频器；

*（2）总结出扭环形计数器改接成奇数分频器的规律。

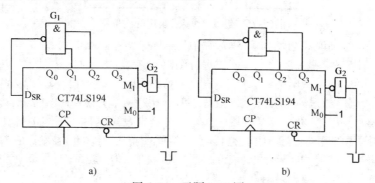

图 5-74　习题 5-26 图

a）电路 1　b）电路 2

5-27　试用两片 CT74LS194 构成 8 位双向移位寄存器电路。

5-28　试用维持－阻塞 D 触发器和门电路设计一个灯光控制电路，要求 A、B、C 共 3 个灯按图 5-75 所示的亮灭规律变化。已知 CP 信号的周期为 10s，图 5-75 中空心圆圈表示灯点亮，阴影线圆圈表示灯熄灭。

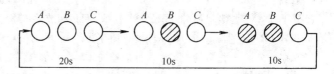

图 5-75　题 5-28 欲实现的逻辑功能示意图

5-29　设计一个灯光控制逻辑电路，要求红、绿、黄 3 种颜色的灯在时钟信号作用下按表 5-27 给出的顺序转换状态。表 5-27 中的 1 表示"亮"，0 表示"灭"。要求采用 MSI 计数器芯片 CT74LS290 和必要的门电路实现。

表 5-27　题 5-29 给定的顺序转换状态

CP	红	绿	黄
0	0	0	0
1	1	0	0
2	0	1	0
3	0	0	1
4	1	1	1
5	0	0	1
6	0	1	0
7	1	0	0

5-30　用 CT74LS160 设计一个可控模计数器，当 $X = 0$ 时为模 5 计数器，$X = 1$ 时为模 7 计数器。

*5-31　已知 3 相脉冲发生器的输出波形如图 5-76 所示。试解答：

（1）用 SSI 器件：维持－阻塞 D 触发器和逻辑门电路设计脉冲发生器；

（2）用双向移位寄存器 CT74LS194 加适当的门电路实现；

（3）试用 MSI 计数器 CT74LS161、3 线－8 线二进制译码器 CT74LS138 和适当的门电路实现。

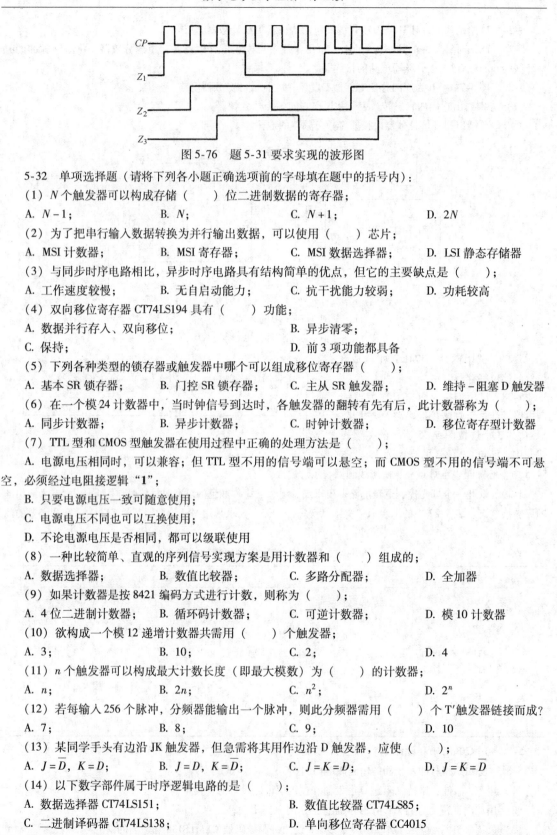

图 5-76　题 5-31 要求实现的波形图

5-32　单项选择题（请将下列各小题正确选项前的字母填在题中的括号内）:

(1) N 个触发器可以构成存储（　　）位二进制数据的寄存器；

A. $N-1$；　　　　　　　B. N；　　　　　　　C. $N+1$；　　　　　　　D. $2N$

(2) 为了把串行输入数据转换为并行输出数据，可以使用（　　）芯片；

A. MSI 计数器；　　　B. MSI 寄存器；　　　C. MSI 数据选择器；　　　D. LSI 静态存储器

(3) 与同步时序电路相比，异步时序电路具有结构简单的优点，但它的主要缺点是（　　）；

A. 工作速度较慢；　　B. 无自启动能力；　　C. 抗干扰能力较弱；　　D. 功耗较高

(4) 双向移位寄存器 CT74LS194 具有（　　）功能；

A. 数据并行存入、双向移位；　　　　　　　B. 异步清零；

C. 保持；　　　　　　　　　　　　　　　　D. 前 3 项功能都具备

(5) 下列各种类型的锁存器或触发器中哪个可以组成移位寄存器（　　）；

A. 基本 SR 锁存器；　　B. 门控 SR 锁存器；　　C. 主从 SR 触发器；　　D. 维持–阻塞 D 触发器

(6) 在一个模 24 计数器中，当时钟信号到达时，各触发器的翻转有先有后，此计数器称为（　　）；

A. 同步计数器；　　　B. 异步计数器；　　　C. 时钟计数器；　　　D. 移位寄存型计数器

(7) TTL 型和 CMOS 型触发器在使用过程中正确的处理方法是（　　）；

A. 电源电压相同时，可以兼容；但 TTL 型不用的信号端可以悬空；而 CMOS 型不用的信号端不可悬空，必须经过电阻接逻辑"1"；

B. 只要电源电压一致可随意使用；

C. 电源电压不同也可以互换使用；

D. 不论电源电压是否相同，都可以级联使用

(8) 一种比较简单、直观的序列信号实现方案是用计数器和（　　）组成的；

A. 数据选择器；　　　B. 数值比较器；　　　C. 多路分配器；　　　D. 全加器

(9) 如果计数器是按 8421 编码方式进行计数，则称为（　　）；

A. 4 位二进制计数器；　　B. 循环码计数器；　　C. 可逆计数器；　　D. 模 10 计数器

(10) 欲构成一个模 12 递增计数器共需用（　　）个触发器；

A. 3；　　　　　　　　B. 10；　　　　　　　C. 2；　　　　　　　D. 4

(11) n 个触发器可以构成最大计数长度（即最大模数）为（　　）的计数器；

A. n；　　　　　　　B. $2n$；　　　　　　C. n^2；　　　　　　D. 2^n

(12) 若每输入 256 个脉冲，分频器能输出一个脉冲，则此分频器需用（　　）个 T′触发器链接而成？

A. 7；　　　　　　　　B. 8；　　　　　　　C. 9；　　　　　　　D. 10

(13) 某同学手头有边沿 JK 触发器，但急需将其用作边沿 D 触发器，应使（　　）；

A. $J=\bar{D}, K=D$；　　B. $J=D, K=\bar{D}$；　　C. $J=K=D$；　　D. $J=K=\bar{D}$

(14) 以下数字部件属于时序逻辑电路的是（　　）；

A. 数据选择器 CT74LS151；　　　　　　　B. 数值比较器 CT74LS85；

C. 二进制译码器 CT74LS138；　　　　　　D. 单向移位寄存器 CC4015

第 6 章　半导体存储器和可编程逻辑器件

引言　本章将首先讨论只读存储器 ROM（Read – Only Memory）、随机存取存储器 RAM（Random Access Memory）和作为主流产品之一的可编程逻辑器件 PLD（Programmable Logic Device）的结构、工作原理及其使用方法，然后介绍复杂的可编程门阵列（FPGA）和在系统可编程（ISP）技术，最后简介几种 ispPLD 的开发软件⊖。

6.1　半导体存储器

半导体存储器是当今信息社会和数字系统中不可缺少的组成部分。它用来存储大量的二值信息。按照集成度划分，它属于大规模集成电路（LSI）。根据其结构和工作原理的差异，它又分成 ROM 和 RAM 两大类。

另一类功能特殊的 LSI 是 PLD，它是 20 世纪 70 年代后期发展起来的 LSI 芯片，是通用型半定制电路。前已介绍的各种 MSI 器件性能好、价格低，但构成大型复杂的数字系统时，常常会带来系统功耗高、占用空间大及可靠性差等问题，而用 PLD 却能较好地解决这些问题。因此 PLD 在工业控制和新产品研发等领域得到了广泛应用。究其原因，PLD 芯片是用户可以通过编程使其具有不同的逻辑功能。它拥有使用灵活、集成度高、工作速度快、可靠性高等一系列优点。

6.1.1　半导体存储器的特点

半导体存储器具有集成度高、体积小、存储密度大、可靠性高、价格低、外围电路简单和易批量生产的特点，被用来存储程序和大量数据，是计算机和其他数字系统不可缺少的组成部分。

由于半导体存储器中存储单元的数目很大，而器件的引脚数极为有限，所以它在结构上并不像寄存器那样将每个存储单元的输入和输出直接引出，而是给每个存储单元分配一个地址，且若干个单元共用一个引脚，因而只有被输入地址码指定的那些存储单元才与公共的输入/输出引脚接通，将该单元的数据读出或者将外部数据写入该单元。

6.1.2　半导体存储器的分类

1. 按照制造工艺分为双极型存储器和 MOS 存储器

双极型存储器以 TTL 触发器作为基本存储单元，具有速度快、功耗大、价格高的特点，主要用于高速应用场合，如计算机的高速缓存；而 MOS 存储器用 MOS 触发器或电荷存储器

⊖　为了便于与国际市场产品相适应，第 6 章所用的图形符号和文字标注部分采用了国外的符号和标注，如 ROM 结构图中的 MOS 管图形符号，20 世纪 80 年代初以来国外出现的新型的存储器件，如 FAMOS 管、SIMOS 管、Flotox 管等，以及 PLD 阵列逻辑图中的缓冲器、反相器、三态门、**与门**和**异或**门等逻辑符号。读者使用时可查阅附录 C 或者与国内外资料比对起来识别。

件作存储单元，具有集成度高、功耗小、价格低的特点，主要用于大容量存储系统，如计算机内存等。

2. 按照存取功能分为 ROM 和 RAM

ROM 在正常工作时，只能从中读取数据，而不能写入数据，特点是结构简单，数据一旦固化于其内部后，便可长期保存，掉电后数据不会丢失，故属于数据非易失存储器，适用于存储固定数据或程序的场合。根据结构特点，人们将 ROM 分为掩模式 ROM、可编程 ROM（Programmable Read – Only Memory，PROM）、可擦除可编程 ROM（Erasable Programmable Read – Only Memory，EPROM）等几种类型。

RAM 在正常工作时可以随时向存储单元写入数据，或者从存储单元中读出数据。根据存储单元结构和工作原理的不同，将 RAM 分成静态随机存储器（Static Random Access Memory，SRAM）和动态随机存储器（Dynamic Random Access Memory，DRAM）。

3. 按数据输入/输出方式分为串行和并行存储器

并行存储器中数据输入/输出采用并行方式，串行存储器中数据输入或输出采用串行方式。显然，并行存储器读写速度快，但数据线和地址线占用芯片引脚数较多，并且存储容量越大，所用引脚数目越多。串行存储器的速度比并行存储器慢一些，但芯片的引脚数目却少了许多。

6.1.3　半导体存储器的主要技术指标

1. 存储容量

该指标是指半导体存储器能够存储二进制数据的多少。由于存储器中每个存储单元可存储 1 位二进制数据，即 **0** 或 **1**，所以存储器的容量即为存储器中所有存储单元的总数。例如一个内含 1024 个存储单元的存储器，其存储容量为 1K（$1K = 1024 = 2^{10}$）。

2. 存取时间

存取时间一般用读（或写）的周期来表示，存储器连续两次读出（或写入）操作所需的最短时间间隔称为读（或者写）周期。读（或者写）周期越短，存取时间就越短，存储器工作速度也就越快。目前高速 RAM 的存取时间已经达到纳秒数量级。

6.2　随机存取存储器（RAM）

RAM 又名随机读/写存储器。它工作时在控制信号的作用下，可以随时从指定地址对应的 RAM 存储单元中读出数据或向该存储单元写入数据。它的最大优点是读写方便、快速，最明显的缺点是数据易失，即一旦掉电，RAM 中的信息就会丢失。

SRAM 以静态触发器作为存储单元，依靠触发器的记忆功能存储数据，而 DRAM 以 MOS 管栅极电容的电荷存储效应来存储数据。SRAM 和 DRAM 这两类 RAM 的整体结构基本相同，它们的区别在于存储单元的结构和工作原理有所不同。

6.2.1　RAM 的结构

RAM 通常由存储矩阵、地址译码器和读/写控制电路（亦称输入/输出电路）等 3 大部分组成。它的电路结构如图 6-1 所示。下面对此 3 大部分分别进行介绍。

1. 存储矩阵

一个 RAM 中有许多个结构相同的存储单元，因这些存储单元排列成矩阵形式，故称为存储矩阵。每个存储单元存储 1 位二进制数据（**0** 或 **1**），在地址译码器和读/写控制电路的作用下，可以从某个存储单元中读出数据或向该单元写入数据。

通常存储器中数据的读出或写入是以**字**为单位进行的，每次操作读出或写入一个字，一个字含有若干个存储单元（若干位数据），每位数据被称为该字的 **1 位**，一个字中所含的数据位数称为**字长**。在微机工程中，常以字数乘以字长表示存储器的容量，存储器容量越大，意味着存储的数据越多。为了区别不同的字，将同一个字的各位数据编成一组，并指定一个编号，称为该字的**地址**，每个字都有唯一的地址与之对应，同时每个字的地址反映该字在存储器中的物理位置。地址通常用二进制数或十六进制数表示。

2. 地址译码器

在 RAM 中，地址的选择是通过地址译码器来实现的。地址译码器通常有字译码器和矩阵译码器两种。在大容量存储器中，通常采用矩阵译码器，此类译码器将地址分为行地址和列地址译码器两部分，行地址译码器对行地址译码，而列地址译码器对列地址译码，行、列译码器的输出为存储器的行、列选择线，由它们共同选择欲读/写的存储单元。

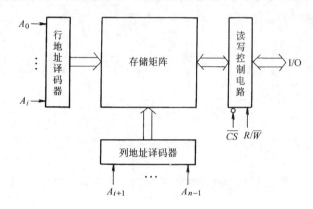

图 6-1　RAM 的电路结构

例 6-1　图 6-2 为 1024×1RAM 的结构示意图。试说明该 RAM 的容量及其寻址过程。

解：根据前述有关容量的定义，在图 6-2 所示的 RAM 中，共有 $32 \times 32 = 1024$ 个字，每个字长为 1，所以该 RAM 的容量为 1024，即它共有 1024 个存储单元，排列成 32×32 的矩阵结构形式，图 6-2 中每一个方框代表一个存储单元。

该 RAM 的二进制地址范围为 $A_9A_8A_7A_6A_5A_4A_3A_2A_1A_0 = \textbf{0000000000} \sim \textbf{1111111111}$，行地址 $A_4 \sim A_0$ 经过行地址译码器使某一根行线 X_i 为 **1**，列地址 $A_9 \sim A_5$ 经列地址译码器使某一根列线 Y_j 为 **1**。对于存储器，每给定一组地址，则各有一根对应的行线和列线输出 1，该行线和列线被选中，因此该行线和列线交叉点上的单元就被选中，亦即选中了该地址对应的一个字，可以对该地址的存储单元进行读/写操作。例如 $A_9 \sim A_0 = \textbf{1111100000}$，则 32 根行线中的 X_0 为 **1**，其余为 **0**，而 32 根列线中仅 Y_{31} 为 **1**，其余为 **0**，列线 Y_{31} 使与它相连的一对 MOS 管导通，故图中右上角的存储单元（0，31）被选中，该存储单元的两根位线分别与一对互补的数据线 D 和 $\bar{D}$ 接通，此时可对该单元进行读/写操作。上述即为该 RAM 的寻址过程。

在例 6-1 的 1024 × 1RAM 中，由于每个字长为 1，所以每次读/写只对此字（一个存储单元）操作。对于每个字长大于 1（多个存储单元）的存储器来说，每次读/写操作是同时对一个字中的多位数据进行读/写的。

3. 片选和读/写控制电路

每片 RAM 的存储容量毕竟有限，而在微机应用中通常需用大容量存储器。获得大容量存储器的方法是用多片 RAM，通过一定的连接方式组成大容量的存储系统。在此情况下，任一时刻通常只对其中的一片或几片 RAM 进行读/写操作。为此，RAM 中设有片选端 $\overline{CS}$（低电平有效）。若在某片 RAM 的 $\overline{CS}$ 端加低电平，则该 RAM 就被选中，可以读/写操作，否则该 RAM 不工作，相当于与存储系统隔离。

RAM 被选中后，是读是写，则全由读/写控制信号 $R/\overline{W}$ 来控制。图 6-3 为一种 RAM 的片选和读/写控制电路，图中 $R/\overline{W}$ 即为读/写控制信号；I/O 为数据输入/输出端。当 $\overline{CS} = 1$ 时，门 G_4、G_5 输出为 **0**，故 G_1、G_2 和 G_3 均呈高阻状态，I/O 端与存储器内部完全隔离，该片存储器未被选中。而当 $\overline{CS} = 0$ 时，该芯片被选中，此时若 $R/\overline{W} = 1$，G_5 输出高电平，仅 G_3 被打开，被选中的存储单元的数据出现在 I/O 端，即存储器进行读操作；若 $R/\overline{W} = 0$，则 G_4 输出高电平，此时仅 G_1、G_2 打开，加在 I/O 端的输入数据以互补的形式出现在内部数据线 D 和 $\overline{D}$ 上，且存入被选中的存储单元，即对存储器进行了写操作。

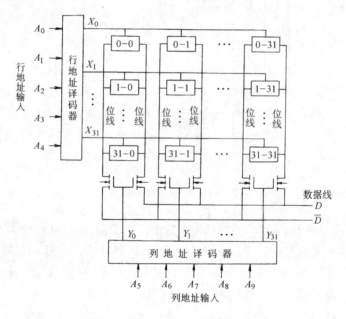

图 6-2　1K × 1 RAM 结构示意图

6.2.2　RAM 的存储单元

1. 静态存储器（SRAM）的存储单元

前已述及，SRAM 以静态触发器作为存储单元，靠触发器的保持功能存储数据。所以在电路结构上，SRAM 是由触发器附加门控管构成的。

SRAM 的存储单元可采用双极型晶体管（BJT）器件，亦可采用 MOS 场效应晶体管。当论及 MOS 存储单元时，有 NMOS 存储单元，也有 CMOS 存储单元，其中 CMOS 存储单元以低功耗的特点在 SRAM 中得到广泛应用。目前，大容量 SRAM 一般都采用 CMOS 器件作为存储单元。

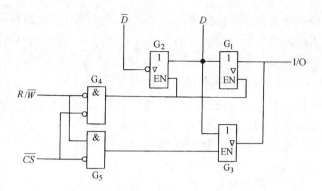

图 6-3　一种 RAM 的片选和读/写控制电路

图 6-4 为 6 管 CMOS 存储单元的典型电路。图中 V_1 和 V_3、V_2 和 V_4 分别构成两个 CMOS 反相器，它们首尾交叉连接成基本 SR 锁存器，作为 SRAM 的一个存储单元；V_5、V_6、V_7、V_8 均为门控管，V_5、V_6 由行线 X_i 控制，V_7、V_8 由列线 Y_j 控制，以控制位线与数据线 D、$\overline{D}$ 的通断，且此两 NMOS 管为该列线上各 CMOS 存储单元所共用。

当地址译码器使 X_i、Y_j 均为高电平时，V_5、V_6、V_7、V_8 均导通，则该存储单元被选中。当**读操作**时，存储单元中储存的数据先经位线到达互补数据线 D、$\overline{D}$，然后经过图 6-3 所示的片选和读/写控制电路输送到 I/O 端。读出后，存储单元中的数据不丢失；在**写操作**时，同样使 $X_i = Y_j = 1$，此时 I/O 端的输入数据经读/写控制电路及位线写入该存储单元。采用 6 管 CMOS 存储单元的 SRAM 有 6116（2K × 8）、6264（8K × 8）、62256（32K × 8）等芯片。

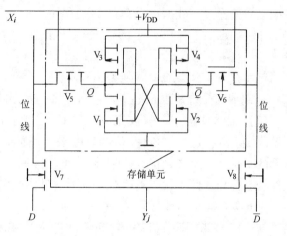

图 6-4　6 管 CMOS 存储单元的电路图

上述 CMOS SRAM 不但静态功耗低，而且能在电源电压降低情况下保存数据，因此存储器可以在交流供电系统断电后用备用电池供电，以保证存储器中数据不丢失，用此方法弥补 SRAM 数据易失的不足。例如 Intel 公司生产的超低功耗 CMOS SRAM 产品 5101L，电源电压为：+5V，静态功耗仅 1 ~ 2μW。若电源电压降至 $+V_{DD} = 2V$，并处于低压保持状态，则功耗可降到 0.28μW。

2. 动态存储器（DRAM）的存储单元

以上介绍的 6 管 CMOS 存储单元构成的 SRAM 有两个缺点：① 不管存储的是 **1** 还是 **0**，总有一个管子导通，需要消耗一定的功率，这对于大容量存储器来说，因存储单元很多，故消耗的功率不可低估；② 每个存储单元需要 6 个 MOS 管，不利于提高存储器的集成度，而动态存储器（DRAM）较好地解决了上述两个问题。

DRAM 存储单元是因 MOS 管栅极电容的电荷存储效应而存储数据的。由于 DRAM 存储单元的结构非常简单，所以在大容量、高集成度 RAM 中得以广泛应用。但是由于栅极电容的电容量非常小（仅几个皮法），且漏电又不可避免，所以存储器存有电荷的时间极为短暂，必须及时补充漏掉的电荷，才能保证数据不致丢失，故在 DRAM 中必须定时为栅极电容补充电荷，保持栅极电容上有足够高的电压，通常称此过程为**刷新**或**再生**。因而在 DRAM 工作时必须辅以刷新控制电路（有的芯片控制电路直接集成在 DRAM 内部），这必将使存储器操作复杂化。尽管如此，DRAM 仍是近 20 多年来大容量 RAM 的主流芯片之一。

早期的 DRAM 存储单元为 4 管或 3 管存储电路，这些电路的优点是外围控制电路简单，缺点是存储电路结构较复杂，不利于提高集成度。目前大容量存储器中使用较多的是单管存储单元，其结构简单，有利于提高集成度，但外围控制电路比较复杂。下面介绍 4 管存储单元的结构和工作过程，见图 6-5。

(1) 电路结构　在图 6-5 中，V_1、V_2 是两个增强型 NMOS 管，它们的栅极和漏极相互交叉连接，数据以电荷的形式存储在 C_1 和 C_2 上，而 C_1 和 C_2 上的电压又控制着 V_1、V_2 的导通或截止状态，从而决定存储单元存 **0** 或 **1**。图中增强型 NMOS 管

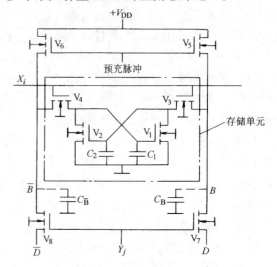

图 6-5　4 管动态存储单元电路图

V_5、V_6 组成对位线的预充电路，它们为每一列存储单元所共用。

(2) 工作过程　若 C_1 被充电，且 C_1 上的电压大于 V_1 的开启电压，同时 C_2 未被充电，则 V_1 导通，V_2 截止，因此将 C_1 为高电平（逻辑 **1**）、C_2 为低电平（逻辑 **0**）的状态称作存储单元的 **0** 状态。反之，将 C_1 为低电平（逻辑 **0**），C_2 为高电平（逻辑 **1**），即 V_2 导通，V_1 截止的状态称作存储单元的 **1** 状态。以下通过例题说明其读/写原理。

例 6-2　试分析图 6-5 所示 4 管动态存储单元的读/写操作过程。

解：（1）当读操作开始时，先在 V_5、V_6 管栅极上加预充电脉冲，使 V_5、V_6 管导通，位线 B 和 $\bar{B}$ 与电源：$+V_{DD}$ 接通，$+V_{DD}$ 将位线分布电容 C_B 和 $C_{\bar{B}}$ 充电至高电平。当预充电脉冲消失后，位线上的高电平将在短时内得以保持。

当位线处于高电平期间，如果地址译码器输出 X_i 和 Y_j 同时为 **1**，则门控管 V_3、V_4、V_7、V_8 均导通，此时内部所存数据被读出。例如，设存储单元为 **0** 状态，即 V_1 管导通、V_2 管截止，位线电容 C_B 将通过 V_3、V_1 管放电，使位线 B 变为低电平。同时因 V_2 管截止，故位线 $\bar{B}$ 仍保持高电平。这样就把存储单元的 **0** 状态读到 B 和 $\bar{B}$ 上。由于此时 V_7、V_8 管也导通，所以位线 B 和 $\bar{B}$ 的数据上了数据线 D 和 $\bar{D}$。读出 **1** 的过程与上述读出 **0** 的过程相似。

由上述分析可知，对位线的预充电相当重要。因为若 V_3、V_4 管导通前对 C_B 和 $C_{\bar{B}}$ 没有预充电，那么在 V_4 管导通后 $\bar{B}$ 上的高电平须靠 C_1 上的电荷向 $C_{\bar{B}}$ 充电来建立，但因位线上连接的器件数目太多，位线太长，故 $C_{\bar{B}}$ 一般比 C_1 要大得多，这势必会使 C_1 损失一大部分电荷，则高电平被破坏，将使存储数据丢失。而有了预充电路后，在 V_3、V_4 管导通之前，$C_{\bar{B}}$ 已被预充到高电平，V_3、V_4 管导通时 $C_{\bar{B}}$ 的电位比 C_1 的电位还高一些，$C_{\bar{B}}$ 反而会向 C_1 补充电荷，所以 C_1 的电荷不但不会损失，而且会得到补充，实际上相当于进行了一次刷新。

（2）当进行**写操作**时，给定的地址经过译码，X_i、Y_j 同时为高电平，使 V_3、V_4、V_7、

V_8 管导通。输入数据从器件的 I/O 端通过读/写控制电路加到 D、$\overline{D}$ 端，然后通过 V_7、V_8 传输到位线 B 和 $\overline{B}$ 上，再经过 V_3、V_4 管将数据写入 C_1 或 C_2。例如，设写入数据为 **0**，即 D = **0**，$\overline{D}$ = **1**，当 Y_j = **1** 时，V_7、V_8 管导通，则位线 B = **0**、$\overline{B}$ = **1**。此时若 X_i = **1**，则 V_3、V_4 管导通，位线 $\overline{B}$ 的高电平经 V_4 管向 C_1 充电，V_1 管导通，然后 C_2 通过导通的 V_1 管放电，使 V_2 管截止，因此向存储单元存入 **0**。存入 **1** 的过程与存 **0** 的过程类似。

DRAM 的型号较多，常用的有 $256K \times 1$ 位的 μPD41256，该芯片的存储容量为 2^{18}。

在 4 管动态存储单元中，每构成一个存储单元需要 4 个管子，从提高集成度、增加存储密度的角度来看，此结构不够理想，因而出现了 3 管、单管存储单元，其中以单管存储单元最为理想，因为每一单元只用一个管子。尽管单管存储单元具有外围控制电路较复杂的缺点，但由于存储单元本身简单，在提高集成度上有优势，所以它成为多年来大容量 DRAM 的首选存储单元。图 6-6 为单管 NMOS 存储单元结构图，图中存储单元仅由一个增强型 NMOS 管 V 和电容 C_S 组成。现介绍其数据的读/写过程如下：

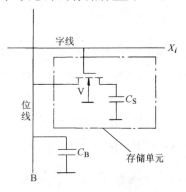

图 6-6 单管 NMOS 存储单元

当写入 **1** 时，字线 X_i 给出高电平，V 管导通，将位线上的数据存入 C_S 中；读出 **1** 时，字线 X_i 为高电平，V 管导通，C_S 经过 V 管向 C_B 充电。由于存储器位线上连接的存储单元数目很多，使 C_B 远大于 C_S，所以位线上读出的电压信号幅度很小，且读出操作过后，因为电荷的损失，所以 C_S 上的电压很低。为此，在 DRAM 中设有灵敏再生放大器，一方面将读出信号放大，另一方面在每次读出后，及时对读出单元进行刷新操作。

6.3 只读存储器（ROM）

只读存储器 ROM 属于数据非易失性器件。按照其数据写入方式的不同，将它分成掩模式 ROM、可编程 ROM（PROM）和可擦除可编程 ROM（EPROM）。而根据 EPROM 数据擦除、写入方式的不同，又分为紫外线可擦除可编程 ROM（UVEPROM[⊖]）、电可擦除可编程 ROM（E^2PROM[⊖]）和快闪式存储器（Flash Memory）等 3 种。

6.3.1 ROM 的结构

ROM 的典型结构如图 6-7 所示。由图可见，ROM 主要由地址译码器、存储矩阵和输出缓冲器 3 部分组成。存储矩阵用许多结构相同的存储单元组成，存储单元可用二极管构成，也可用 BJT 或 MOS 管构成，每个或每组存储单元有唯一地址与之对应。

在图 6-7 中，地址译码器的作用是将输入的地址代码转换成相应的控制信号，利用此控制信号从存储矩阵中将指定的单元寻找出，并将该单元中的存储数据送入输出缓冲器。

⊖ UVEPROM 是 Ultraviolet Erasable Programmable ROM（紫外线可擦除可编程 ROM）的缩写。

⊖ E^2PROM 或 EEPROM 是 Electrically Erasable Programmable ROM（电可擦除可编程 ROM）的缩写。

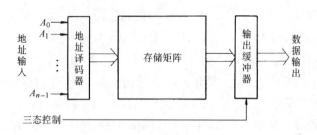

图 6-7　ROM 的典型结构

输出缓冲器的作用有三：一是提高存储器的带负载能力；二是将输出信号电平调整为标准的逻辑电平值；三是实现对输出信号的三态控制，便于 ROM 与数字系统的数据传输总线连接。

不同类型的 ROM 整体结构基本相同，它们之间的区别在于存储单元的结构和工作原理不同，因此不同类型的 ROM 性能也不尽相同。

6.3.2　掩模式只读存储器（固定 ROM）

顾名思义，掩模式 ROM 采用掩模工艺制作，其中存储数据由制作过程中使用的掩模板决定。用户按照使用要求确定存储器的存储内容，存储器制造商根据用户的要求设计掩模板，利用掩模板生产出相应的 ROM。因此，掩模式 ROM 在出厂时存储的数据已经固化在芯片内部，故它在使用时内容不能更改，只能读出其中的数据。

1. 二极管 ROM

图 6-8 是由二极管存储矩阵构成的 ROM 电路结构图，它是 2 位地址输入、4 位数据输出的掩模式 ROM，其地址译码器由 4 个二极管与门构成，2 位地址代码 A_1A_0 能给出 4 个不同的地址，地址译码器将这 4 个地址码分别译成 W_0、W_1、W_2 和 W_3 共 4 根线中某一线的高电平信号。而存储矩阵实际上是由 4 个二极管或门组成的编码器，当 $W_0 \sim W_3$ 中任意一根线给出高电平信号时，都会在 $D_0 \sim D_3$ 共 4 根数据线上输出一组 4 位二进制代码。将每组输出代码称为一个字，并把 $W_0 \sim W_3$ 称作字线，$D_0 \sim D_3$ 称作位线（数据线），则 A_1、A_0 即为地址线。

读取数据时，先使 $\overline{EN} = 0$，再从 A_1A_0 输入指定的地址码，则由地址所指定的各存储单元中存放的数据便出现在输出数据线上。例如，当 $A_1A_0 = 10$ 时，仅 $W_2 = 1$，而其他字线均为 **0**。由于只有 D'_2 一根线与 W_2 之间接有二极管，所以该二极管导通，D'_2 为高电平，而 D'_0、D'_1 和 D'_3 均为低电平。此时因 $\overline{EN} = 0$，故 4 个输出三态缓冲器打开，即在数据输出端得到 $D_3D_2D_1D_0 = 0100$。现将全部 4 个地址所指定的存储单元内存数据列于表 6-1 中。

从图 6-8 还可看出，字线和位线的每一个交叉处都是一个存储单元，此交叉处接有二极管相当于存入 **1**，而未接二极管相当于存有 **0**。交叉处数目即为存储单元的数目，亦即存储器的容量。因此图 6-8 所示的二极管 ROM 的存储容量为 4×4。

其实，实际应用中 ROM 的存储容量不会如此之小，教材中只是为了清楚起见，才取用了小容量的 ROM。此外，由于掩模式 ROM 结构十分简单，所以其集成度可以做得很高，且

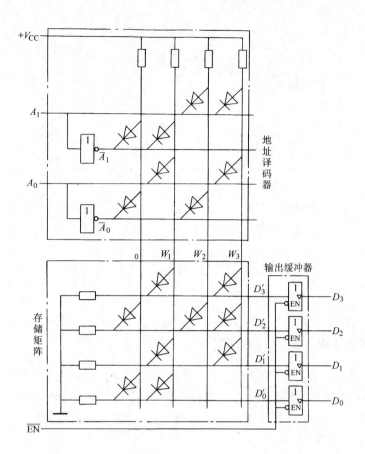

图 6-8　由二极管存储矩阵构成的 ROM 电路结构图

一般都是批量生产的，价格也相当便宜。

表 6-1　图 6-8 ROM 的数据表

地　址		数　据			
A_1	A_0	D_3	D_2	D_1	D_0
0	0	0	1	0	1
0	1	1	0	1	1
1	0	0	1	0	0
1	1	1	1	1	0

2. MOS 管 ROM

采用 MOS 工艺制作掩模式 ROM 时，译码器、存储矩阵和输出缓冲器全部用 MOS 管制成。图 6-9 给出了 NMOS 管存储矩阵的电路结构。

与图 6-8 相比，图 6-9 中 ROM 用增强型 NMOS 管代替了图 6-8 中的二极管。当 $\overline{EN}=0$，并给定地址后，先经译码器译成 $W_0 \sim W_3$ 中某一根字线上的高电平，接在此根字线上的 NMOS 管导通，随之，与这些 MOS 管漏极相连的位线为低电平，再经过输出缓冲器反相后，最后在输出端就得到高电平。显而易见，字线与位线交叉处接有 MOS 管时，相当于该单元存 **1**，未接 MOS 管时相当于存 **0**。因此，图 6-9 的 NMOS 存储矩阵中所存数据与表 6-1 所列数据完全相同。

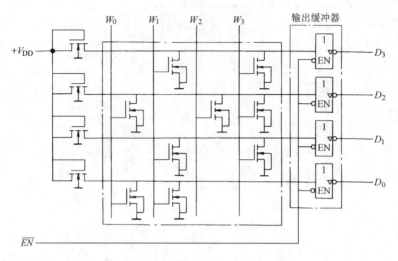

图 6-9　NMOS 管存储矩阵的电路结构图

6.3.3　可编程只读存储器（PROM）

　　PROM 是一种只进行一次编程的只读存储器。用户通过对其内部存储单元编程一次，便可获得所需存储内容的存储器。它在出厂前，存储矩阵中所有存储单元均已制作了半导体器件，相当于在所有的存储单元上都存入 **1**。编程时，经过一定程序的操作，可以一次性地将某存储单元的 **1** 改为 **0**。

1. 熔丝型 PROM 存储单元

　　图 6-10 为熔丝型 PROM 存储单元的原理电路图，该存储单元由一个 BJT 和串联于其发射极的快速熔丝组成。图中 BJT 发射结相当于接在字线与位线之间的二极管，熔丝用低熔点合金丝或多晶硅导线制成。欲改写为数据 **0** 时，只要设法将需写入 **0** 的那些单元的熔丝熔断即可。

2. 熔丝型 PROM 编程举例

　　图 6-11 是一个 16×8 位的 PROM 结构原理图。编程时，首先输入地址码，找出欲改写 **0** 的单元，然后通过某一专用控制电路，使 $+V_{CC}$ 和选中的字线电压提升到编程所需的高电压，同时在编程单元的位线上加入编程脉冲（此脉冲幅度约为：$+20V$，持续时间约为十几微秒），使稳压管 VS 击穿，

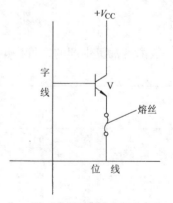

图 6-10　熔丝型 PROM 存储单元的原理电路

写入放大器 A_W（反相放大器）输出为低电平、低内阻状态，此时就有较大的脉冲电流流过熔断器，将其快速熔断。当正常工作时，读出放大器 A_R 输出的高电平不足以使 VS 击穿，A_W 不工作。显然，由于 PROM 的有关存储单元的数据 **0** 一经改写，就不能再作任何的更改，所以它只能编程一次，使用灵活性受到一定的限制。PROM 的此性能不能满足数字系统研发中经常修改存储内容的需求，因此须要生产出一种既可擦除又可重写的 ROM。

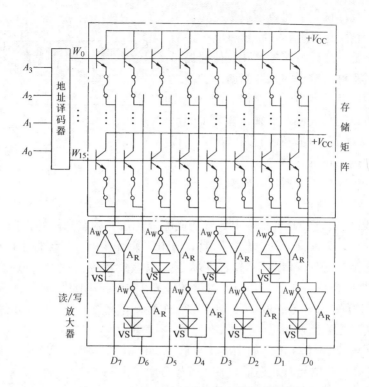

图 6-11　16×8 位的 PROM 结构原理图

6.3.4　可擦除可编程只读存储器（EPROM）

与 PROM 不同，可擦除可编程 ROM（EPROM）中的存储数据是可多次擦除、并可重写的。因此在需要经常修改 ROM 中存储内容的场合，EPROM 便成为一种比较理想的存储器选择。

紫外线可擦除可编程 ROM（UVEPROM）的擦除要用紫外线灯或者用 X 射线照射，且照射需要一定的时间（通常为 $20 \sim 30\text{min}$），才能将其中的数据抹掉，这给使用带来不便，于是时隔不久便出现了用电信号擦除的可编程 ROM——E^2PROM。后来随着计算机和通信技术的发展，快闪式存储器（简称闪存）又应运而生。后者也是一种电擦除可编程的 ROM。以下介绍此 3 种 ROM。由于它们的总体结构与第 6.3.3 节已介绍的 PROM 无甚区别，仅仅是存储单元结构有所不同。所以，下面主要介绍其存储单元的结构和工作原理。

*1. 紫外线可擦除可编程 ROM（UVEPROM）

（1）**FAMOS 管**　早期 EPROM 的存储单元中使用了浮栅雪崩注入式 MOS 管，即 FA-MOS$^{\ominus}$管，如图 6-12 所示。FAMOS 管是一种 P 沟道增强型 MOS 管，因其栅极"浮置"于 SiO_2 层内，与其他部分均不相连，即浮栅处在完全绝缘的状态而得名。如果在它的漏极和源极之间加上比正常工作电压高得多的负电压（通常为：-45V 左右），则可使漏极与衬底之间的 PN 结发生雪崩击穿，从而产生大量的热电子；又由于在漏 - 源极之间加有高电压，在强

$\ominus$　FAMOS 是 Floating gate Avalanche - Injection Metal - Oxide - Semiconductor 的简称。

电场的作用下，耗尽区里的热电子以极高速度从漏端的 P⁺ 区向外射出，其中一部分热电子穿过 SiO₂ 薄层到达浮栅，或说被浮栅俘获，使浮栅带有负电荷，此过程称为雪崩注入。当漏 – 源极之间的高电压去掉以后，因为注入浮栅上的电荷没有放电通路，所以能长久保存下来，在环境温度下（+25℃），70% 以上的电荷可以存储 10 年以上。当俘获的热电子积累到一定数量时，浮栅下面的衬底表面产生反型层，形成导电沟道，遂使 FAMOS 管导通。

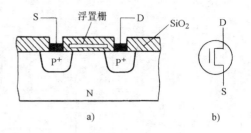

图 6-12　FAMOS 管
a) 结构示意图　b) 符号

　　若用紫外线或者 X 射线照射 FAMOS 管的硅栅氧化层，则在光能的作用下，SiO₂ 层中将产生电子 – 空穴对，为浮栅上的电荷提供泄放通道，使其放电。待浮栅上的电荷消散以后，导电沟道亦随之消失，FAMOS 管恢复截止状态，以上过程称为擦除，擦除时间约需 20 ~ 30min。为便于擦除操作，在 UVEPROM 器件的外壳上制有透明的石英窗。擦除时，用紫外线或 X 射线照射石英窗口 20 ~ 30min。但正常工作时，写完数据后应使用不透明胶带将石英窗口遮蔽，以防可见光照射而丢失数据。

　　（2）FAMOS 管存储单元　如图 6-13 所示，用 FAMOS 管 V_1 作为存储单元时，还需要用一个普通的 PMOS 管 V_2 与之串联。图 6-13 FAMOS 管存储单元有以下的缺点：首先，每个存储单元需两个 MOS 管，故单元面积较大，影响到集成度的增高；其次，产生雪崩击穿所需要的电压较高；再则，PMOS 管开关速度较低，影响了存储器的存取速度。鉴于上述缺点，在存储器制造技术上采用叠栅注入式 MOS 管（即 SI-MOS⊖管）来制作 EPROM 存储单元。

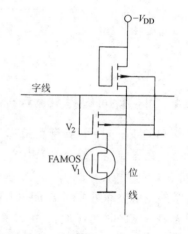

图 6-13　FAMOS 管存储单元

　　（3）SIMOS 管存储单元　SIMOS 管如图 6-14 所示，它是一种增强型 NMOS 管，有两个重叠的栅极—控制栅 G_c 和浮栅 G_f。控制栅 G_c 用于控制读出和写入，浮栅 G_f 用于长期保存注入其中的电荷。SIMOS 管的工作过程如下：

　　在浮栅上未注电荷之前，SIMOS 管相当于一个普通的增强型 NMOS 管，此时在控制栅上加正常的高电平，使得漏 – 源极间产生导电沟道，则 SIMOS 管导通。但在浮栅 G_f 注入负电荷以后，必须给控制栅 G_c 加上更高的电压，才能抵消注入负电荷的影响从而形成导电沟道，因此在控制栅极加上正常的高电平（例如：+5V）时，SIMOS 器件不会导通。

　　当漏 – 源极之间加上较高的电压（+20 ~ +25V）时，将产生雪崩击穿现象，产生很多的高能热电子。此时若在控制栅 G_c 上加上较高的电压脉冲（幅度约为：+25V，脉宽约 50ms），则在栅极电场力的作用下，一些速度较高的电子便渡越 SiO₂ 层到达浮栅，被浮栅俘获形成注入负电荷。图 6-15 是 SIMOS 管存储单元，当浮栅注入电荷后，若地址译码器的输

　　⊖　SIMOS 是 Stacked – gate Injection Metal Oxide Semiconductor 的简称。

出使字线为高电平（+5V）时，由于注入电荷的作用，SIMOS 管截止，位线上读出数据 **1**；而当浮栅上未注电荷，字线为高电平（+5V）时，SIMOS 管导通，位线上读出数据 **0**。于是，浮栅注入电荷的 SIMOS 管相当于写入数据 **1**，而未注电荷的 SIMOS 管相当于存入 **0**。因此，采用 SIMOS 管的 EPROM 同样能用紫外线擦除，再重写新的数据。常用的 EPROM 有 2716（2K×8）、2732（4K×8）、2764（8K×8）等，它们均采用 SIMOS 管作为存储单元。

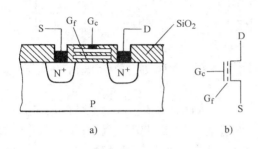

图 6-14　SIMOS 管

a）结构示意图　b）符号

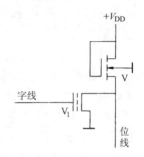

图 6-15　SIMOS 管存储单元

2. E²PROM

虽然紫外线擦除的 EPROM 具备可擦除、可重写的功能，但擦除操作比较麻烦，擦除速度也较慢。为了克服这一缺点，计算机工程中研制出用电信号擦除的可编程 ROM，此为前面所述的 E²PROM。在 E²PROM 存储单元中，采用一种浮栅隧道氧化层 MOS 管—Flotox（Floating Gate Tunnel Oxide）管，如图 6-16 所示。

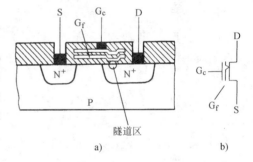

图 6-16　Flotox 管

a）结构示意图　b）符号

（1）Flotox 管原理简介　Flotox 管与 SIMOS 管相似，亦属增强型 NMOS 管。它有两个栅极：控制栅 G_c 和浮栅 G_f，所不同的是 Flotox 管的浮栅与漏区之间有一层很薄的氧化层区域，其厚度在 $2×10^{-8}m$ 以下，此区域被称为隧道区。当隧道区的电场强度大到一定程度（大于 $10^7V/cm$）时，便在漏区和浮栅之间出现导电隧道，此时隧道区内的电子可以双向通过，形成电流，这种现象称为隧道效应。

对于 Flotox 管，加到控制栅 G_c 和漏极 D 的电压是通过浮栅–漏极之间的电容和浮栅–控制栅之间的电容，分压后加到隧道区上的。为了产生隧道效应，应使加到隧道区的电压尽量大，这就需要尽可能地减小浮栅和漏极之间的电容，故要求把隧道区面积做得非常小。因此在制作 Flotox 管时对隧道区氧化层的厚度、面积和耐压都提出相当严格的要求。

（2）E²PROM 存储单元　为了提高擦写的可靠性，并保护隧道区的超薄氧化层，在 E²PROM 的存储单元中除了 Flotox 管以外还附加了一个选通管，如图 6-17 所示。图中的 V_1 为 Flotox 管（亦称存储管），V_2 为普通的增强型 NMOS 管（亦称选通管）。根据浮栅上是否充有电荷来区分存储单元的 **1** 或 **0** 状态。当正常工作时，欲读出某单元的数据，应使 $W_i =$ **1**，同时在该单元的控制栅 G_c 上加 +3V 电压，若浮栅上已充有电荷，则 G_c 加 +3V 电压时 V_1 也不导通，故读出数据 **1**，该单元存 **1**；若浮栅未充电荷，则 G_c 上加 +3V 电压时 V_1 导通，

读出数据 **0**，说明该单元存有 **0**。

1）写入操作　如果使 $W_i = 1$，$B_j = 0$，则 V_2 导
通，V_1 漏极接近地电位，此时在 Flotox 管的 G_c 上加
20V 左右、宽度约为 10ms 的脉冲电压，就会在浮栅
和漏极之间极薄的氧化层内显现隧道效应，使漏区内
电子在电场力作用下，经由隧道区注入浮栅，当正脉
冲过后隧道效应消失，浮栅中的电子得以长期保存。
此时，由于浮栅上有电荷存在，Flotox 管的开启电压
达到 7V 以上，读出时 G_c 上的电压（+3V）不能使
V_1 导通，亦即该存储单元存入 **1**。

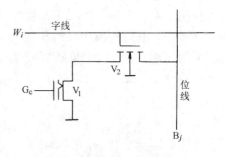

图 6-17　E^2PROM 的存储单元

2）擦除操作　擦除时应使 Flotox 管的浮栅放电。为此，令 $W_i = 1$，同时在 B_j 加上 +20V
左右、宽度约为 10ms 的脉冲电压，V_2 管导通，V_1 管漏极获得 +20V 左右的电压，使 V_1 管的
G_c 的电压为 **0**，则在浮栅和漏极之间呈现隧道效应，浮栅上的电子通过隧道区放电。待放电
完成后，若在 G_c 上加 +3V 电压，则 Flotox 管导通，说明该单元存的是数据 **0**。

一般情况下，E^2PROM 允许擦写 100 ~ 10000 次，擦写一次需时 20ms 左右。虽然
E^2PROM 用电信号擦除，但因它擦除和写入需要专门设备（编程器），为其施加高电压脉冲
（+20V），并且仍旧需要不长的擦写时间，所以需要开发性能更好、集成度更高的 ROM 器件。

3. 快闪式存储器

快闪式存储器（简称闪存）采用一种类似于 EPROM 单管叠栅结构的存储单元，形成了
新一代的电擦除、可编程 ROM，它既显现 EPROM 结构简单、编程可靠的优点，又具有
E^2PROM 隧道效应、快速擦除的特性，且为单管存储单元，集成度可以做得较高。

（1）叠栅 MOS 管简介　图 6-18 所示是快闪式
存储器的叠栅 MOS 管，其结构与 EPROM 中的 SIMOS
管极为相似，两者之区别仅为浮栅与衬底之间氧化
层厚度不同。在 EPROM 中氧化层厚度一般为 30 ~
40nm，而在闪存中仅为 10 ~ 15nm，且浮栅与源区的
重叠部分由源区横向扩散形成，面积极小，因而浮
栅-源区之间的电容比浮栅-控制栅之间的电容小
得多。因此，当控制栅和源极之间加上电压时，大
部分电压将降落在浮栅与源极之间的电容上。

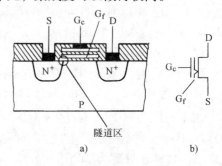

图 6-18　快闪式存储器中的叠栅 MOS 管
a）结构示意图　b）符号

（2）快闪式存储器的存储单元　图 6-19 为快闪
式存储器中的存储单元，它的公共端 V_{SS} 为低电平。在读出状态下，字线给出 +5V 的高电
平，如果浮栅上未充电，则 +5V 电压使叠栅 MOS 管导通，位线 B_j 输出低电平；若浮栅上充
有电荷，则 +5V 电压不致使叠栅 MOS 管导通，位线 B_j 输出高电平。

1）写入操作　快闪式存储器的写入操作与 EPROM 相同，即利用雪崩注入的方式使浮
栅充电。在写入状态下，将需要写入 **1** 的存储单元中叠栅 MOS 管的漏极，经位线接至一较
高的正电压（一般为：+6V），V_{SS} 接低电平，同时在控制栅上加一个幅度 +12V 左右、脉
宽约为 10μs 的正脉冲，这时叠栅 MOS 管漏-源极之间将发生雪崩击穿，同时因在 G_c 上加
有正电压，故在电场力的作用下，一部分电子便快速穿越氧化层到达浮栅，形成浮栅充电电

荷。浮栅充电后，漏极正电压消失，此时叠栅 MOS 管的开启
电压为 7V 以上，当字线上加上正常的高电平（ +5V）时，叠
栅 MOS 管不导通，即该单元写入数据 **1**。

2）擦除操作　闪存的擦除操作是利用隧道效应进行的，
这类似于 E^2PROM 写入数据 **0** 的操作。在擦除状态下，令控制
栅处于低电平，同时在源极 V_{SS} 加上一个幅度约为 + 12V、脉
宽约 $10\mu s$ 的正脉冲，便在浮栅与源区间极小的重叠部分产生
隧道效应，使浮栅上的电荷经隧道区释放。因浮栅与源极之间
的电容很小，故无须很高的电压（ +12V 即可）就能产生隧道
效应。浮栅放电后，叠栅 MOS 管的开启电压小于 +2V，此时若
在控制栅 G_c 上加 +5V 的高电平，该叠栅 MOS 管将导通。

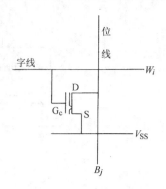

图 6-19　快闪式存储器中的
存储单元

由于闪存芯片内所有的叠栅 MOS 管的源极是连接在一起的，所以当进行上述擦除操作
时，片内的全部存储单元同时被擦除，速度很快。此性能也是闪存与 E^2PROM 的不同之处。

自从 20 世纪 80 年代末闪存问世以来，它就以高集成度、大容量、小体积、低成本和使
用方便等优点受到青睐。目前人们广泛使用的各种信息卡（包括 U 盘、手机存储卡、银联
卡、市民一卡通、校园一卡通等）都采用了闪存技术。在许多 LSI 器件中，如新型的 MCU
（Microprogram Control Unit，微程序控制单元）、DSP（Digital Signal Processor，数字信号处理
器）、PLD 芯片中也较多地采用了闪存技术。随着半导体工艺、微电子技术和 EDA 技术的不
断发展，闪存的集成度将会越来越高，而成本将变得越来越低。作为一种理想的高性能的存
储体，闪存必将得到更广泛的应用。

6.4　存储器容量的扩展

在一些复杂的数字系统中，通常要求存储器有较大的容量。但是由于半导体工艺水平的
限制，单片存储器的容量无法做得很大，这就凸显出单片存储器容量与系统要求的存储容量
之间的矛盾。计算机工程中解决此对矛盾的方法是对已有存储器的容量进行扩展。

所谓存储器容量扩展是将多片一定容量的存储器（ROM 或 RAM），按照某一方式连接
起来，构成一个更大容量的存储系统。一般而言，工程中将存储器容量扩展分为位扩展和字
扩展方式。

1. 位扩展方式

如果每片存储器中的字数够而位数不够时，就该采用位扩展方式，使之扩展成位数够用
的存储系统。下面举例说明。

例 6-3　试用多片 1024×1 位的 RAM 扩展成一个 1024×8 位的 RAM 存储系统。

解：因用 1024×1 RAM 芯片扩展成 1024×8 RAM 存储系统，字数够用而位数不够用，
故电路连接上采用芯片并联的办法，作位扩展，具体接法为：将 8 片 1024×1 位的 RAM 芯
片的所有地址线、读写控制线 $R/\overline{W}$、片选信号端 $\overline{CS}$ 分别并联，作为扩展后存储系统的地址
线、读写控制线 $R/\overline{W}$、片选信号 $\overline{CS}$，而每 1 片的 I/O 端作为扩展后 RAM 的数据输入/输出
端的 1 位，扩展后存储系统的容量为 1024×8 位，是每片存储器的容量的 8 倍。图 6-20 所
示是例 6-3 的连线图。

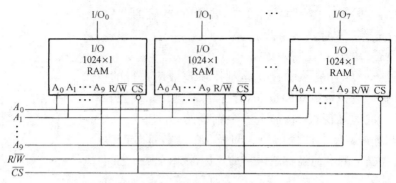

图 6-20 8 片 1024 × 1 RAM 构成一个 1024 × 8 RAM

对于只读存储器 ROM，因为 ROM 芯片上没有读/写控制端 $R/\overline{W}$，所以在进行位扩展时不必考虑 $R/\overline{W}$ 的连线，其余引脚的连接方法与例 6-3 RAM 的扩展法完全相同。

2. 字扩展方式

如果 1 片存储器的位数够而字数不够时，应该采用字扩展连接方式，将存储器扩展成字数满足要求的存储系统。现举一例说明之。

例 6-4 试用 4 片 256 × 8 位的 RAM 芯片扩展成一个 1024 × 8 位的 RAM 存储系统。

解：此例因位数够而字数不足，故需用字扩展的连线方式。当进行电路连线时，用双 2 线 – 4 线译码器中的 $\frac{1}{2}$CT74LS139 的输出信号（低电平有效），作为 4 片 256 × 8 位 RAM 的片选信号。由于每片 256 × 8 位 RAM 的地址为 8 位，即 $A_0 \sim A_7$（见图 6-21），而 1024 × 8 RAM 的地址码有 10 位，即 $A_0 \sim A_9$，所以在连线时将每片 256 × 8 位 RAM 的地址线 $A_0 \sim A_7$ 并联，作为扩展后存储器的低 8 位地址线，译码器 $\frac{1}{2}$CT74LS139 的输入 A_0、A_1 分别作为扩展后存储器的高两位地址线 A_8 和 A_9，4 片 256 × 8 RAM 的 8 位 I/O 端分别并联，作为扩展后存储系统的 I/O 端。接线后的存储系统如图 6-21 所示。表 6-2 列出了每片 256 × 8 RAM 的地址分配情况。

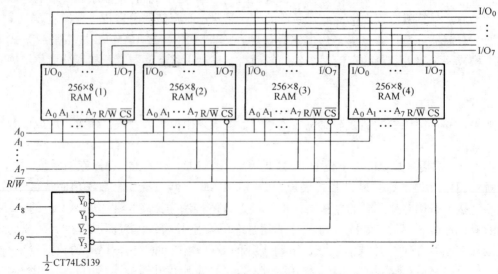

图 6-21 用 4 片 256 × 8 的 RAM 构成 1024 × 8 的 RAM 存储系统

表 6-2　例 6-4 中每片 256 × 8 RAM 的地址分配情况

器件编号	A_9 A_8	$\bar{Y}_3$ $\bar{Y}_2$ $\bar{Y}_1$ $\bar{Y}_0$	地址范围 A_9 A_8 A_7 A_6 A_5 A_4 A_3 A_2 A_1 A_0
RAM (1)	0 0	1 1 1 0	0000000000 ~ 0011111111
RAM (2)	0 1	1 1 0 1	0100000000 ~ 0111111111
RAM (3)	1 0	1 0 1 1	1000000000 ~ 1011111111
RAM (4)	1 1	0 1 1 1	1100000000 ~ 1111111111

请思考以下问题：例 6-4 中 RAM 的字扩展方法是否适用于 ROM 的字扩展？如果适用，应该如何连线？若存储器的字数和位数都不能满足容量要求时，该怎样用多片存储器构成一个更大容量的存储系统？请读者联系所提出的问题，做习题 6-8 和习题 6-9。

6.5　可编程逻辑器件（PLD）

第 6.5 节主要介绍 PAL、GAL、CPLD 和 FPGA$^\ominus$共 4 种常用 PLD 产品的工作原理、特点及其应用技术，然后介绍 ISP$^\ominus$器件的特点和工作原理，最后简介 PLD 的开发技术。

6.5.1　PLD 概述

1. 数字集成电路分类

数字集成电路从功能上分成**通用型**和**专用型**两大类，其中**通用型**集成电路的逻辑功能不但相对固定，而且比较简单，通用性较强，如前面几章介绍的 CC4000 系列、CT74 系列及其改进型、CT74HC 系列的集成电路，以及将要论及的 PLD 产品；而**专用型**集成电路是指专门为某一应用领域或为用户设计制作的、具有某一逻辑功能的集成电路，它将某些专用电路或电子系统设计、制作在一块芯片上，构成所谓的片上系统（System on a Chip，SoC）。

从理论上来说，可用**通用型数字集成电路**构成任何复杂的数字系统，但往往需要大量的芯片，而且系统连线复杂，功耗、体积都较大，系统可靠性也较差。如果将这些组成特定系统的电路做在一块集成电路芯片上，制成一片**专用集成电路芯片**，则不但可以减小系统的体积、功耗和重量，而且大大提高了数字系统的可靠性。但是专用集成电路一般用量小，设计和制造周期较长，相应的成本也比较高。

2. 可编程逻辑器件 PLD

第 1.1 节中曾提及可编程逻辑器件 PLD，它的出现为解决上述问题提供了一个较好的方案。因为 PLD 是一种通用型逻辑器件，不但它的逻辑功能由用户自行编程确定，而且其集成度很高，所以一般情况下都能满足用户设计数字系统的要求。

PLD 器件自 20 世纪 70 年代问世以来，发展迅速，应用日益广泛。最常见的 PLD 产品有 PAL、GAL、CPLD 和 FPGA。近年来在电子系统设计中，PLD 的应用范围不但越来越广，而且由于微电子技术的快速发展，PLD 芯片的集成度和性能正在得以提高。目前最新的 FPGA

$\ominus$　PAL、GAL、CPLD 和 FPGA 分别为 Programmable Array Logic（可编程阵列逻辑）、Generic Array Logic（通用阵列逻辑）、Complex Programmable Logic Device（复杂可编程逻辑器件）和 Field Programmable Gate Array（现场可编程门阵列）的缩写。

$\ominus$　ISP 系 In System Program（在系统编程）的缩写。

的集成度已达百万逻辑门，传输延迟时间小于 3ns，而 CPLD 系统的工作频率超过 250MHz，传输延迟时间只有纳秒级。因而认为，PLD 的出现改变了传统的数字系统的设计方法，大大提高了系统设计的灵活性，缩短了设计周期，为复杂数字系统的优化设计提供了可能性。

在使用 PLD 芯片前，要对其进行编程。编程需要通过开发系统进行。PLD 开发系统由硬件和软件两部分组成，硬件系统包括计算机、编程器、编程电缆，软件系统含各种专门的开发软件。这些由不同公司提供的开发软件大部分是集成式开发环境，功能强，使用方便，一般的 PC 上都能运行，且很多的 PLD 制造商都免费提供学生版软件。

新一代在系统编程 ISP 技术为 PLD 芯片提供了一种更加简捷、方便的编程方法，在系统编程时无须专门的编程器，只要将计算机编译产生的编程文件通过下载电缆写入 PLD 芯片即可。

3. PLD 芯片分类

PLD 芯片的分类方法很多，常见的有以下几种：

（1）按集成逻辑门密度分类　按集成逻辑门的密度，PLD 可分为**低密度可编程逻辑器件（LDPLD）和高密度可编程逻辑器件（HDPLD）两大类**。其中 LDPLD 主要包括 PROM、PLA、PAL 和 GAL 共 4 种，集成密度一般小于 700 门/片（这里的门是指 PLD 的等效门）；HDPLD 主要有 CPLD 和 FPGA 共两种，集成密度大于 700 门/片。目前集成密度最高的 HDPLD 达 100 万门/片。

（2）按编程次数分类　按编程次数，可编程逻辑器件可分为**一次性编程器件**和**多次编程器件**两种。顾名思义，一次性编程的 PLD 在编程后不可再改，优点是集成度高、抗干扰能力强、可靠性好、价格低廉，适于定型批量生产的产品。多次编程器件价格稍高，适用于新型数字产品的开发。

（3）按编程方式分类　不同的 PLD 芯片在编程工艺上有很大区别，因此 PLD 又可分为熔丝和反熔丝编程器件、UVEPROM 编程器件、电可擦除可编程器件、SRAM 编程器件 4 种。熔丝（Fuse）和反熔丝（Antifuse）编程器件指用一次性编程的熔丝和反熔丝编程器件，如 PROM、Xilinx 公司生产的 XC5000 系列和 ACTEL 公司生产的 FPGA 均采用这种结构；UVPROM 编程器件指采用 UVEPROM 编程工艺的可编程器件，有相当一部分的 FPGA 和 CPLD 采用这种方式编程；电可擦除可编程器件有两种：一种是 E^2PROM 器件，另一种是采用快闪式存储单元的可编程逻辑器件，后者主要包括 GAL 和 ISP 器件；SRAM 编程器件即为基于静态存储器结构的 PLD 器件，Xilinx 等公司生产的 FPGA 即属此种结构的器件。

4. PLD 内部结构的习惯画法

因为 PLD 内部电路连线可谓纵横交错、星罗棋布，用传统的逻辑电路很难描述，所以对 PLD 产品采用国际上通用的简化画法。图 6-22 画出了 PLD 器件中逻辑门的简化画法。图 6-22a、b 是**与门**的画法，**与门**的输入线画成行线，**与门**的所有输入变量称为输入项，并画成与行线垂直的列线，表示**与门**的输入变量。图 6-22c 为**或门**的画法，图 6-22d 为互补输出缓冲器，图 6-22e 为三态缓冲器（以上两图中缓冲器均采用国际通用逻辑符号），PLD 器件的输入、输出缓冲器通常采用互补输出方式。

在图 6-22a、b、c 中，同时给出 PLD 列线与行线交叉点的连接方法，共 3 种，现重新画于图 6-23a。图中若有 "·"，则表示该点固定连接（硬线连接，不可以编程改变）。若有 "×" 表示该点编程连接。如果没有 "·"，亦无 "×"，表示该点不连接（被编程擦除）。

图 6-23b 给出用 PLD 简化画法表示的一个与门阵列，设该 PLD 为 TTL 产品，由图列出以下 3 式：

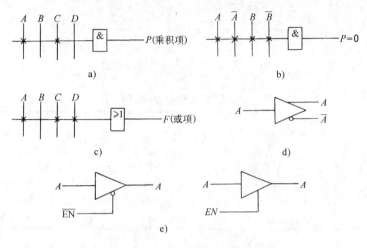

图 6-22　PLD 中逻辑门的简化画法
a)、b) 与门画法　c) 或门画法
d) 互补输出缓冲器　e) 三态缓冲器

$$L_1 = A\,\overline{A}B\,\overline{B} = 0$$
$$L_2 = 1$$
$$L_3 = \overline{AB}$$

5. PLD 的结构特点

不同公司生产的 PLD 产品的结构差异较大。下面以具有代表性的一种 LDPLD 芯片来说明 PLD 的结构特点。

由于任何一个逻辑函数都可以表示为最小项之和的形式，或者表示成**与或**式，所以 LDPLD 一般都采用以下结构：一级**与**门电路（即**与**阵列）、一级**或**门电路（**或**阵列）和一级输出电路。图 6-24 给出了这种基本结构框图。在不同类型的 LDPLD 中，**与**阵列和**或**阵列均为可编程结构，亦可为固定结构。表 6-3 列出了 4 种 LDPLD 的结构特点，它们的输出方式各不相同。

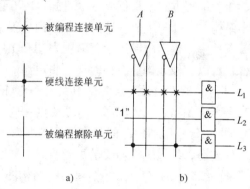

图 6-23　PLD 的连接方式及 PLD 与门阵列
a) PLD 的连接方式　b) 一个 PLD 与门阵列

现对表 6-3 中前两种 LDPLD 的结构特点说明如下：在 PROM 中固定的**与**阵列指前面介绍的地址译码器，而可编程**或**阵列即前面介绍的可编程存储矩阵；在 FPLA 中，**与**阵列和**或**阵列均为可编程结构，而输出级一般为三态缓冲器（TS），也有的器件用集电极开路（OC）或漏极开路（OD）结构，还有的器件在**或**阵列和输出缓冲器之间设置可编程**异或**门，以便对输出极性进行控制。但近年来这两种 LDPLD 芯片已少有应用。

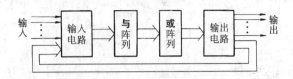

图 6-24　LDPLD 的基本结构框图

表 6-3　4 种 LDPLD 的结构特点

LDPLD 的类型	阵　列		输出方式
	与	或	
PROM	固定	可编程	TS、OC
FPLA	可编程	可编程	TS、OC、H、L
PAL	可编程	固定	TS、I/O、寄存器、互补
GAL	可编程	固定	用户自行定义

下两节依次介绍目前仍有应用的 PAL 和 GAL。有关 HDPLD 的结构特点将于第 6.5.4 节介绍。

6.5.2　可编程阵列逻辑（PAL）

1. PAL 基本逻辑功能介绍

PAL 是 20 世纪 70 年代末由美国 MMI 公司推出的 LDPLD 产品之一，它采用双极性工艺、熔丝编程方式。根据表 6-3 可知，PAL 由可编程的**与**阵列、固定的**或**阵列和各种不同的输出结构共 3 部分组成。通过对**与**阵列编程，获得不同形式的组合逻辑函数。另外，在有些 PAL 器件中，输出电路还设置有触发器和由触发器输出到**与**阵列的反馈连线，利用这些 PAL 器件也可以方便地构成各种时序逻辑电路。

用 PAL 器件设计组合逻辑电路时，**与**阵列的每个输出为一乘积项，**或**阵列的每个输出为若干个乘积项之和，亦即 PAL 是用乘积项之和的形式来实现组合逻辑函数的。

图 6-25 是一种 PAL 的基本结构图。由图可知，在未编程前，**与**阵列的所有交叉点上均有熔丝连通，编程时将需要的熔丝保留，不需要的熔丝熔断，即得到所设计的电路。图 6-26 是图 6-25 中的 PAL 器件编程后的结构图，图中如果输入端 I_1、I_2、I_3、I_4 分别接逻辑变量 A、B、C、D，则该 PAL 电路所实现的逻辑函数为

$$Y_1 = ABC + BCD + ACD + ABD$$
$$Y_2 = \overline{A}\,\overline{B} + \overline{B}\,\overline{C} + \overline{C}\,D + \overline{A}\,\overline{D}$$
$$Y_3 = A\overline{B} + \overline{A}B$$
$$Y_4 = AB + \overline{A}\,\overline{B}$$

目前，常见的 PAL 产品中，输入变量最多的达 20 个，**与**逻辑乘积项最多的有 80 个，**或**阵列输出最多的达 10 个，每个**或**门至多输入端有 16 个。这样一来，对于绝大多数的组合逻辑函数，PAL 都能满足设计要求。

为了满足用户在不同情况下对 PAL 器件的要求，有各种不同输出结构的 PAL 芯片供用户选择。这些不同输出结构包括专用输出、可编程输入/输出、寄存器输出、**异或**输出和运

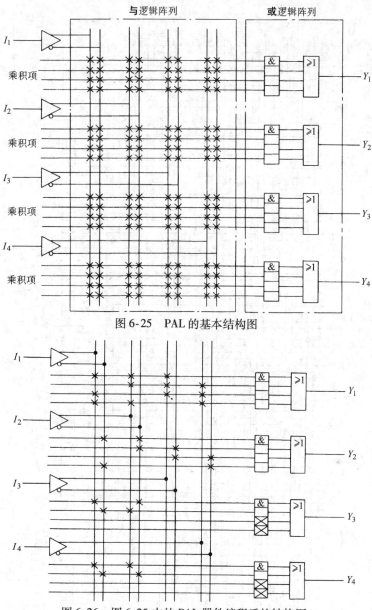

图 6-25　PAL 的基本结构图

图 6-26　图 6-25 中的 PAL 器件编程后的结构图

算选通反馈结构。由于不同输出结构的 PAL 器件型号不同，所以有许多种型号的 PAL 器件可供选用。

2. 典型的 PAL 器件 PAL16L8

图 6-27 给出了 PAL16L8 的逻辑电路，该器件内部包含有 8 个**与、或**阵列和 8 个三态反相输出缓冲器。每个**与、或**阵列由 8 个 32 输入端**与**门和 7 输入端**或**门组成。**与、或**阵列的第一个**与**门的输出作为专用乘积项，用来控制三态缓冲器的输出，其余 7 个乘积项作为**或**门的输入信号。引脚 1~9 和引脚 11 是器件的输入端，引脚 12 和 19 是输出端，引脚 13~18 共 6 个脚可以经编程定义为输出端，亦可经编程定义为输入端。因此，PAL16L8 最多可有 16 路输入（包括反馈）、8 路输出。型号 PAL16L8 中的后一个 "L" 表示低电平输出有效。

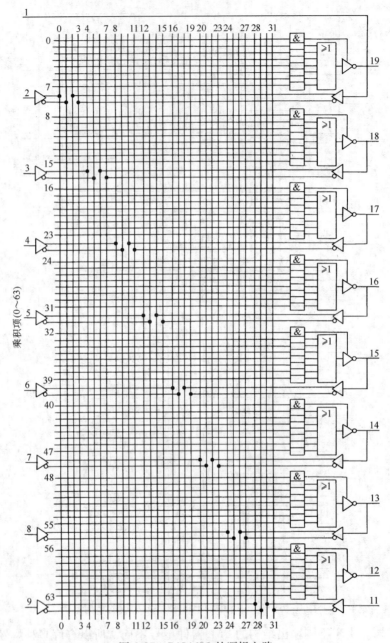

图 6-27   PAL16L8 的逻辑电路

例 6-5 用 PAL 芯片设计一个具有使能端的 2 线 –4 线二进制译码器。

解：设输出使能端为 $\overline{ST}$（低电平有效），译码器输入变量为 A_1、A_0，输出为 $\overline{Y_3}$、$\overline{Y_2}$、$\overline{Y_1}$、$\overline{Y_0}$（低电平有效），则可列出 2 线 –4 线二进制译码器的真值表，如表 6-4 所示。由表可得该译码器的 4 个输出逻辑表达式为

$$\overline{Y_3} = \overline{A_1 A_0}, \quad \overline{Y_2} = \overline{A_1 \overline{A_0}},$$

$$\overline{Y_1} = \overline{\overline{A_1} A_0}, \quad \overline{Y_0} = \overline{\overline{A_1} \, \overline{A_0}}。$$

因电路有 3 个输入端，4 个输出端（低电平有效，且具有三态功能），故选用 16 输入、

8 输出（低电平有效）且输出带有三态缓冲器的 PAL16L8。此题经过编程后获得的熔丝图，见图 6-28。

表 6-4　2 线 – 4 线译码器真值表

$\overline{ST}$	A_1	A_0	$\overline{Y_3}$	$\overline{Y_2}$	$\overline{Y_1}$	$\overline{Y_0}$
1	Φ	Φ	高　　　阻　　　态			
0	0	0	1	1	1	0
0	0	1	1	1	0	1
0	1	0	1	0	1	1
0	1	1	0	1	1	1

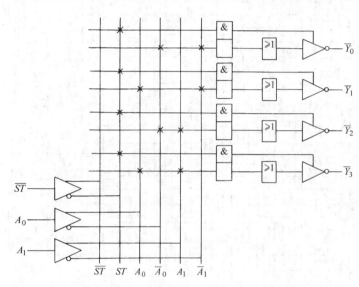

图 6-28　用 PAL16L8 设计的 2 线 – 4 线译码器的熔丝图

6.5.3　通用阵列逻辑（GAL）

PAL 器件的发展为数字系统的逻辑设计带来了很大的灵活性，但它尚存某些不足之处：一方面，采用熔丝连接工艺，靠熔丝烧断达到编程目的，一旦编程便不能改写；另一方面，不同型号的 PAL 对应于不同输出结构的 PAL，不便于用户使用。而通用阵列逻辑 GAL 是在 PAL 器件的基础上发展起来的新一代增强型器件，它直接继承了 PAL 器件的**与 – 或**阵列结构，利用输出逻辑宏单元 OLMC⊖ 结构来增强输出功能，同时采用电子标签和宏单元结构字等新技术和 E^2CMOS 新工艺⊖，使 GAL 具有可擦除、可重新编程和可重新配置其结构等功能。用 GAL 器件设计数字逻辑系统，不仅灵活多样，而且能对 GAL 器件进行仿真，并能完全兼容。但是，GAL 和 PAL 器件均需通用或专用的编程器进行编程。

1. GAL 的基本结构

根据 GAL 器件的门阵列结构，可把现有 GAL 器件分为两大类：一类与 PAL 器件基本相似，即**与**门阵列可编程，**或**门阵列固定连接，这类器件有 GAL16V8、ispGAL16Z8 和 GAL20V8 等，此类芯片称为通用型 GAL 器件，其中 ispGAL16Z8 还可在系统编程；另一类

⊖　OLMC 是 Output Logic Macro Cell 之缩写。

⊖　指利用浮栅技术，以 CMOS 器件为基础的电可擦除可编程生产工艺。

GAL 器件的**与**门阵列和**或**门阵列均可编程，GAL39V18 就属于此类器件。前一类 GAL 器件具有基本相同的电路结构。

　　通用型 GAL 中的 GAL16V8 是 20 脚器件，器件型号中的 16 表示最多有 16 个引脚作为输入端，器件型号中的 8 表示芯片内含 8 个 OLMC，并且最多可有 8 个引脚作为输出端。同理，GAL20V8 的最大输入引脚数是 20，它是 24 脚器件。下面以 GAL16V8 为例，说明 GAL 的电路结构和工作原理。图 6-29 为 GAL16V8 的逻辑结构图，它是由 5 个部分组成的。

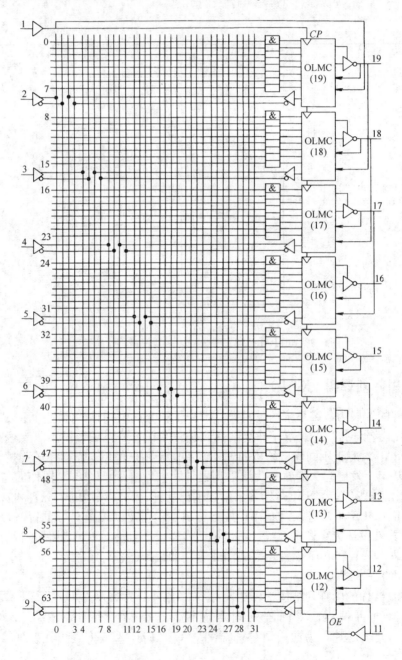

图 6-29　GAL16V8 的逻辑结构图

1）8 个输入缓冲器（对应引脚 2～9，作为固定输入）。

2）8 个输出缓冲器（对应引脚 12～19，作为输出缓冲器的输出）。

3）8 个输出逻辑宏单元（OLMC12～19，或门阵列包含在其中）。

4）8 个输出反馈/输入缓冲器（中间一列 8 个缓冲器）。

5）可编程与门阵列（由 8×8 个与门构成，形成 64 个乘积项，每个与门有 32 个输入端）。

6）一个系统时钟 CP 输入端（引脚 1），一个三态输出控制端 OE（引脚 11），一个电源（+V_{DD}）端和一个接地端（引脚 20 和引脚 10，图中未画，通常：+V_{DD} = +5V）。

2. GAL 的结构控制字和输出逻辑宏单元（OLMC）

GAL 器件每个输出端都有一个对应的输出逻辑宏单元 OLMC，通过对 GAL 的编程，可以使 OLMC 具有不同形式的输出结构，以适应各种不同的应用需要。因此，GAL 器件的特点在很大程度上体现于 OLMC。

(1) GAL 的结构控制字　GAL16V8 有一个 82 位的结构控制字，通过对 GAL 编程，可以实现对结构控制字每位的设定，从而决定各个 OLMC 的工作方式。GAL16V8 的结构控制字组成见图 6-30，图中 XOR（n）和 AC_1（n）字段下面的数字分别表示它们控制该器件中各个 OLMC 的输出引脚号。现在对照图 6-30，介绍 GAL16V8 结构控制字的各位功能如下：

1) 同步位 SYN　该位用来确定 GAL 器件是具有组合型输出能力还是具寄存器输出能力。当 SYN =1 时，具有组合型输出能力；当 SYN =0 时，具有寄存器输出能力。此外，对于 GAL16V8 中的 OLMC（12）和 OLMC（19），$\overline{SYN}$代替 AC_0，SYN 代替 AC_1（m）作为反馈数据选择器 FMUX 的输入信号。此处 AC_1（m）中的 m 表示邻级宏单元对应的 I/O 引脚号。

2) 结构控制位 AC_0　该位为 8 个 OLMC 所共用，它与各个 OLMC（n）各自的 AC_1（n）配合，控制 OLMC（n）中的各个多路开关。

3) 结构控制位 AC_1　AC_1共有 8 位，使每个 OLMC（n）有单独的 AC_1（n）。

4) 极性控制位 XOR（n）　该位通过 OLMC 中间的异或门，控制逻辑操作结果的输出极性：当 XOR（n）=0 时，输出信号 O（n）低电平有效；当 XOR（n）=1 时，输出信号 O（n）高电平有效。

5) 乘积项（PT）禁止位　共有 64 位，分别控制图 6-29 中与门阵列的 64 个乘积项，即 PT0～PT63，以便屏蔽某些不用的乘积项。当其中某一位为 1 时，对应的乘积项送入或阵列，否则屏蔽该乘积项。

(2) 输出逻辑宏单元（OLMC）　图 6-31 是一个 OLMC 的逻辑结构框图。由图可见，OLMC 主要由以下 4 部分组成：

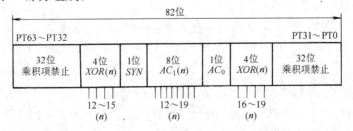

图 6-30　GAL16V8 的结构控制字的组成

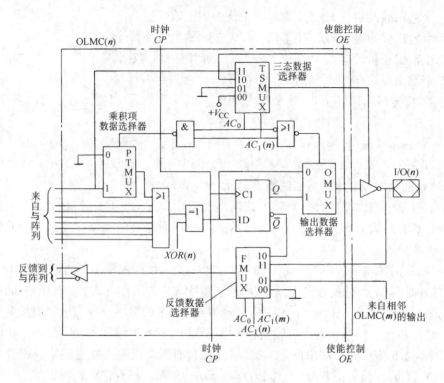

图 6-31　OLMC 的逻辑结构框图

1）或阵列　它是一个 8 输入**或**阵列，其输入来自**与**逻辑阵列的输出，由此在**或**门的输出端得到乘积项不多于 8 项的**与或**逻辑表达式。

2）异或门　用于控制输出信号的极性，当 XOR（n）=**1** 时，三态缓冲器输出和**或**门的输出同相，当 XOR（n）=**0** 时，三态缓冲器输出和**或**门的输出反相。

3）上升沿触发的 D 触发器　其功能是锁存**或**门输出状态，使 GAL 适用于设计时序逻辑电路。

4）4 个数据多路开关（数据选择器）　它们是 PTMUX、TSMUX、OMUX 和 FMUX。现分述如下：

① **乘积项数据选择器 PTMUX** 是一个 2 选 1 数据选择器，它根据 AC_0、AC_1（n）的取值决定来自**与**门阵列的第一乘积项是否作为**或**门的第一个输入，当 AC_0、AC_1（n）中至少有一个为 **0** 时，第一乘积项经 PTMUX 加到**或**门的输入端，作为**或**门的一个输入信号，否则第一乘积项不作为**或**门的一个输入端。

② **三态数据选择器 TSMUX** 是一个 4 选 1 数据选择器，它根据 AC_0、AC_1（n）的取值来决定输出端三态缓冲器的工作状态。表 6-5 列出了不同的 AC_0、AC_1（n）取值下，TSMUX 的输出及输出缓冲器的状态。

③ **反馈数据选择器 FMUX** 是一个 8 选 1 数据选择器，但它的输入信号只有 4 个。其作用是根据 AC_0、AC_1（n）和 AC_1（m）的取值从 4 路信号源中选出一路作为反馈信号送到**与**阵列输入端。4 路不同的信号源是：地、邻级 OLMC 的输出、此级 OLMC 输出和 D 触发器的输出 $\overline{Q}$。

表 6-5　TSMUX 的控制功能表

AC_0	$AC_1(n)$	TSMUX 的输出	输出三态缓冲器的工作状态
0	**0**	1（$+V_{DD}$）	工作状态
0	**1**	**0**	高阻态
1	**0**	OE	$OE = 1$ 为工作状态 $OE = 0$ 为高阻态
1	**1**	第一乘积项	若取值是 **1**，则为工作状态 若取值是 **0**，则为高阻态

④ 输出数据选择器 OMUX 是一个 2 选 1 数据选择器，其作用是根据 AC_0、$AC_1(n)$ 的取值来决定输出信号是否锁存，从而决定 OLMC 工作在组合型输出模式还是寄存器型输出模式。

表 6-6 给出了 5 种 OLMC 的配置情况。由表可见，在结构控制字同步位 SYN、控制位 AC_0 和 $AC_1(n)$ 的控制下，可将 GAL 的 OLMC 设置成 5 种不同的功能组合。

表 6-6　OLMC 的功能组合

功能	SYN	AC_0	$AC_1(n)$	$XOR(n)$	输出极性	备注
专用输入	**1**	**0**	**1**	/	/	1 脚和 11 脚为数据输入，三态门不通
专用组合型输出	**1**	**0**	**0**	**0** **1**	低电平有效 高电平有效	1 脚和 11 脚为数据输入，所有输出是组合的，三态门总是选通
反馈组合型输出	**1**	**1**	**1**	**0** **1**	低电平有效 高电平有效	1 脚和 11 脚为数据输入，所有输出是组合的，但三态门由第一乘积项选通
时序电路中组合型输出	**0**	**1**	**1**	**0** **1**	低电平有效 高电平有效	1 脚接 CP，11 脚接 $\overline{OE}$，这个宏单元输出是组合的，但其余宏单元至少有一个为寄存器输出模式
寄存器型输出	**0**	**1**	**0**	**0** **1**	低电平有效 高电平有效	1 脚接 CP，11 脚接 $\overline{OE}$

3. GAL 的工作模式

由于 OLMC 提供了灵活的输出功能，因此编程后的 GAL 器件可以替代所有其他固定输出级的 PLD。GAL16V8 有 3 种工作模式，即简单型、复杂型和寄存器型。适当连接该器件的引脚线，根据 OLMC 的输入/输出特性可以决定其工作模式。

(1) 简单型工作模式　表 6-7 给出了 GAL16V8 的简单型工作模式。处于这种模式时，该器件有多条输入和输出线，没有任何反馈通路。15 脚和 16 脚仅仅作为输出端，其输出逻辑表达式最多有 8 个乘积项。

(2) 复杂型工作模式　表 6-8 给出了 GAL16V8 的复杂型工作模式。处于该模式时，它有多条输入和输出线，输出 12 和 19 脚不存在任何反馈通路，输出 13 ~ 18 脚和与门阵列之间有一条反馈通路。其输出逻辑表达式最多有 7 个乘积项，另一个乘积项用于输出使能控制。

表 6-7　GAL16V8 的简单型工作模式

引脚号	功　能
20	$+V_{CC}$
10	地
1~9，11	仅作为输入
15，16	仅作为输出（无反馈通路）
12~14，17~19	输入或输出（无反馈通路）

表 6-8　GAL16V8 的复杂型工作模式

引脚号	功　能
20	$+V_{CC}$
10	地
1~9，11	仅作为输入
12，19	仅作为输出（无反馈通路）
13~18	输入或输出（有反馈通路）

(3) 寄存器型工作模式　表 6-9 给出了 GAL16V8 的寄存器型工作模式。

表 6-9　GAL16V8 的寄存器型工作模式

引脚号	功　能
20	$+V_{CC}$
10	地
2~9	仅作为输入
1	时钟脉冲输入
11	使能输入（低电平有效）
12~19	输入或输出（有反馈通路）

例 6-6　用 GAL16V8 设计一个具有使能端的 2 线 – 4 线二进制译码器。

解：设输出使能端为 ST（高电平有效），译码器的输入为 A_1、A_0，输出为 $\overline{Y_3}$、$\overline{Y_2}$、$\overline{Y_1}$、$\overline{Y_0}$（低电平有效）。根据例 6-5，2 线 – 4 线二进制译码器输出逻辑表达式为

$$\overline{Y_3} = \overline{A_1 A_0}，\quad \overline{Y_2} = \overline{A_1\,\overline{A_0}}$$

$$\overline{Y_1} = \overline{\overline{A_1} A_0}，\quad \overline{Y_0} = \overline{\overline{A_1}\,\overline{A_0}}$$

由于题目要求输出三态控制，所以选择反馈组合输出模式，取 3 个输入端分别作为 A_1、A_0 和使能信号 ST（高电平使能），输出为 $\overline{Y_3}$、$\overline{Y_2}$、$\overline{Y_1}$、$\overline{Y_0}$，可以取 4 个 OLMC，故题目选取 OLMC（12）~ OLMC（15），用相应的开发软件为 GAL 配置结构控制字的存储单元，具体配置情况见表 6-10。

表 6-10　例 6-6 的 GAL16V8 结构控制字的配置情况

OLMC(n)	乘积项数	SYN	AC_0	$AC_1(n)$	$XOR(n)$	输出极性	配置模式
15	1	1	1	1	0	低电平	反馈组合输出
14	1	1	1	1	0	低电平	反馈组合输出
13	1	1	1	1	0	低电平	反馈组合输出
12	1	1	1	1	0	低电平	反馈组合输出

6.5.4　复杂可编程逻辑器件（CPLD）

随着集成电路工艺水平的不断发展，PLD 的集成度越来越高，集成规模已从低密度的 PAL 和 GAL 器件发展到万门以上的复杂的可编程逻辑器件 CPLD，其中可擦除 CPLD 称为 EPLD（Erasable PLD）。CPLD 采用 CMOS EPROM、E^2PROM、Flash Memory 和 SRAM 等编程技术，从而构成了高密度、高速度、低功耗的 PLD 产品。CPLD 的 I/O 口和内部触发器的数量可达数百个，芯片资源丰富。另外，从系统体积、功耗、工作速度、可靠性、设计灵活性

等方面来说，用 CPLD 设计数字系统比用 PAL 或 GAL 设计数字系统具有更大的、更明显的优势。

目前世界上生产 CPLD 最著名的公司有美国的 Altera、Lattice、Xilinx 等，其中以 Altera 公司的 CPLD 产品在国内应用得最广泛。

1. CPLD 的基本结构

大多数 CPLD 至少包括 3 种结构：可编程逻辑宏单元、可编程 I/O 单元、可编程内部连线。现分述如下：

（1）可编程逻辑宏单元 可编程逻辑宏单元内部主要包括与 – 或阵列、可编程触发器和多路选择器等。利用这些内部资源，能独立地将宏单元配置为组合或时序逻辑工作方式。CPLD 芯片除了高密度外，许多特点都反映在可编程逻辑宏单元上。现将宏单元的结构特点介绍如下：

1）多触发器结构和隐埋触发器结构 GAL 的每个输出逻辑宏单元只有一个触发器，而 CPLD 的逻辑宏单元内通常有两个或两个以上的触发器，其中只有一个触发器与输出端相连，其余的触发器通过相应的缓冲器反馈到与阵列，从而与其他触发器一起构成复杂的时序逻辑电路。这些与输出端不相连的触发器称为隐埋触发器。这种结构对引脚数有限的 CPLD 器件来讲，可以增加触发器数目，即增加了内部资源。

2）乘积项共享结构 在 PAL 和 GAL 的与 – 或阵列中，每个或门的输入乘积项最多只有 7 个或 8 个，当要实现多于 8 个乘积项的与或逻辑表达式时，必须将与或式进行变换。而在 CPLD 的宏单元中，如果输出逻辑表达式中的与项较多，对应的或门输入端不够用时，可以借助可编程开关将同一单元（或其他单元）中的或门与之联合起来使用，或者由每个宏单元中提供未使用的乘积项供其他宏单元使用或共享。图 6-32 是 CPLD 芯片 EPM7128 乘积项扩展和并联乘积项的结构图。由图可见，每个共享扩展乘积项可以被任何宏单元使用和共享，并联扩展项可从邻近的宏单元中借用，宏单元中不用的乘积项可分配给邻近的宏单元。

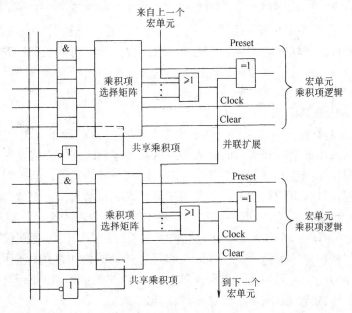

图 6-32 EPM7128 乘积项扩展和并联乘积项的结构图

3）异步时钟和时钟选择　一般 GAL 只能实现同步时序电路，但在 EPLD 和 CPLD 中各触发器的时钟可异步工作，有些触发器的时钟还可通过数据选择器或时钟网络进行选择。此外，宏单元内触发器的异步清零和异步置数功能可由乘积项进行控制，因而使用起来更加灵活。

（2）可编程 I/O 单元　输入/输出单元（简称 I/O 单元）是 CPLD 内部信号到 I/O 引脚的接口电路，每个 I/O 单元对应一个封装引脚。对于 CPLD，通常只有几个专用输入端，大部分端口均为通用的 I/O 端，并且系统的输入信号常需要锁存。为此，I/O 通常作为一个独立的单元来处理。图 6-33 为 Lattice 的 CPLD ispLSI 1016 器件 I/O 单元的配置形式，通过编程可使 ispLSI 1016 的 I/O 单元配置为图 6-33 所示的 8 种形式之一。

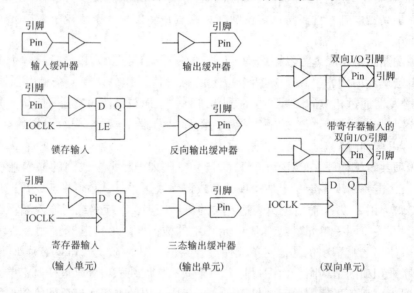

图 6-33　CPLD ispLSI 1016 器件 I/O 单元的配置形式

（3）可编程连线阵列　可编程连线阵列的作用是在各个逻辑宏单元之间以及逻辑宏单元与 I/O 单元之间提供互联网络。各宏单元通过可编程连线阵列接受来自输入端和专用输入端的信号，并将宏单元的信号反馈到其他地方。这种互连结构具有很大的灵活性，因为允许在不改变引脚的情况下调整器件内部的走线设计。

2. CPLD 的分区阵列结构

随着 PLD 集成度的提高，芯片的 I/O 引脚数目和触发器的数目大为增加，如果仍采用一个与阵列，则输入端或反馈到与门的输入端数目和与阵列的规模必将增大。实际上在具体设计中，每个与门所需的输入端数并不都是很多，因此一般情况下，与门的利用率较低。此外，当与阵列规模大到一定的程度时，电路的传输延迟时间增大，工作频率降低。为了解决以上问题，CPLD 大都采用各种分区阵列结构，将 CPLD 分为若干个区，有的区包含若干个 I/O 端、输入端及规模较小的与 - 或阵列和逻辑宏单元，相当于一个规模较小的 PLD，有的区只是为了完成某些特定的逻辑功能。各区之间通过几种结构的可编程全局互连总线连接。同一模块的电路一般安排在同一区内，因此只有一小部分输入和输出使用全局互连总线，从而大大降低了逻辑阵列规模，减小了电路的传输延迟时间。

由于集成规模、工艺和生产厂家的不同，各种 CPLD 分区结构也有较大的区别，典型的有通用互连阵列（Universal Interconnecting Matrix，UIM）结构、多阵列矩阵（Multiple Array Matrix，MAX）结构和灵活逻辑阵列（Flexible Logic Element Matrix，FLEX）结构。这里只介绍多阵列矩阵结构的 CPLD。

多阵列矩阵（MAX）结构是 Altera 公司在其开发的 CPLD 产品中采用的一种阵列结构，这种结构是基于高性能 E^2PROM 工艺，采用第二代多阵列矩阵体系制造的 CPLD，使用这种结构的 CPLD 产品主要有 MAX3000 系列、MAX5000 系列、MAX7000 系列和 MAX9000 系列。现以使用广泛的 MAX7000S/E 系列为例，介绍其结构特点。

图6-34 为 MAX7000 S/E 阵列结构图，它主要由逻辑阵列块（Logic Array Block，LAB）、宏单元、扩展乘积项、I/O 控制块和可编程互连阵列（Programmable Interconnect，PIA Array）构成。MAX7000S/E 系列通过内建的 JTAG 接口实现在系统编程。MAX7000S/E 系列的产品有 EMP7032、EMP7064、EMP7096、EMP7128、EMP7256 等。

（1）逻辑阵列块 LAB MAX7000 S/E 中每 16 个宏单元阵列组成一个 LAB，多个 LAB 可通过 PIA 连接在一起。每个 LAB 包括以下输入信号：来自 PIA 的 36 个通用逻辑输入信号、用于辅助寄存器功能的全局控制信号、从 I/O 引脚到寄存器的直接输入信号。其中由 I/O 引脚到寄存器的直接输入方式使得该系列器件传输延迟时间减小。

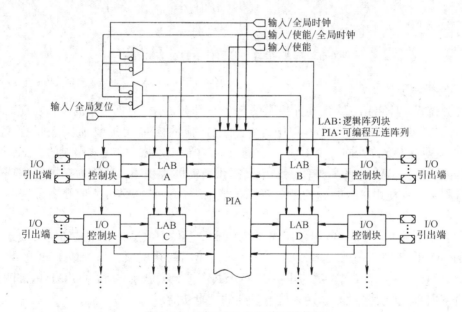

图6-34 MAX7000 S/E 阵列结构图

（2）逻辑宏单元 MAX7000 S/E 系列 CPLD 的宏单元可以被单独地配置成时序逻辑或者组合逻辑功能。宏单元主要由 3 个功能模块组成：逻辑阵列、乘积项选择矩阵和可编程寄存器。MAX7000 S/E 器件的宏单元结构示于图 6-35 中。图中逻辑阵列用来实现组合逻辑，它为每一个宏单元提供 5 个乘积项；乘积项选择矩阵起着分配这些乘积项的作用，它通过分配乘积项作为主要的逻辑输入，用来实现组合逻辑功能。该器件具有以下两种扩展乘积项功能，可以作为宏单元逻辑资源的补充：

1）共享扩展 指反馈到逻辑阵列的反向乘积项。

2）并联扩展 从邻近的宏单元借来的乘积项。

专用开发软件 MAX + plus Ⅱ 可以根据设计逻辑的需要自动地对乘积项进行优化，并且分配乘积项。所有的 MAX7000E 和 MAX7000S 系列的 CPLD 器件的 I/O 引脚都有一个通向宏单元寄存器的快速输入通道，此专用的输入通道允许信号旁路 PIA 和组合逻辑电路，直接驱动具有极快输入建立时间（2.5 ns）的输入 D 触发器。

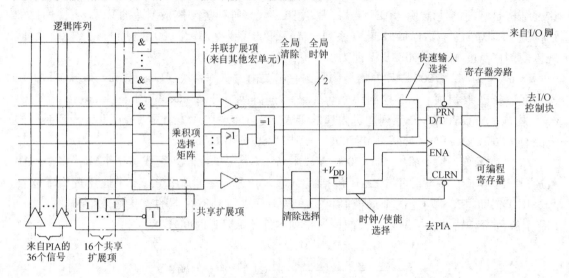

图 6-35　MAX7000 S/E 器件中的宏单元结构

3. 扩展乘积项

大部分逻辑功能可用每个宏单元提供的 5 个乘积项实现，更加复杂的逻辑功能需要额外的乘积项。在 MAX7000 系列 CPLD 中，系利用其他的宏单元提供所需要的逻辑资源。MAX7000 系列器件允许在同一个 LAB 中，通过共享乘积项或者并联乘积项的方式，由某个宏单元为处于同一 LAB 中的另外任一宏单元提供所需的乘积项，这称为扩展乘积项。这些扩展的乘积项确保使用尽可能少的逻辑资源构成需要的设计，尽可能地提高系统的速度和效率。

（1）共享扩展项　图 6-36 显示了 MAX7000S/E 器件中共享扩展项是如何被馈送到其他宏单元的。在 LAB 中，每个宏单元提供一个未被使用的乘积项，作为该 LAB 的共享扩展项，因此，每个 LAB 有 16 个共享扩展项。每个共享扩展项可被它所在的 LAB 内部的任意一个或者全部宏单元调用或共享，用来构造复杂的逻辑功能。

（2）并联扩展项　并联扩展项是宏单元中那些没有被使用的、可以被分配给相邻宏单元的乘积项。在 MAX7000S/E 器件中允许多达 20 个乘积项，直接馈送到宏单元的**或**阵列中，其中 5 个乘积项由宏单元本身提供，另外 15 个乘积项由该 LAB 中的并联扩展项提供。

4. 可编程互连阵列

通过可编程互连阵列（PIA）上的布线，将各个 LAB 相互连接，构成所需要的逻辑电路。所有的 MAX7000 系列的专用输入、I/O 管脚和宏单元的输出均将信号馈送给 PIA，PIA 再将这些信号送到器件的各处。器件中的任何一个信号都可通过 PIA 上的布线送到目的地。另外，MAX7000S/E 的 PIA 具有固定延时，因此 CPLD 器件中信号延时可以预测。

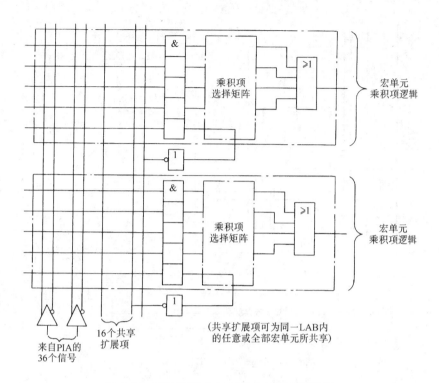

图 6-36　MAX7000 S/E 器件中的共享扩展项

5. I/O 控制块

I/O 控制块允许每一个 I/O 管脚被单独地配置为输入、输出或双向工作方式。图 6-37 为 MAX7000S/E 的 I/O 控制块。所有的 I/O 管脚都有一个三态缓冲器，这个三态缓冲器的控制信号是全局输出使能信号，可以是电源 $+V_{DD}$，也可以是地（GND）。当三态缓冲器的控制信号端接地时，输出为高阻状态，此时 I/O 引脚可以作为专用输入端使用；而当控制信号端接电源 $+V_{DD}$ 时，输出被使能（即输出有效）。MAX7000S/E 还有 6 个全局输出使能信号，它们由以下信号驱动：两个输出使能信号、一个 I/O 引脚的集合或一个 I/O 宏单元的集合，或者是它们的反相信号。

在 MAX7000 S/E 系列中，不同型号的器件具有不同的内部资源，例如 EMP7128E 内含 2500 个门电路、128 个宏单元和 8 个 LAB，最多可供 100 个用户使用的 I/O 引脚，工作频率为 125MHz，而 EMP7128S 的工作频率达 147.1MHz，内部资源与 MAX7000E 相同。

6.5.5　现场可编程门阵列（FPGA）

CPLD 的基本组成结构是"**与或阵列**"和可编程输入/输出电路，对这些电路进行编程可以实现组合逻辑或时序逻辑功能。但是 CPLD 的组成结构决定了其阵列规模、引脚数量等难以进一步增加。为了满足应用的需求，20 世纪 80 年代中期发展起来的集成度高、触发器资源丰富的 FPGA，由若干个独立的可编程逻辑模块组成，用户可通过编程将这些逻辑模块连接成所需要的数字系统。随着生产工艺的发展，近 20 多年来 FPGA 的性能得到了很大的提高，其集成度已达到千万门级，可以实现极其复杂的时序逻辑与组合逻辑功能，现已在高

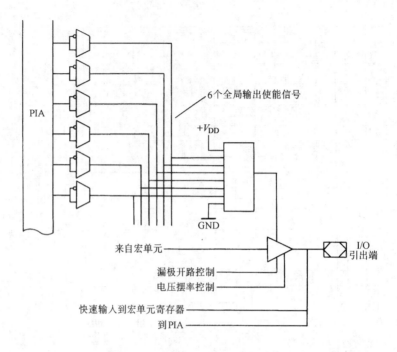

图 6-37　MAX7000 S/E 的 I/O 控制块

速、高密度的高端数字系统得到了广泛应用。

　　FPGA 利用查找表（Look – Up Table，LUT）来实现组合逻辑功能。LUT 是存放 n 输入函数发生器的 2^n 种结果的部件。每个查找表连接到一个 D 触发器的输入端，此 D 触发器再来驱动其他逻辑电路或驱动 I/O 模块，由此构成了既可实现组合逻辑功能又能实现时序逻辑功能的基本逻辑单元模块，这些模块之间利用金属连线互相连接或连接到 I/O 模块。

　　FPGA 的逻辑是通过向内部静态存储单元加载编程数据来实现的，存储在存储器单元中的值决定了逻辑单元的功能以及各模块之间或模块与 I/O 间的联接方式，并最终决定 FPGA 所能实现的功能。特别值得关注的是 FPGA 允许无限次的编程。

1. FPGA 编程实现逻辑功能的原理

　　在 FPGA 中实现组合逻辑功能的基本电路是 LUT 和数据选择器，而触发器仍然是实现时序逻辑功能的基本器件。LUT 本质上就是一个 CMOS SRAM，其内容根据设计要求、通过开发软件来进行配置。当用户通过原理图或 HDL 语言描述一个逻辑电路后，FPGA 开发软件会自动计算逻辑电路的所有可能的结果（真值表），并把结果写入 CMOS SRAM，此过程即为编程。对输入信号进行逻辑运算就等于把输入信号当作 LUT 的输入地址，对 LUT 进行查表，找出地址对应的内容，从而得到输入信号对应的函数值。编程以后，SRAM 中的内容始终保持不变，LUT 就有了确定的逻辑功能。但由于 SRAM 具有数据易失性，即一旦断电，其原有的逻辑功能将消失。所以 FPGA 一般需要一个外部的 PROM 保存编程数据。上电后，FPGA 首先从 PROM 中读入编程数据进行初始化，然后才开始正常工作。

　　目前 FPGA 中多使用 4 个输入、1 个输出的 LUT，所以每一个 LUT 可以看成是一个有 4 根地址线的 16 ×1 位的 SRAM。图 6-38 为 4 输入 LUT 结构示意图。其中 SRAM 实现组合逻辑函数的原理与第 6.3 节 ROM 的实现原理相同。例如，要实现逻辑函数 $F = \overline{A}BC + A\overline{B}CD + B\overline{C}$，则可列出 F 的真值表，如表 6-11 所示。以 A、B、C、D 作为地址，将 F 的值写入 SRAM 中（见图 6-38），这样一来，每输入一组 A、B、C、D 信号进行逻辑运算，就相当于输入一个地址进行查表，待找出地址对应的内容后输出，在 F 端便可得到该组输入信号逻辑运算的结果。

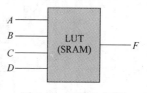

图 6-38　4 输入 LUT 结构示意图

表 6-11　F 的真值表

A	B	C	D	F	A	B	C	D	F
0	0	0	0	0	1	0	0	0	0
0	0	0	1	0	1	0	0	1	0
0	0	1	0	0	1	0	1	0	0
0	0	1	1	1	1	0	1	1	1
0	1	0	0	1	1	1	0	0	1
0	1	0	1	1	1	1	0	1	1
0	1	1	0	0	1	1	1	0	0
0	1	1	1	0	1	1	1	1	1

由于一般的 LUT 为 4 输入结构，所以，欲实现多于 4 变量的逻辑函数时，就需用多个 LUT 级联来实现。一般 FPGA 中的多个 LUT 的级联是通过数据选择器来完成的。图 6-39 所示是两个 LUT 和一个 2 选 1 数据选择器实现 5 变量逻辑函数的原理图，其中 MUX1 是 2 选 1 数据选择器。

例如，要实现 5 输入组合逻辑函数 $F = F(A, B, C, D, E)$，首先对逻辑函数表达式进行分割，改写成 $F = F_1(A, B, C, D)\overline{E} + F_2(A, B, C, D)E$；然后，$F_1(A, B, C, D)$ 和 $F_2(A, B, C, D)$ 分别通过一个 LUT 来实现，而变量 $\overline{E}$ 和 E 则通过 2 选 1 数据选择器来选择。此外，图 6-39 所示电路实际上将两个 16×1 位的 LUT 扩展成 32×1 位的 LUT。

在 LUT 和数据选择器的基础上再增加触发器，便可构成既可实现组合逻辑功能又可实现

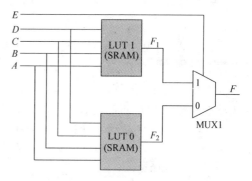

图 6-39　LUT 实现 5 变量逻辑函数的电路示意图

时序逻辑功能的基本逻辑单元电路。FPGA 中就是由很多如此的基本逻辑单元来实现各种复杂的逻辑功能的。另外，由于 SRAM 中的数据可以无限次地写入，所以，基于 SRAM 技术的 FPGA 在理论上是可以进行无限次编程的。

2. FPGA 的结构

Xilinx 公司的 FPGA 最为典型。下面以 Xilinx 公司生产的基于查找表电路的 FPGA 器件，来讲述 FPGA 的原理与电路特点。Xilinx 公司 Spartan – 3E 系列 FPGA 器件的基本结构示意图见图 6-40。

FPGA 器件内部用于实现逻辑功能的基本可编程资源包括可编程逻辑模块 CLB（Config-

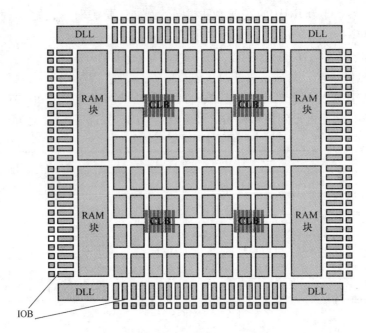

图 6-40　FPGA 基本结构示意图

urable Logic Block）、输入/输出模块 IOB（Input/Output　Block　）和可编程布线资源 ICR（Interconnect　Capital　Resource）（图 6-40 中未画出）等。它们的工作状态全都由编程数据存储器（SRAM）中的数据设定。其他的重要资源有内嵌底层功能单元，包括嵌入式 RAM 块、延时锁相环（Delay Locked Loop，DLL）、时钟管理单元、数字信号处理单元、内嵌专用硬核等。

由图 6-40 可见，可编程逻辑模块 CLB 由若干个相同的电路组成并排列成一个阵列，而这些具有相同结构的电路通常包括查找表、触发器等基本逻辑电路，它是 FPGA 的核心部分，是实现目标系统逻辑功能的基础性部件；输入/输出模块 IOB 位于器件的四周，是实现可编程逻辑模块与外部封装引脚之间的接口；可编程布线资源 ICR 位于器件内部的逻辑块之间，是器件内部的总线，通过对 ICR 的编程，可实现 CLB 与 CLB 之间以及 CLB 与 IOB 之间的连接。

（1）可编程逻辑模块（CLB）　CLB 是 FPGA 的主要逻辑资源，用于实现组合逻辑和时序逻辑电路的功能。图 6-41 是 Spartan – 3E 系列 CLB 的简化原理框图。

从图 6-41 上可以看出，构成 CLB 的基础是逻辑单元（Logic Cell，LC），一个 LC 包含一个 4 输入 LUT、进位及控制逻辑和一个 D 触发器。每个 CLB 由 4 个 LC 组成，每两个 LC 又被组织在一个微片（Slice）中。在 Spartan – 3E 系列 FPGA 芯片中，CLB 含有 4 个微片，即含有 8 个 LC。CLB 的输入来自可编程布线区，其输出再回送到内部布线区。一个微片 Slice 包括两个 4 输入 LUT、附加逻辑、进位与算术逻辑、可编程数据选择器、D 触发器等。微片内部上下两个部分的结构基本相同，以下分别介绍微片内部各部分的电路及其功能。

1）查找表　每个微片中有两个查找表，它们分别称为 F – LUT 和 G – LUT，用来实现函数发生器。该函数发生器可以实现任意 4 个独立输入的组合逻辑函数。查找表除了作为函数发生器外，还可以作为同步 RAM，一个查找表可以用作一个 16 × 1 位同步 RAM，而同一个

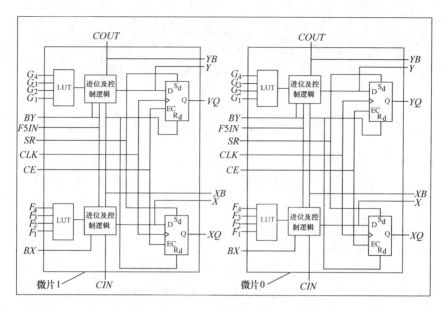

图 6-41　Spartan – 3E 系列 CLB 的简化原理框图

微片内的两个查找表可构成 16 × 2 位或 32 × 1 位的同步 RAM。

2）附加逻辑　附加逻辑主要包括输入端 *BX/BY*、可编程数据选择器 F5/F6（图中未画）、输入端 *F5IN* 以及输出端 *XB/YB*。附加逻辑的功能是配合查找表，以构成更多输入位数的函数发生器。

例如，任何一个 LUT 均可以实现 4 输入变量的逻辑函数发生器，此时结果可直接通过 LUT 输出或经过 D 触发器输出；当需要实现 5 输入变量的逻辑函数发生器时，如果选择 B_5 作为数据选择器的控制端，即可构成以 *BX*、$F_1 \sim F_4$ 为输入的 5 输入的逻辑函数发生器，输出为 F_5；按照类似的方法，通过两个微片可以构成 6 输入变量的逻辑函数发生器。

3）算术逻辑　在微片组成结构中，由**与门**、**异或门**、进位链以及相应的数据选择器等部件构成算术逻辑单元。此算术逻辑单元能实现加法运算，并提高运算能力。每个微片能完成两位二进制全加运算，通过进位链可将多个微片级联起来，以实现多位二进制全加运算。

4）数据选择器　每个微片包含丰富的数据选择器，大部分数据选择器可以编程。数据选择器能参与完成输入变量扩位、算术运算以及实现对组合电路和时序电路的选择。

5）D 触发器　D 触发器在时钟的作用下实现同步时序电路输出，当 D 触发器被旁路时，电路产生组合逻辑函数。

（2）可编程 I/O 模块（IOB）　IOB 分布在器件的四周，它提供了器件外部封装引脚和内部逻辑电路之间的连接，实现输入、输出或双向操作。简化的 IOB 结构示意图如图 6-42 所示。

IOB 中的 3 个寄存器既可作为边沿触发的 D 触发器，也能充当电平触发的 D 锁存器。此 3 个寄存器共用时钟信号 *CLK*、置位复位信号 *SR*，但它们有各自独立的时钟使能信号 *TCE*、*OCE*、*ICE*。这些共用信号和独立信号可以实现同步输入输出、同步置位复位以及异步置位、异步清零等功能。

输出缓冲器的控制信号由内部信号 *T* 或者输出缓冲器控制信号寄存器的 *Q* 信号来产生。

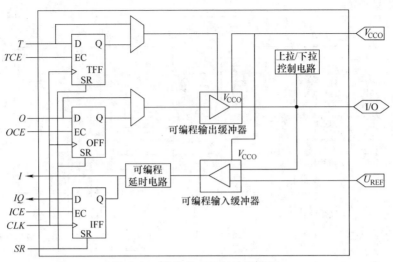

图 6-42　简化的 IOB 结构示意图

此外，输出缓冲器还对电平跳变的速率进行控制，实现快速或慢速两种输出方式。

在图 6-42 中，每个 IOB 控制一个外部引脚，它可以被编程为输入、输出或双向 I/O 功能。一个 I/O 引脚与内部逻辑之间有输入和输出两个通道。当 I/O 引脚用作输出端时，内部逻辑信号由 O 进入 IOB 模块。该逻辑信号既可用组合方式输出（直接输出），也可通过输出寄存器后以寄存器方式输出；当 I/O 引脚用作输入端时，引脚上的信号经过输入缓冲器进入输入通道。输入信号可以直接输入到内部逻辑 I，也可以经过触发器寄存后通过 IQ 端输入到内部电路。

可编程延时电路可以控制输入信号进入的时机，保证内部逻辑电路协调工作。用户根据需要可以选择延时时间或不延时，实现对时钟信号的补偿。

未被用到的引脚由上拉、下拉控制电路控制，通过上拉电阻接到电源，或通过下拉电阻接地，以免引脚悬浮产生振荡、增加附加功耗或引起系统噪声。上拉、下拉电阻的阻值一般为 50 ~ 100 kΩ。

（3）可编程布线资源（ICR） FPGA 内部含有丰富的布线资源，包括局部布线、通用布线、I/O 布线、全局布线以及专用布线等。这些丰富的布线资源分布在 CLB 的行列间隙中，承担着不同的连接任务。类型多样的布线资源增加了内部逻辑之间连接的灵活性，但也存在着延时难以预测的不足。因此在设计时，一般需要通过软件来对布线进行优化。

1）局部布线资源 局部布线是指进出 CLB 的连线资源，其示意图如图 6-43 所示。其中 GRM 为通用布线矩阵（General Routing Matrix，GRM）。局部布线资源主要包括 3 部分连接：CLB 与 GRM 之间的连接；CLB 的输出到自身输入的高速反馈连接；CLB 到水平相邻 CLB 间的直通快速连接，避免了通过 GRM 产生的延时。

2）通用布线资源 该布线资源是 FPGA 主要的内连资源，它位于 CLB 行列之间的纵横间隔中，以通用布线矩阵 GRM 为中心实现 FPGA 内部的互联。GRM 的结构示意图见图 6-44。图中每个行列交叉的编程点有 6 个可编程开关管，能实现任意两个方向的连接互通。

3）I/O 布线资源 在 CLB 阵列与输入/输出模块 IOB 接口的外围，有附加的布线资源，称为万能环（VersaRing）。通过对这些布线资源的编程，可以方便地实现引脚的交换和锁定。这使引脚位置的变动与内部逻辑无关。

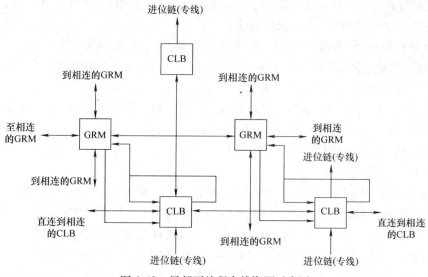

图 6-43 局部可编程布线资源示意图

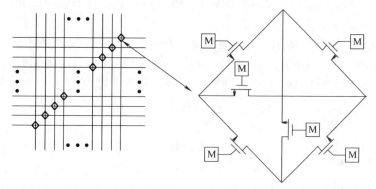

图 6-44 GRM 的结构示意图

4）全局布线资源 全局布线资源主要用来分配时钟信号和其他贯穿整个器件的高扇出信号。这些布线资源分为主、次两级。主全局布线资源利用 4 个全局网络和专用输入引脚，用来分配高扇出时钟信号，以保证时钟扭曲最小。此 4 个全局时钟网络通过 4 个全局缓冲器后驱动 CLB、IOB 以及 RAM 块的时钟输入。

次全局布线资源由 24 根主干线构成，12 根穿越芯片顶部，另有 12 根穿越芯片底部。由于不受时钟引脚的限制，所以次全局布线资源比主全局布线资源使用更灵活。

5）专用布线资源 为满足特殊信号传递性能的需要，FPGA 还设置了专用布线资源。例如器件内横向片内三态总线、纵向进位链、每个 CLB 配备的两个专用网络等。

3. FPGA 内嵌功能单元

大容量、高性能的 FPGA 正逐渐成为数字系统的核心组成部分。为了适应此发展趋势，在对 FPGA 传统的逻辑单元结构进行改进的同时，也逐步在芯片中加入越来越多的专用单元。其中底层嵌入式功能单元便是一例，它用来实现复杂的功能、高速的接口和互连，并使 FPGA 改进为一种可编程片上系统（System on Programmable Chip，SoPC）。

在高速应用设计中，单纯依靠 FPGA 内部的基本逻辑电路资源难以满足性能要求。此时就需要借助于 FPGA 内部的专用硬件电路来辅助实现高性能设计。虽然这些内嵌功能单元在一定程度上使得设计与硬件相关，影响了设计的可移植性，但此为 FPGA 的发展趋势之一。下面将简要介绍常见的 FPGA 专用硬件电路。

(1) 时钟管理单元　随着系统时钟频率逐步提高，I/O 性能要求也越来越高。在实现内部逻辑函数时，往往需要多个频率和相位的时钟信号。为了适应这种需要，FPGA 内部出现了一些时钟管理元件，典型的就是锁相环（Phase Lock Loop，PLL）和延时锁定环（Delay Lock Loop，DLL）两类电路。举例来说，Xilinx 公司在芯片上集成了 DLL，Altera 公司则在芯片上集成了 PLL，Lattice 公司的新型芯片上同时集成了 PLL 和 DLL。总之，PLL 与 DLL 功能类似，主要完成时钟高精度、低抖动的倍频和分频，以及占空比调整和相移、通过反馈路径来消除时钟分布路径的延时等功能。

(2) 数字信号处理单元　FPGA 中内嵌的数字信号处理单元是为了满足大量的乘法、加法运算以及高速并行数据处理的需要。此数字信号处理单元包括输入级寄存器、乘法器、流水级寄存器、加减累加单元、求总和单元、输出多路选择器和输出级寄存器。

数字信号处理单元的典型应用是数字滤波。应用 FPGA 来实现 FIR 滤波器时，数字信号处理单元中的移位寄存器可以用来对输入数据进行移位，还可以把数字信号处理单元级联起来取得更多的抽头数。通过这种方式来实现数字滤波，不仅性能高，而且节约了 FPGA 的基本资源和布线资源。

(3) 高速串行收发器　高速串行收发器是一种数据传送接口，它只传送高速的数据码流，不传送时钟信号，在接收端通过数据码流中足够的跃变来恢复时钟和数据。

高速串行收发器主要分为模拟部分和数字部分。其中，模拟部分主要完成锁相环和并/串转换功能；数字部分主要完成编码、定标、速率匹配等功能。

(4) 内嵌专用硬核（Hard Core）　核是一种预先定义的、经过验证的并可重复使用的复杂功能模块。内嵌专用硬核是 FPGA 芯片内部功能预先定义的、已经布线完成的、不能被修改的功能模块，等效于 ASIC 电路。常见的硬核有专用乘法器、串并收发器等。Xilinx 公司的 Vertex – 5 系列 FPGA 不仅集成了 Power　PC 系列 CPU，还内嵌了 DSP　Core 模块，并据此提出片上系统（System on a Chip，SoC）的概念。

另外，需要说明的是，除了内嵌专用硬核之外，FPGA 中还有其他两种类型的核，分别为固核（Firm Core）和软核（Soft Core）。

6.5.6　在系统可编程逻辑器件（ISP – PLD）

前已介绍，对于 PAL、GAL、CPLD 和 FPLA 器件，不管它们是采用熔丝工艺制作，还是采用 UVEPROM 或 E^2CMOS 工艺制作，当对它们编程时，都要用到高于 5V 的编程电压，而电路板上通常用：+5V 电压供电，因此对这类器件编程时，必须将它们从电路板上取下，插到专用编程器上，由编程器产生各种编程需要的高压脉冲信号，借此完成器件的编程工作。显然，这种必须使用编程器的"离线（指离开系统）"编程方式，使用起来并不方便。虽然 FPGA 的装载过程可以"在系统"进行，即在 FPGA 内部时序电路的控制下，通过系统内的 EPROM 自动完成，但与之配合使用的 EPROM 编程仍离不开编程器。

为了克服此缺点，Lattice 公司成功地将原属于编程器的写入/擦除控制电路及高压脉冲发生电路集成于 PLD 芯片中，如此做编程时就不需用编程器。当对此种 PLD 芯片编程时，将编程器件安装在目标系统或电路板上，外加电压（+5V），由器件自身的写入/擦除控制电路及高压脉冲电路产生编程信号，利用计算机对器件"在系统"编程。该项技术之优点在于开发或制备电子系统时，先将器件焊接在 PCB（印制电路板）上，然后通过一个专用接口，直接对器件编程或者通过该接口对器件内程序进行修改或升级。

在系统编程技术因其优点而在数字系统中得到了广泛应用。自从 Lattice 公司率先提出该项技术并成功地应用于其 PLD 产品后，很多半导体公司都相继推出了各自的 ISP – PLD 产品。近 20 年来，ISP 技术在微控制器（MCU）和数字信号处理器（DSP）中已经得到了应用。

下面以 Lattice 公司生产的 ISP – PLD 为例，介绍 ISP 器件及其应用技术。Lattice 公司生产的 ISP – PLD 有低密度和高密度两种类型。现分述如下。

1. 低密度 ISP – PLD

低密度 ISP – PLD 是在 GAL 电路的基础上加进写入/擦除控制电路而形成的。例如 isp-GAL16Z8 就属于这一类，它的电路结构框图如前述图 6-44 所示。在正常工作状态下，附加的控制逻辑和移位寄存器不工作。该器件主要部分的逻辑功能与 GAL16V8 完全相同。

ispGAL16Z8 有 3 种工作方式：S0、S1 和 S2，即正常工作、诊断和编程。其工作方式由输入控制信号 *MODE*（23 脚）和 *SDI*（11 脚）指定，详见图 6-45。下面介绍此 3 种工作方式。

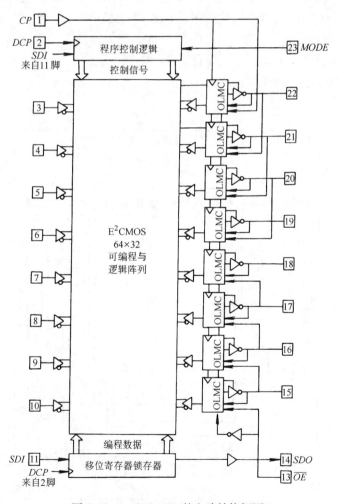

图 6-45　ispGAL16Z8 的电路结构框图

（1）正常工作方式　接通电源后如果 $MODE = 1$（高电平）、$SDI = 0$（低电平），则电路自动进入正常工作状态 S0，此时器件的工作状态与 GAL16V8 的相同。

（2）诊断方式　当 $MODE$ 和 SDI 同时为高电平时，电路进入诊断方式 S1，此时各 OLMC 中的触发器连接成串行移位寄存器，在时钟信号 DCP（2 脚）的作用下，内部的数据由 SDO（14 脚）依次读出，同时从 SDI 顺序向移位寄存器写入新的数据。利用 S1 工作方式可对电路进行诊断和预置。

（3）编程工作方式　该工作方式分 3 步进行，首先将编程数据经过移位寄存器从 SDI 端逐位输入，然后再从 SDO 端读出，以供校验数据正确与否，最后校验无误后将数据写入 E^2CMOS 存储单元。在编程工作过程中，除了 $MODE$、SDI、SDO、DCP 以外，其余所有的引脚均设置成高阻态，以保证器件与外围电路隔离。以上 3 种工作方式的转换在芯片内部程序控制逻辑的作用下自动实现。

2. 高密度 ISP – PLD

Lattice 公司的高密度 ISP – PLD 亦称 ispLSI，它的电路结构比低密度 ISP – PLD 复杂得多，功能也更加强大。现以 ispLSI 1032 为例，简介此类高密度 ISP – PLD 的电路结构和工作原理。

图 6-46 是 ispLSI 1032 的电路结构框图，它由 32 个通用逻辑模块（Generic Logic Block，GLB）、64 个输入/输出单元（I/O Cell，IOC）、可编程的内部全局布线区 GRP 和编程控制电路（图 6-46 中未画出）组成。在全局布线区的四周，形成了 4 个结构相同的大模块。各部分之间的关系和实现的功能见图 6-46。

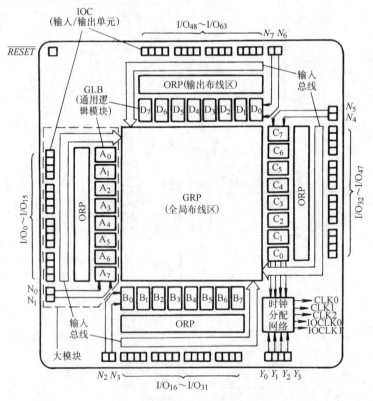

图 6-46　ispLSI 1032 的电路结构框图

ISP 技术是一种串行编程技术，编程通过一根编程电缆进行，电缆的一端接到 PC 上，另一端接在需要编程的 ispLSI 器件所用印制电路板的 ISP 接口上。该编程接口如图 6-47 所示。以下简介 ispLSI 器件的编程过程。

对 ispLSI 器件的编程在计算机的控制下进行，用户利用开发软件编写源程序，然后计算机运行程序产生编程数据和命令，通过 ISP 接口将编程信号送到如图 6-46 所示的 ispLSI 器件上。ISP 接口有 5 根信号线，$\overline{ispEN}$ 是编程使能信号，当 $\overline{ispEN} = 1$ 时，ispLSI 器件为正常工作状态；当 $\overline{ispEN} = 0$ 时，ispLSI 器件所有的 IOC 输出三态缓冲器均被配置为高阻状态，器件进

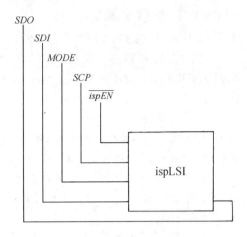

图 6-47　ispLSI 器件的编程接口

入编程工作状态；$MODE$ 是模式控制信号；SCP 为串行时钟输入信号线，它为片内接受输入信号的移位寄存器和控制编程操作的时序逻辑电路提供时钟信号；SDI 是串行数据输入信号，SDO 是串行数据输出信号。计算机运行结果得到的编程数据和命令以串行的方式从 SDI 输入，又以串行的方式将写入的数据从 SDO 读出，再送回计算机，以便进行校验和发出下面执行的数据和命令。

*6.5.7　可编程逻辑器件的开发技术简介

欲使 PLD/FPGA 具有一定的逻辑功能，须用相应的开发系统对 PLD/FPGA 芯片进行开发。PLD/FPGA 芯片的开发系统包括硬件和软件两个部分，其中硬件部分主要包括 PC、编程器和编程电缆。编程器是对 PLD/FPGA 进行写入和擦除的专用装置，它能提供写入和擦除操作所需的电压信号和控制信号，并利用编程电缆通过串行口将编程数据写入 PLD 或 FPGA；而软件部分则指用于开发 PLD/FPGA 的专用软件。

目前 PLD/FPGA 开发软件的种类较多。早期的开发软件多为汇编型软件，功能比较简单，兼容性较差，如 MMI 公司的 PALASM 以及后来出现的 FM（Fast – Map）等。20 世纪 80 年代后期出现了功能更强的开发软件，此类软件不仅可以用高级语言输入，而且还能用电路图输入，例如 Data I/O 公司开发的 Synario。

20 世纪 90 年代以后，国外推出了功能更强、效率更高、兼容性更好的编译型软件，例如 Xilinx 公司的 ISE、Altera 公司的 Quartus Ⅱ和 Maxplus Ⅱ都是业界公认的优秀的集成 PLD/FPGA 开发软件。因此，PLD/FPGA 的开发软件开始向集成化方向发展，这些软件为用户提供了一个更加方便的集成化环境，用户可以利用软件系统提供的资源，方便灵活地开发 PLD/FPGA 芯片。

此外，综合软件 Synplify 和仿真软件 ModelSim 等诸多第 3 方 EDK 开发软件也能满足功能、效率和兼容性等方面的要求。此类软件输入源程序采用专用的高级编程语言（亦称硬件描述语言 Hardware Description Language，HDL）编写，能自动简化和优化设计，还有电路模拟和自动测试功能。进入 21 世纪以来，业界广泛使用的开发软件主要有：Altera 公司的 MAX + plus Ⅱ及 QUARTUS、Xilinx 公司的 Foundation、WebFITTER 和 Lattice 公司的 ispLEV-

ER Starter 等。此类软件都是由 PLD/FPGA 芯片厂家提供的，基本均可完成所有的设计输入（原理图或 HDL）、仿真、综合、布线和下载等工作。

关于用可编程逻辑器件（包括 CPLD、FPGA）和 EDA 技术设计数字电路，以及应用硬件描述语言 Muitisim10.0 和 Verilog HDL 设计并仿真数字系统，将在第9章中专门介绍。

习　题　6

6-1　什么是半导体存储器？它有哪些种类？

6-2　RAM 分为哪两类？这两类 RAM 在电路结构和工作原理上有什么相同和不同之处？

6-3　ROM 主要有哪3大类？它们在电路结构和工作原理上有什么相同和不同之处？

6-4　设存储器的地址线数目为 n，数据线数目为 m，试问存储器的字数和存储器容量分别与 n、m 之间存在着什么关系？

6-5　指出下列存储系统各具有多少个存储单元，至少需要多少根地址线和数据线？

（1）$64K \times 1$；（2）$256K \times 4$；（3）$1M \times 1$；（4）$128K \times 8$。

6-6　设存储器的起始十六进制数地址全 **0**，试指出下列存储器的最高十六进制数地址为多少？

（1）$2K \times 1$；（2）$16K \times 4$；　（3）$256K \times 32$。

6-7　试确定用 ROM 实现下列逻辑函数时所需要的存储器容量。

（1）实现两个3位二进制数相乘的乘法器；

（2）将8位二进制数转换成十进制数（用 BCD 码表示）的转换电路。

6-8　2114 是 1024×4 位的 RAM，试用 4 片 2114 和 3 线 -8 线二进制译码器 CT74LS138 设计一个 4096×4 位的存储系统，并说明扩展后存储系统的地址范围。

6-9　MC6264 是 $8K \times 8$ 位的 SRAM，试用多片 MC6264 设计一个 $16K \times 16$ 位的存储系统。

6-10　可编程逻辑器件有哪些种类？

6-11　试说明在下列工程应用场合，选用哪种类型的 PLD 芯片较为合适？

（1）小批量定型产品中的中规模逻辑电路；

（2）产品研制过程中需要不断修改的中、小规模逻辑电路；

（3）需要经常改变其逻辑功能的规模较大的逻辑电路；

（4）要求能以遥控方式改变其逻辑功能的逻辑电路。

6-12　试用 PAL16L8 设计一个 3 线 -8 线二进制译码器，并画出其熔丝图。

6-13　简述 GAL 的结构特点。

*6-14　试用 GAL16V8 设计一个 3 线 -8 线二进制译码器。

6-15　简述 FPGA 的结构特点。

*6-16　简述 ISP 技术及其特点。

6-17　单项选择题（请将下列各小题正确选项前的字母填在题中的括号内）：

（1）RAM 是由存储矩阵、地址（　　）和读/写控制电路三部分所组成的：

A. 译码器；　　　　　　　B. 锁存器；　　　　　　C. 分配器；　　　　　　　D. 比较器

（2）用户可根据使用要求，选择 PAL 阵列结构的大小，并选择 PAL（　　），以实现各种组合逻辑和时序逻辑功能。

A. 输入变量的数目；　　　　　　　　　　　B. 输入、输出变量的数目；

C. 输入、输出的数目和方式；　　　　　　　D. 输出的数目和方式

（3）由于通用阵列逻辑 GAL 的输出采用了（　　），所以其芯片类型少、功能全；

A. 输出逻辑宏单元；　　　　　　　　　　　B. 扩展的宏单元；

C. 可编程的**或**阵列；　　　　　　　　　　D. 灵活多样的输出方式

（4）只能读出不能改写，但信息可永久保存的半导体存储器是（　　）；

A. 固定 ROM；　　　　　　B. PROM；　　　　　　C. EPROM；　　　　　　D. E²PROM

（5）利用双稳态触发器存储信息的 RAM 称为（　　）；

A. 动态 RAM；　　　　　　　　　　　　　B. 静态 RAM；

C. LSI 存储器；　　　　　　　　　　　　　D. 快闪式存储器

（6）某 16K×4 RAM 芯片，它的起始十六进制数地址全 **0**，试问其最高十六进制数地址为（　　）₁₆？它有（　　）根地址线？

A. 3FF/13；　　　　　　B. 7FFF/13；　　　　　　C. 3FFF/14；　　　　　　D. 7FFF/16

（7）信息既能读出又能写入，但信息非永久性保存的半导体存储器是（　　）；

A. 固定 ROM；　　　　B. EPROM；　　　　C. E²PROM；　　　　D. 静态 RAM

（8）利用 MOS 管栅极电容存储电荷效应的半导体存储器是（　　）RAM；

A. 静态；　　　　　　　　　　　　　　　B. 动态；

C. 大规模集成电路；　　　　　　　　　　D. 数字信号处理器（DSP）的

（9）ROM 中地址译码器的作用是将输入地址代码转换成相应的控制信号，利用这一控制信号从存储矩阵中寻找出指定的单元，并将这些单元的数据送入（　　）；

A. 输出缓冲器；　　　B. 另一地址译码器；　　　C. 负载数字部件；　　　D. 数据总线

（10）快闪式存储器（闪存）不但具有 EPROM 结构简单、编程可靠的优点，而且具有 E²PROM（　　）的特性；

A. 集成度高；　　　　　　　　　　　　　B. 速度快；

C. 功耗低；　　　　　　　　　　　　　　D. 隧道效应、快速擦除

（11）用（　　）片 256×4 位 RAM 芯片扩展成 512×8 位的 RAM 存储系统；

A. 8；　　　　　　　B. 2；　　　　　　　C. 4；　　　　　　　D. 16

（12）用若干 RAM 实现位扩展而组成多位 RAM 存储系统时，其方法是将下列选项中除了（　　）以外的功能端，相应地并联在一起；

A. 地址线；　　　　　　B. 片选信号线；　　　　　　C. 数据线；　　　　　　D. 读/写控制线

（13）以下 PLD 芯片中，与阵列、或阵列均为可编程的是（　　）器件。

A. PROM　　　　　　B. PAL　　　　　　C. FPLA　　　　　　D. GAL

第7章 数-模与模-数转换器

引言 用数字方法处理模拟信号时，须先将模拟量转换成数字量，这是用模拟-数字转换器（A-D转换器）完成的。经数字系统处理后的数据还需还原成相应的模拟量。此转换又是由数字-模拟转换器（D-A转换器）实现的。随着数字技术和集成电路技术的发展，现已研制和生产出许多种单片的及混合集成型的A-D和D-A转换器，它们都具有足够高的转换精度和较高的转换速度。本章将重点介绍几种常用的A-D与D-A转换器的结构、工作原理及典型应用电路。

7.1 D-A转换器

由于数字技术迅速发展与普及，使其在现代控制、通信和检测等领域中得到广泛应用，特别是在数字电子技术基础上发展起来的微型计算机（简称微机），几乎渗透到国民经济和国防建设的各个领域中。在微机内部，信息是以数字形式进行传送和处理的。例如，当微机用于生产过程控制时，所接触的信息大多是连续变化的物理量，即模拟量，如温度、压力、位移和图像信号等。首先这些非电模拟量需要经过传感器变换为电信号模拟量，然后使用A-D转换器，把模拟信号转换为数字信号，才能送入微机内进行处理。经过处理后得到的数字信号最后又须经过D-A转换器，再转换成模拟信号，才能控制执行机构。由此可见，D-A转换器和A-D转换器是数字设备与控制对象之间必不可少的接口电路，也是微机用于工业过程控制系统中的关键部件。

因为D-A转换器的工作原理比A-D转换器简单，且在有些A-D转换器中要用到D-A转换器，所以，第7.1节先介绍D-A转换器，然后在第7.2节讨论A-D转换器。

7.1.1 D-A转换器及其主要参数

1. 转换特性

D-A转换器的输入信号是一个 n 位二进制数 D，它可以表示为加权展开式

$$D = d_{n-1} \times 2^{n-1} + d_{n-2} \times 2^{n-2} + \cdots + d_1 \times 2^1 + d_0 \times 2^0 \tag{7-1}$$

D-A转换器的输出信号是模拟量 A，它与输入数字量（电压或电流信号）成正比，即

$$\begin{aligned} A = KD &= K(d_{n-1} \times 2^{n-1} + d_{n-2} \times 2^{n-2} + \cdots + d_1 \times 2^1 + d_0 \times 2^0) \\ &= K\sum_{i=0}^{n-1}(d_i \times 2^i) \end{aligned} \tag{7-2}$$

式（7-2）是D-A转换器的转换关系表达式，式中 K 为电压（或电流）转换系数。D-A转换过程是，把输入数字量的每一位代码按其权值大小转换成相应的模拟量，然后将代表各位的模拟量相加，便得到与该数字量成正比的输出模拟量，从而实现数字/模拟信号的转换功能。

图7-1为D-A转换器的框图。当 $n=3$（即输入为3位二进制数）时，其D-A转换电

路的输出与输入转换特性如图 7-2 所示。

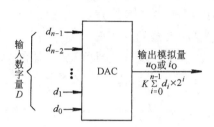

图 7-1 D – A 转换器的框图

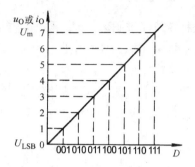

图 7-2 输入为 3 位二进制数时的 D – A 转换电路的
输出与输入转换特性

2. 主要技术指标

D – A 转换器的主要技术指标如下：

（1）分辨率 指电路所能分辨的最小输出电压 U_{LSB}（输入的数字代码最低有效位为 **1**，其余各位均为 **0**）与满刻度输出电压 U_m（输入的数字代码的各位均为 **1**）之比，即

$$分辨率 = \frac{U_{LSB}}{U_m} = \frac{1}{2^n - 1} \tag{7-3}$$

由式（7-3）可见，当 U_m 一定时，输入数字代码位数 n 越多，分辨率数值越小，分辨能力就越强。例如，$n = 10$ 的 D – A 转换器的分辨率为

$$\frac{1}{2^{10} - 1} = \frac{1}{1023} \approx 0.000978 \approx 1‰ \tag{7-4}$$

若已知某 D – A 转换器的分辨率及满刻度输出电压 U_m，则可用式（7-3）计算输入最低位所对应的输出电压增量 U_{LSB}。例如，$U_m = 10\ V$，$n = 10$ 时，此 D – A 转换器所能分辨的最小输出电压

$$U_{LSB} = U_m \frac{1}{2^{10} - 1} \approx 10V \times 1‰ = 10\ mV \tag{7-5}$$

（2）绝对误差和非线性度 绝对误差是指输入端加对应满刻度的数字量时，D – A 转换器输出的理论值与实际值之差。一般来说，绝对误差应低于 $U_{LSB}/2$。其影响因素主要有电子开关导通的电压降、电阻网络阻值偏差、参考电压偏离和集成运放漂移产生的误差。

在满刻度范围内偏离转换特性的最大值称为非线性误差。它与满刻度之比称为非线性度，常用百分比来表示。

（3）转换时间 从数码输入到模拟电压或电流稳定输出之间的响应时间称为转换速度。当转换器的输入变化为满度值（输入由全 **0** 变为全 **1** 或由全 **1** 变为全 **0**）时，其输出达到稳定值所需的时间称为转换时间，亦称建立时间或稳定时间。

D – A 转换器通常由电阻网络、模拟开关、求和运算放大器和基准电压源等几部分组成。根据电阻网络的不同，可以构成多种 D – A 转换电路，例如权电阻网络型、T 形电阻网络型、倒 T 形电阻网络型和权电流型 D – A 转换器。下面以目前应用较多的权电流型和倒 T 形电阻网络型为例来说明 D – A 转换器的工作原理，其余两种类型的 D – A 转换器则在例题和习题中分析。

7.1.2　权电流型 D‑A 转换器

设将 4 位二进制数 $D = d_3 d_2 d_1 d_0$ 转换成相应的模拟电压 u_0，可采用图 7-3 所示的权电流型 D‑A 转换电路。图中 d_3、d_2、d_1、d_0 分别控制（图中用虚线表示）开关 S_3、S_2、S_1、S_0：当 $d_i = 1$ 时，开关 S_i 掷左，与 S_i 相连的恒流源接到运算放大器的反相输入端；当 $d_i = 0$ 时，开关 S_i 掷右，与 S_i 相连的恒流源接到运算放大器的同相输入端。由于运算放大器的输入阻抗近似为无穷大，所以流过 R_F 的电流近似等于 i_Σ。于是由上所析，并观察图 7-3 可得到

$$u_0 \approx R_F i_\Sigma = R_F \left(\frac{I}{2} d_3 + \frac{I}{2^2} d_2 + \frac{I}{2^3} d_1 + \frac{I}{2^4} d_0 \right)$$

$$= \frac{R_F I}{2^4} (d_3 \times 2^3 + d_2 \times 2^2 + d_1 \times 2^1 + d_0 \times 2^0) = \frac{R_F I}{2^4} (D)_{10} \qquad (7\text{-}6)$$

即输出电压 u_0 与输入数字量成正比，比例系数为 $R_F I / 2^4$，式中 $(D)_{10}$ 是与输入二进制数 $(D)_2$ 等效的十进制数。不难推论，对于 n 位二进制数 $(D)_2$，有权电流型 D‑A 转换关系式

$$u_0 \approx \frac{R_F I}{2^n} (D)_{10} \qquad (7\text{-}7)$$

这样权电流型 D‑A 转换电路就将 n 位输入数字量转换成相应的模拟量输出。

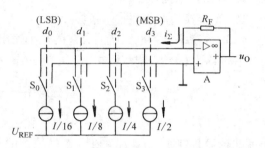

图 7-3　4 位权电流型 D‑A 转换电路

7.1.3　倒 T 形电阻网络 D‑A 转换器

1. 电路组成及其工作原理

图 7-4 是 4 位倒 T 形电阻网络 D‑A 转换器电路的原理图，它由 $R\text{-}2R$ 倒 T 形电阻网络、模拟开关、求和运算放大电路及基准电压源 U_{REF} 组成。开关 S_3、S_2、S_1、S_0 分别受输入代码 d_3、d_2、d_1、d_0 的状态控制，当输入 4 位二进制数的某位代码为 1 时，相应的开关将电阻 $2R$ 接到运算放大器的反相输入端；当某位代码为 0 时，相应的开关将电阻 $2R$ 接到运算放大器的同相输入端。

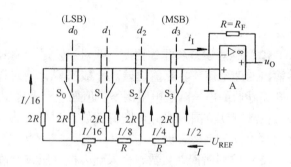

图 7-4　4 位倒 T 形电阻网络 D‑A 转换电路的原理图

图 7-5 为输入数字信号 $d_3 d_2 d_1 d_0 = 0001$ 时图 7-4 倒 T 形网络的等效电路。根据运算放大器虚地（运放反相输入端可视为零电位）的概念不难看出，从虚线 AA、BB、CC、DD 处分别向左看入的等效电阻均为 R，电源的总电流 $I \approx U_{REF} / R$，流入运算放大器的电流为 $I/2$。

由以上分析不难看出，每经过一级节点，支路电流衰减 $I/2$，根据输入数字量的数值，流入虚地的总电流为

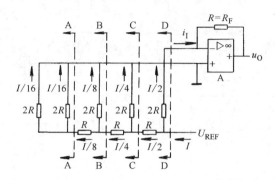

图 7-5　$d_3 d_2 d_1 d_0 = 0001$ 时图 7-4 倒 T 形网络的等效电路

$$i_{\mathrm{I}} = I\left(d_3 \times \frac{1}{2} + d_2 \times \frac{1}{4} + d_1 \times \frac{1}{8} + d_0 \times \frac{1}{16}\right) \tag{7-8}$$

$$\approx \frac{U_{\mathrm{REF}}}{2^4 R}(d_3 \times 2^3 + d_2 \times 2^2 + d_1 \times 2^1 + d_0 \times 2^0)$$

因此输出电压可表示为

$$u_{\mathrm{O}} \approx -i_1 R = -\frac{U_{\mathrm{REF}}}{2^4}(d_3 \times 2^3 + d_2 \times 2^2 + d_1 \times 2^1 + d_0 \times 2^0) \tag{7-9}$$

若是 n 位倒 T 形电阻网络 D - A 转换器，则 u_{O} 的表达式为

$$u_{\mathrm{O}} = -\frac{U_{\mathrm{REF}}}{2^n}(d_{n-1} \times 2^{n-1} + d_{n-2} \times 2^{n-2} + \cdots + d_1 \times 2^1 + d_0 \times 2^0) \tag{7-10}$$

倒 T 形电阻网络 D - A 转换器的特点是：① 模拟开关在地与虚地之间转换，不论开关状态如何变化，各支路的电流始终不变，因此不需要电流建立时间；② 各支路电流直接流入运算放大器的输入端，不存在传输时间差，因而提高了转换速度，并减小了动态过程中输出电压的尖峰脉冲。

基于以上两个性能特点，倒 T 形电阻网络 D - A 转换器是目前生产的 D - A 转换器中速度较快的一种，也是应用得最多的一种 D - A 转换器。

2. 集成 D - A 转换器

国产 AD7520 是一种 CMOS 集成 D - A 转换器，它采用 10 位倒 T 形电阻网络和 CMOS 模拟开关组成。图 7-6a 是它的原理电路图，图 7-6b 为其引脚功能图；图中反馈电阻 R_{F}（ = R = 10kΩ）已集成在芯片内，而求和运算放大器 A、基准电压源（ - 10 ~ + 10V）及模拟开关的电源（ + 5 ~ + 15V）均需外接。倒 T 形电阻网络的结构和分流原理如前所述。若基准电压为： + 10V，则电源提供的总电流为 $I \approx 10\mathrm{V}/10\mathrm{k}\Omega = 1\mathrm{mA}$，当所有位均为 **1** 时，输出电压达到 U_{m}，$U_{\mathrm{m}} \approx -9.99\mathrm{V}$；当所有位均为 **0** 时，输出电压为 0V。AD7520 的转换时间小于等于 500ns，分辨率约为 1‰。

7.1.4　模拟电子开关

在 D - A 转换器中使用的模拟电子开关是受输入数字信号的状态控制的。因为它传送的是模拟信号，所以要求模拟开关接近于理想开关，其接通和断开应不影响被传送的模拟信号数值。一个理想开关接通时电压降为零，断开时内阻为无穷大。按照所使用的开关器件的不

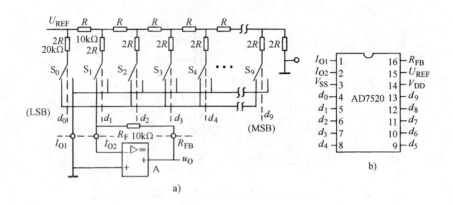

图 7-6 AD7520 D – A 转换器

a）原理电路 b）引脚功能图

同，模拟电子开关分成 CMOS 电子开关和双极型电子开关两大类。CMOS 模拟开关转换速度较低，转换时间较长，如 AD7520 芯片为 500ns 左右；而双极型模拟开关转换速度较高，如 DAC0800 芯片的转换时间约为 100ns。下面将各选一例，分别介绍其电路结构和工作原理。

1. CMOS 模拟电子开关

图 7-7 是 AD7520 中的 CMOS 模拟开关。其中 V_{P1}、V_{P2} 和 V_{N3} 组成电平转移电路，使输入信号与 TTL 电平兼容，V_{P3}、V_{N4} 和 V_{P4}、V_{N5} 组成的反相器是模拟开关 V_{N1} 和 V_{N2} 的驱动电路，V_{N1}、V_{N2} 构成单刀双掷开关。当输入 d_i 为高电平时，V_{P3}、V_{N4} 组成的反相器输出高电平，V_{P4}、V_{N5}

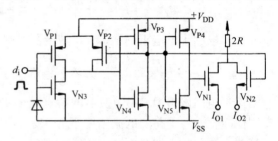

图 7-7 AD7520 中的 CMOS 模拟开关

组成的反相器输出低电平，结果使 V_{N1} 截止、V_{N2} 导通，将电流引向运算放大器的虚地。反之，当输入 d_i 为低电平时，V_{N1} 导通，V_{N2} 截止，将电流引导到运算放大器的地端。

MOS 管开关在导通时没有剩余电压造成的误差，但导通电阻较大，一般在数十至数百欧姆之间，通过工艺设计可以加以控制。

*2. 双极型模拟电子开关

双极型集成高速模拟电子开关如图 7-8 所示。图中 V_1、V_2、V_3、V_4 组成差动放大输入级，起到对数字输入信号的缓冲隔离作用，使输入信号跳变不直接影响输出模拟量。V_5、V_6、V_7 是差动电子开关，其中 VS_1、VS_2 是肖特基二极管，它将 A 点输出至差动电流开关的控制信号钳位，从而限制该开关只能在较小的电平范围内动作，以提高开关速度。

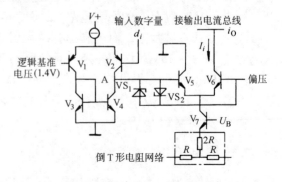

图 7-8 双极型集成高速模拟电子开关

输入数字信号 d_i 作用在 V_2 管的基极，与 V_1 管基极的基准电压（1.4V）进行比较。当 $d_i = 1$ 时，A 点电位下降，使 V_5 管的基极电位低于 V_6 管所加偏压，V_5 管截止，V_6 管导通，电流 I_i 经总线流过 V_6 管继而流向电阻网络；当 $d_i = 0$ 时，A 点电位上升，V_6 管截止，没有电流输出到总线，$I_i = 0$，而 V_5 管导通。只要适当设计电路参数，经导通的 V_5 管流到 V_7 管的电流大小可与 I_i 接近相等，从而较好地起到了模拟电子开关的作用。

例 7-1　已知 n 位倒 T 形电阻网络 D – A 转换器（DAC）中的 $R_F = R$，$U_{REF} = -12V$，试分别求出 4 位和 8 位倒 T 形电阻网络 DAC 的最小输出电压 U_{LSB}，并说明这种 DAC 的 U_{LSB} 与位数 n 的关系。

解：4 位倒 T 形电阻网络 DAC 的最小输出电压为

$$U_{LSB} = -\frac{U_{REF}}{2^4} \frac{R_F}{R} \times 2^0 = 0.75V$$

8 位倒 T 形电阻网络 DAC 的最小输出电压为

$$U_{LSB} = -\frac{U_{REF}}{2^8} \frac{R_F}{R} \times 2^0 = 0.047V$$

由此可见，在 R_F 和 U_{REF} 相同的情况下，倒 T 形电阻网络 DAC 的位数越多，最小输出电压就越小。

例 7-2　图 7-9a 是 4 位 T 形电阻网络 DAC 的原理电路图。试解答：

（1）分析其工作原理，推导出输出模拟电压 u_O 的表达式；

（2）在 $n = 8$ 位的此结构的 DAC 中，设 $U_{REF} = -12V$，$R_F = 3R$，求输入数字信号 $(D)_2$ = 11010110 时，输出电压 $u_O = ?$

（3）若 $R_F = 2R$，其他参数均不变，则输出电压 u_O 又为多少？

解：（1）开关 S_3、S_2、S_1、S_0 分别受输入代码 d_3、d_2、d_1、d_0 的状态控制，当输入代码为 **1** 时，相应的开关将电阻接到 U_{REF} 上，而代码为 **0** 时相应的开关将电阻接地。为便于列式，考虑 d_3、d_2、d_1、d_0 均为 **1** 的情形，利用戴维南定理和叠加原理可得到如图 7-9b 所示的 T 形电阻网络等效电路，图中等效电阻为 R，等效电压源

$$U_E = \frac{U_{REF}}{2^n}(d_3 \times 2^3 + d_2 \times 2^2 + d_1 \times 2^1 + d_0 \times 2^0)$$

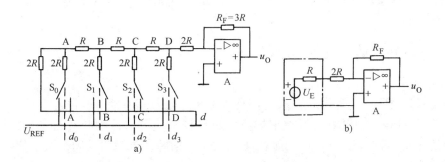

图 7-9　4 位 T 形电阻网络 DAC

a）电路图　b）T 形电阻网络的等效电路

经过反相输入比例运算放大电路，输出模拟电压 u_0 的表达式为

$$u_0 = (-3R/3R) U_E = -\frac{U_{REF}}{2^4}(d_3 \times 2^3 + d_2 \times 2^2 + d_1 \times 2^1 + d_0 \times 2^0)$$

（2）若是 n 位 T 形电阻网络 D – A 转换器，则 u_0 的表达式为

$$u_0 = -\frac{U_{REF}}{2^n}(d_{n-1} \times 2^{n-1} + d_{n-2} \times 2^{n-2} + \cdots + d_1 \times 2^1 + d_0 \times 2^0)$$

在 $n = 8$ 位的 T 形电阻网络 DAC 中，代入已知数据得：$u_0 \approx 10.03\text{V}$；

（3）若 $R_F = 2R$，其他参数均不变，则输出电压 $u_0 = (2/3) \times 10.03\text{V} \approx 6.69\text{V}$。

例 7-3　AD7520 既可作单极性使用，又可作双极性使用。所谓双极性使用，指输入数字量既可采用二进制偏移码方式，亦可采用二进制补码方式（此两种二进制码之间的区别详见有关专著）。而单极性使用是指用 DAC 对自然二进制数字量进行数/模转换。根据电路形式或参考电压极性的不同，单极性使用时输出电压或为 0V 到正满刻度值，或 0V 到负满刻度值。试用集成 DAC 芯片 AD7520，设计一个单极性用 D – A 转换电路，要求输出电压范围为 0 ~ +5V。

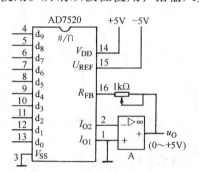

图 7-10　AD7520 连接成单极型 D – A 转换器

解：AD7520 连接成单极性 D – A 转换电路，如图 7-10 所示。因为 AD7520 是 10 位 CMOS 倒 T 形电阻网络 DAC，所以不需要设计电平偏移电路，只需外接运放、$V_{DD} = +5\text{V}$ 和 $U_{REF} = -5\text{V}$ 即可。

注意：① 图中 "#/∩" 是 DAC 的限定符；② 图中 1kΩ 可调电位器用来调整电压增益。

7.2　A – D 转换器

正如第 1.1.1 节所述，为了将时间连续、幅值也连续的模拟量转换为时间离散、幅值也离散的数字信号，A – D 转换一般要经过取样、保持、量化和编码 4 个过程。在实际的 A – D 转换电路中，这些过程有时可以合并进行，例如取样和保持、量化和编码往往是在转换过程中同时实现的。

7.2.1　A – D 转换的一般工作过程

1. 取样与保持

取样是将随时间连续变化的模拟量转换为时间离散的模拟量。取样过程示意图如图 7-11 所示。图 7-11a 中，传输门 TG 受取样信号 $S(t)$ 控制，在 $S(t)$ 的脉宽 t_W 期间，传输门导通，输出信号 $u_0(t)$ 为输入 $u_I(t)$，而在（$T_S - t_W$）期间，传输门关闭，输出信号 $u_0(t) = 0\text{V}$。电路中各电压信号波形图如图 7-11b 所示。

通过分析可以看出，取样信号 $S(t)$ 的频率越高，所取得信号经低通滤波器后越能真实地复现输入信号。合理的取样频率由取样定理确定。

取样定理：设取样信号 $S(t)$ 的频率为 f_S，输入模拟信号 $u_1(t)$ 的最高频率分量的频率为

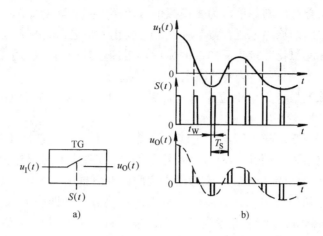

图 7-11　取样过程示意图

a) 传输门 TG　b) 各电压信号波形图

f_{imax}，则 f_S 与 f_{imax} 必须满足下面的关系：

$$f_S \geqslant 2f_{imax} \tag{7-11}$$

一般取 $f_S > 2f_{imax}$。

　　将取样电路每次取得的模拟信号转换为数字信号，需要一定的时间。为了给后续的量化、编码过程提供一个稳定值，每次取得的模拟信号必须通过**保持**电路保留一段时间。

　　取样与保持过程往往是通过取样－保持电路同时完成的。取样－保持电路如图 7-12 所示。

　　取样－保持电路由输入放大器 A_1、输出放大器 A_2、保持电容 C_H 和开关驱动电路组成。电路中要求 A_1 具有很高的输入阻抗，以减小对输入信号源的影响。为使保持阶段 C_H 上所存电荷不易泄放，A_2 也应具有相当高的输入阻抗，同时 A_2 还要具有较低的输出阻抗，这样可以提高电路的带负载能力。一般要求电路中 $A_{u1}A_{u2}=1$。

　　现结合图 7-12a 分析取样－保持电路的工作原理。当 $t=t_0$ 时，开关 S 闭合，电容 C_H 被迅速充电，由于 $A_{u1}A_{u2}=1$，因此 $u_O=u_I$，在 $t_0\sim t_1$ 时间间隔内是取样阶段。当 $t=t_1$ 时刻 S 断开，若 A_2 的输入阻抗为无穷大、S 为理想开关，这样就认为电容 C_H 没有放电回路，其两端电压保持为 u_O 不变，图 7-12b 中 $t_1\sim t_2$ 平坦段即为保持时段。

　　其实，取样－保持电路已有多种型号的单片集成电路产品，例如双极型工艺的 AD585、AD684；混合型工艺的 AD1154、SHC76 等。

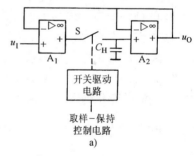

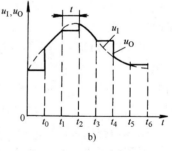

图 7-12　取样－保持电路

a) 原理电路图　b) 输出波形图

2. 量化与编码

　　数字信号不仅在时间上是离散的，而且幅值上也不连续。任何一个数字量的大小只能是某个规定的最小数量单位的整数倍。为将模拟信号转换为数字量，在 A – D 转换过程中，还必须将取样 – 保持电路的输出电压，按某种近似方式化为与之相应的离散电平。这一转化过程称为数值量化，简称**量化**。量化后的数值最后还需通过编码过程，用一个代码表示出来。经编码后得到的代码就是 A – D 转换器输出的数字量。

量化过程中所取的最小数量单位称为量化单位，用 Δ 表示。它是数字信号最低位为 **1** 时所对应的模拟量，即 1LSB。

在量化过程中，由于取样电压不一定能被 Δ 整除，所以量化前后不可避免地存在着误差，称此误差为**量化误差**，用 ε 表示。量化误差属原理误差，它是无法消除的。A – D 转换器（以下简称 ADC）的位数越多，各离散电平之间的差值越小，量化误差也就越小。

量化过程常采用两种近似量化方式：只舍不入量化方式和四舍五入量化方式。以 3 位 ADC 为例，设输入信号 u_1 的变化范围为 0 ~ 8V，采用只舍不入量化方式时，取 $\Delta = 1V$，量化中把不足量化单位部分舍弃，如数值在 0 ~ 1V 之间的模拟电压都当作 0Δ，用二进制数 **000** 表示，而数值在 1 ~ 2V 之间的模拟电压都当作 1Δ，用二进制数 **001** 表示，…。这种量化方式的最大量化误差为 Δ；如采用四舍五入量化方式，则取量化单位 $\Delta = 8V/15$，量化中将不足半个量化单位部分舍弃，对大于等于半个量化单位部分按一个量化单位处理，将数值在 0 ~ 8V/15 之间的模拟电压都当作 0Δ 对待，用二进制数 **000** 表示，而数值在 8V/15 ~ 24V/15 之间的模拟电压均作 1Δ，用二进制数 **001** 表示，等等。不难看出，采用前一种只舍不入量化方式的最大量化误差 $|\varepsilon_{max}| = 1LSB$，而采用后一种有舍有入量化方式的 $|\varepsilon_{max}| = 1LSB/2$。因量化误差比前者减半，故后者较多地被采用。

ADC 的种类很多，按其工作原理不同分为直接 ADC 和间接 ADC 两类。直接 ADC 将模拟信号直接转换为数字信号，此类 ADC 具有较快的转换速度，其典型电路有并行比较型 ADC、逐次逼近型 ADC。而间接 ADC 则是先将模拟信号转换成某一中间电量（时间或频率），然后再将中间电量转换为数字量输出。该类 ADC 的速度较慢，典型电路是双积分型 ADC。下面将详细介绍这 3 种 ADC 的电路结构及其工作原理。

7.2.2　并行比较型 A – D 转换器

3 位并行比较型 ADC 的原理电路如图 7-13 所示。它由电阻分压器、电压比较器、寄存器和编码器组成。图中的 8 个电阻将参考电压 U_{REF} 分成 8 个等级，其中 7 个等级的电压分别作为 7 个比较器 C_1 ~ C_7 的参考电压，其数值在图中自下而上依次为 $U_{REF}/15$、$3U_{REF}/15$、…、$13U_{REF}/15$。输入电压为 u_1，它的大小决定各比较器的输出状态，例如，当 $0 \leq u_1 < U_{REF}/15$ 时，C_7 ~ C_1 的输出状态都为 **0**；当 $3U_{REF}/15 \leq u_1 < 5U_{REF}/15$ 时，比较器 C_6 和 C_7 的输出 $C_{06} = C_{07} = 1$，其余各比较器的状态均为 **0**。根据各比较器的参考电压值，可以确定输入模拟电压值与各比较器输出状态的关系。比较器输出状态由 D 触发器存储，经优先编码器编码，得到数字量输出。优先编码器优先级别最高的是 I_7，最低的为 I_1。

设 u_1 变化范围是 0 ~ U_{REF}，输出 3 位数字量为 $d_2 d_1 d_0$，则 3 位并行比较型 ADC 的输入与输出关系如表 7-1 所示。

在并行比较型 ADC 中，输入电压 u_1 同时加到所有比较器的输入端，从 u_1 加入到 3 位数字量稳定输出所经历的时间为电压比较器、D 触发器和编码器的延迟时间之和。如不考虑上述器件的延迟，可认为 3 位数字量是与 u_1 输入时刻同时获得的，故它在各种 ADC 中转换时

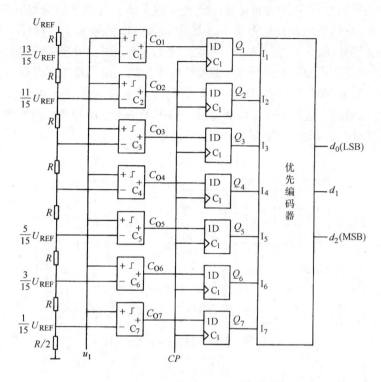

图 7-13 3 位并行比较型 ADC 的原理电路

间最短。

单片集成并行比较型 ADC 的产品很多，如 AD 公司的 AD9012（8 位，TTL 工艺）、AD9002（8 位，ECL 工艺）、AD9020（10 位，TTL 工艺）等。

表 7-1 3 位并行比较型 ADC 的输入与输出关系

模拟信号输入	各电压比较器输出状态							数字信号输出		
	C_{O1}	C_{O2}	C_{O3}	C_{O4}	C_{O5}	C_{O6}	C_{O7}	d_2	d_1	d_0
$0 \leqslant u_I < U_{REF}/15$	0	0	0	0	0	0	0	0	0	0
$U_{REF}/15 \leqslant u_I < 3U_{REF}/15$	0	0	0	0	0	0	1	0	0	1
$3U_{REF}/15 \leqslant u_I < 5U_{REF}/15$	0	0	0	0	0	1	1	0	1	0
$5U_{REF}/15 \leqslant u_I < 7U_{REF}/15$	0	0	0	0	1	1	1	0	1	1
$7U_{REF}/15 \leqslant u_I < 9U_{REF}/15$	0	0	0	1	1	1	1	1	0	0
$9U_{REF}/15 \leqslant u_I < 11U_{REF}/15$	0	0	1	1	1	1	1	1	0	1
$11U_{REF}/15 \leqslant u_I < 13U_{REF}/15$	0	1	1	1	1	1	1	1	1	0
$13U_{REF}/15 \leqslant u_I < U_{REF}$	1	1	1	1	1	1	1	1	1	1

并行比较型 ADC 具有如下特点：

1）由于转换是并行的，其转换时间只受电压比较器、触发器和编码电路延迟时间的限制，因此转换速度在各种 ADC 中最快。

2）但随着分辨率的提高，其元器件数目要按几何级数增加。一个 n 位并行比较型 ADC 所用比较器的个数为 $2^n - 1$，如 8 位并行 ADC 就需要 $2^8 - 1 = 255$ 个比较器。由于位数越多，电路越复杂，因此制成分辨率较高的集成并行 ADC 比较困难。

3）为了解决提高分辨率和增加元器件数之间的矛盾，可以采取分级并行转换的方法。10 位分级并行 A－D 转换的原理见图 7-14。图中输入模拟信号 u_I，经取样－保持电路后分成两路，一路先经第 1 级 5 位并行 A－D 转换进行粗转换，得到输出数字量的高 5 位；另一路送至减法器，与高 5 位 D－A 转换得到的模拟电压相减。由于相减所得到的差值电压小于 $1U_{LSB}$，为保证第 2 级 ADC 的转换精度，将差值放大 $2^5 = 32$ 倍，送入第 2 级 5 位并行比较 ADC，得到低 5 位输出。这种方法虽然在速度上做出了牺牲，但却使元器件数大为减少，在需兼顾分辨率和速度的情况下常被采用。

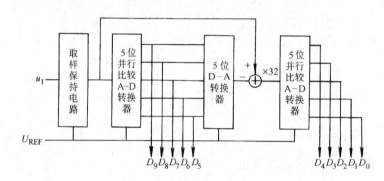

图 7-14　10 位分级并行 A－D 转换的原理

7.2.3　逐次逼近型 A－D 转换器

1. 转换原理

在直接 A－D 转换器中，逐次逼近型 ADC 是目前应用最多的一种。逐次逼近转换过程与用天平称重物非常相似。天平称重的过程是，从最重的砝码开始试放，与被称物体进行比较，若物体重于砝码，则该砝码保留，否则移去。再加上第 2 个次重砝码，由物体的重量是否大于砝码的重量决定第 2 个砝码是留下还是移去。如此直至加到最小的一个砝码为止。将所有留下的砝码重量相加，就得到物体的重量。按照这一思路，逐次逼近型 ADC 将输入模拟信号与不同的参考电压作多次比较，使转换所得的数字量在数值上逐次逼近输入模拟量的对应值。

n 位逐次逼近型 ADC 框图如图 7-15 所示。它由控制逻辑电路、数据寄存器、移位寄存器、D－A 转换器及电压比较器等组成。其工作原理如下：电路由启动脉冲启动后，在第 1 个时钟脉冲作用下，控制电路使移位寄存器的最高位置 1，其他位置 0，其输出经数据寄存器将 $1000\cdots0$ 送入 D－A 转换器。输入电压首先与 D－A 转换器输出电压 $u'_0 = U_{REF}/2$ 相比较，如 $u_I \geqslant u'_0$，比较器输出使数据寄存器的 d_{n-1} 位置 1，若 $u_I < u'_0$，则为 0。然后在第 2 个 CP 作用下，移位寄存器的次高位置 1，其他低位置 0。如数据寄存器的最高位已存 1，则此时 $u'_0 = \dfrac{3}{4}U_{REF}$。于是 u_I 再与 $\dfrac{3}{4}U_{REF}$ 相比较，如 $u_I \geqslant \dfrac{3}{4}U_{REF}$，则数据寄存器的次高位 d_{n-2} 存 1，否则 $d_{n-2}=0$；如最高位为 0，则 $u'_0 = U_{REF}/4$，u_I 与 u'_0 比较，如 $u_I \geqslant U_{REF}/4$，则 d_{n-2} 位存 1，否则存 0，…。依此类推，逐次比较便得到输出的数字量。

2. 逐次逼近型 ADC 实例

根据上述原理构成了 3 位逐次逼近型 ADC 的逻辑电路，如图 7-16 所示。图中 3 个门控

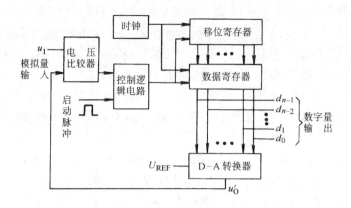

图 7-15　n 位逐次逼近型 ADC 框图

SR 锁存器 F_A、F_B、F_C 作为数码寄存器，$F_1 \sim F_5$ 构成的环形计数器作为顺序脉冲发生器，控制逻辑电路由门电路 $G_1 \sim G_8$ 组成。

设图 7-16 中 3 位 DAC 内部的参考电压 $U_{REF} = 5V$，待转换的输入模拟电压 $u_I = 3.2V$，工作前先将 F_A、F_B、F_C 清零，同时将环形计数器置成 $Q_1 \sim Q_5 = \mathbf{00001}$。当转换控制信号 u_L 变成高电平时，转换便开始进行。

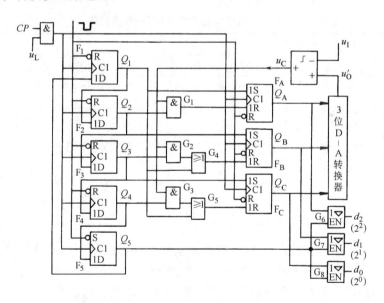

图 7-16　3 位逐次逼近型 A – D 转换器

1）当第 1 个 CP 的上升沿到来后，环形计数器的状态变成 $Q_1 \sim Q_5 = \mathbf{10000}$。因为 $Q_1 = \mathbf{1}$，所以 $CP = \mathbf{1}$ 期间 F_A 被置成 $\mathbf{1}$，F_B、F_C 被置成 $\mathbf{0}$ 状态，从而使 $Q_A Q_B Q_C = \mathbf{100}$，该寄存器输出加到 3 位 DAC 的输入端，便在 3 位 DAC 的输出端得到相应的模拟电压 $u'_O = 5 \times 2^{-1} V = 2.5V$，因为 $u'_O < u_I$，比较器的输出 u_C 为低电平。

2）当第 2 个 CP 的上升沿到来后，环形计数器的状态变成 $Q_1 \sim Q_5 = \mathbf{01000}$。因为 $Q_2 = \mathbf{1}$，所以 $CP = \mathbf{1}$ 期间 F_B 被置成 $\mathbf{1}$，由于 u_C 为低电平，封锁了与门 G_1，Q_2 不能通过 G_1 使 F_A 复

位为 **0**，故 Q_A 仍为 **1**，而 F_C 保持 **0** 状态，因此 $Q_A Q_B Q_C = \mathbf{110}$，经 3 位 DAC 后得到相应的模拟电压 $u'_0 = 5 \times (2^{-1} + 2^{-2})\mathrm{V} = 3.75\mathrm{V}$，因为 $u'_0 > u_I$，所以比较器的输出 u_C 为高电平。

3）当第 3 个 CP 的上升沿到来后，环形计数器的状态变成 $Q_1 \sim Q_5 = \mathbf{00100}$。因为 $Q_3 = \mathbf{1}$，所以 $CP = \mathbf{1}$ 期间 F_C 被置成 **1**，由于 u_C 为高电平，与门 G_2 被打开，Q_3 通过门 G_2 使 F_B 复位为 **0**，此时由于 $Q_1 = Q_2 = \mathbf{0}$，所以 F_A 保持 **1** 状态。因此 $Q_A Q_B Q_C = \mathbf{101}$，经 3 位 DAC 后得到相应的模拟电压 $u'_0 = 5 \times (2^{-1} + 2^{-3})\mathrm{V} = 3.125\mathrm{V}$，因为 $u'_0 < u_I$，故比较器的输出 u_C 为低电平。

4）当第 4 个 CP 到来后，$Q_1 \sim Q_5 = \mathbf{00010}$。由于 u_C 为低电平，封锁了与门 $G_1 \sim G_3$，且 $Q_1 \sim Q_3 = \mathbf{0}$，故 F_A、F_B、F_C 保持原态不变，即 $Q_A Q_B Q_C = \mathbf{101}$。

5）当第 5 个 CP 到来后，$Q_1 \sim Q_5 = \mathbf{00001}$。由于 $Q_5 = \mathbf{1}$，三态门 $G_6 \sim G_8$ 被打开，输出信号经转换后的数字量 $d_2 d_1 d_0 = \mathbf{101}$。

综上所述，图 7-16 所示 3 位逐次逼近型 ADC 的工作过程可列出表 7-2。由表可见，当来了 5 个 CP 脉冲后，该 ADC 经过逐次比较，将输入模拟电压 $u_I = 3.2\mathrm{V}$ 转换成数字量 $d_2 d_1 d_0 = \mathbf{101}$ 输出。因此完成一次转换需要时间 $(3 + 2)T_{CP} = (n + 2)T_{CP}$，式中 T_{CP} 为 CP 脉冲的周期。在逐次比较过程中，与输出数字量对应的模拟电压逐渐逼近 u_I 值，最后得到与转换结果所对应的模拟电压为 3.125V，与实际输入模拟电压 3.2V 的相对误差约为 2.3%。

表 7-2 3 位逐次逼近型 ADC 的转换过程

工作节拍	环形计数器					寄存器			u'_0 与 u_I 比较	比较器
	Q_1	Q_2	Q_3	Q_4	Q_5	Q_A	Q_B	Q_C		u_C
复位	**0**	**0**	**0**	**0**	**1**	**0**	**0**	**0**	$u'_0 = 0\ \mathrm{V} < u_I = 3.2\mathrm{V}$	L
第 1 个 CP	**1**	**0**	**0**	**0**	**0**	**1**	**0**	**0**	$u'_0 = 2.5\ \mathrm{V} < u_I$	L
第 2 个 CP	**0**	**1**	**0**	**0**	**0**	**1**	**1**	**0**	$u'_0 = 3.75\ \mathrm{V} < u_I$	H
第 3 个 CP	**0**	**0**	**1**	**0**	**0**	**1**	**0**	**1**	$u'_0 = 3.125\ \mathrm{V} < u_I$	L
第 4 个 CP	**0**	**0**	**0**	**1**	**0**	**1**	**0**	**1**	$u'_0 = 3.125\ \mathrm{V} < u_I$	L
第 5 个 CP	**0**	**0**	**0**	**0**	**1**	**1**	**0**	**1**	$u'_0 = 3.125\ \mathrm{V} < u_I$	L
							输出			

由以上分析可知，逐次逼近型 ADC 完成 1 次转换所需时间与其位数和时钟脉冲频率有关，位数越少，时钟脉冲频率越高，完成 1 次转换所需的时间就越短。因此，这种 ADC 具有构思精巧、转换速度较快、精度高的优点。常用的集成逐次逼近型 A – D 转换器有 AD 公司采用 CMOS 工艺生产的 ADC0809（8 位），还有 AD575（10 位）、AD574A（12 位）等产品。

例 7-4 在图 7-16 所示电路结构的 ADC0809 芯片中，若已知时钟脉冲频率为 1MHz，试问完成 1 次转换需时 t 是多少？如要求该 8 位逐次逼近型 ADC 完成 1 次转换的时间 $t < 100\mu s$，求时钟频率 f_{CP} 应选多大？

解： 由上述分析推知，n 位逐次逼近型 ADC 完成 1 次转换需时

$$t = (n + 2)T_{CP} \quad (\text{式中 } T_{CP} \text{ 为时钟脉冲 } CP \text{ 的周期})$$

根据题意，已知 $n = 8$，$T_{CP} = 1\mu s$，代入上式得

$$t = 10\mu s$$

如要求完成 1 次转换的时间 $t < 100\mu s$，即

$$T_{CP} \times 10 < 100\mu s$$

解此不等式，得到 $\quad\quad T_{CP} < 10\mu s$，故 $f_{CP} > 0.1 MHz$。

*7.2.4 双积分式 A – D 转换器

双积分式 ADC 是一种间接的 A – D 转换器。它的基本原理是，对输入模拟电压和参考电压分别进行两次积分，将输入电压平均值变换成与之成正比的时间间隔，然后利用时钟脉冲和计数器测出此时间间隔，进而得到相应的数字量输出。由于这种 ADC 是对输入电压的平均值进行变换，所以它具有很强的抗工频干扰信号的能力，在数字信号测量系统中得到广泛应用。

图 7-17 是此转换器的原理电路图，它由**积分器**（用集成运放 A_1 组成）、**过零比较器**（A_2）、**时钟脉冲控制门**（G）和**定时/计数器**（$F_0 \sim F_n$）4 个部分组成。

1. 积分器

积分器是转换器的核心部分，它的输入端所接开关 S_1 由定时信号 Q_n 控制。当 Q_n 为不同电平时，极性相反的输入电压 u_1 和参考电压 U_{REF} 将分别加到积分器的输入端，进行两次方向相反的积分，积分时间常数 $\tau = RC$。

2. 过零比较器

过零比较器用来确定积分器输出电压 u_O 过零的时刻。当 $u_O \geqslant 0V$ 时，比较器输出 u_C 为低电平；当 $u_O < 0V$ 时，u_C 为高电平。比较器的输出信号接至时钟控制门 G，作为关门和开门信号。

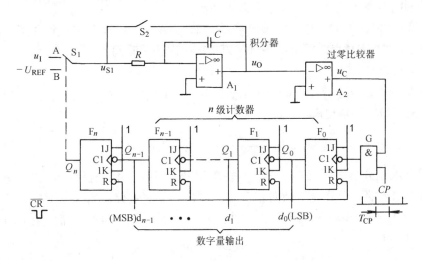

图 7-17 双积分 A – D 转换器的原理电路图

3. 计数器和定时器

由 $n + 1$ 个计数型触发器（第 4.4.2 节介绍的 T′ 触发器）$F_0 \sim F_n$ 串联组成。T′ 触发器 $F_0 \sim F_{n-1}$ 组成 n 级计数器，对输入时钟脉冲 CP 计数，以便将与输入电压平均值成正比的时

间间隔，转变成数字信号输出。当计数到 2^n 个时钟脉冲时，$F_0 \sim F_{n-1}$ 均回到 **0** 态，而 F_n 翻转为 **1** 态，$Q_n = 1$ 后开关 S_1 从位置 A 转接到位置 B。

4. 时钟脉冲控制门

时钟脉冲源标准周期 T_{CP} 作为测量时间间隔的标准时间。当 $u_C = 1$ 时，门 G 打开，时钟脉冲通过门 G 加到触发器 F_0 的输入端。

5. 电路工作过程

现以输入正极性的直流电压 u_I 为例，说明双积分式 ADC 将模拟电压转换为数字量的基本原理。电路的工作过程分以下几个阶段进行，各处的工作波形如图 7-18 所示。

（1）准备阶段　首先控制电路提供 $\overline{CR}$ 信号使计数器清零，同时使开关 S_2 闭合，待积分电容放电完毕后，再使 S_2 断开。

（2）第 1 次积分阶段　在转换过程开始时（$t=0$），开关 S_1 与 A 端接通，正的输入电压 u_I 加到积分器的输入端。积分器从输出 0V 开始对 u_I 积分，其波形如图 7-18 中 u_O 波形的斜线 $0 - U_P$ 段所示。根据积分器的原理可得

$$u_O = -\frac{1}{\tau}\int_0^t u_I \mathrm{d}\xi \qquad (7\text{-}12)$$

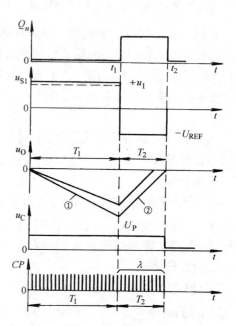

图 7-18　双积分式 ADC 各处的工作波形

由于 $u_O < 0\text{V}$，过零比较器输出 u_C 为高电平，时钟控制门 G 被打开。于是，计数器在 CP 的作用下从零开始计数。经 2^n 个时钟脉冲后，触发器 $F_0 \sim F_{n-1}$ 都翻转到 **0** 态，而 $Q_n = 1$，开关 S_1 由 A 点转接到 B 点，第 1 次积分结束。第 1 次积分时间为

$$t = T_1 = 2^n T_{CP} \qquad (7\text{-}13)$$

令 U_I 为输入电压 u_I 在 T_1 时间间隔内的平均值，则由式（7-12）、式（7-13）得到第 1 次积分结束时积分器的输出电压

$$U_P = -\frac{T_1}{\tau}U_I = -\frac{2^n T_{CP}}{\tau}U_I \qquad (7\text{-}14)$$

（3）第 2 次积分阶段　当 $t = t_1$ 时，S_1 转接到 B 点，与 u_I 相反极性的基准电压：$-U_{REF}$ 加到积分器的输入端；积分器开始向相反方向进行第 2 次积分；当 $t = t_2$ 时，积分器输出电压 $u_O \geq 0\text{V}$，比较器输出 u_C 为低电平，时钟控制门 G 被关闭，计数停止。在此阶段结束时 u_O 的表达式可写为

$$u_O(t_2) = U_P - \frac{1}{\tau}\int_{t_1}^{t_2}(-U_{REF})\mathrm{d}t = 0\text{V} \qquad (7\text{-}15)$$

设 $T_2 = t_2 - t_1$，于是有

$$\frac{U_{REF} T_2}{\tau} = \frac{2^n T_{CP}}{\tau}U_I$$

设在此期间计数器所累计时钟脉冲的个数为 λ，则

$$T_2 = \lambda T_{CP} \tag{7-16}$$

$$T_2 = \frac{2^n T_{CP}}{U_{REF}} U_I \tag{7-17}$$

由此可见，T_2 与 U_I 成正比，T_2 就是双积分 A – D 转换过程的中间变量。而

$$\lambda = \frac{T_2}{T_{CP}} = \frac{2^n}{U_{REF}} U_I \tag{7-18}$$

式（7-18）表明，在计数器中所累计的数 λ（$\lambda = Q_{n-1} \cdots Q_1 Q_0$），与在取样时间 T_1 内输入电压平均值 U_I 成正比。只要 $U_I < U_{REF}$，转换器就能正常地将输入模拟电压转换为数字量，并从计数器读取转换结果 $d_{n-1} \cdots d_1 d_0$。如果取 $U_{REF} = 2^n \mathrm{V}$，则由式（7-18）得 $\lambda = U_I$，此时计数器所计数在数值上就等于被转换电压 u_1 在 T_1 时间间隔内的平均值 U_I。

由于双积分 ADC 在 T_1 时间内采集的是输入电压的平均值，因此具有很强的抗工频干扰能力。尤其对周期等于 T_1 或几分之一 T_1 的对称干扰（所谓对称干扰，指整个周期内平均值为零的干扰），从理论上来说，有无穷大的抑制能力。即使当工频干扰幅度大于被测直流信号，使得输入信号正负变化时，仍有良好的抑制能力。由于在工业系统中经常碰到的是工频（50Hz）或工频的倍频干扰，故通常选定采样时间 T_1 总是等于工频电源周期的倍数，如 20ms 或 40ms 等。另一方面，由于在转换过程中，前后两次积分所采用的是同一积分器。因此，在两次积分期间（一般在几十至数百毫秒之间），R、C 和脉冲源等元器件参数的变化对转换精度的影响均可以忽略不计。

需要指出的是，在第 2 次积分阶段结束后，控制电路又使开关 S_2 闭合，电容 C 放电，积分器回零。电路再次进入准备阶段，等待下次转换的到来。

单片集成双积分式 A – D 转换器有 ADC – EK8B（8 位，二进制码）、ADC – EK10B（10 位，二进制码）、MC14433（$3\frac{1}{2}$ 位，BCD 码）等。

7.2.5 A – D 转换器主要技术指标

A – D 转换器的主要技术指标有转换精度、转换速度等。选择 A – D 转换器时，除考虑这两项技术指标外，还应注意满足其输入电压范围、输出数字信号的编码、工作温度范围和电压稳定度等方面的要求。

1. 转换精度

单片集成 A – D 转换器的转换精度是用分辨率和转换误差来描述的。

（1）分辨率 A – D 转换器的分辨率以输出二进制（或十进制）数的位数表示。它说明 A – D 转换器对输入信号的分辨能力。从理论上讲，n 位输出的 A – D 转换器能区分 2^n 个不同等级的输入模拟电压，能区分输入电压的最小值为满量程输入的 $1/2^n$。当最大输入电压一定时，输出数字量的位数越多，量化单位越小，分辨率就越高。例如某一 A – D 转换器输出为 8 位二进制数，输入信号最大值为 5V，那么此转换器能区分出输入的最小电压为 19.53mV。

（2）转换误差 转换误差通常是以输出误差的最大值形式给出的。它表示 A – D 转换器实际输出的数字量和理论上输出数字量之间的差别。常用最低有效位的倍数表示。例如某一 A – D 转换器给出相对误差范围为 $\pm \mathrm{LSB}/2$，表明实际输出的数字量和理论上应得到的输出数字量之间的误差小于最低位的半个字。

2. 转换时间

转换时间是指 A – D 转换器从转换控制信号到来开始，到输出端得到稳定的数字信号所经历的时间。A – D 转换器的转换时间与转换电路的类型有关。不同类型的转换器转换速度相差甚远。其中尤以并行比较 A – D 转换器的转换速度为最高，8 位二进制数码输出的这种单片集成 ADC 的转换时间可达到 50ns 以内；逐次逼近型 ADC 次之，它们大多数转换时间在 10 ~ 50μs 之间，也有达几百纳秒的；间接 A – D 转换器的速度最慢，如双积分 ADC 的转换时间大都在几十毫秒至几百毫秒之间。在实际应用中，应从系统数据总的位数、精度要求、输入模拟信号的范围以及输入信号极性等方面因素出发，综合考虑 A – D 转换器的选用。

例 7-5　某信号采集系统要求用一片集成 A – D 转换器芯片，在 1 秒内对 16 个热电偶的输出电压分时进行 A – D 转换。已知热电偶输出电压范围为 0 ~ 0.025V（对应于 0 ~ 450℃ 温度范围），需要分辨的温度为 0.1℃，试问应选择多少位的 A – D 转换器，其转换时间为多少？

解：对于从 0 ~ 450℃ 温度范围，信号电压为 0 ~ 0.025V，分辨温度为 0.1℃ 的要求，相当于 $\dfrac{0.1}{450} = \dfrac{1}{4500}$ 的分辨率。12 位 A – D 转换器的分辨率为 $\dfrac{1}{2^{12}} = \dfrac{1}{4096}$，故需选用 14 位的 A – D 转换器。

该系统的取样速率为每秒 16 次，取样时间为 62.5ms。对于如此慢速取样，任何一种 A – D 转换器都可达到，故选用带有取样 – 保持（S/H）的逐次逼近型 A – D 转换器或不带 S/H 的双积分式 A – D 转换器均可。

*7.2.6　集成 A – D 转换器及其应用

在单片集成 A – D 转换器中，逐次逼近型 ADC 使用较多。下面以 ADC0809 为例介绍集成 A – D 转换器及其应用。

1. ADC0809 的原理框图

ADC0809 是用 CMOS 集成工艺制成的 8 位逐次逼近型 ADC 芯片，其原理框图如图 7-19 所示。它由 8 位模拟开关、地址锁存器和译码器、比较器、256R T 形电阻网络、树状电子开关、逐次逼近型寄存器 SAR、控制与时序电路、三态输出锁存缓冲器等组成。当频率为 640kHz 时，其转换时间为 100μs，转换误差范围为 ±1LSB，因此特别适合于与微机系统接口使用。

2. ADC0809 的引脚功能

ADC0809 为 28 个引脚双列直插式封装形式，其引脚排列如图 7-20 所示。各引脚名称及功能如下：

1）IN_0 ~ IN_7 为 8 路通道模拟电压输入线，输入电压范围由参考电压 $U_{REF(+)}$ 和 $U_{REF(-)}$ 决定，即输入电压须处于 $U_{REF(+)}$ 与 $U_{REF(-)}$ 之间。

2）$ADD – A$、$ADD – B$、$ADD – C$ 为模拟通道的地址选择信号，其中 $ADD – A$ 是最低位，$ADD – C$ 是最高位，ADC0809 地址输入与选中模拟通道的关系见表 7-3。

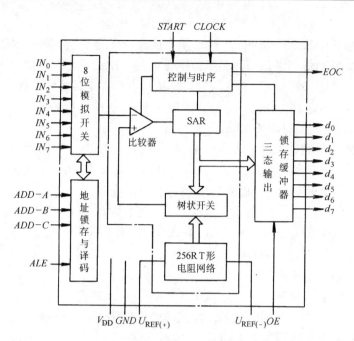

图 7-19　ADC0809 的原理框图

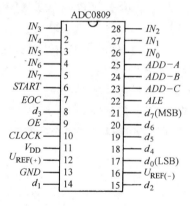

图 7-20　ADC0809 引脚排列图

表 7-3　ADC0809 地址输入与选中模拟通道的关系

地址输入			选中模拟信号通道	地址输入			选中模拟信号通道
$ADD-A$	B	C		$ADD-A$	B	C	
0	**0**	**0**	IN_0	**1**	**0**	**0**	IN_4
0	**0**	**1**	IN_1	**1**	**0**	**1**	IN_5
0	**1**	**0**	IN_2	**1**	**1**	**0**	IN_6
0	**1**	**1**	IN_3	**1**	**1**	**1**	IN_7

3）ALE（Address Latch Enable）是地址锁存允许信号。只有当该信号为高电平有效时，才能将地址信号锁存，并经过译码选中一路模拟通道输入。

4）$START$ 为启动转换信号。该信号的上升沿将所有内部寄存器清零，它的下降沿启动内部控制逻辑电路，开始进行模 – 数转换。

5）*EOC*（Enable Output Change）是转换完成输出线。当从 *START* 端输入启动脉冲信号上升沿后，*EOC* 输出低电平信号，表示转换器正在工作；当 *EOC* 输出高电平信号时，表示转换已经完成，因此 *EOC* = 1 可作为通知数据接收设备取走转换好的数字量的信号。

6）*CLOCK* 为转换定时时钟输入信号，其频率范围为 10 ~ 1280kHz，典型值为 640kHz。当频率为 640kHz 时，转换时间为 100μs。

7）$D_0 \sim D_7$ 为 8 位数字量输出信号，D_0 是最低位（LSB），D_7 为最高位（MSB）。OE（Output Enable）是数据允许输出信号，高电平有效。只有当 *OE* 为高电平时，才能将三态输出锁存缓冲器打开，把转换好的数字量送到数据输出线上。

8）$U_{REF +}$、$U_{REF -}$ 为正、负参考电压输入端。可选取 0 ~ 5V、±5V、±10V，典型应用时取 $U_{REF +} = V_{DD} = 5V$，$U_{REF -} = 0V$。V_{DD} 为 ADC0809 芯片的工作电源，接电压：+5V，极限值为 6.5V。GND 为芯片的接地端。

3. ADC0809 的典型应用

在现代过程控制及各种智能仪器、仪表中，为了采集被控（被测）对象的数据，以达到由计算机进行实时控制、检测的目的，常用微处理器和 A – D 转换器组成数据采集系统。单通道微机化数据采集系统示意图如图 7-21 所示。

该数据采集系统由微处理器、存储器和 A – D 转换器组成，系统信号采用总线传送方式，它们之间的信号通过数据总线（DBUS）和控制总线（CBUS）连接。

现以程序查询方式为例，说明 ADC0809 在数据采集系统中的应用。当采集数据时，微处理器先执行一条传送指令，在该指令执行过程中微处理器在控制总线上产生写信号，其低电平信号启动 A – D 转换器工作，ADC0809 经 100μs 后将输入模拟信号转换为数字信号，存于输出锁存器，ADC0809 的 *EOC* 信号经过反相器产生中断请求信号 $\overline{INTR}$，通知微处理器取数。当微处理器响应中断请求转入数据采集子程序后，立即执行输入指令，该指令产生读信号传给 ADC0809，将数据取出并存入存储器中。整个数据采集过程由微处理器有序地执行若干条指令完成。

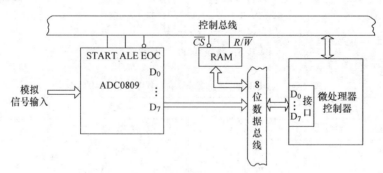

图 7-21　单通道微机化数据采集系统示意图

以下用一道例题，简要说明 ADC0809 与单片微型计算机（简称单片机）87C51 的接口工作原理。

例 7-6　图 7-22 为 ADC0809 与单片机 87C51 的接口连线电路，它用来实现 8 路 A – D 转换功能。试分析该接口电路的工作原理。

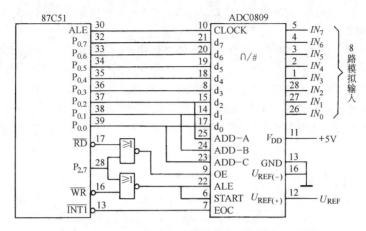

图 7-22 用 ADC0809 和 87C51 组成的接口电路

解：87C51 是 8 位 CMOS 单片机芯片，它有一个双工口 P_0 口和两个半双工口 P_1 口、P_2 口，其中 $P_{0.0}$ ~ $P_{0.7}$（P_0 口的 8 个引脚号）主要用作数据和地址总线口，因此，8 位 CMOS ADC0809 可与单片机芯片 87C51 接口连线。**注意**：图中"∩/#"是 ADC 的限定符。

8 路模拟信号由 ADC0809 的 IN_0 ~ IN_7 端输入，87C51 的 *ALE*（30 脚）输出脉冲信号送入 ADC0809 的 10 脚，作为 ADC 的时钟信号（若时钟频率偏高，其间可加分频器）。当进行 A – D 转换时，87C51 的 $P_{2.7}$（也可用其他引脚）发出片选信号，并由引脚 37、38、39 发出通道选择信号，分别送入 ADC0809 的通道地址输入端 $ADD - A$、$ADD - B$、$ADD - C$，选择欲进行 A – D 转换的模拟通道，然后发出 $\overline{WR}$ 信号，经**或非**门送入 ADC0809 的 *START* 和 *ALE* 端，A – D 转换即被启动；A – D 转换完成后，从 *EOC* 端返回 87C51 转换结束信号，单片机随即用 $\overline{RD}$ 信号将 A – D 转换好的数字量输出从 D_0 ~ D_7 端经 P_0 口数据总线，读入自己的存储器中。至此，此次 A – D 转换过程全部结束。

习 题 7

7-1 在教材图 7-3 所示的 4 位权电流 D – A 转换器中，已知 $I = 0.2\text{mA}$，当输入数字信号 $(D)_2 = d_3 d_2 d_1 d_0 = \mathbf{1100}$ 时，输出电压 $u_O = 1.5\text{V}$，试求电阻 R_F 之值。

7-2 图 7-23 是 4 位权电阻网络 D – A 转换器的电路图。

（1）试分析其工作原理，求出输出电压 u_O 的表达式，并由此写出 n 位权电阻网络 DAC 的 u_O 表达式；

（2）在 $n = 8$ 位的权电阻网络 D – A 转换器中，已知 $U_{REF} = -10\text{V}$，$R_F = R/91$，输入数字信号 $(D)_2 = \mathbf{11010100}$，求输出电压 $u_O = ?$

7-3 在倒 T 形电阻网络 D – A 转换器中，若 $n = 10$，$U_{REF} = -10\text{V}$，$R_F = R$，输入数字信号 $(D)_2 = \mathbf{0110111001}$，求输出电压 u_O 之值。

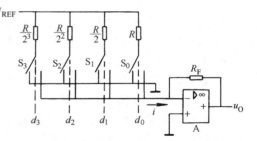

图 7-23 权电阻网络 D – A 转换电路

7-4 已知倒 T 形电阻网络 DAC 的 $R_F = R$，$U_{REF} = -10\text{V}$，试分别求出 4 位和 8 位倒 T 形电阻网络 DAC 的最大输出电压 U_m（即满刻度输出电压），并说明这种 DAC 的 U_m 与位数 n 的关系。

7-5 实现模数转换一般要经过哪 4 个过程？按工作原理不同划分，A – D 转换器可分为哪两种类型？

7-6　不经过取样、保持可以直接进行 A－D 转换吗？为什么？在取样保持电路中，选择保持电容 C_H 时，应考虑哪两个因素？

7-7　已知教材图 7-13 所示的 3 位并行 A－D 转换器中，$U_{REF} = 10V$，$u_I = 9V$，试问输出数字信号 $d_2 d_1 d_0 = ?$

*7-8　4 位逐次逼近型 A－D 转换器的逻辑电路如图 7-24 所示。图 7-24 中右下角 5 位移位寄存器可以进行并行输入/并行输出或串行输入/串行输出操作，其 F 端为并行置数端，高电平有效，S 为高位串行输入端。数据寄存器由边沿 D 触发器组成，数字信号从 $Q_4 \sim Q_1$ 输出，试分析电路的工作过程。

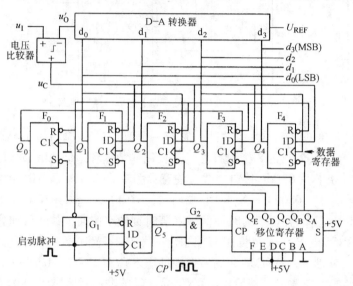

图 7-24　4 位逐次逼近型 A－D 转换器的逻辑电路

7-9　在图 7-16 所示结构的 CMOS 逐次逼近型 A－D 转换器中，若 $n = 10$，已知时钟频率 f_{CP} 为 1MHz，则完成 1 次 A－D 转换所需的时间为多少？如要求完成 1 次 A－D 转换时间小于 100μs，试问时钟频率 f_{CP} 应选多大？

7-10　一个 10 位 CMOS 逐次逼近型 A－D 转换器，若时钟频率为 100kHz，试计算完成 1 次转换所需的时间。

7-11　已知双积分型 A－D 转换器中，$U_{REF} = 8V$，计数器是 8 位二进制计数器，时钟脉冲频率 $f_{CP} = 1MHz$，试求输入电压 $u_I = 2V$ 时，此 ADC 输出的数字信号 $(D)_2 = ?$

*7-12　某双积分型 A－D 转换器中，计数器为模 10 计数电路，其最大计数容量为 $(3000)_{10}$。已知计数时钟脉冲频率 $f_{CP} = 30kHz$，积分器中 $R = 100k\Omega$，$C = 1\mu F$，输入电压 u_I 的变化范围为 0 ~ 5V，试求：

(1) 第 1 次积分时间 $T_1 = ?$

(2) 积分器的最大输出电压 $|U_{Om}| = ?$

(3) 若 $U_{REF} = 10V$，第 2 次积分计数器计数值 $\lambda = (1500)_{10}$ 时，求输入电压 u_I 为多少？

*7-13　在双积分型 A－D 转换器中，输入电压 u_I 和参考电压 U_{REF} 在极性和数值上应满足什么关系？如 $|u_I| > |U_{REF}|$，电路能完成 A－D 转换吗？为什么？

*7-14　已知双积分型 A－D 转换器中，采用 8 位二进制计数器，时钟频率 f_{CP} 为 10kHz，求完成 1 次转换最长需要多少时间？

7-15　在使用 A－D 转换器的过程中应注意哪些主要问题？如某同学用满刻度值为 10V 的 8 位 A－D 转换器对输入信号幅值为 0.5V 的电压进行 A－D 转换，你认为如此使用正确吗？为什么？

7-16　单项选择题（请将下列各小题正确选项前的字母填在题中的括号内）：

（1）4 位倒 T 形电阻网络 DAC 满刻度输出电压为： – 5V，当输入数据"0101"时，其输出电压为（   ） V；

A. – 1/4；   B. – 4/5；   C. – 5/3；   D. – 3/5

（2）n 位逐次逼近型 ADC 完成一次转换所需要的时间可表示为 $T = $（   ），下式中 T_{CP} 为 CP 脉冲的周期；

A. $(n+2)T_{CP}$；   B. $(n+1)T_{CP}$；   C. nT_{CP}；   D. T_{CP}

（3）n 位的全并行结构 A – D 转换器需要（   ）个电压比较器；

A. $2n$；   B. n^2；   C. $2^n – 1$；   D. 2^n

（4）要求 10 位逐次逼近型 A – D 转换器完成一次转换的时间小于 $120\mu s$，则其工作时钟频率至少应有（   ）；

A. 1kHz；   B. 1MHz；   C. 0.1MHz；   D. 0.1kHz

（5）4 位倒 T 形电阻网络 DAC 中的电阻网络的电阻取值有（   ）；

A. 1；   B. 2；   C. 4；   D. 8

（6）4 位 DAC 和 8 位 DAC 的输出最小电压一样大，那么它们的最大输出电压（   ）；

A. 一样大   B. 前者大于后者   C. 后者大于前者   D. 不确定

（7）双积分式 ADC 转换过程中的中间变量是（   ）；

A. 电压；   B. 电流；   C. 时间；   D. 频率

（8）某工业过程自动控制系统中微机与执行元件之间的接口电路应选用（   ）；

A. A – D 转换器；   B. D – A 转换器；   C. 三态缓冲驱动器；   D. 施密特触发器

（9）在 A – D 转换器、D – A 转换器中，衡量转换器的转换精度常用的参数是（   ）；

A. 分辨率   B. 分辨率和转换误差   C. 转换误差   D. 参考电压

（10）将一个时间上连续变化的模拟量转换为时间上断续（离散）的模拟量的过程称为（   ）；

A. 采样；   B. 量化；   C. 保持；   D. 编码

（11）以下 4 种转换器中，（   ）是 A – D 转换器且转换速度最快；

A. 双积分型；   B. 并行比较型；   C. 逐次逼近型；   D. 施密特触发器

（12）（   ） A – D 转换器的转换精度高、抗干扰能力较强，因而常用于数字式测量仪表中。

A. 计数型；   B. 并行比较型；   C. 逐次逼近型；   D. 双积分型

第8章　脉冲波形的产生与变换

引言　本章将重点介绍脉冲信号发生器和脉冲波形变换的基本单元电路，如多谐振荡器、单稳态触发器、施密特触发器（包括集成施密特触发器和集成单稳态触发器）以及微机控制系统中有用的石英晶体振荡器（简称晶振）等电路，并对它们的功能、特点及其综合应用电路进行较为详细的分析。

8.1　实际的矩形波电压及其参数

在数字电路或数字系统中，经常用到各种脉冲波形，例如第4章以来一直使用的时钟脉冲、控制电路和系统中有用的定时脉冲等。工程技术中通常采用两种方法来获取这些脉冲信号波形：一种方案是利用脉冲信号发生器直接产生；另一种办法是对已有的周期信号进行变换，使变换后的脉冲信号波形符合数字系统的要求。

由于作为时钟信号的矩形波脉冲控制和协调着数字系统的工作，所以时钟脉冲特性的优劣直接影响着整个系统的工作状况。在第2.2.6节中介绍 CMOS 集成门电路的传输延迟时间 t_{PD} 时，曾经画出脉冲波形图，在彼处主要解决了 t_{PD} 的定义问题。而此处是为了分析脉冲信号发生器和脉冲波形变换电路，有必要将实际的矩形脉冲波形图画出，见图8-1。从图上清楚可见，矩形脉冲信号的特性可以采用下述几个主要参数描述：

脉冲幅度 U_m——脉冲电压的最大幅值；

脉冲宽度 t_W——从脉冲前沿上升到 $0.5U_m$ 起，到脉冲后沿下降到 $0.5U_m$ 为止的一段时间；

上升时间 t_r——脉冲前沿从 $0.1U_m$ 上升到 $0.9U_m$ 所需要的时间；

下降时间 t_f——脉冲后沿从 $0.9U_m$ 下降到 $0.1U_m$ 所需要的时间；

脉冲周期 T——在周期性脉冲序列中，两个相邻脉冲之间的时间间隔；

脉冲频率 f——单位时间内脉冲信号重复的次数。显然，$f = 1/T$；

占空比 q——脉冲宽度和脉冲周期的比值，即 $q = t_W/T$。

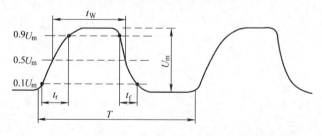

图8-1　实际的矩形脉冲波形及其主要参数

对于理想矩形波脉冲，$t_r = t_f = 0$，且 t_W、U_m 和 T 都是稳定不变的参数。而实际矩形波电压的 t_r 和 t_f 均不为零，t_W、U_m 和 T 也受许多因素影响而欠稳定。但在实际的矩形波发生器中可以采取某些措施，使之接近于理想波形。

以上通过实际的矩形波脉冲信号，给出了脉冲电压的主要参数。在以下的讨论中，为了分析方便、表达清楚，所画的均为理想的矩形脉冲电压波形图。

本章主要介绍工程中应用较广的集成 555 定时器，以及由它们构成的各种脉冲波形产生与变换电路。稍后将侧重于介绍 555 定时器应用电路的结构、工作过程和使用方法。基于此，本章将会列举较多的综合应用电路，并布置适量的练习题。

8.2　集成 555 定时器

8.2.1　集成 555 定时器简介

集成 555 定时器是一种将模拟电路与数字电路的功能巧妙地结合在一起的多用途中规模集成电路芯片。如果在芯片外部配接上几个阻容元器件，便可构成多谐振荡器、单稳态触发器和施密特触发器等基本单元电路。由于其性能优良、可靠性强、使用灵活方便，因而在波形产生与变换、检测与控制、家用电器、医疗设备乃至电子玩具等领域都得到了广泛应用。

自从 1972 年第 1 片集成定时器 NE555 问世以来，世界上各主要的电子器件公司都相继生产了各种定时器产品。尽管定时器产品型号繁多，但几乎所有的双极型定时器型号最后 3 位数都是 555，如国产集成定时器型号为 5G555，而所有的 CMOS 产品的最后 4 位数均为 7555，如 CC7555，所以将它们统称为集成 555 定时器。通常，双极型集成 555 定时器具有较大的驱动能力，而 CMOS 555 定时器具有高输入阻抗、低功耗等特点。目前国产双极型定时器的电源电压范围为 5 ~ 16V，最大负载电流可达 200mA；而 CMOS 555 定时器的电源电压范围为 3 ~ 18V，最大负载电流在 4mA 以下。下面将以 CMOS 集成定时器 CC7555 为例，介绍其内部结构、工作原理及其应用电路。至于双极型集成定时器 5G555，因为它的逻辑功能和外部特性与 CC7555 相同，所以教材中不专门介绍 5G555，而在例题和习题中将直接使用它。

8.2.2　集成定时器 CC7555 的内部逻辑电路

CC7555 集成定时器属于双列直插式封装，它的电路结构和引脚功能如图 8-2 所示。由图可见，它由电阻分压器、两个 CMOS 电压比较器、一个 CMOS 基本 SR 锁存器、一个 NMOS 开关管和输出缓冲器等 5 个部分组成。

1. 电阻分压器

由 3 个阻值相同的电阻 R 串联组成，因为 CMOS 电压比较器是理想元件，其输入电阻近似为无穷大，输入端电流忽略不计，所以在外加电源电压 $+V_{DD}$ 的作用下，提供了下面两个参考电压：

$$U_{R1} = 2V_{DD}/3 \; ; \; U_{R2} = V_{DD}/3$$

2. 电压比较器 C_1 和 C_2

它们是两个结构完全相同的高精度 CMOS 电压比较器。比较器 C_1 的反相输入端接参考电压 U_{R1}，其引出线称为控制端 CO，同相输入端 TH 称为阈值输入端；比较器 C_2 的同相输入端接参考电压 U_{R2}，反相输入端 $\overline{TR}$ 称为触发输入端。如果在控制端 CO 外加电压 U_{CO}（其

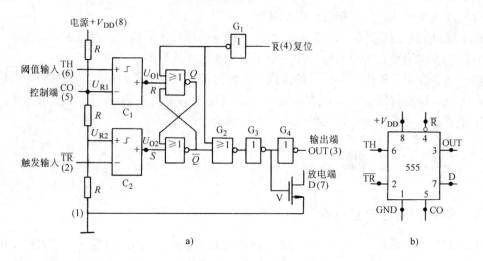

图 8-2　集成 555 定时器

a) CC7555 内部逻辑电路图　b) 555 定时器（CC7555 或 5G555）的逻辑符号

值在 $0 \sim +V_{DD}$ 之间），便可改变 U_{R1} 和 U_{R2} 之值（$U_{R1} = U_{CO}$，$U_{R2} = U_{CO}/2$）；若 CO 端未加电压，则在 CO 端外接一个 $0.01\mu F$ 的电容器，以滤除干扰信号，提高 U_{R1} 和 U_{R2} 的稳定性。

每个电压比较器的输入与输出电压 U_O 之间符合如下关系：当 $U_+ > U_-$ 时，$U_O \approx +V_{DD}$，输出高电平；当 $U_+ < U_-$ 时，$U_O \approx 0V$，输出低电平。

3. 基本 SR 锁存器

用电压比较器 C_1、C_2 的输出电压 U_{O1}、U_{O2}，作为基本 SR 锁存器（两个 CMOS 或非门首尾交叉连接而成）的触发信号，以此确定锁存器输出 Q 的状态。图 8-2 中 $\overline{R}$（4脚，低电平有效）为外部复位端，当 $\overline{R} = 0$ 时，或非门 G_2 输出为 **0**，CC7555 定时器输出亦为 **0**，因而实现了复位功能。

4. NMOS 开关管 V

NMOS 管 V 用作放电开关。由于当 $\overline{R} = 1$、$\overline{Q} = 0$ 时，非门 G_3 输出低电平，使 NMOS 管 V 截止；当 $\overline{R} = 1$、$\overline{Q} = 1$ 时，G_3 输出高电平，V 管导通，所以 NMOS 管 V 工作在开关状态。

8.2.3　CC7555 的工作原理

分析图 8-2a 电路可知，在集成 CC7555 定时器的 TH、$\overline{TR}$ 和 $\overline{R}$ 加不同的电压信号，对于电压比较器输出电压、基本 SR 锁存器的输出信号、开关管的工作状态以及整个定时器的输出状态都有影响。因此，下面首先列出 CC7555 定时器的功能表（见表8-1），然后对其逻辑功能作出说明。

表 8-1　集成 555 定时器的功能表

阈值输入（U_{TH}）	触发输入（$U_{\overline{TR}}$）	复位（$\overline{R}$）	输出（OUT）	开关管（V）
Φ	Φ	L（低电平）	L（低电平）	导通
$>2V_{DD}/3$	$>V_{DD}/3$	H（高电平）	L（低电平）	导通
$<2V_{DD}/3$	$>V_{DD}/3$	H（高电平）	原状态	原状态
Φ	$<V_{DD}/3$	H（高电平）	H（高电平）	截止

1）当复位端（$\overline{R}$）加低电平时，不管其他输入端的状态如何，**或非门** G_2 输出总为 **0**，CC7555 输出（OUT，3 脚）为低电平，开关管 V 导通。因此正常工作时，555 定时器的 $\overline{R}$ 端应接高电平，此时将该端与电源：$+V_{DD}$ 相连接。

2）当 $U_{TH} > 2V_{DD}/3$，$U_{\overline{TR}} > V_{DD}/3$ 时，比较器的 U_{O1} 为高电平（即 $R = 1$），U_{O2} 为低电平（即 $S = 0$），这时基本 SR 锁存器置 0，于是 $Q = 0$，$\overline{Q} = 1$，CC7555 输出低电平，同时开关管 V 导通。

3）当 $U_{TH} < 2V_{DD}/3$、$U_{\overline{TR}} > V_{DD}/3$ 时，由于比较器输出 U_{O1}、U_{O2} 均为低电平（即 $R = S = 0$），故基本 SR 锁存器保持原状态不变，致使 CC7555 输出和开关管 V 均保持原态不变。

4）当 $U_{\overline{TR}} < V_{DD}/3$ 时，不管阈值输入端（6 脚）状态如何，总有比较器输出 U_{O2} 为高电平，此时基本 SR 锁存器的 $\overline{Q} = 0$，使得 CC7555 输出（3 脚）为高电平，开关管 V 截止。

综上所述，集成 555 定时器具有**复位**、**置 0**、**保持**和**置 1** 共 4 种逻辑功能。

8.3　施密特触发器

施密特触发器具有两个稳定的输出状态。其两个稳态的维持和转换不但与外加输入信号的大小有关，而且其输出信号由高电平转换为低电平、或由低电平转变为高电平所需的触发输入电压（阈值电压）有所不同，即它有两个阈值电压：上限阈值电压 U_{T+} 和下限阈值电压 U_{T-}，且 $U_{T+} > U_{T-}$。当输入电压大于上限阈值电压 U_{T+} 时，输出低电平；当输入电压低于下限阈值电压 U_{T-} 时，输出高电平，上述两个阈值电压之差 $\Delta U_T = U_{T+} - U_{T-}$ 被称为回差电压。由于施密特触发器具有上述回差特性，故它的抗干扰能力强，因此可用于脉冲波形的变换、缓慢变化信号的整形或脉冲幅度鉴别等场合。以下首先讨论用 555 定时器构成的施密特触发器，然后介绍集成施密特触发器。

8.3.1　用 555 定时器构成施密特触发器

1. 电路组成

将集成定时器 CC7555 的阈值输入端 TH（6 脚）和触发输入端 $\overline{TR}$（2 脚）接在一起作为输入端，从此端输入信号 u_I（如图 8-3a 所示），即构成了施密特触发器。图 8-3b 是其外引脚连接图，图中在 D 端（7 脚）外接上拉电阻 R_1 和另一电源：$+V_{DD1}$，以获得另一种电压等级的 u_{O1}。

2. 工作过程

设 u_I 是幅值为 V_{DD}、初相为 0 的正弦波，则可分析图 8-3 所示的施密特触发器如下：当 $u_I < V_{DD}/3$ 时，CC7555 内部基本 SR 锁存器的 $\overline{Q} = 0$，输出 u_O 为高电平；当 u_I 上升到大于 $V_{DD}/3$，而小于 $2V_{DD}/3$ 时，由于 TH 端的电压还小于 $2V_{DD}/3$，$\overline{TR}$ 端的电压已大于 $V_{DD}/3$，$S = R = 0$，输出 u_O 保持高电平不变；当 u_I 继续增大到 $u_I > 2V_{DD}/3$ 后，$S = 0$，$R = 1$，$\overline{Q} = 1$，u_O 才从高电平跳变为低电平，故将此时输入电压 u_I 值（$= 2V_{DD}/3$）称为上限阈值电压 U_{T+}。若 u_I 继续上升到最大值后开始下降，当 $V_{DD}/3 < u_I < 2V_{DD}/3$ 时，输出 u_O 仍保持低电平，直到 $u_I < V_{DD}/3$ 后，u_O 才恢复为高电平，故将此时对应的 u_I 值（$= V_{DD}/3V$）称为下限阈值电压 U_{T-}。

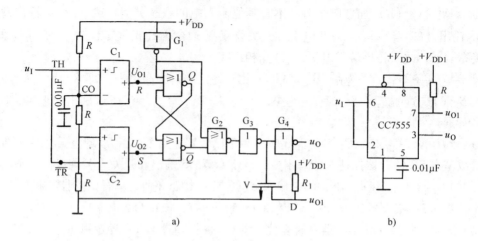

图 8-3　用 CC7555 定时器组成的施密特触发器

a）CC7555 接成施密特触发器　b）引脚连接图

根据以上分析，可以画出施密特触发器将正弦波转换为矩形波的波形图，如图 8-4a 所示。从波形图上可以看出，当输入电压 u_I 上升到 $U_{T+} = 2V_{DD}/3$ 时，输出电压 u_O 由高电平翻转到低电平；当输入电压 u_I 继续上升到最大值后开始下降，输出电压 u_O 保持低电平不变，只有当 u_I 下降到 $U_{T-} = V_{DD}/3$ 时，输出电压 u_O 才由低电平翻转到高电平，显然，其阈值电压是不同的，此为回差特性，如图 8-4b 所示。由此图得施密特触发器的回差电压

$$\Delta U_T = U_{T+} - U_{T-} = 2V_{DD}/3 - V_{DD}/3 = V_{DD}/3 \tag{8-1}$$

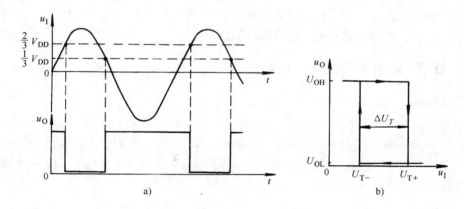

图 8-4　施密特触发器将正弦波转换为矩形波

a）波形图　b）电压传输特性（回差特性）

由上述分析可见，经过施密特触发器，确实将正弦波转换成矩形波信号。但转换前后，矩形波信号频率与正弦波信号频率有什么关系呢？请读者思考到位。

例 8-1　在图 8-3 所示的施密特触发器中，设电源电压 $+V_{DD} = +6V$，试问：

（1）电路的上、下限阈值电压 U_{T+}、U_{T-} 及回差电压 ΔU_T 各是多少？

（2）设另一电源电压 $+V_{DD1} = +10V$，$R_1 = 6.2k\Omega$，则由放电端（7 脚）输出电压 u_{O1} 的高、低电压值各约为多少？

解：（1）上、下限阈值电压分别为 $U_{T+} = 2V_{DD}/3 = 4V$，$U_{T-} = V_{DD}/3 = 2V$，由式（8-1），回差电压 $\Delta U_T = U_{T+} - U_{T-} = 2V$；

（2）因为施密特触发器的输出电压 u_O 为低电平时，对应的 CC7555 定时器内部 V 管导通，所以输出电压 u_{O1} 亦为低电平，u_{O1} 的低电压值约为 0V（此时 NMOS 管的导通电阻很小）；同理可得 u_{O1} 的高电压值约为 10V。

如果将图 8-3b 所示的 555 定时器的 CO 端（5 脚）的外接电容去掉，外加直流控制电压 U_{CO}，并改变 U_{CO} 之大小，则可调节回差电压 ΔU_T 的大小。详见习题 8-1（2）。

8.3.2 集成施密特触发器

1. 概述

目前，无论是 CMOS 还是 TTL 芯片，都有单片的集成施密特触发器产品。它们性能稳定，应用比较广泛。总的来说，国产 TTL 施密特触发器共有 3 大类 7 个品种，例如 6 反相器（缓冲器）CT7414、4 两输入端**与非门** CT74LS132 等。另外，常用的 CMOS 芯片有：CD40934 两输入端施密特触发器、CD4583 双施密特触发器、CD4584 6 施密特触发器、CC40106 6 施密特触发器等。上述施密特触发器均具有各自的上、下限阈值电压和回差电压温度补偿功能，不仅抗干扰能力强，而且在输入信号边沿变化缓慢情况下仍能正常工作。选用时其参数和外引脚功能图可查阅有关集成电路器件手册。下面以 CMOS 电路 CC40106 为例，作一简单介绍。

2. CC40106 电路结构和工作原理

CC40106 由 6 个施密特触发器电路组成。如图 8-5a 所示，每一个电路都有施密特触发器功能的反相器。每个施密特触发器在信号上升沿和下降沿的不同点开关。根据前述知识，施密特触发器上限阈值电压（U_{T+}）和下限阈值电压（U_{T-}）之差定义为回差电压。图 8-5b 是其逻辑符号。

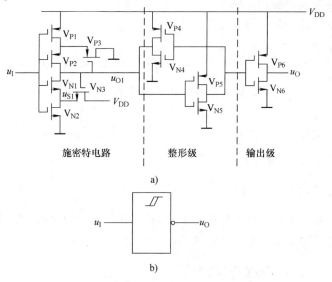

图 8-5 CC40106 集成施密特触发器

a）内部电路图 b）逻辑符号

由图 8-5a 可见，CC40106 由施密特电路、整形级和缓冲输出级组成。其中，施密特电路由 PMOS 管 $V_{P1} \sim V_{P3}$、NMOS 管 $V_{N1} \sim V_{N3}$ 组成。设 PMOS 管的开启电压为 U_{TP}，NMOS 管开启电压为 U_{TN}，电路的输入信号 u_I 为三角波，则可分析电路的工作情况如下：

当 $u_I = 0V$ 时，V_{P1}、V_{P2} 导通，V_{N1}、V_{N2} 截止，电路中 u_{O1} 为高电平（$u_{O1} \approx V_{DD}$），u_{O1} 的高电平使 V_{P3} 截止，V_{N3} 导通，此时电路为源极跟随器，V_{N1} 的源极电位 u_{S1} 较高，经过两次反相，输出电压 $u_O = U_{OH}$。

当 u_I 电位逐渐升高，升高到大于 U_{TN2} 时，V_{N2} 导通，由于 V_{N1} 的源极电压 u_{S1} 较高，即使 $u_I > V_{DD}/2$，V_{N1} 仍不能导通，直至 u_I 继续升高到 V_{P1}、V_{P2} 趋于截止时，随着其内阻增大，u_{O1} 和 u_{S1} 开始相应的下降。当 $u_I - u_{S1} \geq U_{TN}$ 时，V_{N1} 导通，并引起如下的正反馈过程：

$$u_{O1} \downarrow \rightarrow u_{S1} \downarrow \rightarrow u_{GS1} \uparrow \rightarrow R_{ON1}（V_{N1} 的导通电阻）\downarrow$$

于是，V_{N1} 迅速导通，u_{O1} 随之下降，致使 V_{P3} 很快导通，进而使 V_{P1}、V_{P2} 迅速截止，u_{O1} 下降为低电平。u_I 继续升高，最终使 V_{P1} 也完全截止，电路输出电压 u_O 从高电平跳变为低电平，$u_O \approx 0V$。在 $V_{DD} \gg U_{TN} + |U_{TP}|$ 的条件下，电路的上限阈值电压 U_{T+} 远大于 $V_{DD}/2$。

同理，在 u_I 逐渐下降的过程中，与 u_I 上升过程类似，电路也会出现一个急剧变化的工作过程，使电路转换为 u_{O1} 高电平、$u_O = U_{OH}$ 的状态。在 u_I 下降过程中的下限阈值电压 U_{T-} 也远低于 $V_{DD}/2$。

此施密特触发器的整形级由 V_{P4}、V_{P5}、V_{N4} 和 V_{N5} 组成，电路为两个首尾相连的反相器。在 u_{O1} 上升和下降的过程中，利用两级反相器的正反馈作用，使输出波形有陡直的上升沿和下降沿。

图 8-5a 所示的缓冲输出级为 V_{P6} 和 V_{N6} 组成的反相器，它不仅起到与负载隔离的作用，而且提高了电路的带负载能力。

总之，电路在 u_I 上升和下降过程分别有两个不同的阈值电压，由此可见，该电路确为反相输出的施密特触发器。

3. 集成施密特触发器应用举例

集成施密特触发器的应用较广，现举例说明如下。

(1) 用于脉冲整形　集成施密特触发门用于脉冲整形的电路和输入、输出波形，如图 8-6 所示。由波形图可见，原本波形较差的周期性信号 u_I 经过 CC40106 中的一个施密特反相器，即 $\frac{1}{6}$ CC40106 后，输出一种波形较好的矩形波电压 u_O。

(2) 用于波形变换　图 8-7 所示电路为采用一个施密特反相器 $\frac{1}{6}$ CC40106，将三角波信号 u_I 转换为矩形波信号 u_O 的例子。

(3) 用于脉冲幅度鉴别　图 8-8 所示电路为施密特反相器 $\frac{1}{6}$ CC40106 用于脉冲幅度鉴别的电路和输入、输出波形。由波形图可见，该电路把输入信号幅度大于 U_{T+} 的脉冲挑选出来，用输出低电平信号表示鉴别出脉冲幅度。

*8.3.3　用 TTL 门组成施密特触发器

1. 电路组成

用 TTL 门电路组成的施密特触发器如图 8-9 所示。图中 CT74 系列 TTL 与非门 G_1、G_2

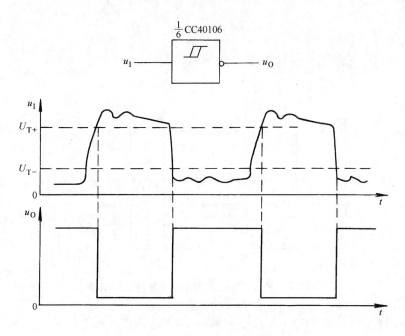

图 8-6 施密特反相器用作脉冲整形电路

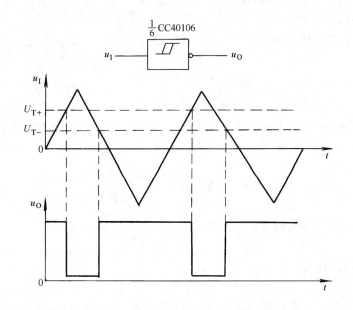

图 8-7 施密特反相器用作波形变换电路

构成受电平控制的基本 SR 锁存器，分压电阻 R_1 和 R_2 的取值较小，串入二极管 VD 的目的是产生回差电压及防止 G_2 输出高电平时负载电流过大。

2. 工作过程

在图 8-9 中，设二极管 VD 的正向导通压降 $U_D \approx 0.7V$，CT74 系列 TTL 与非门 G_1、G_2 的阈值电压 $U_{TH} \approx 1.4V$，输出低电平 $U_{OL} \approx 0.3V$，当 u_I 为低电平时，G_1 关闭，输出高电平，

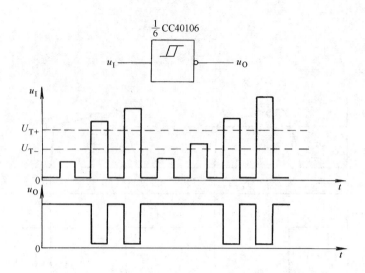

图 8-8　施密特反相器用作脉冲幅度鉴别电路

因此 G_2 开通, 触发器处于 $Q=0$、$\overline{Q}=1$ 的稳态; 当 u_I 上升至 $U_{TH} \approx 1.4V$ 时, 由于 G_1 另一输入端的电压 u_{R2} 仍低于 1.4V, 所以电路状态并未改变; 当 u_I 继续升高, 并使 $u_{R2} = U_{TH} \approx 1.4V$ 时, G_1 开始导通, 触发器翻转到另一稳态 $Q=1$、$\overline{Q}=0$, 此时 G_2 才输出高电平。令此时所对应的输入电压 u_I 为上限阈值电压 U_{T+},显然在忽略小电阻 R_1 上压降的情况下, $U_{T+} \approx U_{TH} + U_D > U_{TH}$。

当 u_I 从高电平下降时, 只要降到 $u_I \leqslant U_{TH}$ 时, 电路状态便立即发生翻转, 返回到前一个稳态 $Q=0$、$\overline{Q}=1$, 即 G_2 输出低电平。令此时所对应的输入电压 u_I 为下限阈值电压 U_{T-},则 $U_{T-} = U_{TH}$。

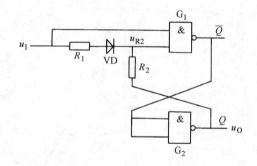

图 8-9　TTL 门组成的施密特触发器

由于图 8-9 所示电路的回差电压 $\Delta U_T = U_{T+} - U_{T-} \approx U_D$, 它具有回差特性, 所以它是一种用 TTL 门构成的施密特触发器。

8.4　单稳态触发器

在数字系统中, 除了要用施密特触发器外, 还要用到另一种脉冲整形和变换电路—单稳态触发器。单稳态触发器只有一个稳定状态, 另有一个暂稳态。在外加触发脉冲作用下, 它从稳态进入暂稳态, 经过一段时间 t_W 后, 电路又自动返回到稳态, 其中暂稳态的维持时间 t_W 仅取决于电路本身的元器件参数。单稳态触发器可以用 555 定时器构成, 也可用门电路组成。集成单稳态触发器在市场上有售, 常用的集成单稳态触发器有 TTL 系列的 74LS121、74LS122 等, CMOS 系列的 CC4528、CC4098 等。这些器件使用时只需外接少量定时元件。集成单稳态触发器一般都具有上升沿触发和下降沿触发输入端, 使用时可以任意选取, 并有

互补输出端 Q（输出正脉冲）和 $\overline{Q}$（输出负脉冲），使用极为方便。下面首先介绍用 555 定时器构成的单稳态触发器，然后讨论集成单稳态电路和用门电路组成的单稳态触发器。

8.4.1 555 定时器构成单稳态触发器

1. 电路组成

图 8-10a 是集成 555 定时器 CC7555 构成的单稳态触发器电路图，NMOS 开关管 V 的漏极 D（即放电端，7 脚）与 TH 端（6 脚）连接后，再与外接在电源 $+V_{DD}$ 与地之间的定时元件 R 和 C 相连。负触发脉冲 u_I 加在TR端（2 脚），CO 端（5 脚）仍接 $0.01\mu F$ 电容，以稳定电压 U_{R1} 和 U_{R2}，输出信号 u_O 由 OUT 端（3 脚）输出，图 8-10b 为电路的外引线连接图。

2. 工作过程

对照图 8-10b 电路，可以分析单稳态触发器的工作情况如下：

（1）未加负跳变触发脉冲前 $u_I = +V_{DD}$，触发输入端$\overline{TR}$（2 脚）处于高电平。电源接通瞬间，电路有一个稳定的过程，即电源电压通过电阻 R 向电容 C 充电，当电容电压 u_C 上升到 $2V_{DD}/3$ 时，由于 TH 端的电压将大于 $2V_{DD}/3$，$\overline{TR}$端的电压大于 $V_{DD}/3$，CC7555 内部基本 SR 锁存器复位，所以 u_O 为低电平，开关管 V 导通，电容 C 将通过 V 管放电，因放电时间常数很小，电容电压 u_C 很快变为低电平，使 TH 端电压小于 $2V_{DD}/3$，而$\overline{TR}$端电压仍大于 $V_{DD}/3$，故电路输出保持原状态不变，即 u_C 为低电平，输出电压 u_O 为低电平，此为**电路的稳态**。

（2）触发输入端（$\overline{TR}$，2 脚）加负触发脉冲 u_I 后 由于 u_I 下跳幅度大于 $|2V_{DD}/3|$，即此时 $u_I < V_{DD}/3$，所以基本 SR 锁存器发生状态翻转，**电路进入暂稳态**，u_O 由低电平跳变为高电平时，开关管 V 截止，电源 $+V_{DD}$ 通过 R 向 C 充电，电容电压 u_C 按指数规律上升。

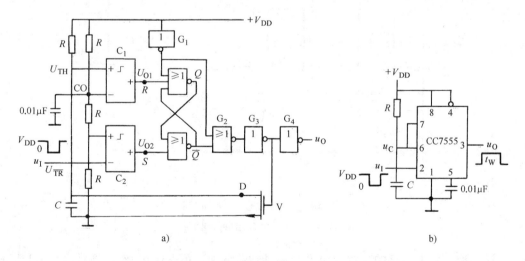

图 8-10 CC7555 定时器组成单稳态触发器

a）电路图 b）引脚连接图

（3）当 u_C 上升到 $2V_{DD}/3$ 时 由于 TH 端的电压达到 $2V_{DD}/3$，而此时触发脉冲已消失，

TR端的电压也大于 $V_{DD}/3$，故输出 u_O 跳变为低电平，此时由于外加负触发脉冲而出现的暂稳态已经结束，电容 C 经过恢复导通的 V 管放电，放电时间常数很小，所以经过短暂的恢复时间 t_{re} 后，**此电路自动返回到稳态。**

　　综上所述，图 8-10 的电路经历了单稳态触发器的状态转换过程，它的 u_I、u_O 和 u_C 的波形如图 8-11a 所示。从这些波形可以看出，单稳态触发器在外加一个触发脉冲的作用下，其输出端产生了一个脉宽 t_W 的定时脉冲，但 t_W 如何求取呢？根据上述分析可知，电路处于暂稳态的持续时间 t_W 实际上由定时电容 C 的充电时间常数 $\tau = RC$ 决定。为此，先画暂稳态期间的充电回路，见图 8-11b，再用计算一阶 RC 电路过渡过程的 3 要素公式，就可导出计算 t_W 的公式。因此，写出电容电压 $u_C(t)$ 的表达式为

$$u_C(t) = u_C(\infty) - [u_C(\infty) - u_C(0)]e^{-t/\tau}$$

式中，$u_C(\infty)$ 是电容 C 充电电压的终了值，$u_C(\infty) = +V_{DD}$，$u_C(0)$ 是充电电压的起始值，$u_C(0) = 0V$；τ 是充电时间常数，$\tau = RC$。

　　当充电到 $t = t_W$ 时，$u_C(t_W) = 2V_{DD}/3$，此为暂稳态结束时的电容电压值。将上述各值代入上式，得到

$$t_W = \tau \ln \frac{u_C(\infty) - u_C(0)}{u_C(\infty) - u_C(t_W)} = RC\ln \frac{V_{DD}}{V_{DD} - 2V_{DD}/3}$$
$$= RC\ln 3 \approx 1.1RC \tag{8-2}$$

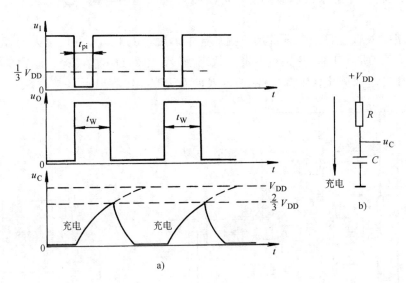

图 8-11　单稳态电路工作过程中 u_I、u_O 和 u_C 的波形

a）波形图　b）暂稳态期间的充电回路

　　上述单稳态触发电路的脉宽 t_W 从几个微秒到数分钟，精度达 0.1%。通常 R 的取值范围在几百欧到几兆欧之间，电容 C 取值为几百皮法到几百微法。

　　应当引起注意的有两点：一是负触发脉冲 u_I 的宽度 t_{pi} 应小于 t_W。如果单稳态触发器的 $t_{pi} > t_W$，则应在 u_I 与 555 定时器触发输入端（2 脚）之间加接 RC 微分电路；二是相邻两次触发脉冲的时间间隔应大于（$t_W + t_{re}$）。请读者对照图 8-11a 所示的波形图，弄清楚上述两点。

8.4.2　集成单稳态触发器

1. 简介

国产集成单稳态触发器的种类很多，有 TTL 的 74 系列，CMOS 的 CC4000 系列和高速 CMOS 的 CC74HC 系列。第 8.4.2 节将以高速 CMOS 系列的双单稳态触发器 CC14528 为例，说明集成单稳器件的使用方法。CC74HC 系列的逻辑功能、引出端排列与 74LS 系列的相同，其工作速度与 74LS 相似，而功耗与 CC4000 系列一致。CC74HC 系列的所有输入和输出端均有内部保护电路，以防因静电感应而损坏器件，除此以外，CC74HC 系列的集成单稳态触发器还具有较高的抗噪声和驱动负载的能力。

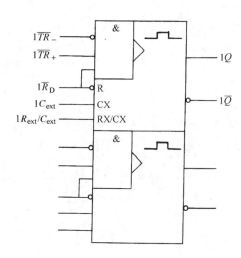

CC14528 可重复触发的单稳态触发器的逻辑符号如图 8-12 所示。它在一个芯片内集成了两个独立的可重复触发的单稳态触发器，每个触发器都有正触发输入（TR_+）、负触发输入（$\overline{TR}_-$）、复位输入（$\overline{R}_D$）、外接电容（C_{ext}）、外接电阻/电容（R_{ext}/C_{ext}）和互补脉冲输出端（Q、$\overline{Q}$）。利用 TR_+ 的上升沿、$\overline{TR}_-$ 和 $\overline{R}_D$ 的下降沿，都可在 Q 和 $\overline{Q}$ 端得到输出脉冲，其脉冲宽度由外接定时元器件 R_{ext} 和 C_{ext} 之值决定。利用 TR_+ 的上升沿或 $\overline{TR}_-$ 的下降沿的重复触发作用可以增长输出脉宽；利用 $\overline{R}_D$ 的低电平可以缩短输出脉宽。由于 TR_+ 和 $\overline{TR}_-$ 触发端均采用了施密特触发器，因此，对输入信号的上升时间和下降时间均无限制。

图 8-12　CC14528 可重复触发单稳态触发器的逻辑符号

2. 集成单稳态触发器应用举例

集成单稳态触发器可用于定时、脉冲展宽和脉冲延迟等。现举 3 例，并画出它们的连线图及输入、输出波形图，以说明其用途。

（1）定时　由于单稳态触发器能产生一定脉宽 t_W 的矩形输出脉冲，如利用这个矩形脉冲作为定时信号去控制某个电路，便可使该电路在 t_W 时间内动作（或不动作）。例如，利用 $\frac{1}{2}$CC14528 接成单稳态触发器，将它输出的矩形脉冲 u_B，作为与门输入的控制信号（见图 8-13），则只有在这一矩形波脉宽 t_W 的时间内，信号 u_A 才能通过与门。

（2）脉冲展宽　图 8-14a 中 $\frac{1}{2}$CC14528 接成了单稳态触发器，由图 8-14b 输入 u_I、输出 u_O 的波形可知，只要合适选取 u_O 相对于 u_I 的时延 t_D，就可使输出脉宽 t_{po} 展宽为输入脉宽 t_{pi} 的两倍左右。

（3）脉冲延时　电路连线图及波形图如图 8-15 所示，图 8-15a 中两个 $\frac{1}{2}$CC14528 均接成了单稳态触发器，由图 8-15b 输入、输出波形可见，只要合理设计 t_{W1}、t_{W2}（$t_{W1} \approx 0.69R_{ext1}C_{ext1}$，$t_{W2} \approx 0.7R_{ext2}C_{ext2}$），就可使输出信号 u_O 的上升沿相对输入信号 u_I 的上升沿延

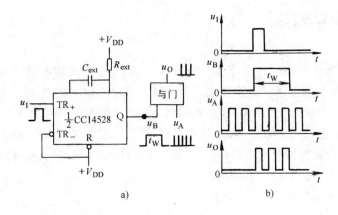

图 8-13　单稳态触发器作定时电路应用

a) 逻辑电路图　　b) 波形图

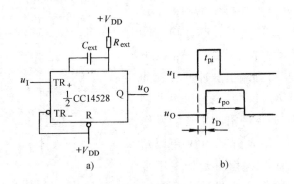

图 8-14　单稳态触发器用于脉冲展宽

a) 电路连线图　b) 波形图

迟约 t_{W1} 时间段。此延时作用也可由稍后图 8-17 所示的积分型单稳态触发器的工作波形得到说明，图 8-17 中 u_O 的上升沿相对于 u_I 的上升沿延迟了 t_W。单稳态触发器的延时作用常用于时序控制中。

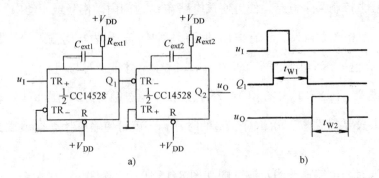

图 8-15　单稳态触发器用于脉冲延迟

a) 电路连线图　b) 波形图

*8.4.3　用门电路组成的积分型单稳态触发器

由于单稳态触发器的暂稳态是靠 RC 电路的充、放电过程来维持的，所以根据 RC 电路接成微分或积分电路，把门电路组成的单稳态触发器分为微分型和积分型两种类型。此小节将以积分型单稳态触发器为例来说明其工作原理，而对于微分型单稳态触发器，请读者选做习题 8-12。

1. 电路组成

用两个 CT74 系列 TTL 与非门 G_1、G_2 和 RC 积分电路组成的积分型单稳态触发器，如图 8-16 所示。图中 G_1 和 G_2 之间经 RC 积分电路耦合，电阻 R 的阻值应小于开门电阻 R_{ON}（第 2 章 CT74 系列 TTL 与非门的 $R_{ON} \approx 2.0 k\Omega$），以保证与非门 G_1 输出为低电平时，电压 u_A 可以降低到阈值电压 U_{TH}（$\approx 1.4V$）以下。因该电路由输入正脉冲触发，故其输入脉冲宽度 t_{pi} 应大于输出脉宽 t_W。

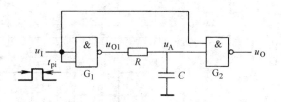

图 8-16　积分型单稳态触发器的电路图

2. 工作过程

对照图 8-16 电路，可以分析积分型单稳态触发器的工作情况如下：

1）当 u_I 为低电平时，G_1 和 G_2 两个与非门同时关闭，u_{O1} 和 u_O 均为高电平，电路处于**稳态**。

2）当输入正跳变脉冲后，G_1 开通，u_{O1} 产生负跳变，但因电容 C 上的电压 u_A 不能突变（此电压 u_A 是 u_I 为低电平时，门电路电源电压 $+V_{CC}$ 经 G_1 输出电路和 G_2 输入电路联合充电所致），故在一段时间内 u_A 仍大于 $U_{TH} \approx 1.4V$，门 G_2 开通，$u_O = U_{OL} \approx 0.3V$，电路进入**暂稳态**。在此期间，由于电容 C 经电阻 R 和 G_1 输出电路放电，所以 u_A 按指数规律下降。

3）当电容 C 放电到 $u_A = U_{TH} \approx 1.4V$ 时，G_2 关闭，u_O 跳变到高电平。

4）待输入触发脉冲 u_I 跳变到低电平后，G_1 也接着关闭，电容 C 又被充电，经过恢复时间 t_{re} 以后，u_A 恢复为高电平 $U_{OH} \approx 3.6V$，电路又回到**稳态**，等待下一个触发脉冲的到来。电路中各点电压波形如图 8-17 所示。

3. 输出脉宽 t_W 和脉冲幅度 U_{Om} 的计算

在暂稳态期间，电容 C 放电的等效电路如图 8-18a 所示，图中 R_0 是门 G_1 输出低电平时的输出电阻，图 8-18b 是电容 C 的放电曲线，该图清楚地说明了电容 C 的放电过程：放电的起始值是 $u_A(0) = U_{OH} \approx 3.6V$，放电的终了值 $u_A(\infty) = U_{OL} \approx 0.3V$，放电的时间常数为 $(R + R_0)C$，图中 t_W 为电容 C 放电时，u_A 从高电平 U_{OH} 下降到 U_{TH} 所需的时间。将上述 3 要素代入一阶 RC 电路过渡过程的计算公式中，并计及 $u_A(t_W) = U_{TH}$，得输出脉宽为

$$t_W = (R + R_0)C\ln\frac{U_{OL} - U_{OH}}{U_{OL} - U_{TH}} \approx (R + R_0)C\ln 3 \tag{8-3}$$

积分型单稳态触发器的输出脉冲幅度

$$U_{Om} = U_{OH} - U_{OL} \approx 3.6V - 0.3V = 3.3V \tag{8-4}$$

因为图 8-16 所示的积分型单稳电路在状态转换过程中没有正反馈作用（而微分型单稳

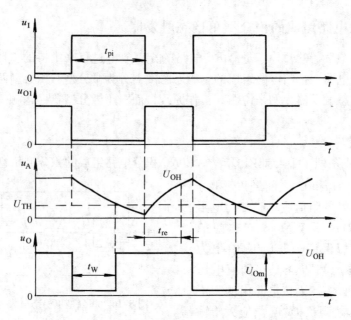

图 8-17　积分型单稳态触发电路中各点电压波形图

电路在状态转换时具有正反馈作用），故电路输出波形的上升沿和下降沿都较差，而且须使触发脉宽 t_{pi} 大于输出脉宽 t_W 才能正常工作。如果触发脉冲过窄，不能满足上述要求时，可以采用图 8-19 所示的改进电路。图中增加了**与非门** G_3 和一条从输出端反馈到 G_3 输入端的正反馈连线，该电路是用负脉冲触发的。作为练习，读者可以自行分析其工作过程。

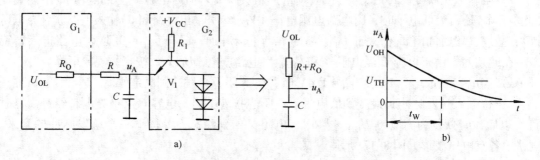

图 8-18　暂稳态期间积分型单稳态触发器中电容放电状况

a）放电等效电路　b）放电曲线

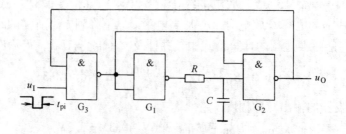

图 8-19　经改进后的积分型单稳态触发器

8.5   多谐振荡器

多谐振荡器是一种脉冲信号发生器，它具有两个暂稳态，工作时无须外加触发信号（此为它与施密特触发器和单稳态触发器的不同之处），即能在此两暂稳态之间连续、自动地切换，产生一定频率和一定脉宽的矩形脉冲信号。因所产生的矩形波中含有丰富的谐波分量，故名多谐振荡器。工程技术中有多种构成多谐振荡器的方法，也有专用的多谐振荡器集成电路可供选用。下面首先介绍用 555 定时器构成的多谐振荡器，然后介绍用门电路构成的多谐振荡器。

8.5.1   555 定时器构成多谐振荡器

1. 电路组成

用集成 555 定时器构成的多谐振荡器电路图，如图 8-20a 所示，图 8-20b 为其引脚连线图。由图可见，555 定时器内部开关管 V 的漏极（7 脚）接于电阻 R_1 与 R_2 的连接处，TH 端和 $\overline{\text{TR}}$ 端（6 脚和 2 脚）短接后与定时电容 C 和电阻 R_2 连接。

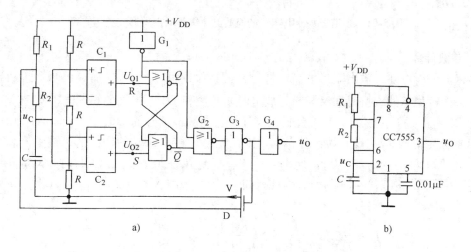

图 8-20   555 集成定时器构成的多谐振荡器

a) 电路图   b) 引脚连线图

2. 工作过程

因电路没有稳定状态，故从电路接通电源时开始分析。设接通电源前，电容电压 $u_C = 0\text{V}$，电源接通后，由于 u_C 不能突变，$\overline{\text{TR}}$ 端电压小于 $V_{\text{DD}}/3$，$S=1$，$R=0$，$\overline{Q}=0$，所以输出电压 u_O 为高电平，开关管 V 截止，电源 $+V_{\text{DD}}$ 通过电阻 R_1 和 R_2 向电容 C 充电，使 u_C 按指数规律上升，即 TH 和 $\overline{\text{TR}}$ 端电压按相同的规律上升，直至 u_C 达到 $2V_{\text{DD}}/3$ 时为止，如图 8-21 电容 C 充放电曲线中的 $0 \sim t_1$ 段所示；当 u_C 上升到等于（略大于）$2V_{\text{DD}}/3$ 时，由于 TH 端电压略大于 $2V_{\text{DD}}/3$，$\overline{\text{TR}}$ 端电压大于 $V_{\text{DD}}/3$，根据 555 定时器的功能表可知，$S=0$，$R=1$，$\overline{Q}=1$，u_O 变为低电平，开关管 V 导通，电容 C 经电阻 R_2 和开关管放电，u_C 按指数规律下降，即 TH 和 $\overline{\text{TR}}$ 端的电压按相同规律下降，直到 u_C 降至 $V_{\text{DD}}/3$ 为止，此为一个暂稳态，如图

8-21中的 $t_1 \sim t_2$ 段所示；当 u_C 等于（略小于） $V_{DD}/3$ 时，由于 $\overline{TR}$ 端电压略小于 $V_{DD}/3$，$S = 1$，$R = 0$，u_O 又翻转为高电平，开关管 V 截止，电容 C 又被充电，u_C 再次按指数规律上升，这是另一个暂稳态，如图 8-20 中的 $t_2 \sim t_3$ 段所示。如此周而复始，循环不已，形成两个暂稳态之间有规律的相互切换，在输出端得到持续不断的周期性矩形波振荡信号。图 8-21 显示了电容 C 的充放电曲线 u_C 及产生的矩形波振荡信号 u_O 的波形。

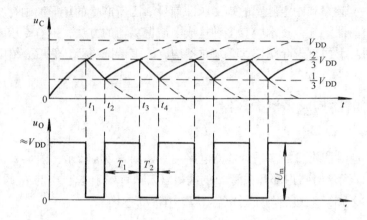

图 8-21　多谐振荡器电容 C 的充放电曲线及输出矩形波振荡信号

3. 参数计算

由以上分析可知，输出矩形波高、低电平的持续时间 T_1、T_2 分别等于两个暂稳态的维持时间，而暂稳态的维持时间又与充、放电时间常数和 TH、$\overline{TR}$ 端的触发电压 u_C 有关，故可用一阶 RC 电路过渡过程的 3 要素公式，来计算振荡脉冲信号的参数。

（1）**充电时间 T_1**　设 t_2 为计时起点，则在充电过程中，u_C 的初始值、终了值和充电时间常数分别为 $u_C(0) = V_{DD}/3$、$u_C(\infty) = V_{DD}$ 和 $\tau_{充} = (R_1 + R_2)C$。当 $t = T_1$ 时（对应于图 8-21 中的 $t_2 \sim t_3$ 段），$u_C(T_1) = 2V_{DD}/3$。因此，将 $u_C(0)$、$u_C(\infty)$、$\tau_{充}$ 和 $u_C(T_1)$ 代入 3 要素公式，经整理后得到

$$T_1 = \tau_{充} \ln \frac{u_C(\infty) - u_C(0)}{u_C(\infty) - u_C(T_1)} = \tau_{充} \ln \frac{V_{DD} - V_{DD}/3}{V_{DD} - 2V_{DD}/3}$$
$$= (R_1 + R_2)C\ln2$$

（2）**放电时间 T_2**　设 t_3 为计时起点，同理，根据 u_C 波形可知，放电过程中 u_C 的初始值和终了值分别为 $u_C(0) = 2V_{DD}/3$、$u_C(\infty) = 0V$，放电时间常数为 $\tau_{放} \approx R_2C$。当 $t = T_2$ 时（对应于图 8-21 中的 $t_3 \sim t_4$ 段），$u_C(T_2) = V_{DD}/3$，因而将 $u_C(0)$、$u_C(\infty)$、$\tau_{放}$ 和 $u_C(T_2)$ 代入 3 要素公式，得

$$T_2 = \tau_{放} \ln \frac{0 - 2V_{DD}/3}{0 - V_{DD}/3} = R_2C\ln2$$

于是，多谐振荡器输出脉冲信号的周期为

$$T = T_1 + T_2 \approx (R_1 + R_2)C\ln2 + R_2C\ln2 \approx 0.7(R_1 + 2R_2)C \tag{8-5}$$

因而多谐振荡器的振荡频率 $f = 1/T$。它的输出矩形脉冲的占空比为

$$q = T_1/T \approx (R_1 + R_2)/(R_1 + 2R_2) \tag{8-6}$$

另由波形图可见多谐振荡器的输出脉冲幅度为

$$U_m \approx V_{DD} - 0 \approx V_{DD} \tag{8-7}$$

4. 占空比可调的多谐振荡器

由式（8-6）可见，图 8-20 所示的多谐振荡器的占空比 q 是固定不变的。为使多谐振荡器使用灵活，如何做到占空比 q 可调呢？因为上述多谐振荡器的 q 值不仅与充、放电电阻有关，而且放电电阻 R_2 是充电电阻（$R_1 + R_2$）的一部分，所以据此可知，若利用二极管的单向导电性，将充电电路和放电电路分开，并添加一个电位器（电阻值为 R_P，见图 8-22），调节 R_P 的阻值，便达到改变占空比的目的。在图 8-22 电路中：

充电回路为：$V_{DD} \rightarrow R_A \rightarrow VD_1 \rightarrow C \rightarrow$ 地（二极管 VD_1 导通，VD_2 和 CC7555 内 V 管截止）；

放电回路为：$C \rightarrow VD_2 \rightarrow R_B \rightarrow V$（NMOS 管）$\rightarrow$ 地（VD_2 和 V 管导通，VD_1 截止）。

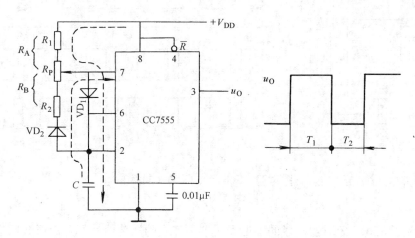

图 8-22　占空比可调的多谐振荡器

由于 $\tau_充 \approx R_A C$，$\tau_放 \approx R_B C$（设二极管理想，并忽略 V 管的导通压降），所以对应的高电平和低电平维持时间分别为 $T_1 \approx R_A C \ln 2$，$T_2 \approx R_B C \ln 2$。如此分析，该多谐振荡器的振荡周期

$$T = T_1 + T_2 \approx (R_A + R_B) C \ln 2 \tag{8-8}$$

故其占空比为

$$q = T_1 / T \approx R_A C \ln 2 / (R_A + R_B) C \ln 2 = R_A / (R_A + R_B) \tag{8-9}$$

由式（8-7）可见，调节 R_P 就改变了 R_A 和 R_B 的比值，因此也调整了占空比 q。

例 8-2　在图 8-22 所示的占空比 q 可调的多谐振荡器中，要求 q 在 20%~80% 的范围内调节，输出信号的频率为 1kHz（$T = 10^{-3}$ s），试选择 R、C 参数。

解：通常 R_A 和 R_B 的取值为 1kΩ~3MΩ 之间，C 大于 500pF。若选择 C 为 0.22μF，则根据式（8-8）可得

$$R_A + R_B \approx 10^{-3} \text{s} / (0.22 \times 10^{-6} \text{F} \times \ln 2) \approx 6.6 \text{k}\Omega$$

查附录 H，选取 $R_P = 4.7 \text{k}\Omega$，R_1 和 R_2 均为 1kΩ（R、C 参数均为标称阻容值），则实际占空比约为 15%~85%，比题目要求的调节范围还大，这样就满足了题设要求。

例 8-3　图 8-23a 是由定时器 5G555 构成的单稳态电路，它在 CO 端（5 脚）施加了一个如图 8-23b 所示的三角波 u_{IC}，同时在触发输入端施加了一个矩形波脉冲序列，该电路可用作交流调速控制系统中的脉冲宽度（Pulse Width Modulation，PWM）调制器。试分析该

PWM 调制器的工作原理，并画出输出电压 u_O 的波形图。

解： 当控制电压 u_{IC} 升高时，该 PWM 调制器的阈值电压也升高，由式（8-2）知，输出电压 u_O 的脉冲宽度随之增大；当控制电压 u_{IC} 降低时，该调制器的阈值电压也降低，单稳态触发器的输出脉宽则随之减小。因此，在三角波控制信号 u_{IC} 的作用下，在单稳电路的输出端（3 脚）便得到一串随 u_{IC} 变化的 PWM 信号，如图 8-23b 下方 u_O 的波形所示。从 u_{IC} 与 u_O 的波形关系可以看出，该 PWM 调制器实现了电压 – 频率转换的功能。

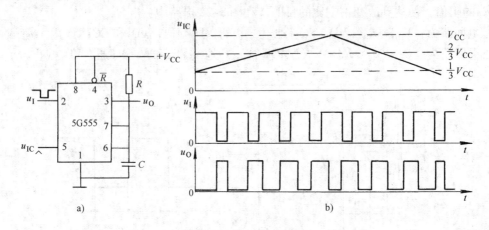

图 8-23　例 8-3 的 PWM 调制器

a）外引脚连接图　b）波形图

以上讨论的由 555 定时器构成的多谐振荡器，产生的振荡信号都是矩形波信号。现欲用 555 定时器产生方波信号，该如何设计这种方波信号发生器？请读者结合例题 8-2，选做习题 8-8。

8.5.2　石英晶体振荡器

1. 石英晶体的选频特性

由于石英晶体的品质因数 Q 很高，所以它具有较好的选频特性。图 8-24a、b 分别是石英晶体谐振器的电路符号和电抗 – 频率特性。由图 8-24b 石英晶体电抗 – 频率特性明显可见，当外加信号频率 f 等于石英晶体极为稳定的串联谐振频率 f_0 时，石英晶体的等效阻抗最小，信号最易通过。利用石英晶体这一选频性能，将其接入多谐振荡电路中，使电路振荡频率仅由 f_0 决定，而与电路中其他元器件参数（R 或 C）无关，便组成了石英晶体多谐振荡器（简称晶振）。

晶振的频率稳定度很高，高达 $10^{-10} \sim 10^{-11}$，即 $(\Delta f)/f_0$ 很小，完全可

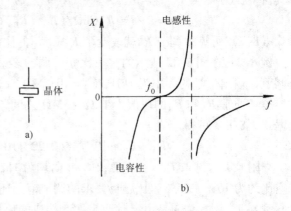

图 8-24　石英晶体谐振器

a）电路符号　b）电抗 – 频率特性

以满足大多数数字系统对频率稳定度的要求。目前，国内已生产出具有各种谐振频率的标准晶振器件，供科技人员设计多谐振荡器时选用。

2. CMOS 晶振

（1）电路组成　图 8-25 是典型的 CMOS 晶振电路原理图，图中 G_1、G_2 是两个 CMOS 反相器，G_1 用于产生振荡，R_F 是反馈电阻，约为 $10 \sim 100\text{M}\Omega$，其作用是为 G_1 提供偏置，使其工作在放大状态。图 8-25 中 G_1、晶体谐振器、电容 C_1 和 C_2 构成电容三点式振荡器，G_2 是输出整形门，用于对振荡信号进行修整。

（2）工作原理　CMOS 反相器 G_1 的电压传输特性如图 8-26b 所示，图 8-26a 是说明 G_1 工作在放大区的示意图。由于 CMOS 反相器的输入阻抗很高，一般在 $10^{12}\Omega$ 以上，它远远大于反馈电阻 R_F，这样 R_F 上的电压降近似为零，可以认为 $u_O = u_I$ 是一条直线。如果在 CMOS 反相器 G_1 的电压传输特性曲线上过坐标原点做出此直线 OA，显然，它能使 CMOS 反相器工作在传输特性曲线的放大区，交点 Q 就是反相器 G_1 工作在放大区的静态工作点。当反相器输入信号时，在工作点附近的斜率很陡，可使信号得到高增益放大并反相输出，再经电容 C_1、C_2 和晶体构成阻抗网络，就可完成对振荡频率的控制，并提供必要的 $180°$ 相移，从而满足振荡的相位平衡条件，且振荡频率极为稳定。但它的输出波形并不理想，需经反相器 G_2 整形后，才能输出较理想的矩形脉冲波形。

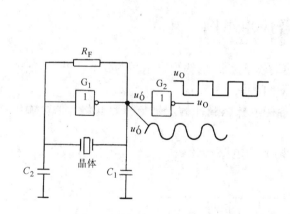

图 8-25　典型的 CMOS 晶振电路原理图

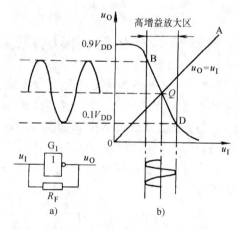

图 8-26　CMOS 反相器的电压传输特性
a）G_1 工作在放大区　b）电压传输特性曲线

3. TTL 晶振

（1）电路组成　由 TTL 非门和石英晶体组成的多谐振荡器，如图 8-27 所示，图中两个非门 G_1、G_2 首尾相连以形成正反馈，G_1 的输出与 G_2 的输入之间经电容 C_1 耦合，G_2 的输出与 G_1 的输入之间通过电容 C_2 耦合。显然，电路满足振荡的相位平衡条件。图 8-27 中电阻 R 用来确定 G_1 和 G_2 的静态工作点，晶体接在反馈支路中与电容 C_2 串联。

（2）工作原理　调节电阻 R 的阻值，使非门 G_1、G_2 工作在电压传输特性的转折区，此区为传输特性的过渡区域，放大能力较强。由于接在反馈回路的石英晶体具有串联谐振频率 f_0，振荡回路中电压信号的频率只有与石英晶体的 f_0 一致时，信号才容易通过。此信号在电路中形成正反馈，所以该晶振的振荡频率仅由石英晶体的串联谐振频率 f_0 决定，而与外接阻容元器件参数无关。

（3）具有控制端的 TTL 晶振　具有控制输入端的 TTL 石英晶体振荡器的实用电路，如图 8-28 所示。图中 G_1、G_2 采用的是 4 两输入 TTL **与非门** CT74H01，$G_1 \rightarrow G_2$ 以及 $G_2 \rightarrow G_1'$ 均采用电阻耦合。将 G_1 的一个输入端作为控制端，当开关 S 断开时电路产生振荡，在输出端得到晶体谐振频率 f_0 的矩形脉冲信号；当开关 S 闭合后，**与非门** G_1 被封锁，电路便停止振荡。此电路的主要优点是起振和停振都比较容易，故在数字系统（包括微机系统）中使用相当方便。

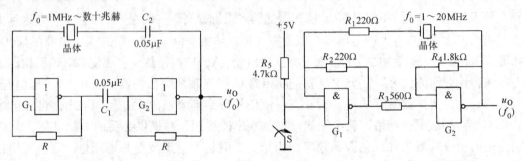

图 8-27　TTL 非门和石英晶体组成晶振　　　图 8-28　具有控制输入端的 TTL 晶振

8.6　脉冲信号产生与变换电路综合应用举例

例 8-4　对于图 8-29 所示电路，设集成定时器 5G555 的输出高电平为 3.6V，输出低电平约为 0V，图中 VD 为理想二极管。试解答以下问题：

（1）当开关置于位置 A 时，两个 5G555 各构成什么脉冲的产生与整形电路？估算输出信号 u_{O1} 和 u_{O2} 的振荡频率 f_1 和 f_2 各是多少？

（2）当开关置于位置 B 时，两个 5G555 构成的电路有什么关系？画出输出信号 u_{O1} 和 u_{O2} 的波形图。

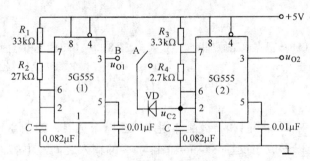

图 8-29　例 8-4 的电路图

解：分析图 8-29 所示电路，可以得出以下结论：

（1）当开关打到位置 A 时，两片集成定时器 5G555 各自构成多谐振荡器，输出信号 u_{O1} 和 u_{O2} 的频率估算如下：

对于多谐振荡器 1，由式（8-3）：$T_1 \approx 0.7(R_1 + R_2)C + 0.7R_2C \approx 4.99\text{ms}$，则 $f_1 = 1/T_1 \approx 200.4\text{Hz}$。

对于多谐振荡器 2，依据式（8-3）可以写出：$T_2 \approx 0.7(R_3 + R_4)C + 0.7R_4C \approx 0.499\text{ms}$，则 $f_2 = 1/T_2 \approx 2004\text{Hz}$。

由于两个振荡器定时元件中的电容值相同，而电阻值相差 10 倍，因此振荡频率 $f_2 = 10f_1$。

（2）当开关置于位置 B 时，振荡器 2 的工作状态受控于振荡器 1 的输出信号 u_{O1}。当 $u_{O1} = 3.6\text{V}$ 时，二极管 VD 截止，振荡器 2 起振工作，振荡频率 $f_2 = 2004\text{Hz}$；而当 $u_{O1} \approx 0\text{V}$ 时，二极管 VD 导通，振荡器 2 停振，$u_{O2} = 3.6\text{V}$。u_{O1} 和 u_{O2} 的波形如图 8-30 所示。

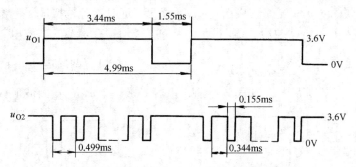

图 8-30　例 8-4 电路的输出波形图

例 8-5　根据集成 555 定时器的功能表分析图 8-31 的电路：

（1）简要说出该电路的功能；

（2）说明电路中两片集成 555 定时器分别接成何种脉冲产生与整形电路；

（3）试问：在不同的工作状态下，电路输出信号 u_O 的波形及其参数，包括高、低电平值和周期 T 分别是多少。

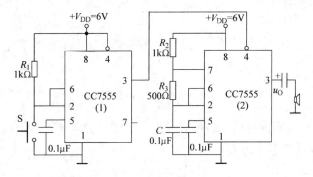

图 8-31　例 8-5 的 555 定时器应用电路

解：（1）未按下按钮 S 时，CC7555（1）输入约为 6V 的电压，输出为低电平，CC7555（2）复位，输出低电平。当按下 S 时，CC7555（1）输入电压下降，当电压降至 $V_{DD}/3$ 时输出电压变为高电平，CC7555（2）起振，扬声器发出报警声。所以，此两片 555 定时器实现了报警功能。

（2）CC7555（1）接成了施密特触发器，CC7555（2）接成了多谐振荡器。

（3）该电路扬声器没有报警声时，$u_O=0V$；有报警声时，u_O为方波信号，波形参数为：高电平 $U_{OH}\approx6V$，低电平 $U_{OL}\approx0V$，周期 $T\approx0.7(R_2+2R_3)C=0.14ms$。

例8-6　图8-32a所示电路是由集成定时器 CC7555 构成的锯齿波发生器，图中 BJT 和电阻 R_1、R_2、R_E 组成恒流源电路，为定时电容 C 恒流充电。图8-32b 上方波形是触发输入信号 u_I 的波形。试解答如下问题：

（1）CC7555 构成了何种脉冲整形与变换的单元电路？

（2）当触发输入端（2脚）输入负脉冲后，画出电容电压 u_C 及 CC7555 输出信号 u_O 的波形图。

（3）推导出电容 C 充电时间估算式。

解：（1）观察图8-32a 电路的接法可知，CC7555 定时器芯片接成了单稳态触发器。

（2）当 u_I 输入一个负脉冲后，CC7555 内部基本 SR 锁存器置**1**，放电管 V 截止，外接定时电容 C 被恒流源充电，$u_C=\dfrac{1}{C}\left(\int_0^t i_C \mathrm{d}\xi\right)=I_0 t/C$，故电容两端电压 u_C 随时间线性增长。当 $u_C\geq2V_{DD}/3$ 时，CC7555 内放电管 V 导通，电容 C 放电。u_C 及 u_O 的波形如图8-32b 所示。

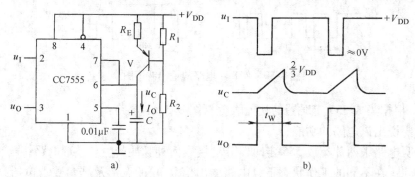

图 8-32　例8-6图
a）锯齿波发生器电路　b）波形图

（3）由图8-32b 可见，推导电容 C 的充电时间即求 u_O 输出脉宽 t_W 的估算式，而输出脉宽

$$t_W=\left(\frac{2}{3}V_{DD}\times C\right)/I_0$$

式中，I_0 为充电恒流；t_W 实为定时电容 C 的电压 u_C 从约为0V 充电至 $2V_{DD}/3$ 所需的时间。

设 V 管基–射极直流电压为 U_{BE}，则

$$I_0\approx\left(\frac{V_{DD}R_1}{R_1+R_2}-U_{EB}\right)/R_E$$

若 $\dfrac{V_{DD}R_1}{R_1+R_2}>>U_{EB}$，则

$$t_W\approx\frac{2R_E(R_1+R_2)C}{3R_1}$$

读者思考：如果输出脉宽 t_W 小于输入负触发脉宽 t_{pi}，该锯齿波发生器会出现什么状况？此时可以采取何种电路上的预防措施？

例 8-7　图 8-33 所示电路是一个回差可调的施密特触发器，它是利用射极跟随器的射极电阻 R_{E1}、R_{E2} 来调节回差电压的。射极跟随器即射极输出器，电路中由 BJT、R_{E1}、R_{E2}、R_1 和 R_2 等元器件组成，因 u_A 跟随 u_I，u_A 由 V 管的发射极输出而得名。另设该电路中 G_1、G_2 和 G_3 均采用 CT74 系列 TTL 门，它们的阈值电压 U_{TH} 都是 1.4V，试回答如下问题：

（1）分析图 8-33 所示电路的工作过程。

（2）当 R_{E1} 在 50 ~ 100Ω 范围内变动时，计算回差电压的变化范围。

解：（1）分析图 8-33 所示电路的工作过程如下：当 u_I 足够高时，图中 u_A、u_B 均为高电平（因为 u_A 跟随 u_I，u_A 与 u_I 只差 U_{BE}），因而门 G_3 输出低电平，u_{O2} 为高电平，u_{O1} 为低电平。当 u_I 下降到使 $u_B = 1.4V$ 时，门 G_3 关闭，其输出为高电平，但 u_A 仍高于 1.4V，门 G_2 仍开通，电路维持原来的状态不变。只有 u_A 也降至 1.4V 时，基本 SR 锁存器才翻转，此时 u_I 为下限阈值电压 U_{T-}，显然，$U_{T-} = 1.4V + U_{BE}$。

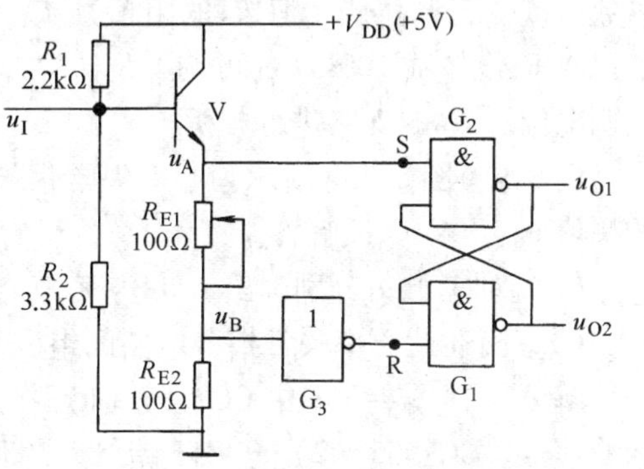

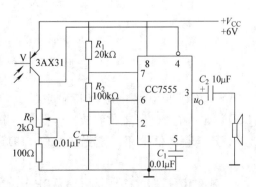

图 8-33　例 8-7 的回差可调的施密特触发器

当 u_I 上升，使 u_A 上升至 1.4V 时，基本 SR 锁存器并不翻转，只有当 u_B 升至 1.4V 时，电路才返回到高电平 u_{O2}、低电平 u_{O1} 的稳态，这时 u_I 为上限阈值电压 U_{T+}，显然 $U_{T+} \approx (1.4V/R_{E2}) \times (R_{E1} + R_{E2}) + U_{BE}$，故回差电压为

$$\Delta U_T = U_{T+} - U_{T-} = (R_{E1}/R_{E2}) \times 1.4V$$

（2）由上式可见，改变电阻 R_{E1} 的阻值，就可调节回差电压 ΔU_T 的大小。当 $R_{E1} = 50Ω$ 时，$\Delta U_T = (50/100) \times 1.4V = 0.7V$；当 $R_{E1} = 100Ω$ 时，$\Delta U_T = (100/100) \times 1.4V = 1.4V$，可见 R_{E1} 在 50 ~ 100Ω 的范围内变化时，回差电压 ΔU_T 的变动范围为 0.7 ~ 1.4V。

例 8-8　图 8-34 所示是利用多谐振荡器构成的简易温控报警电路。该电路用扬声器发出报警声，用于火警或热水温度升高报警场合，电路简单、调试方便。试解答：

（1）集成 555 定时器接成了哪种脉冲整形与变换单元电路？

（2）简述此简易温控报警电路的工作过程。

解：（1）图 8-34 中 CC7555 定时器接成了多谐振荡器电路；

（2）图 8-34 所示的电路中，双极型晶体管（BJT）选用了 PNP 型锗管 3AX31（也可选用 3DU 型光敏管）。在常温下 BJT 锗管集 – 射之间的反向穿透电流 I_{CEO} 一般为 10 ~ 50μA，而锗管 3AX31 的 I_{CEO} 值随着温度的升高而较快的增大。当温度低于电路设定的温度时，3AX31 的反向穿透电流 I_{CEO} 较小，CC7555 定时器复位端 $\overline{R}$（4 脚）的电压较低，使定时器工作在复位状态，多谐振荡器停振，扬声器不发出声响。而当温度升高到设定的温度时，3AX31 的 I_{CEO} 数值较

图 8-34　例 8-8 的简易温控报警电路

大，CC7555 复位端 $\overline{R}$ 的电压升高到解除复位之数值，多谐振荡器开始振荡，扬声器便发出

报警声响。

同理，若将锗管 3AX31 换成 3DU 型光敏管，该电路遇有火警时同样具有上述温控报警功能。

需要注意的是，不同的 BJT 的 I_{CEO} 值相差较大，所以需要改变 R_P 的阻值来调节控温点。方法是先把测温元件 BJT 置于要求报警的温度下，调节 R_P 使电路刚好发出报警声。报警的音调则取决于多谐振荡器的振荡频率 f_0，而 f_0 由元件 R_1、R_2 和 C 来决定，调节上述元器件参数可改变音调高低，但 R_2 的阻值须大于 1kΩ。**请读者思考**，调节哪个元器件参数最佳？如果将 R_1 设置成 100kΩ 的可调电位器 R_P，能否单一地将 R_1 换成 R_P？**提示**：参考其他应用可调电位器 R_P 的支路进行分析。

例 8-9 图 8-35a 所示为心率失常报警电路，经过放大后的心电信号 u_I 见图 8-35b，u_I 的幅值 $U_{Im} = 4V$。试解答：

（1）对应于 u_I 分别画出 A、B、E 三点的电压波形图；

（2）简述此心率失常报警电路的组成及工作原理。

解：（1）图 8-35a 中 CC7555（1）接成了施密特触发器，它将输入的心电信号变换为脉冲信号。CC7555（2）与 BJT 锗管、R 和 C 组成可重复触发的单稳态触发器。该电路中 RC 参数取值使单稳态触发器的输出脉宽 t_W 大于正常的心电信号周期。经过分析后，可以画出 u_A、u_B、u_E 各点的电压波形图，如图 8-36 所示。

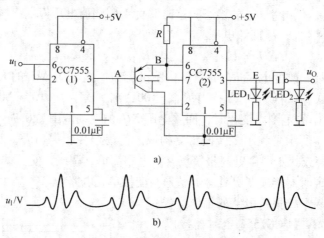

图 8-35 例 8-9 的心率失常报警电路
a) 电路图 b) 心电信号 u_I 的波形图

（2）该报警电路由施密特触发器、单稳态触发器、CMOS 非门、两套发光二极管（LED）显示电路等元器件组成。根据 u_A、u_B、u_E 各点的电压波形可知，当心律信号出现漏波时，E 点输出低电平，发光二极管 LED$_2$ 点亮，而心电图情况正常时发光二极管 LED$_1$ 点亮。

*例 8-10 图 8-37 所示电路是用于楼道、走廊中的照明灯光控节能开关电路。图中二极管 VD$_1$ ~ VD$_4$ 组成桥式整流电路，经 R_1 降压（也可用并联的 RC 电路降压），C_1 为滤波电容，VD$_6$ 是稳压管，其上取得 10V 的稳定电压 U_1，用作集成定时器 CC7555 的稳压电源。试通过分析，解答以下问题：

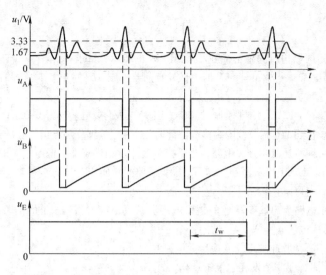

图 8-36　例 8-9 电路 u_A、u_B、u_E 各点的电压波形图

（1）集成 555 定时器接成了哪一种脉冲整形与变换单元电路？

（2）简述此光控节能开关电路的工作过程。

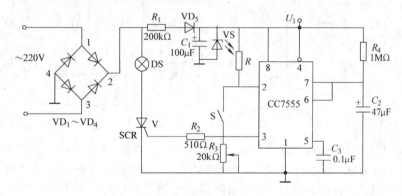

图 8-37　例 8-10 的智能节电开关电路

解：（1）集成定时器 CC7555 和 R_4、C_2 等元器件构成了单稳态触发器。

（2）根据式（8-2），单稳态触发器的暂稳持续时间 $t \approx 1.1 R_4 C_2 \approx 52\mathrm{s}$。晶闸管 V 用于控制照明灯 DS 的亮灭。光敏电阻 R 的亮阻约为 $5\mathrm{k\Omega}$，暗阻约有 $100\mathrm{k\Omega}$。白天强光照在光敏电阻 R 上，R 的亮阻减小，当行人按下开关 S 时，CC7555 芯片 2 脚电位高于 $2V_{DD}/3$，则 555 芯片的 3 脚输出低电平，晶闸管 V 截止，DS 不亮。而夜晚光敏电阻 R 阻值较大（约 $100\mathrm{k\Omega}$），当行人按下按钮 S 时，555 芯片的 2 脚电位低于 $V_{DD}/3$，于是 555 芯片的 3 脚输出变为高电平，V 导通，灯 DS 亮。经过延时约 $1.1 R_4 C_2$ 后，555 芯片的 3 脚恢复到低电平，V 截止，灯 DS 熄灭。

根据上述分析，图 8-37 的控制方式达到了只有夜间按动 S 才能使灯 DS 点亮，而白天按动开关 S，灯不会被点亮的理想目标。当然，即使夜晚有外界的强光干扰，由于没人按下开关 S，灯 DS 依然不亮，所以实现了智能节电的效果。这对于城市住宅小区、文化、体育、休闲等公共场所的照明灯非常具有实用价值。

习 题 8

8-1 用 CC7555 定时器构成的施密特触发器如图 8-3b 所示，试求：

（1）当 +V_{DD} = +15V、+V_{DD1} = +5V 时，试计算回差电压 ΔU_T 等于多少？从 3 脚、7 脚分别输出的脉冲幅度各约为多少？

（2）仅改：+V_{DD} = +12V，并将控制端 CO（5 脚）的外接电容 C = 0.01μF 去掉，外加控制电压 U_{CO} = 6 ~ 12V，求回差电压 ΔU_T 调节范围为多少？此时从 3 脚、7 脚分别输出的脉冲幅度各约为多少？

8-2 图 8-38 是一种简易触摸开关电路，当手摸金属片（相当于加入低电平）时，发光二极管 LED 点亮，经过一定的时间后，LED 熄灭。试分析其工作原理，并问 LED 约点亮多长时间？图 8-38 中 R = 100kΩ，C = 50μF，R_1 = 1kΩ。

8-3 图 8-39 所示电路为 5G555 接成的逻辑电平测试仪，待测信号 u_1 的频率约为 1Hz 或更低，调节 5G555 的 CO 端（5 脚）电压 u_A = 2.5V，试问：

（1）5G555 构成了哪种脉冲整形与变换单元电路？

（2）当 u_1 > 2.5V 时，哪一个发光二极管点亮？

（3）当 u_1 小于多少伏时，该逻辑电平测试仪表示低电平输入？此时哪一个发光二极管点亮？

（4）仍然 u_A = 2.5V，但 u_1 为 50Hz 的交流脉冲，高电平为 3V，低电平为 0V，试问将会出现什么现象？

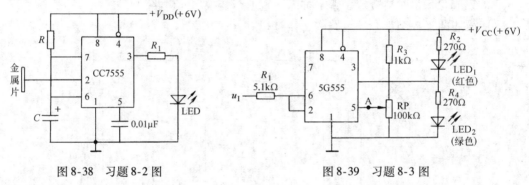

图 8-38 习题 8-2 图　　　　图 8-39 习题 8-3 图

8-4 图 8-40 所示电路是一水位监控器，当水位下降到与探测电极脱离接触时，扬声器发出报警声响；当探测电极浸在水中时，扬声器不报警。试分析该水位监控器的工作过程，并画出水面与探测电极脱离接触时，u_C 及 u_O 的波形图。

8-5 由 555 定时器 CC7555 和 NMOS 场效应晶体管等元器件构成的某功能电路如图 8-41 所示，电路中 NMOS 管工作在可变电阻区，其导通电阻为 R_{DS}。试问：

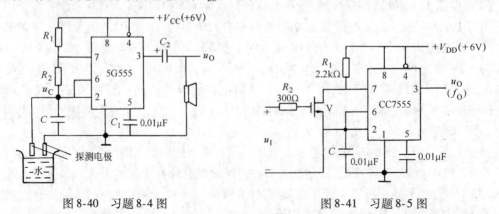

图 8-40 习题 8-4 图　　　　图 8-41 习题 8-5 图

（1）CC7555 构成了何种脉冲产生与变换的单元电路？该电路的功能是什么？

（2）写出该电路输出电压 u_0 的频率 f_0 的表达式。

8-6 试用 CC7555 定时器设计出如图 8-10b 所示的单稳态触发器，要求输出脉宽 t_W 在 1~1s 的范围内可调，输出脉冲幅度 $U_{Om} \geqslant 11V$，设定时电容 $C = 100\mu F$，试选取电路其他元器件参数值（要求查附录 H，选取标称电阻值，另外，$+V_{DD}$ 也要选取标准等级的电源电压），并画出设计电路图。

8-7 设计如教材图 8-20b 所示的多谐振荡器，要求振荡频率 $f_0 = 10kHz$，占空比为 20%，输出脉冲幅度 $U_{Om} \geqslant 5.6V$，试选择定时元器件参数和电源电压：$+V_{DD}$ 之值，并画出多谐振荡器的电路连线图。

8-8 试用 CC7555 定时器和二极管设计一种方波信号发生器（即占空比 $q = 50\%$ 的多谐振荡器），要求振荡频率 $f_0 \approx 1.05kHz$，输出脉冲幅度 $U_{Om} \geqslant 5.6V$，并设 $C = 0.1\mu F$，试选取电路其他元器件参数和 $+V_{DD}$ 值，画出设计电路图。**提示**：设二极管为理想，利用二极管的单向导电性，并使充、放电时间常数相等。

8-9 由 TTL 与非门和偏移二极管组成的施密特触发电路如图 8-42 所示，试分析其工作原理，求出回差电压 ΔU_T，并画出其电压传输特性曲线。设 TTL 与非门阈值电压为 U_{TH}，二极管导通压降为 U_D。

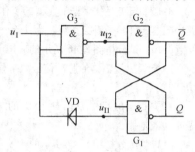

8-10 在教材图 8-9 所示的施密特触发电路中，若 G_1 和 G_2 均为 CT74LS 系列的与非门，它们的阈值电压 $U_{TH} = 1.4V$，$R_1 = 1k\Omega$，$R_2 = 2k\Omega$，二极管导通时的正向压降 $U_D = 0.7V$，试计算施密特电路的上限阈值电压 U_{T+}、下限阈值电压 U_{T-} 和回差电压 ΔU_T。

图 8-42 习题 8-9 图

*8-11 用两个 CT74 系列 TTL 与非门 G_1、G_2 和 RC 电路组成的积分型单稳态触发器，如教材图 8-16 所示。已知 G_1 输出低电平时的输出电阻 $R_0 = 100\Omega$，电容 $C = 0.01\mu F$，现欲产生 $10\mu s$ 的定时脉冲，求定时电阻 $R = ?$ 并求出输出脉冲幅度 $U_{Om} = ?$

*8-12 用 3 个 CT74 系列 TTL 与非门 G_1、G_2 和 G_3 组成的微分型单稳电路如图 8-43 所示。图 8-43 中输入触发脉冲宽度 $t_{pi} = 3\mu s$，$C_d = 50pF$，$R_d = 10k\Omega$，$C = 5000pF$，$R = 200\Omega$，试对应地画出 u_I、u_D、u_{O1}、u_R、u_{O2}、u_O 的波形图，并求出输出脉冲宽度 t_W 之值。提示：CT74 系列 TTL 与非门的阈值电压 $U_{TH} = 1.4V$，当门 G_1 开通时，u_D 被钳制在 $1.4V$ 上。

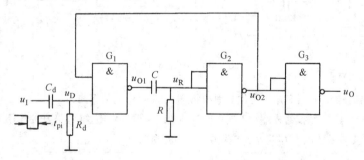

图 8-43 习题 8-12 图

8-13 在图 8-44a 所示的单稳态触发电路中，G 是 CMOS 集成施密特触发器 CC40106。设 $+V_{DD} = +10V$ 时，$U_{T+} = 6V$，$U_{T-} = 3V$，电容 $C = 0.01\mu F$，$R = 5k\Omega$，u_I 是输入信号，u_I 的波形如图 8-44b 所示，$t_{pi} = 0.5ms$，试求：

（1）画出 u_A、u_O 的波形图；

（2）推导出输出脉冲宽度 t_W 的估算式，并估算输出脉宽 t_W 之值。

*8-14 由 CMOS 集成施密特触发与非门组成的脉冲占空比可调的多谐振荡器电路如图 8-45 所示。设电路中 R_1、R_2、C 及 $+V_{DD}$、U_{T+}、U_{T-} 均为已知，试分析：

（1）定性画出 u_C、u_O 的波形图；

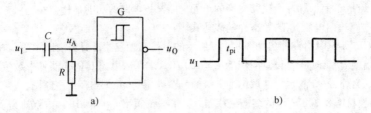

图 8-44　习题 8-13 图

a) 电路图　b) u_1 的波形图

（2）写出输出信号 u_0 的频率 f_0 的表达式。

8-15　石英晶体多谐振荡器的工作特点是什么？其振荡频率与电路中阻容元件参数有无关系？为什么？

8-16　试分析图 8-46 所示的应用电路，要求：

（1）说出该电路的脉冲信号源是什么电路，并问该电路时钟脉冲 CP 的频率等于多少？

（2）试画出 CP、Q_1、Q_2 和 Q_3 的时间波形图，并说明整个电路的逻辑功能是什么。

8-17　试分析图 8-47 所示的 555 定时器应用电路，要求解答：

（1）指出 5G555（1）、5G 555（2）各构成何种脉冲产生与变换单元电路？

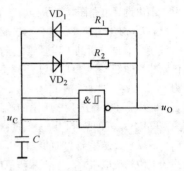

图 8-45　习题 8-14 图

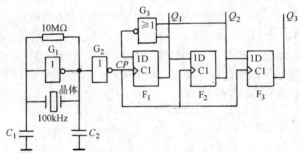

图 8-46　习题 8-16 图

（2）写出输出信号 u_0 的频率 f_0 的变化范围和 u_0 输出脉宽 t_W 的估算式；

（3）指出 5G555（2）触发输入端（2 脚）所接的两组元器件：R_4、C_3、VD 的作用分别是什么，并画出 u_{01}、u_{12}、u_0 的波形图（设 R_4C_3 远小于输出脉冲 u_{01} 的周期）。

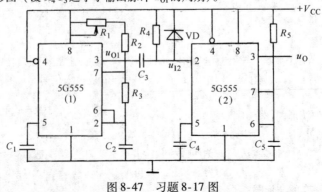

图 8-47　习题 8-17 图

8-18　分析图 8-48 所示的应用电路，简述电路的组成及其工作原理。若要求扬声器在开关 S 按下后以 1.1kHz 的频率持续响 10s，试确定图中 R_1、R_2 的阻值，要求查附录 H，选取标称电阻值。

8-19　某一过电压监测保护电路如图 8-49 所示，设硅稳压管的稳定电压为 U_Z，试说明当监测电压超过 U_Z 时，图中的发光二极管 LED 发出闪烁的光信号，并求出闪光信号频率 $f_0 = ?$　提示：当图中 BJT：V 管饱和导通时，5G555 的 1 脚可认为处于地电位。

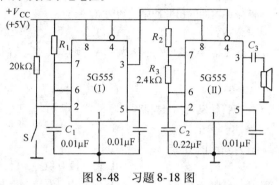

图 8-48　习题 8-18 图

8-20　图 8-50 所示为路灯自动控制电路。图中 5G555 定时器的 2 脚、6 脚相连，以构成施密特触发器，其回差电压为 $V_{CC}/3$；电阻 R 为光敏电阻。试简述此路灯自控电路的工作过程。

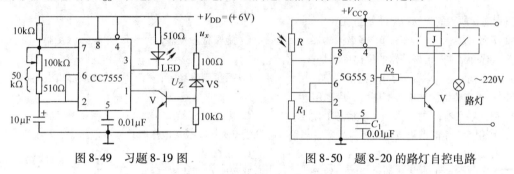

图 8-49　习题 8-19 图　　　　　　图 8-50　题 8-20 的路灯自控电路

8-21　家用电器、照明灯等电源插座的开或关，常常需要在不同的延迟时间后开关，这就要求用延迟开关电源插座。一种由集成 555 定时器等元器件构成的延迟开关电源插座电路见图 8-51。设稳压管 VS 的稳定电压 $U_Z = 12V$，此电压亦充当集成 555 定时器的电源电压。试简述此延迟开关电源插座电路的结构和工作过程。

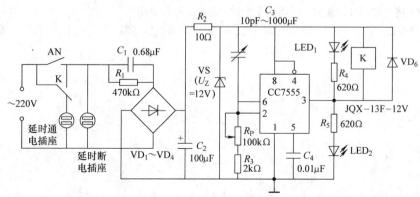

图 8-51　一种延迟开关电源插座电路

8-22　单项选择题（请将下列各小题正确选项前的字母填在题中的括号内）：

（1）要设计一个波形变换器，将正弦波信号转换为同一频率的矩形波信号，应选用（　　）电路；

A. 施密特触发器；　　　　B. 单稳态触发器；　　　　C. 多谐振荡器；　　　　D. A - D 转换器

（2）要产生一个定时脉冲，用以控制某一与门打开 0.5s，应设计（　　）电路；

A. 施密特触发器；　　　　B. 单稳态触发器；　　　　C. 多谐振荡器；　　　　D. 顺序脉冲发生器

（3）5G555 构成的基本多谐振荡器的输出脉冲幅度约为（　　）；

A. 1.4V；　　　　　　　　B. 5V；　　　　　　　　　C. 3.3V；　　　　　　　D. 0.3V

（4）555 定时器构成的单稳态触发器，若电源电压为 +6V，则当暂稳态结束时，定时电容 C 上的电压 u_C 为（　　）；

A. 6V；　　　　　　　　　B. 0V；　　　　　　　　　C. 2V；　　　　　　　　D. 4V

（5）用 555 定时器构成了施密特触发器，当控制端 CO 外接 10V 的电压时，回差电压为（　　）；

A. 3.33V；　　　　　　　 B. 6.66V；　　　　　　　 C. 5V；　　　　　　　　D. 10V

（6）多谐振荡器与单稳态触发器的区别之一是（　　）；

A. 前者有两个稳态，后者只有一个稳态；　　　　　B. 前者没有稳态，后者有两个稳态；

C. 前者没有稳态，后者只有一个稳态；　　　　　　D. 两者均只有一个稳态

（7）CC7555 定时器电源电压为 V_{DD}，则用它构成施密特触发器的回差电压 ΔU_T 为（　　）；

A. V_{DD}；　　　　B. $\frac{1}{2}V_{DD}$；　　　　C. $\frac{1}{3}V_{DD}$；　　　　D. $\frac{2}{3}V_{DD}$

（8）通常所说的无稳态电路是指（　　）；

A. T 触发器；　　　　　 B. 多谐振荡器；　　　　　C. 施密特触发器；　　　D. 单稳态触发器

（9）石英晶体多谐振荡器的突出优点是（　　）；

A. 速度高；　　　　　　　B. 电路简单；　　　　　　C. 振荡频率稳定；　　　D. 输出波形边沿陡峭

（10）用来鉴别脉冲信号幅度时，应采用（　　）；

A. 稳态触发器；　　　　　B. 双稳态触发器；　　　　C. 多谐振荡器；　　　　D. 施密特触发器

（11）用 555 定时器组成施密特触发器，当输入控制端 CO 外接 10V 电压时，回差电压 ΔU 为（　　）；

A. 3.33V；　　　　　　　 B. 5V；　　　　　　　　　C. 6.66V；　　　　　　　D. 10V

（12）由 555 定时器构成的单稳态触发器，其输出脉冲宽度 t_W 取决于（　　）；

A. 电源电压　　　　　　　B. 触发信号幅度　　　　　C. 触发信号宽度　　　　D. 外接 RC 参数

（13）下列说法正确的是：555 定时器工作时（　　）；

A. 清零端应接高电平；　　　　　　　　　　　　　　B. 清零端要接低电平；

C. 清零端可以任意处置；　　　　　　　　　　　　　D. 不设置清零端

（14）为了将正弦信号转换成与之同频率的脉冲信号，可以采用（　　）。

A. 移位寄存器；　　　　　B. 单稳态触发器；　　　　C. 多谐振荡器；　　　　D. 施密特触发器

第9章 数字电路虚拟实验与数字系统设计基础

引言 为了在学习数字电路知识的基础上加深对基本概念和分析方法的理解，增强感性认识和虚拟实验操作能力，本章首先介绍近年来比较流行的 Multisim10.0 软件，然后对前述章节的一些典型电路进行虚拟实验验证。虽然前几章介绍了利用真值表、卡诺图、状态表、时序图等描述、分析和设计数字电路的方法，但这些方法局限于设计中小规模数字电路。如欲设计较大规模、更为实用、更强功能的数字电路乃至数字系统，则要采用现代数字系统的设计方法，这就是第 1.1.3 节曾提到的电子设计自动化（Electronics Design Automation, EDA）和第 6.5.6 节简介的在系统可编程逻辑器件（ISP – PLD）的设计技术。此外，第 9.2 节还将介绍数字系统的设计基础，包括数字系统设计步骤和 Verilog HDL 硬件描述语言，并编写了若干个实例源程序，还讨论了用 ModelSim 工具软件仿真数字电路的大致过程。

9.1 Multisim10.0 使用方法简介

Multisim10.0 软件是美国国家仪表公司（NI）开发的电子试验软件平台，它把电路原理图输入、仿真和分析结合在一起，提供了 20 种常用仪表及 18 种分析方法，界面友好，设计方便，解决了硬件实验教学成本高、效率低的问题。用 Multisim10.0 软件对数字电路进行仿真，操作方便、结果可靠，通过仿真辅助学习，对于理解概念、掌握难点、加深对数字电路的全面认识有直观、显著的作用。

数字电路的理论教学部分包括数字逻辑基础、逻辑门电路、组合逻辑电路、时序逻辑电路、半导体存储器和可编程逻辑器件、脉冲信号产生与整形等知识要点。其中重点、难点内容是组合逻辑电路、时序逻辑电路的分析与设计。Multisim10.0 软件为数字电路仿真提供了丰富的元器件模型，如时钟信号、各类门电路、各种集成组合逻辑门、时序逻辑电路等，同时提供了种类齐全的虚拟仪表，如字符发生器、逻辑分析仪、逻辑转换仪等。限于篇幅，这里仅介绍与仿真数字电路实例有关的内容。

用 Multisim10.0 软件仿真一般的数字电路的步骤是：

- 建立电路文件；
- 放置元器件与仪表；
- 编辑元器件；
- 连线与必要的布局调整；
- 仿真数字电路；
- 输出分析结果。

9.1.1 数字电路模拟用虚拟仪表介绍

Multisim10.0 软件中提供的 20 种常用虚拟测量仪表，用来对电路参数和性能进行测量，它们的用法及其功能与实际仪表完全相同，如同在实验室测试实物电路一样。本章仅介绍与数字电路测量相关的常用仪表。这些仪表位于图 9-1 的 Multisim10.0 主窗口菜单栏中的 "Simulate/Instruments/" 子菜单下。需要指出的是，Multisim10.0 软件中的集成电路和仪表悬空引脚均默认为接地。

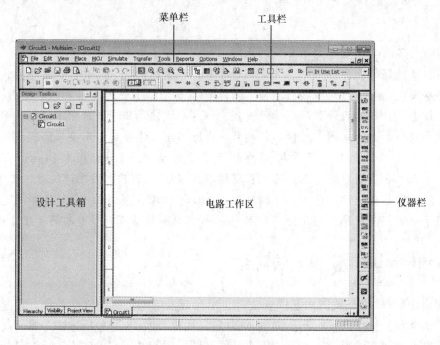

图 9-1　Multisim10.0 主窗口

实际选用仪表时，可以单击菜单栏中的 Simulate/Instruments/子菜单，选择所需仪表。方法是单击左键选中，亦可单击仪表栏相应的快捷图标，选取拖放相应的仪表。而放置及连接方式与电路元器件相同。仪表栏如图 9-2 所示。在工作区中双击仪表将打开与之相应的设置与仿真结果对话框，可以在该对话框中设置仪表功能和参数，且能观察该仪表的仿真输出。

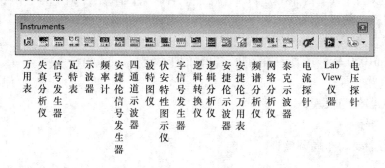

图 9-2　仪表栏

1. 万用表（Multimeter）

万用表可以测量交直流电压、交直流电流、电阻和电路两点间的增益。设置对话框中的 Set 按钮可以对表头内阻、量程进行设置。万用表如图 9-3 所示。

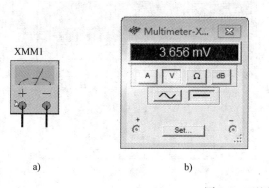
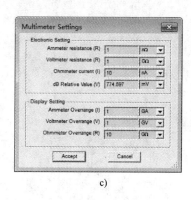

a)　　　　　　　　　　　　b)　　　　　　　　　　　　　　　　c)

图 9-3　万用表

a）万用表符号　b）万用表对话框　c）万用表设置对话框

2. 信号发生器（Function Generator）

信号发生器可以产生正弦波、三角波和矩形波 3 种输出信号。每一种输出信号的频率、幅度和信号的直流分量（Offset）均可通过对话框调节。此外，矩形波还可以设置上升和下降时间以及占空比。然而，信号发生器在数字电路仿真中的主要用途是提供时钟信号，它的符号与对话框如图 9-4 所示。

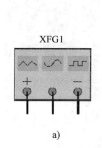
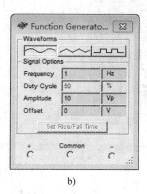

a)　　　　　　　　　　　　　　b)

图 9-4　信号发生器

a）信号发生器符号　b）信号发生器对话框

3. 频率计（Frequency Counter）

频率计可以用来测量交流信号频率、周期、脉冲宽度和上升沿/下降沿时间，可以通过对话框进行测量对象选择、电流耦合方式选择、灵敏度设置、触发电平设置。需要指出的是，由于测量低频信号时频率计误差较大，所以不能用频率计测量频率很低的信号。例如，通常用 Multisim10.0 软件测量小于 3Hz 的信号频率时误差大，且频率计迟迟不显示数值。此时若勾选 Slow Change Signal 选项，则可提高信号频率的压缩比率，信号容易被测量，且频率测量值接近于实际值，如图 9-5 所示。

4. 字信号发生器（Word Generator）

字信号发生器是一种可编程通用数字激励源，它可以输出 32 位同步二进制信号。它输出的序列数据可以在对话框的显示窗口中编辑，并设置输出序列数据的起始和结束位置。屏幕左上角显示的 Controls 区域可以选择输出方式：Cycle（循环）、Burst（单次，即从开始到

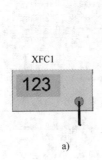
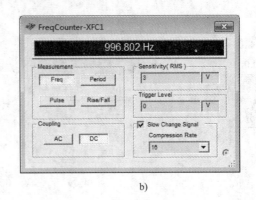

图 9-5　频率计

a) 符号　b) 对话框

结束输出一遍）、Step（单步）。Display 区域用来选择数据区中数字输入和显示进制或者编码。触发控制可以选择触发源以及触发信号有效边沿（也可不设置触发控制方式）。频率控制则可设置数据输出的速率，如图 9-6 所示。

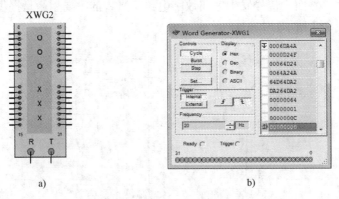

图 9-6　字信号发生器

a) 字信号发生器符号　b) 信号发生器对话框

5. 逻辑转换器（Logic Converter）

逻辑转换器并非测量工具（因为没有实际的仪表与之对应），而是一种将组合电路的逻辑图、真值表、表达式任意互换的工具。逻辑转换器如图 9-7 所示。电路符号中的 9 个引脚从左到右分别对应对话框中 A、B、C、…、H 这 8 个输入和 1 个输出。

"⊃ → 1011" 按钮用于将逻辑电路转换成真值表。方法是先在 Multisim10.0 中建立仿真电路，然后将仿真电路的输入端，接至逻辑转换器电路符号的输入端，再将电路输出端与逻辑转换器输出端相连，最后单击此按钮，即可把逻辑电路转换成真值表。其转换结果在逻辑转换器对话框中显示。

"1011 → AIB" 按钮用于将控制对话框中输入的真值表转换成逻辑表达式（最小项之和）；

"1011 SIMP AIB" 按钮用于将控制对话框中输入的真值表转换成逻辑表达式（最简与或式）；

"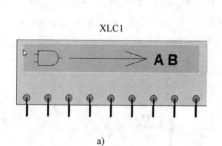" 按钮用于将控制对话框中输入的逻辑表达式转换成真值表；

" " 按钮用于将控制对话框中输入的逻辑表达式转换成逻辑电路；

" " 按钮用于将控制对话框中输入的逻辑表达式转换成全由**与非门**构成的逻辑电路。

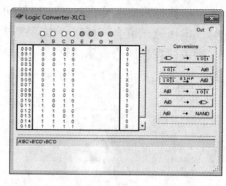

图 9-7　逻辑转换器

a）逻辑转换器符号　b）逻辑转换器对话框

6. 逻辑分析仪（Logic Analyzer）

逻辑分析仪功能类似示波器，可以同时显示 16 路数字信号波形，逻辑分析仪如图 9-8 所示。

在电路符号中，1 ～ F 这 16 个引脚是信号输入端，C、Q、T 分别是外部时钟输入端口、时钟限制输入端口和触发输入端口。在控制对话框中有一个显示区，可以显示输入信号和时钟信号波形。可以通过 Clock 区的 Set 按钮设置选择内部还是外部时钟以及时钟频率，并可对采样参数进行设置。单击 Trigger 区中的 Set 按钮可以对触发方式进行设置。

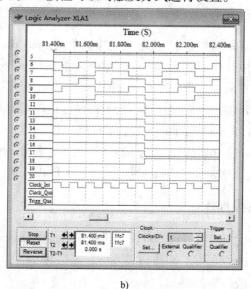

图 9-8　逻辑分析仪

a）电路符号　b）对话框

7. 电压测试探针（Measurement Probe）

电压测试探针可以测试电路中任一节点的电压/电流瞬时值、峰－峰值（p－p）、有效值（rms）、平均值（dc）和信号的频率，默认电压、电流信号同时显示。测试探针有两种用法：一种是静态测试，即先选取探针放置在相应的导线上，然后运行仿真，电压和电流测试值会以文本形式显示在工作区；另一种是动态测试，即在仿真运行后，将探针接触相应的导线，此时仅电压测试值会直接以文本形式显示在工作区。探针测试结果如图 9-9 所示。建议使用峰－峰值计算，因为电压测试值（rms）不是交流分量有效值，而是交直流共同计算的结果。探针功能比万用表使用更方便，显示内容更全面。

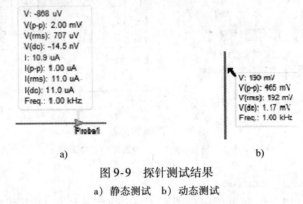

图 9-9　探针测试结果
a）静态测试　b）动态测试

9.1.2　放置元件的方法

打开 Multisim10.0 后，点击菜单栏中的 Place/Component（快捷键：Ctrl + W）或者直接点击窗口中的 Component 控件，从元器件组中选取所需器件，如图 9-10 所示。

图 9-10　Component 控件

Multisim10.0 的元器件存放在一个名为 Master Database 的数据库中，该数据库是厂商提供的、也是默认使用的元器件库。库中包含 17 个 Group，分别是电源、基本器件、二极管、晶体管、模拟器件、TTL 器件、CMOS 器件、MCU 模块、高级外设、复杂数字器件、混合模数器件、指示器、电源用器件、杂用器件、机电器件和梯形图器件，如图 9-11、图 9-12 所示。每个 Group 包含若干个元器件 Family，每一个 Family 内含具体的元器件。若选择所需元器件放置电路工作区即可完成元器件的设置。在 Group 中有一类特殊器件，具有理想的电气性能，此类器件的标志是 Family 后缀：VIRTUAL，认识它便于作原理分析时使用。

9.1.3　连线操作

放置元件完成后，需通过连线将电路各部分连接起来。鼠标箭头接近引脚或接线柱时会自动变成"✦"形状，单击鼠标左键，然后将"✦"对准目标引脚，再单击鼠标左键，软件会自动连接，如图 9-13a 所示。

如果要改变连线某一端的连接点，可将鼠标箭头接近该连接点，待其自动变成"✕＝"形状时，单击鼠标左键，连线会断开，且光标会变成"✦"，将"✦"对准新的目标引脚，再单击鼠标左键，即可完成连线的改接。如图 9-13b 所示。

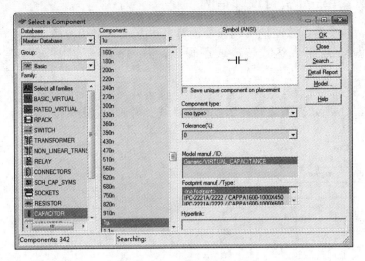

图 9-11　元器件库列表窗

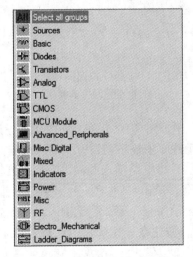

图 9-12　Group 列表窗口图

右键单击连线可以对连线进行删除和改变颜色的操作。将连线设置为某种颜色，在仿真时有利于区分不同的信号。如图 9-13c 所示。

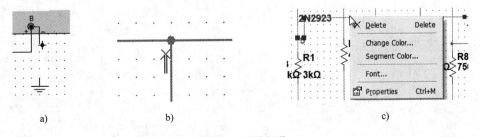

图 9-13　连线操作

a）连线　b）更改连接　c）改变连线颜色

9.1.4　基本数字电路分析与设计举例

例 9-1　逻辑转换器可方便地实现各种逻辑表达方式的相互转换。转换可以分成两种类型：一种将真值表、逻辑表达式转换成逻辑图；另一种将逻辑图转换成表达式并化简。要求：

（1）分析图 9-14a 所示电路的功能，列出真值表并写出最简表达式；

（2）将图 9-14b 所示真值表转换为逻辑表达式，并画出逻辑电路图。

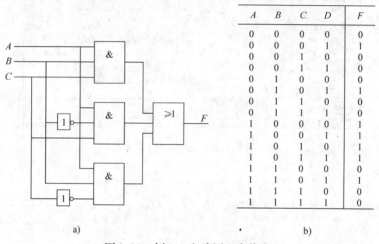

A	B	C	D	F
0	0	0	0	0
0	0	0	1	1
0	0	1	0	0
0	0	1	1	1
0	1	0	0	0
0	1	0	1	1
0	1	1	0	0
0	1	1	1	0
1	0	0	0	1
1	0	0	1	1
1	0	1	0	1
1	0	1	1	1
1	1	0	0	1
1	1	0	1	1
1	1	1	0	0
1	1	1	1	0

a)　　　　　　　　　　　　　　b)

图 9-14　例 9-1 电路图和真值表

a）电路图　b）真值表

解：（1）在 Multisim10.0 工作区中建立电路，如图 9-15 所示。选择 TTL 中常用的 74LS 系列芯片。由于 Multisim10.0 元件库中该系列没有 3 输入**或非**门，所以可用**或**门串联**非**门替代。在工具栏中选中逻辑转换器，将电路输入和输出端连接到转换器的输入和输出引脚。

双击逻辑转换器打开对话框，单击" ⬡ → 101 "按钮，对话框显示该电路真值表。真值表共有 3 列，第 1 列表示序号，第 2 列是输入，第 3 列为输出。

然后单击" 101 → AB "按钮在表达式显示区查看该电路的逻辑函数，函数形式为标准**与或**式，或者单击" 101 SIMP AB "按钮显示函数的最简**与或**式。真值表和最简**与或**式如图 9-16 所示。

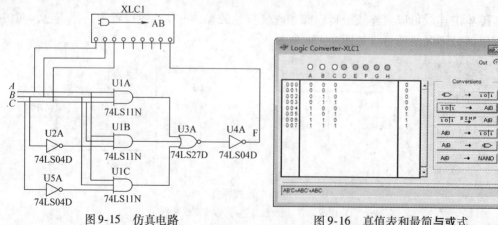

图 9-15　仿真电路　　　　　　　　图 9-16　真值表和最简**与或**式

（2）空白工作区中放置并打开逻辑转换器对话框，在逻辑转换器中输入真值表。选中（单击）$ABCD$ 共 4 个变量，并在真值表右侧的输出区域单击输出进行赋值，输出有 3 种状态："**0**"、"**1**"和"**×**"（任意值），"**?**"代表未赋值。

单击"$\boxed{\texttt{1 0 1}} \rightarrow \texttt{AIB}$"按钮获得标准**与或**式，或点击"$\boxed{\texttt{1 0 1}}\ \texttt{SIMP}\ \texttt{AIB}$"按钮获最简**与或**式。

单击"$\texttt{AIB} \rightarrow \boxed{\ }$"按钮由逻辑表达式生成与门、或门和非门构成的逻辑电路图。单击"$\texttt{AIB} \rightarrow \texttt{NAND}$"按钮生成由 2 输入端**与非门**构成的逻辑图，转换结果如图 9-17 所示。

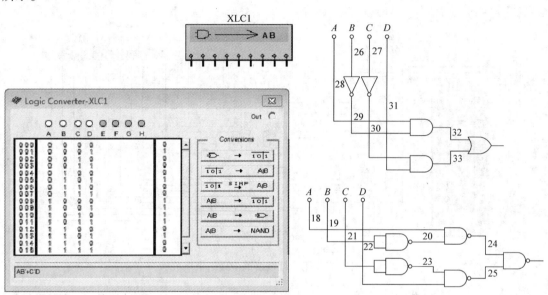

图 9-17　将真值表转换成逻辑表达式及逻辑图的结果

例 9-2　将两片 3 线 -8 线二进制译码器 74HC138，扩展成 4 线 -16 线译码器，并用它来实现跑马灯功能。

解：（1）Multisim10.0 中，74HC138 有 3 个地址端 A、B、C，其中 A 为地址最低位，C 为地址最高位；有 3 个使能端 G1、G2A、G2B，其中 G1 高电平有效，其他两端低电平有效；输出"**0**"表示被选中。

此题两片 74HC138 的扩展方法是：用使能端充当最高位地址线 A_3，高位片 G1 端以及低位片 G2A 和/或 G2B 端充当最高位地址线，剩余使能端置有效电平；（2）原有地址线并联，地址序号不变；（3）高位片输出端序号由 Y0 ~ Y7 变成 Y8 ~ Y15，低位片输出端序号不变。

因此，扩展后的电路图如图 9-18 所示，其中 U2 为高位片，U1 为低位片。

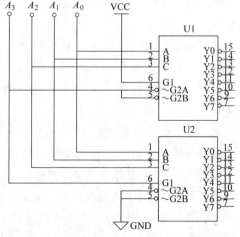

图 9-18　例 9-2 扩展后的 4 线 -16 线译码器

（2）用 Multisim10.0 提供的字信号发生器跑马灯所需变化的输入信号。根据跑马灯的花形在字信号发生器中输入预置的数值。此例采用简单的从左向右轮流灭灯动作，循环进行。

双击字信号发生器，在 Display 区域选择 Hex，在对话框的数据区中从上往下依次输入 0 ~ 15这 16 个数据；软件默认第 1 行为起始位置（也可将任意行设置为开始行，在选定行处单击鼠标右键，选择"Set Initial Position"）；在最后一行单击鼠标右键，选择"Set Final Position"。在对话框的 Controls 区域选择 Cycle，即循环输出。

将字信号发生器的 0 ~ 3 号输出引脚（低 4 位）和 4 线 – 16 线译码器地址端相连，仿真结果如图 9-19 所示。

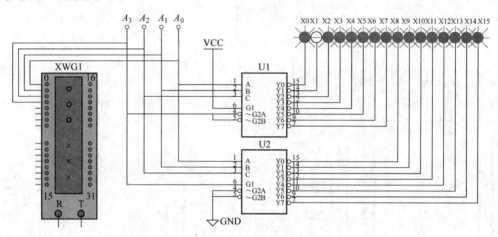

图 9-19　跑马灯电路及仿真结果

实际上，可以尝试让多个译码器独立工作，或者用环形计数器或者扭环形计数器设计出多种跑马灯的花形。

例 9-3　74LS112 是下降沿触发的边沿 JK 触发器，已知其时钟脉冲 CP 和 J、K 输入波形如图 9-20 所示。试用 Multisim10.0 仿真，以获得触发器输出信号 Q 的波形图。

解：触发器工作波形的仿真难点在于，如何在软件中输入给定的信号和初始状态。因为需要同时显示的波形较多，用示波器不太方便，所以例 9-3 给出解决这一问题的思路。

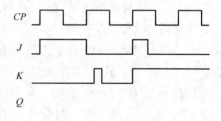

图 9-20　例 9-3 的波形图

逻辑分析仪最多可观察 16 路信号波形，用于观察多路数字信号使用较为合适；触发器的初始状态可以在输入有效信号前利用额外的脉冲对触发器置初值；置初值的信号以及 CP、J、K 信号可以通过字信号发生器产生。

对于图 9-20 所示的输入信号，可以纵向将其看作一组连续的数字信号。如图 9-21 所示，在字信号发生器中存储 1 串 4 位二进制数，利用字信号发生器的 3 脚输出清零负脉冲，在输入有效信号前输出为低电平，随后一直保持高电平，使触发器 CLR 端无效。2、1、0 共 3 个引脚分别输出 CP、J、K 信号。由图 9-21 得字信号发生器存储的信号依次为 00H、

00H、00H、08H、08H、08H、0EH、
0EH、0EH、0AH、0AH、0AH、…，其中
虚线框内为题目所给输入，此时 Q 已置 0
状态，CLR 无效，此段时间内的状态即为
题目要求的输出信号。

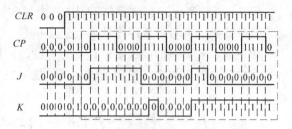

图 9-21　将输入波形分解为连续数字量

　　此仿真电路如图 9-22 所示。打开字信
号发生器，将上述输入信号依次写入数据
区，并将数据最后一行用鼠标右键设置为
"Final Position"；输出频率设置为 1kHz；0 脚接 K，1 脚接 J，2 脚接 CLK，3 脚接 CLR；逻
辑分析仪时钟设置为 2kHz，Clock/Div 选项表示每格显示多少个采样脉冲，起调节水平分辨
率的作用，该数值大则波形紧密，数值小则宽松，例题中设为 8。为方便观察，将原节点名
（Net）从系统自动分配的数字改为 J、K、CP 和 Q。字信号发生器选择 Burst 工作方式，即
将所有数据输出一次。仿真开始时系统不稳定，波形会出现小的偏差，可在逻辑分析仪中单
击 Reset 键清除第 1 次仿真结果。重新用 Burst 方式输出 1 次时钟脉冲和激励信号，可以得
到完美的仿真结果，仿真波形图如图 9-23 所示。

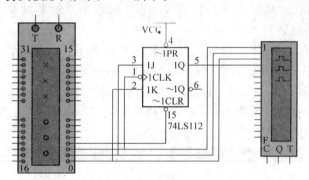

图 9-22　触发器仿真电路

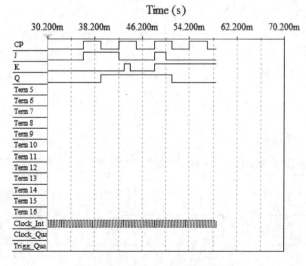

图 9-23　例 9-3 的仿真波形图

例 9-4　观察十进制计数器 74LS160 电路时钟信号和各输出端波形，说明哪些引脚可以用于分频输出，哪些可以用作计数器进位信号。

解：对于观测波形的仪表，最初想到的是示波器。但仅观察数字电路的多路信号，分析各信号之间的逻辑关系，使用逻辑分析仪更为方便。此题观察电路如图 9-24 所示。

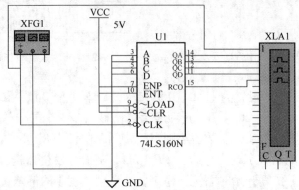

图 9-24　十进制计数器 74LS160 时序观察电路

用信号发生器输出矩形波作为时钟信号。由于时钟信号频率过低会使仿真过程过于缓慢，故将矩形波频率设为 1kHz。

操作过程为：双击逻辑分析仪，打开对话框；在其右下方的 Clock 区域中，单击"Set…"按钮进入 Clock Setup 对话框；Clock 信号起采样作用，Clock Rate 数值应大于观测信号频率，设置不同的 Clock Rate 值会获得不同形状的波形，但不会影响各信号之间的时序和逻辑关系；此例中选择时钟为 Internal（内部时钟），Clock Rate 为 2kHz，Clock/Div 数值设置为 6；最后输出时序仿真波形图，如图 9-25 所示。

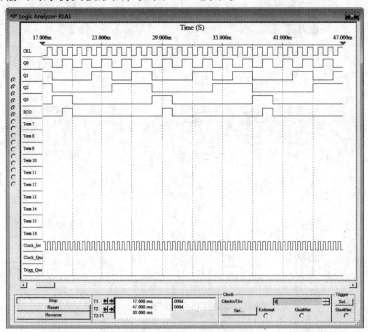

图 9-25　计数器时序图

从计数器时序图中可以看出，Q_0 端输出频率是时钟信号 *CLK* 的 1/2，即 Q_0 是时钟 *CLK* 的 2 分频输出信号；同理，Q_2 是时钟的 5 分频输出信号；Q_3 和 *RCO* 都是 *CLK* 的 10 分频输出信号；Q_1 端输出虽然具有周期性，其周期等于时钟信号的 10 倍，而在 10 个时钟周期时间内 Q_1 输出端的信号边沿数大于 10（等于 20），频率之比与边沿数之比不相等。所以类似 Q_1 这样的信号，虽然信号有周期性，但在一个周期内不止一个上升沿和一个下降沿，在数字电路中不认为是分频输出。

计数器进位信号一定是分频信号，进位信号应出现在计数循环的最后一个状态转换为第一个状态的瞬间。Q_0 是时钟 *CLK* 的 2 分频输出，二进制计数器输出端 Q_0 从 1 状态回到 0 状态时输出下降沿，所以 Q_0 输出可视为二进制计数器的进位信号；Q_3 和 *RCO* 均为 10 分频信号，且都是在 **1001** 状态变为 **0000** 状态时输出下降沿，因此都可以用作十进制计数器进位信号。*RCO* 的高电平时间为一个时钟周期，Q_3 高电平大于一个时钟周期，扩展异步时序电路时这两个信号都可以用作进位信号，可以相互替代；扩展同步时序电路时只能用 *RCO* 作为进位控制信号。Q_2 虽然是时钟的 5 分频信号，但是边沿并非出现在输出 **100** 状态转换为 **000** 状态时，因此不能用作五进制计数器的进位信号。

例 9-5　利用 Multisim10.0 对通用模/数转换器 ADC 进行仿真。

解：在 Multisim10.0 中提供了若干 ADC，其中包括 8 位通用 ADC。此 ADC 没有实际型号的器件与之对应，但是工作方式与其他 ADC 相同，故具有一定的代表性。

在元件库 Group 中，选择 Mixed/ADC _ DAC/ADC，如图 9-26 所示。该器件说明如下：Vin 为模拟信号输入端；$Vref_+$ 和 $Vref_-$ 为参考电压输入端，常用的参考电压有 5V/0V、5V/−5V、10V/−10V，输入模拟信号应小于参考电压；SOC 为转换时钟输入端，作为虚拟器件，对时钟信号没有要求，实际器件则需考虑时钟频率范围；OE 为输出使能端，其有效时转换结果才被送到输出端引脚；EOC 为转换完成标志，每次转换开始时该引脚被置零，转换结束后该引脚输出 **1**；每次转换时间为一个时钟周期，转换结果为 8 位二进制数。

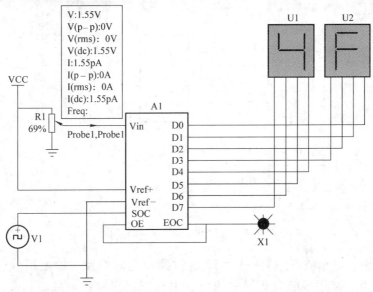

图 9-26　ADC 仿真电路

此例中，V_{in} 接受来自电位器的分压输出；$Vref_+$ 为 5V；$Vref_-$ 接地；SOC 输入 100Hz 矩形波；EOC 接 OE，目的在于转换结束后将转换结果从数据端 D_i 输出；用内置译码器的发光二极管 LED 观察转换结果；而调节电位器的接触位置，转换结果将会随之变化。

当 $V_{ref_+}=5$V，$V_{ref_-}=0$V 时，ADC 为 8 位，此时量化误差 $\Delta=5$V$/2^8=0.0195$V。当电位器触点在 69% 位置时，输入模拟电压为 5V × 31% = 1.55V = 79.49Δ，取整为 79Δ，79 = 4FH，此数据与仿真结果一致。

例 9-6　555 定时器常在玩具中用来发出报警声，试用 555 定时器设计报警声发生电路。

解：报警声响实际上是频率周期变化的音频信号。555 定时器产生的矩形波周期是电容充电和放电的时间之和，因此取得音频信号的频率实际上就要改变电容充放电的时间。若电容充放电回路的 R、C 不变，则根据一阶 RC 电路的三要素法，应改变电容充放电的电压区间，所以必须利用 555 定时器的 5 脚，亦即 CO 引脚输入变化的电压。CO 引脚电压高时，因充放电时间变长，故输出信号频率低；而 CO 引脚电压低时，输出信号频率高。例题中将信号发生器产生的三角波送入 CO 脚，发出报警声。为便于仿真，暂不考虑频率问题。

例 9-6 的报警声仿真电路如图 9-27 所示。通过信号发生器输出三角波，信号频率为 100Hz，幅度 2.5V。由于三角波的电压方向是交变的，当小于 0V 的电压送到 CO 引脚会使电路停振，保持低电平输出，所以电路中应串联一个 2.5V 直流电源，将其改为单方向变化、幅度为 0 ~ 5V 的三角波。读者可将该信号输出到 LabView 器件中的 Speaker，通过声卡试听此电路的仿真结果。

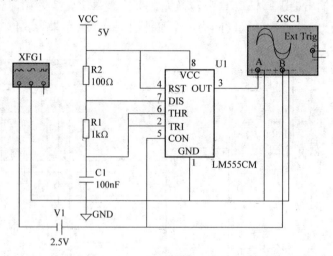

图 9-27　例 9-6 的报警声仿真电路

实际电路中，三角波可用另一片 555 定时器产生矩形波，加上积分电路即可获得；有的场合甚至可直接用多谐振荡器中的电容电压充当三角波。此例仿真结果如图 9-28 所示。

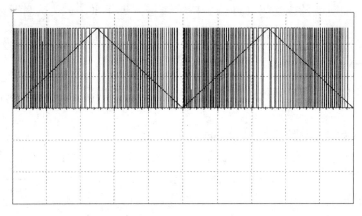

图 9-28　例 9-6 的仿真结果

9.2　数字系统设计基础

　　传统的数字系统设计采用自下而上（Bottom – Up）的设计方法，即设计者根据经验将数字系统按照逻辑功能划分成若干个子模块，然后用经典的方法和标准的中、小规模 IC 器件进行设计，最后完成整个系统的组装、调试，从本质上来说，此为一种纯硬件 PCB 级设计方法，就如同一砖一瓦建造金字塔，不仅效率低、成本高，而且容易出错。尤其是随着现代电子产品更新换代的速度越来越快，系统规模迅速扩大，逻辑功能日益复杂，这种自下而上的方法越来越不能适应开发设计的需要。随着大规模可编程逻辑器件 PLD 及 EDA 的运用，多年来 EDA 技术已发展成为现代数字系统的主流设计技术之一，它采用的是与传统方法相反的自顶向下（Top – Down）的设计方法。

　　自顶向下设计方法的核心是先从系统设计入手，在顶层进行功能方框图的划分和结构设计。在方框图一级进行仿真、纠错，并用硬件描述语言对高层次的系统行为作出描述，在系统一级进行验证。然后，用综合优化工具生成具体门电路的网络表，其对应的物理实现级可以是专用集成电路。由于设计的主要仿真和调试过程是在高层次上完成的，这既有利于早期发现结构设计上的错误，避免了设计工作的浪费，又减少了逻辑功能仿真的工作量，提高了设计的一次成功率。

　　第 6 章讲述的大规模可编程逻辑器件 PLD 芯片，尤其是 CPLD/FPGA 器件，是上述现代高层次电子设计方法的实现载体，这些器件为数字系统的设计带来了极大的灵活性。此类器件可以通过软件编程，对其硬件结构和工作方式进行重构，从而使硬件设计如同软件设计一样方便、快捷。而硬件描述语言（Hardware Description Language，HDL）是一种用于设计硬件电子系统的计算机语言，亦即用软件编程的方式来描述电子系统的逻辑功能、电路结构和连接形式的设计语言。它具有与工艺无关的优点，设计者在功能设计、逻辑验证阶段可以不必过多地考虑门级及工艺实现的具体细节，只需要依据功能要求施加不同的约束条件，即可设计出实际电路。与传统的门级描述方式相比，它更适合于大规模系统的设计。硬件描述语言有很多种，早期的硬件描述语言有比较明显的缺点，如 ABEL、HDL、AHDL，它们由不同的 EDA 厂商开发，互不兼容，且不支持多层次设计，层次间翻译工作由人工完成。基于此，有些 EDA 厂商对硬件描述语言进行了持续改进。近年来，最为完善且应用最广、业已成为 IEEE 正式标准的是 Verilog HDL 和 VHDL 两种描述语言。

9.2.1　用 EDA 设计数字系统的一般流程

应用 EDA 软件设计数字系统的流程，如图 9-29 所示。由图可见，此流程大致包括如下步骤：

- **逻辑功能确定**　也称为系统划分或功能设计。它是设计者的首要任务，即根据设计要求分析，明确"设计什么"？"达到什么指标"？具体需要考虑 3 个方面：① 待设计系统有哪些输入、输出信息，它们的特征、格式及传送方式；② 所有控制信号的作用、格式以及控制信号之间、控制信号与输入、输出数据之间的关系；③ 数据处理或控制过程的技术指标。因此，设计数字系统前首先须制定出设计方案，即抽象描述数字系统的功能、接口和整体结构。

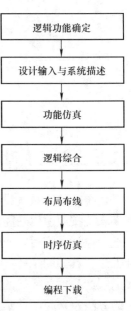

图 9-29　EDA 数字系统设计流程

- **设计输入与系统描述**　设计输入是设计者描述系统逻辑功能并准确反映设计思想的关键一步，其输入形式包括原理图输入、硬件描述语言输入和混合输入。其中系统描述就是将复杂的系统逻辑功能，通过电路元器件连接或者采用硬件描述语言的各种表达方式表示出来。常见的 EDA 软件平台集成了多种设计入口（如图形、HDL、波形、状态机），而且还提供了不同设计平台之间的信息交流接口和一定数量的功能模块库，供设计者直接选用。例如：①原理图设计；②HDL 程序设计；③状态机设计；④波形输入设计；⑤基于 IP 的设计；⑥基于平台的设计。

- **功能仿真**　亦即前仿真，目的是验证电路是否能实现预期的功能，此步骤不考虑电路的延迟。以上设计过程与具体的器件类型和工艺无关。

- **逻辑综合**　将设计输入（如 HDL 描述）转换成硬件电路（即门级电路）的过程，此为把高层的硬件描述语言转化为硬件电路的关键步骤。

- **布局布线**　将综合生成的门级网表文件，调入目标器件厂家所提供的软件中进行布线，即把设计好的逻辑放入 CPLD/FPGA 芯片内。

- **时序仿真**　亦称为后仿真，是在综合考虑电路的延迟影响后，验证电路能否在一定时序条件下达到预期设计目标，即是否存在时序违规。

- **编程下载**　也称为器件编程或设计实现，是指通过编程器或下载电缆将器件编程文件下载到目标器件（即 CPLD/FPGA 芯片）中的过程。

9.2.2　硬件描述语言 Verilog HDL 简介

Verilog HDL 由 Gateway Design Automation 公司（1989 年被 Cadence 公司收购）于 1983 年推出的一种硬件描述语言，它以文本形式来描述数字系统硬件的结构和行为的语言，可以表示逻辑电路图、逻辑表达式，以及数字逻辑系统所完成的逻辑功能，适用于设计数字电子系统，并于 1995 年成为 IEEE 正式标准。Verilog HDL 允许设计者用它来进行各种级别的逻辑设计，可以用它进行数字逻辑系统的仿真验证、时序分析、逻辑综合。Verilog HDL 是在 C 语言的基础上发展起来的，它的很多关键字和语法都来自于 C 语言，对于初学者而言，只要具备一定的 C 语言编程基础，便可较快地掌握使用 Verilog HDL 进行数字系统设计的方法，因此相对于源自于军方 ADA 语言的 VHDL、Verilog HDL 更加简单易学、直观。同时，Verilog HDL 具备更强的寄存器传输级（RTL）和门级开关电路描述能力，时序和组合逻辑描述得更清楚，便于初学者快速了解硬件设计的基本概念。

9.2.3　Verilog HDL 的基本元素

1. 标识符

用来表示器件、器件引脚、节点、集合、输入/输出信号、宏、常量及变量等的字符串。标识符通常由英文字母、数字、$符和下划线组成，包括以下 5 类：小写英文字母 a ~ z、大写英文字母 A ~ Z、数字 0 ~ 9、$符、下划线。

Verilog HDL 的标识符必须以字母或下划线开始，标识符中英文字母区分大小写，关键字不能作为标识符使用。

2. 关键字

指 Verilog HDL 语言规定的特殊字符串。通常为小写的英文字符串。

3. 常量及其表示

程序运行中值不能被改变的量称为常量。在 Verilog HDL 源文件中的常量类型有：整数型常量（整数）、实数型常量（实数）、字符串型常量、parameter 常量。

（1）整数　整数的表达式为：< +/ - > < size > ' < base format > < number > ，例如：

-14　　//十进制数：-14

16'd255　//位宽为 16 的十进制数 255

（2）实数

1）十进制格式　由数字和小数点组成（必须有小数点），例如：

0.1，3.1415，2.0

2）指数格式　由数字和字符 e（E）组成，e（E）前须要有数字，后面须为整数，例如：

8.5e2　　//850.0（e 与 E 不区分）

（3）字符串常量　是由一对双引号括起来的字符序列，如"Hello World！"。

（4）parameter 常量（或称符号常量）　Verilog HDL 允许用参数定义语句（即 parameter 语句）定义一个标识符常量，称为符号常量。定义的格式为：

parameter 参数名 1 = 常量表达式 1，参数名 2 = 常量表达式 2，…；

例如：parameter BIT = 1，BYTE = 8，PI = 3.14。

4. 变量数据类型

变量有 3 种类型：线网（net）型、寄存器（register）型、存储器（memory）型。

（1）线网型变量（net）　线网型变量表示为结构实体（例如门）之间的物理连接。常用的线网类型由关键词 Wire（连线）定义，具体格式：

wire [msb：lsb] 变量名 1，变量名 2，…，变量名 n；

wire [7：0] b；　　//定义了一个 8 位的 wire 型向量；

wire［4：1］c, d；//定义了两个4位的 Wire 型向量。

（2）寄存器型变量（register）　　寄存器型变量在输入信号消失后可以保持原有的数值不变，关键字是 reg。寄存器型变量需要被明确地赋值，并只能在 initial 或 always 赋值，默认值是 X。使用寄存器型变量时需要注意如下几点：

- 在 always 和 initial 块内被赋值的每一个信号都必须定义成 Reg 型；
- Verilog 程序模块中，被声明为 input 或者 inout 型的端口，只能被定义为线网型变量，被声明为 output 型的端口可以被定义为线网型或者寄存器型变量；
- 输入输出信号类型默认时为 wire 型。wire 型信号可用作任何方程式的输入，也可用作"Assign"语句或实例元件输出，不可以在 initial 和 always 模块中被赋值。

寄存器型变量定义格式：

reg［msb:lsb］变量名1，变量名2，…，变量名 n；

reg　clock；

reg［3:0］rega,regb。

常用寄存器类型变量及说明如表9-1所示。

表9-1　常用寄存器类型变量及说明

寄存器类型	功能说明
Reg	常用的寄存器型变量
Integer	32 位有符号整形变量
Time	64 位无符号时间变量
Real	64 位有符号实型变量

（3）存储器型变量（Memory）　　存储器型变量用于对存储器（如 RAM、ROM）进行建模。Verilog HDL 中的存储器型变量通过扩展 reg 型数据的地址范围来生成。格式：

reg［msb:lsb］存储器名1［upper1:lower1］，存储器名2［upper2:lower2］，…；

reg［7:0］mem［1023:0］。

5. 逻辑值集合

为了表示数字逻辑电路的逻辑状态，Verilog 语言规定了表9-2的4种基本的逻辑值。

6. 运算符与表达式

表9-2　逻辑值及其含义

0	逻辑 0、逻辑假
1	逻辑 1、逻辑真
x 或 X	不确定的值（未知状态）
z 或 Z	高阻态

Verilog HDL 的运算符按其功能分类及优先级见表9-3。

表 9-3　各种运算符的优先级别关系

类别	运算符	优先级
逻辑、位运算符	!　　~	高
算术运算符	*　/　%	
	+　　-	
移位运算符	<<　　>>	
关系运算符	<　<=　>　>=	
等式运算符	= =　! =　= = =　! = =	
缩减、位运算符	&　~&	
	^　^~	
		~|	
逻辑运算符	&&	低
	||	
条件运算符	?:	

7. 注释行

必要的注释可以增强程序的可读性和可维护性，可以使用/ * … */或者//…对程序作注释，区别是后者可占据多行。

9.2.4　Verilog HDL 的语法结构

1. Verilog HDL 模块的基本结构

Verilog HDL 程序由模块构成，模块是 Verilog HDL 程序的基本设计单元，用于实现特定的功能。每个模块的内容都嵌在关键词 module 和 endmodule 两个语句之间，包括说明部分和逻辑功能描述部分。其中说明部分含有模块声明、端口类型说明、信号类型声明（又称为数据类型说明）这 3 个子部分。

（1）模块声明包括模块名和端口列表。其格式：

module 模块名（端口名 1，端口名 2，端口名 3，… ）；

（2）端口类型说明又称为端口定义，用于定义/说明各个端口分别是 input（输入端口）、output（输出端口）还是 inout（双向端口）。格式：

input　　端口名 1，端口名 2，…，端口名 N；//输入端口

output 端口名 1，端口名 2，…，端口名 N；//输出端口

inout　　端口名 1，端口名 2，…，端口名 N；//输入输出端口

亦可写在端口声明语句里，其格式：

module 模块名（input port1，input port2，…，output port1，output port2，…）；

（3）信号类型说明又称为数据类型说明。信号可以分为端口信号和内部信号，所有信号都必须进行数据类型的定义，类型包括寄存器类型（例如 reg 等）和连线类型（例如 wire 等）。端口的位宽最好定义在端口定义中，而不建议放在数据类型定义中。

verilog HDL 程序中模块的基本结构，如图 9-30 所示。

模块中最核心的部分是逻辑功能描述部分。最基本的逻辑功能描述方式有 3 种：用

```
module 模块名 (端口列表)          module block1 (a, b, c, d ); //模块
                                 声明                              ⎫
   端口类型说明（input, output, inout）；   input a, b, c；    //定义输入端口   ⎬ 说明部分
                                    output d；        //定义输出端口   ⎭
   信号类型说明（wire, reg等）；          wire x；          //信号类型说明

   实例化低层模块和基本门级元件；
   连续赋值语句（assign）；             assign d＝a | x；    // 功能描述     ⎫ 逻辑功能
   过程块结构（initial和always）；       assign x＝（b & ~c）；              ⎬ 描述部分
   行为描述语句；                    endmodule                        ⎭

endmodule
```

图 9-30　Verilog HDL 程序中模块的基本结构

"Assign"连续赋值语句、用"always"过程块赋值、创建模块实例（即元件例化）。

2. 过程语句（initial、always）

Verilog HDL 中多数过程模块都从属于 initial 和 always 两个过程语句。在整个仿真过程中，initial 语句只执行一次，而 always 语句则是不断地重复执行，且所有的 initial 语句和 always 语句都是从 0 时刻开始并行执行。在一个模块中，使用 initial 和 always 语句的次数是不受限制的，但 initial 和 always 块不能相互嵌套。

（1）Initial 语句　在每一个模块中，initial 语句指定的内容只执行一次，但可以多次使用 initial 语句，且所有的 initial 语句都是从 0 时刻并行执行。由于可以用 initial 语句来生成激励波形作为电路的测试仿真信号，因此 initial 语句主要用于编写仿真测试过程使用的测试文件或虚拟模块，用来生成激励波形作为电路的仿真测试信号和设置信号记录等仿真环境。

initial 语句主要用于仿真测试，不能进行逻辑综合。在每一个模块中，initial 语句可以使用多次，所有的 initial 语句都是从 0 时刻并行执行。initial 语句的格式：

　　　initial
　　　　begin
　　　　　语句1；语句2；…；语句 n；
　　　　end

（2）always 语句　always 块内的语句是不断重复执行的，在仿真和逻辑综合中均可使用，可用多种手段来表达逻辑关系，如用 if – else 语句或 case 语句。always 语句由于其不断重复执行的特性，只有和一定的时序控制结合在一起才有用。Always 语句格式：

　　　always　＜时序控制＞　　＜语句＞。

例如：always #half _ period　areg = ~ areg；

此例生成了一个周期为 2 * half _ period 的无限延续的信号波形。

always 语句中的时序控制常用的形式为

　　　always @（敏感信号列表）＜语句＞。

敏感信号列表又称敏感信号表达式，其中应列出影响块内取值的所有信号。当表达式中

变量的值改变时，就会引发块内语句的执行。因此，敏感信号表达式中应列出影响块内取值的所有信号。若有两个或两个以上信号，它们之间用"or"连接或者用","连接。例如：

　　　reg ［7：0］counter;

　　　always@ （posedge clk or negedge reset） //由 clk 的上升沿和 reset 的下降沿触发的 always 块

　　　　begin

　　　　　counter = counter ＋ 1;

　　　　end

alway 的时间控制可以使用 Verilog HDL 提供的 posedge（上升沿）与 negedge（下降沿）两个关键字来描述边沿触发。然而，边沿触发的 always 块常描述时序逻辑，电平触发的 always 块常用来描述组合逻辑和带锁存器的组合逻辑。其中，电平触发的 always 块的例子如下：

　　　always @ （a or b or c）　 //由多个电平（a 或 b 或 c 的高电平）触发的 always 块

　　　　e = a & b & c

Verilog HDL 中，用 always 块设计组合逻辑电路时，必须注意如下几点：

1）在赋值表达式右端参与赋值的所有信号都必须在 always@（敏感电平列表）中列出；而且将块的所有输入都列入敏感表，这是一种良好的描述习惯。

2）如果在赋值表达式右端引用了敏感信号列表中未列出的信号，在综合时将会为未列出的信号隐含地产生一个透明锁存器。

3）always 中 if 语句的判断表达式必须在敏感电平列表中列出。

4）用 always 块设计时序电路时，敏感列表中包括时钟信号和控制信号。

5）每一个 always 块最好只由一种类型的敏感信号触发，而不要将边沿敏感型和电平敏感型信号列在一起。

6）一个模块中可有多个 always 语句，每个 always 语句只要有相应的触发事件产生，对应的语句就执行，且各个 always 语句之间是并行执行的，与书写的前后顺序无关。

3. 块语句（begin – end、fork – join）

用块语句可以将多条语句复合在一起，包括串行块 begin – end 和并行块 fork – join。当块语句包含一条语句时，块标识符可以省略。

（1）串行块 begin – end　亦称顺序块，块内的多条语句是按先后顺序串行执行的，即只有上面一条语句执行完后下面的语句才能执行。每条语句的延迟时间是相对于前一条语句的仿真时间而言的。直到最后一条语句执行完，程序流程控制才跳出该语句块。

串行块语句的格式：

　　　begin

　　　　语句 1；语句 2；…；语句 n;

　　　end

例如：

　　　begin

　　　　　b = a;

　　　　#10 c = b;　 //在两条赋值语句间延迟 10 个时间单位

　　　　　end

上述串行块语句格式中"#"是延迟标识符，用以表示当前语句需要在前一条语句执行完之后再延迟 10 个时间单位。

（2）并行块 fork – join　并行块内的语句是同时执行的，每条语句的延迟时间是相对于程序流程控制进入到块内时的仿真时间的。延迟时间是用来给赋值语句提供执行时序的。当按时间排序在最后的语句执行完后或一个 Disable 语句执行时，程序流程控制跳出该程序块。并行块语句的格式是：

　　　　　fork

　　　　　　　语句 1；语句 2；…；语句 n；

　　　　　join

4. 赋值语句

在 Verilog HDL 语言提供了两种赋值方法：连续赋值和过程赋值。

（1）连续赋值　连续赋值语句位于过程块语句外，以 assign 为关键字。assign 可以使用条件运算符进行条件判断后赋值。连续赋值语句中"="的左边必须是线网型变量，右边可以是线网型、寄存器型变量或者是函数调用语句。连续赋值语句为即刻赋值，语句格式为

　　　　　Assign 赋值目标线网变量 = 表达式

（2）过程赋值　过程赋值多用于对寄存器（reg）型变量进行赋值，变量在被赋值后，其值保持不变，直到赋值进程又被触发，变量才被赋予新值。

过程赋值又分阻塞赋值和非阻塞赋值两种，主要出现在过程块 always 和 initial 语句内。

1）非阻塞（Non _ Blocking）赋值方式的特点

① 非阻塞赋值在整个过程块结束后才完成赋值操作。

② 左边的寄存器变量的值并非立刻改变。

③ 此为一种比较常用的赋值方法，特别在编写可综合模块时。

④ 多条非阻塞语句是并行执行的，即连续的非阻塞赋值操作是同时完成的，因而非阻塞赋值表达式的书写顺序，不影响赋值的结果。

非阻塞赋值的语法格式为

　　　　　　　寄存器变量（reg） < = 表达式/变量；例如：b < = a

2）阻塞（Blocking）赋值方式的特点

① 如果在一个块语句中有多条阻塞赋值语句，那么写在前面的赋值语句没有完成之前，后面的语句就不能被执行，仿佛被阻塞（Blocking）一样，因而被称为阻塞赋值。

② 赋值语句执行完毕后，块运行才告结束。

③ 阻塞赋值在该语句结束时立即完成赋值操作，即下面例子中 b 的值在该条语句结束后立即改变。

④ 多条阻塞赋值语句是顺序执行的，即连续的阻塞赋值操作是依次完成的。

阻塞赋值的语法格式为

　　　　　　　寄存器变量（reg） = 表达式/变量；例如：b = a

5. 条件语句

Verilog HDL 中的条件语句有 if – else 语句和 case 语句两种，应放在"Always"块内。

（1）if – else 语句　if – else 语句用于判定所给条件是否满足，根据判定的结果（真或

假）决定执行给出的两种操作之一。判断的条件一般用某种表达式的形式来表示，比如逻辑表达式、关系表达式、1 位的变量。若表达式的值为 **0**、**x** 或 **z**，则判定的结果为"假"；若表达式的值为 **1**，则结果为"真"。判断语句的表达式允许简写，例如：

if（expression）等同于 if（expression = =1）

if（! expression）等同于 if（expression ! =1）

操作语句也可为多句，此时要用"begin – end"语句括起来，形成一个复合块语句。if – else 语句的结构有 3 种形式：

形式 1：

if（表达式）语句 1；

形式 2：

if（表达式）语句 1；

else　　语句 2；

形式 3：

if（表达式 1）语句 1；

else if（表达式 2）语句 2；

...

else if（表达式 m）语句 m；

else　　　　语句 n；

（2）case 语句　　case 语句适用于处理多分支选择。当同一个控制信号取不同的值时，输出信号赋不同的值。如描述多条件译码电路，如译码器、数据选择器、状态机及指令译码等。case 语句的格式为

case（敏感表达式）

值 1：语句 1；

值 2：语句 2；

...

值 n：语句 n；

default：语句 $n + 1$；　//若前面列出表达式所有可能取值，则 Default 语句可省略

endcase

例如：

case（sel）

2' b00：q = a；

2' b00：q = b；

2' b00：q = c；

default：q = d；

endcase

case 语句说明：

- 其中"敏感表达式"又称"控制表达式"，通常表示为控制信号的某些位；
- 值 1 ~ 值 n 称为分支表达式，用控制信号的状态值表示，因此又称常量表达式；
- 值 1 ~ 值 n 必须互不相同，否则矛盾；

- 值 1 ~ 值 n 的位宽必须相等，且与控制表达式的位宽相同；
- default 项可有可无；如果有，一条 case 语句里只能有一个 default 项。

case 语句综合后的电路，是不带优先级的多分支选择电路。在 case 语句中，表达式与分支表达式 1 ~ 分支表达式 n 之间的比较是一种全等比较，必须保证两者的对应位全等。如果表达式的值和分支表达式的值同时为不定值或者同时为高阻态，则认为是相等的。

case 语句还有另外两种形式，即 casez 语句和 casex 语句。三者之间的区别在于：

1) case 语句　分支表达式每一位的值都是确定的（或者为 **0**，或者为 **1**）。

2) casez 语句　若分支表达式的某些位的值为高阻值 **z**，则不考虑对这些位的比较，即忽略比较过程中值为 **z** 的位。

3) casex 语句　若分支表达式的某些位的值为 **z** 或不定值 **x**，则不考虑对这些位的比较，即把 **z** 和 **x** 均视为无关值。在分支表达式中，可用 "**?**" 来标识 **x** 或 **z**。

使用 if 语句和 case 条件语句时应注意列出所有条件分支，否则当条件不满足时，编译器会生成一个锁存器保持原值。这一点可用于设计时序电路，如计数器：条件满足时加 1，否则保持原值不变。而在组合逻辑电路的设计中，应避免生成隐含锁存器。有效的解决方法是在 if 语句最后写上 else；在 case 语句最后加上 default 语句。

除了上面介绍的 if…else 语句、case 语句，还有一种前面简单介绍过的条件操作符 "?:" 也能实现条件结构。比如用条件操作符实现 1 位数值比较器的语句如下：

assign out ＝（a＞b）? 1:0

6. 循环语句

Verilog HDL 提供了 4 种循环语句：forever 语句、repeat 语句、while 语句和 for 语句。

(1) forever 语句　无限连续地执行语句，会无条件、无限次地执行其后的语句，相当于 while (1)，可用 disable 语句中断。forever 循环语句常用于产生周期性的波形，用来作为仿真测试信号。它与 always 语句不同之处是不能单独写在程序中，而需写在 initial 块中。

格式：

forever 语句；　　　　//单个语句的循环执行

或：forever　　　　　　//多个语句的循环执行

begin

　　语句 1；语句 2；…；语句 n；

end

(2) repeat 语句　有限次地重复执行，即连续执行一条语句 n 次，其格式：

repeat（循环次数表达式）语句；　　　//单个语句的循环执行

或：repeat（循环次数表达式）；　　　//多个语句的循环执行

begin

　　语句 1；语句 2；…；语句 n；

end

(3) while 语句　执行一条语句，直到循环执行条件不满足；若一开始条件就不满足，则该语句一次也不被执行。其格式：

while（表达式）语句；　　//单个语句的循环执行

或：while（表达式）；　　　//多个语句的循环执行

begin

　　　　　语句 1；语句 2；…；语句 n；

　　end

　　（4）for 语句　有条件的循环语句。通过 3 个步骤来决定语句的循环执行：

　　1）给控制循环次数的变量赋初值。

　　2）判定循环执行条件，若为假则跳出循环；若为真，则执行指定语句后转到步骤 3。

　　3）修改循环变量的值，返回步骤 2。

　　for 语句的一般形式为

　　for（循环变量赋初值；条件表达式；循环变量增值）语句；//单个语句的循环执行

或 for（循环变量赋初值；条件表达式；循环变量增值）　　　　　//多个语句的循环执行

　　begin

　　　　　语句 1；语句 2；…；语句 n；

　　end

　　需要说明的是，循环语句往往都留有正常出口用于退出循环，但在有些特殊情况下，仍需强制退出循环，此时可使用 Disable 语句来实现强制退出循环。

　　7. 说明语句（task 和 function）

　　task 和 function 说明语句分别用来定义任务和函数。利用任务和函数可以把一个很大的程序模块分解成许多较小的任务和函数，以便于理解和调试。输入、输出和总线信号的值可以传入、传出任务和函数。任务和函数往往还是大的程序模块中在不同地点多次用到的相同的程序段。使用 task 和 function 语句可以简化程序结构，增强代码的易懂性。

　　设置函数的目的是通过返回一个值来响应输入信号的值。任务却能支持多种目的，能计算多个结果值，这些结果值只能通过被调用的任务的输出或总线端口送出。Verilog HDL 模块使用函数时是把它当作表达式中的操作符，这个操作的结果值就是这个函数的返回值。

　　（1）任务说明语句 task　如果传给任务的变量值和任务完成后接收结果的变量已定义，就可以用一条语句启动任务。任务完成以后控制就传回启动过程。如任务内部有定时控制，则启动的时间可以与控制返回的时间不同。任务可以启动其他的任务，其他任务又可以启动别的任务，可以启动的任务数是没有限制的。不管有多少任务启动，只有当所有的启动任务完成以后，控制才能返回。

　　定义任务的语法如下：

　　　　task < 任务名 > ；

　　　　< 端口及数据类型声明语句 >

　　　　　语句 1；语句 2；…；语句 n；

　　　　endtask

　　调用任务并传递输入输出变量的声明语句的语法如下：

　　< 任务名 > （端口 1，端口 2，…，端口 n）；

　　（2）函数说明语句 function　函数说明的目的是返回一个用于表达式的值。定义函数说明的语法：

　　function　　< 返回值的类型或范围 > （函数名）；

　　< 端口说明语句 >

　　< 变量类型说明语句 >

begin

　　语句1；语句2；…；语句n；

end

endfunction

8. 编译预处理语句

编译预处理语句又称编译向导，是 Verilog HDL 编译系统的一个组成部分，其含义是在程序被编译之前，将编译向导（几种特殊的命令）进行预处理，然后将预处理的结果和源程序一起进行通常的编译处理。为了与一般语句相区别，预处理命令以符号"`"开头。预处理命令的有效作用范围为定义命令之后到本文件结束或到其他命令定义替代该命令之处。第9章只对常用的3个预处理命令`define、`include、`timescale 进行介绍，其余的可查阅有关参考书籍。

（1）宏定义语句`define　　宏定义主要可以起到两个作用：

1）用一个有意义的标识符取代程序中反复出现的含义不明显的符串。

2）用一个较短的标识符代替反复出现的较长的字符串。使用宏名代替一个字符串，可以减少程序中重复书写某些字符串的工作量。且记住一个宏名要比记住一个无规律的字符串容易，这样在读程序时能立即知道它的含义。可见使用宏定义，可以提高程序的可移植性和可读性。

宏定义语句格式：

　　`define 标识符（宏名）字符串（宏内容）

例如：`define　WORDSIZE 8

　　reg［1：`WORDSIZE］　data；//这相当于定义 reg［1：8］data；

在使用宏定义说明语句时，还需注意：

● 宏定义不是 Verilog HDL 语句，不必在行末加分号；

● 宏定义语句可以出现在程序中的任意位置。通常，`define 命令写在模块定义的外面，作为程序的一部分，在此程序内有效；

● 在进行宏定义时，可以引用已定义的宏名，实现层层置换；

● 建议使用大写字母表示宏名，以与变量名相区别；

● 在引用已定义的宏名时，必须在宏名的前面加上符号"`"，表示该名字是一个经过宏定义的名字。

**（2）文件包含语句`include**　　通过文件包含处理，可以将另外一个源文件的全部内容包含到本文件之中。文件包含命令可以节省程序设计人员的重复劳动。可以将一些常用的宏定义命令或任务（task）组成一个文件，然后用`include 命令将这些宏定义包含到自己所写的源文件中，相当于工业标准元件拿来使用。另外在编写 Verilog HDL 源文件时，一个源文件可能经常要用到另外几个源文件中的模块，遇到这种情况即可用`include 命令将所需模块的源文件包含进来。文件包含语句`include 的格式为

　　`include "文件名"

例如：　`include "counter. v"

**（3）时间尺度`timescale**　　`timescale 命令用来定义模块的仿真时间单位和时间精度，格式：

`timescale　<时间单位>/<时间精度>

例如：　　`timescale　1ns/100ps　　　　　//时间单位为 1ns，时间精度为 100ps。

9.2.5　Verilog HDL 描述数字逻辑电路例

上面对 Verilog HDL 的基本词法和语法进行了介绍，下面将举例说明如何用 Verilog HDL 描述简单的数字逻辑电路。

例 9-7　设计一个 4 位计数器，并编写相应的测试程序。

解：4 位计数器的设计模块源程序如下：

```
module count4 (reset, clk, out);
input reset, clk;
output [3: 0] out;
reg [3: 0] out;
always @ (posedge clk)
   begin
     if (reset) out < =0;        //同步复位
     else       out < = out + 1;     //计数
   end
   endmodule
```

4 位计数器的仿真测试模块源程序如下：

```
`timescale 1ns/1ns
`include "count4. v"
module coun4 _ tb;
reg clk, reset;          //测试输入信号定义为 Reg 型
wire[3:0] out;          //测试输出信号定义为 Wire 型
parameter DELY =100;
count4 mycount (reset, clk, out);       //调用测试对象
always # (DELY/2) clk = ~ clk;         //产生时钟波形
initial
   begin                    //激励信号定义
     clk =0; reset =0;
     #DELY reset =1;
     #DELY reset =0;
     # (DELY * 20) "$" finish;
   end
endmodule
```

例 9-8　分别使用 if – else 语句和 case 语句设计一个 4 选 1 数据选择器。

解：用 if – else 语句描述的 4 选 1 数据选择器设计模块的源程序如下：

```
module mux4 _ 1 (in0, in1, in2, in3, sel, out);
input in0, in1, in2, in3;
```

```
input [1：0] sel；
output out；
reg out；
always @ (in0 or in1 or in2 or in3 or sel)    //敏感信号列表
    begin
    if (sel = = 2'b00)      out = in0；
    else if (sel = = 2'b01)      out = in1；
    else if (sel = = 2'b10)      out = in2；
    else if (sel = = 2'b11)      out = in3；
    else                out = 2'bx；
  end
endmodule
```

用case语句描述的4选1数据选择器的设计模块源程序如下：

```
module mux4 _ 1 (in0, in1, in2, in3, sel, out)；
input in0, in1, in2, in3；
input [1：0] sel；
output out；
reg out；
always @ (in0 or in1 or in2 or in3 or sel)   //敏感信号列表
  begin
    case (sel)
      2'b00：out = in0；
      2'b01：out = in1；
      2'b10：out = in2；
      2'b11：out = in3；
      default：out = 2'bx；
    endcase
  end
endmodule
```

4选1数据选择器的仿真测试模块源程序如下：

```
`timescale 1ns/100ps
module  mux4 _ 1 _ tb；
  reg in0, in1, in2, in3；
  reg [1：0] sel；
  wireout；
  mux4 _ 1  mymux (in0, in1, in, in3, sel, out)；   //调用测试对象
    // mux4 _ 1  DUT (. a (a), . sel (sel), . out (out))；
  initial
  begin
```

　　　　　　sel = 0;

　　　　　　in3 = 1′b0; in3 = 1′b1; in3 = 1′b0; in3 = 1′b1;

　　　　　　repeat（20）#2 sel = sel + 1;

　　　　end

　　endmodule

　　例 9-9　在数据通信、雷达和遥测等领域中，常用序列检测器测试同步标志。要求设计一个序列检测器，当连续收到一组串行码 **1110010** 后，输出测试标志 **1**，否则输出为 **0**。

　　解：（1）设计构思　采用状态机设计较为方便，故按题意将设计描述转换为状态图表示，如图 9-31 所示。设初始状态为 **0**，从图中可以看出，只有当连续输入为 **1110010** 串行码时才输出测试标志 **1**，其他情况下输出均为 **0**。

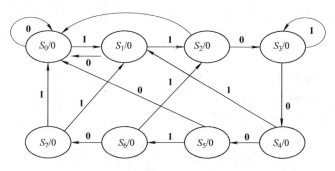

图 9-31　序列检测器状态图

　　（2）设计模块语言源程序　此序列检测器的设计模块语言源程序如下：

module seqdet（clk, reset, in, out）;

input clk, reset, in;　　//时钟输入，复位信号输入，串行数据输入

output ou;　　　　　　//输出结果

reg out;

reg [2：0] pstate, nstate;　//当前状态，下一状态

//7 位序列 1110010 对应 7 种状态（s1 ~ s7），加上初始状态 s0，共 8 种状态

parameter s0 = 3'd0, s1 = 3'd1, s2 = 3'd2, s3 = 3'd3, s4 = 3'd4, s5 = 3'd5, s6 = 3'd6, s7 = 3'd7;

always @（posedge clk or negedge reset）//更新当前状态

begin

　　if(！reset)

　　　　pstate < = s0;

　　else

　　　　pstate < = nstate;

end

always @（pstate or in）　　//产生下一状态组合逻辑

begin

case（pstate）

```
    s0： begin
            if（in = = 1） nstate < = s1；
            else nstate < = s0；
        end
    s1： begin
            if（in = = 1） nstate < = s2；
            else nstate < = s0；
        end
    s2： begin
            if（in = = 1） nstate < = s3；
            else nstate < = s0；
        end
    s3： begin
            if（in = = 0） nstate < = s4；
            else nstate < = s3；
        end
    s4： begin
            if（in = = 0） nstate < = s5；
            else nstate < = s1；
        end
    s5： begin
            if（in = = 0） nstate < = s6；
            else nstate < = s0；
        end
    s6： begin
            if（in = = 0） nstate < = s7；
            else nstate < = s2；
        end
    s7： begin
            if（in = = 0） nstate < = s0；
            else nstate < = s1；
        end
    default： nstate < = s0；
    endcase
end
always @ （pstate or in or reset） //产生输出的组合逻辑
begin
    if （！ reset）                out  = 1'b0；
    else if （ （pstate = = s6） && （in = = 0）） out = 1'b1；
```

```
            else                    out  =  1'b0;
    end
    endmodule
```

序列检测器的仿真测试模块源程序如下：

```
`timescale 1ns/100ps  //仿真的时间单位为 ns，仿真的时间精度为 100 ps
module  seqdet _ tb;
reg  clk，reset；
wire  in，out；
reg［19：0］data；//测试序列为 20 位二进制数
seqdet    seqdet _ inst（clk，reset，in，out）；
initial
    begin    //初始化时钟信号、复位信号和测试序列
        clk = 0；
        reset = 0；
        #500    reset = 1；
        data = 20'b10111001000111100100；
        # (100 * 100) "$"  stop；//停止仿真以便观察仿真波形
        end
    always  #50  clk = ~ clk；//产生周期性时钟信号
    always @ （posedge clk）
        #2  data = {data[18:0],data[19]}；//循环输出 20 位测试序列
    endmodule
```

9. 2. 6　用 ModelSim 软件仿真数字系统

ModelSim 是 Mentor 公司推出的一款优秀的 HDL 语言仿真软件，支持 Verilog HDL、VHDL 以及两者混合仿真。软件可将整个程序分步执行，使设计者不仅直接看到程序下一步执行的语句，而且在程序执行的任何步骤、任何时刻都可以查阅任意变量的当前值，可以观察某一单元或模块的输入、输出的连续变化等。

使用 ModelSim 软件进行仿真的方法有：基本仿真流程（Basic Simulation Flow）、工程仿真流程（Project Flow）、多单元库仿真流程（Multiple Library Flow）。其中多单元库仿真流程一般用于规模较大的数字系统的仿真，且过程较为复杂。工程技术中以前两种仿真流程为主。下面以 Modelsim SE 10.2c 软件为仿真平台介绍按照基本仿真流程设计简单数字系统的方法。

基本仿真流程中无须建立设计项目（Project）。仿真工作包括 4 个步骤，即① 创建新库；② 编辑；③ 编译设计文件；④ 载入并运行仿真；⑤ 调试结果。

下面以例 9-9 所示的序列信号检测器为例，介绍如何使用 ModelSim 的基本仿真流程进行仿真。在仿真前先将该例的设计模块源程序放入名为"seqdet. v"的文件中，仿真测试模块源程序放入名为"seqdet _ tb. v"的文件中，再将这两个文件放入名为"seqdet"文件夹中。

1. 创建一个工作库

在 ModelSim 软件中，库（Library）是仿真的基础，仿真程序必须要编译入库之后才能仿真。因此仿真前先需要创建一个库文件。

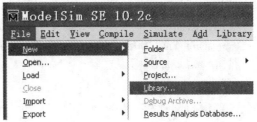

图 9-32　创建一个新的库

具体操作步骤如下：

（1）创建一个新的库　如图 9-32 所示，在 ModelSim 软件上方的菜单栏中依次单击［File］→［New］→［Library］。

（2）输入库的名称　在弹出图 9-33 所示的对话框中输入库的名称。首先在该对话框的 Create 栏中选择第 3 项 "a new library and a logical mapping to it"，然后在下面的 Library Name 和 Library Physical Name 栏所对应的文本框中输入库名和库的物理名。由于 ModelSim 的默认库名为 work，因此例题中也在此两个文本框中输入 work。

（3）建立并查看新的库　接着单击 OK 按钮，便创建了一个名为 work 的库。新的库会出现在如图 9-34 所示的库标签页中。图中最下方的 work（empty）就是新创建的 Work 库，empty 表示该库目前是空的。除新建的 work 库，库标签页中列出的其他库都是 ModelSim 自带的库。

2. 编辑、编译设计文件

在建立新的库之后，就可以编译设计文件，具体步骤如下：

在 ModelSim 主界面的菜单栏中单击［Complie］→［Complie…］，打开编译源文件（Complie Source Files）对话框，然后在该对话框中的 "查找范围" 下拉菜单中选中 seqdet 文件夹，便可以看到该文件夹中存放的序列检测器设计模块源程序 "seqdet. v" 文件和仿真测试模块源程序 "seqdet _ tb. v" 文件。同时选中这两个文件，然后单击该对话框右下角的 Complie 按钮，即可对这两个文件进行编译。

图 9-33　新建库的设置

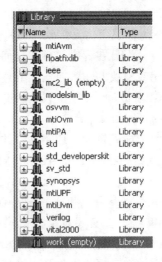

图 9-34　库标签页中新建的 work 库

需要说明的是，在图 9-35 所示的对话框的最上方有一个 Library 下拉菜单，其中显示的是 work，这就是先前建立的 work 库。在实际操作中，若无需建立新的库，也可以跳过库的建立过程，直接进行设计文件的编译，然后在此处选中所需的库名称即可。

在单击 Complie 按钮完成编译之后，库标签页中原来为空（Empty）的 work 库中就有了编译好的两个文件：seqdet 和 seqdet_tb，如图 9-36 所示。此时在编译源文件对话框中点击 Done 按钮以关闭该对话框。同时可以看到在 ModelSim 主界面下方的 Transcript 窗口中会有对本次编译的提示信息。若编译正确，则会出现如图 9-37 所示的提示，否则就会出现红色的、含有"Error"的编译出错提示，说明源程序需要修改。操作者可以按照提示进行修改并排除错误，然后重新单击 Complie 按钮进行编译。

图 9-35　编译源文件对话框　　　　　　　　　　图 9-36　编译好的源文件

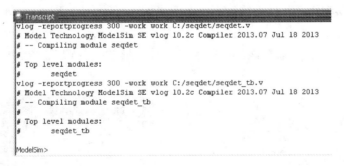

图 9-37　编译提示信息窗口

3. 运行仿真程序

在成功完成编译之后，就可以进行仿真。具体的仿真步骤如下：

（1）开始仿真　仿真的方式有多种，一种方式是在 ModelSim 菜单栏下方的快捷工具栏中单击如图 9-38 所示的仿真按钮开始进行仿真。仿真按钮右侧的按钮用于停止仿真。另一种方式是在菜单栏中选择［Simulate］→［Start Simulation］，如图 9-39 所示。

仿真按钮

图 9-38　快捷工具栏中的仿真按钮

图 9-39　菜单栏中的仿真选项

（2）选中用于仿真的测试文件　点击仿真按钮后，会弹出如图 9-40 所示的开始仿真（Start Simulation）对话框，此时选中需要进行仿真的文件，即首先单击 work 库前面的符号"+"以便展开 work 库中的文件，然后再单击 seqdet_tb.v 文件以便选中用于仿真的测试文件，同时将该对话框下方的 Optimization 区域中"Enable optimization"选项前面勾号单击取消，单击 OK 按钮，在 Workspace 区域就会出现新的仿真（sim）标签，如图 9-41 所示。

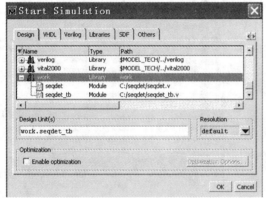

图 9-40　开始仿真对话框

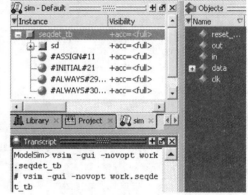

图 9-41　仿真标签

（3）在输出波形中添加待观察信号　在图 9-41 所示的仿真标签中选中 seqdet_tb 并单击右键，在弹出的菜单中单击 [Add Wave]，如图 9-42 所示。此后就会弹出如图 9-43 所示的波形（Wave）窗口，可以在该窗口中观察信号波形的变化情况。在仿真程序运行之前，波形窗口中的信号都是空的。

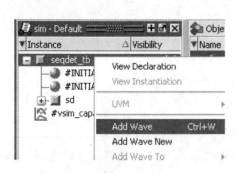

图 9-42　将待观察信号添加到波形

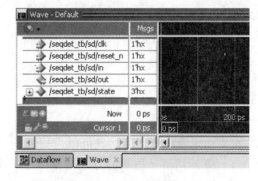

图 9-43　波形 Wave 窗口

（4）运行仿真　快捷工具栏中有 4 个运行仿真的相关按钮，如图 9-44 所示，从左到右分别是 Run（运行）、ContinueRun（继续运行）、Run–all（运行全部）、Break（中断）。此处单击左边第 3 个按钮 Run – all 进行仿真。

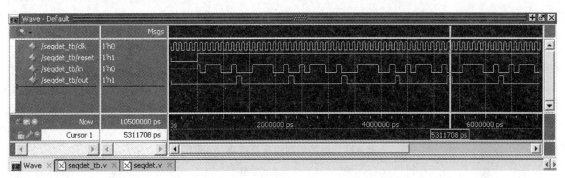
图 9-44　运行仿真按钮

4. 查看仿真波形

　　运行仿真之后，可以于波形（Wave）窗口观察输入与输出信号的变化，如图 9-45 所示。若在设计文件中有系统函数（如$display）等，在命令窗口还会看到相应的提示。在此例中命令窗口没有输出。读者可以自行根据仿真波形，验证所编程序是否正确。

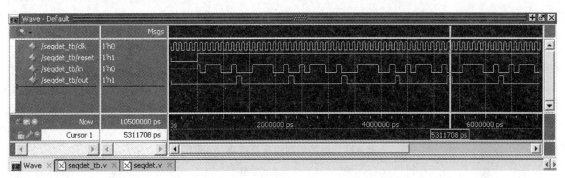

图 9-45　在波形 Wave 窗口中观测到的各个信号的波形

习　题　9

9-1　简述基于 EDA 软件进行数字系统设计的特点。

9-2　设计一个能够测量正弦波信号频率的数字频率计，并用 Multisim10.0 软件模拟实现。具体要求如下：（1）测频范围为 1 ~ 9999Hz，精度为 1Hz；（2）用数码管显示测频结果；（3）当信号频率超过规定的频段时，设有超量程显示。测试条件为：在输入信号峰值为 0.1V 的情况下测试。

9-3　设计一款 8 位全加器的 Verilog HDL 语言源程序。

9-4　设计一款 3 线 – 8 线二进制译码器电路的 Verilog HDL 语言源程序。

9-5　设计一款汽车尾灯控制系统的 Verilog HDL 语言源程序。要求：汽车尾部左右两侧各有 3 个指示灯，汽车正常行驶时指示灯全灭；汽车右转时，右侧的 3 个指示灯按右循环的顺序点亮；汽车左转时，左侧的 3 个指示灯按左循环的顺序点亮；汽车刹车或倒车时，6 个指示灯均随时钟脉冲同步闪烁。

9-6　用 ModelSim 对习题 9-5 进行工程仿真设计。

附　　录

附录 A　美国标准信息交换码（ASCII）

ASCII 采用 7 位二进制数码（$b_6b_5b_4b_3b_2b_1b_0$），可以表示 $2^7 = 128$ 个符号，如表 A-1 所示，任何符号或控制功能都由高 3 位 $b_6b_5b_4$ 和低 4 位 $b_3b_2b_1b_0$ 确定。对于所有控制符，有 $b_6b_5 = 00$，而对于其他符号，则有 $b_6b_5 = 01$，或 $b_6b_5 = 10$，或 $b_6b_5 = 11$。

表 A-1　美国标准信息交换码（ASCII）

b_3	b_2	b_1	b_0	$b_6b_5=00$		$b_6b_5=01$		$b_6b_5=10$		$b_6b_5=11$	
				$b_4=0$	$b_4=1$	$b_4=0$	$b_4=1$	$b_4=0$	$b_4=1$	$b_4=0$	$b_4=1$
0	0	0	0			间隔	0	@	P		p
0	0	0	1			!	1	A	Q	a	q
0	0	1	0			"	2	B	R	b	r
0	0	1	1			#	3	C	S	c	s
0	1	0	0			$	4	D	T	d	t
0	1	0	1			%	5	E	U	e	u
0	1	1	0			&	6	F	V	f	v
0	1	1	1			'	7	G	W	g	w
1	0	0	0	控制符		(	8	H	X	h	x
1	0	0	1			)	9	I	Y	i	y
1	0	1	0			*	:	J	Z	j	z
1	0	1	1			+	;	K	[	k	{
1	1	0	0			,	<	L	\	l	│
1	1	0	1			−	=	M	]	m	}
1	1	1	0			.	>	N	∧	n	~
1	1	1	1			/	?	O	−	o	注销

附录 B　二进制数算术运算

二进制数的加、减、乘、除四则运算，在数字系统中是经常碰到的，它们的运算规则与十进制数很相似。其中加法运算是最基本的一种运算，利用其运算规则可以实现其余 3 种运算。例如，减法运算可以借助改变减数的符号再与被减数相加，乘法运算可视为被乘数的连加，而除法运算则可视为被除数重复地减去除数。

B.1　二进制数加法

二进制数加法运算的规则可简单地描述如下：

					1
被加数	**0**	**0**	**1**	**1**	**1**
加　数	**+ 0**	**+ 1**	**+ 0**	**+ 1**	**+ 1**
和	**0**	**1**	**1**	**10**	**11**

B.2　二进制数减法

这里先介绍无符号数的减法，其规则如下：

				借入
被减数	**0**	**1**	**1**	**10**
减　数	**−0**	**− 0**	**− 1**	**− 1**
差	**0**	**1**	**0**	**1**

减法运算常用改变减数的符号再相加。通常是利用其补码相加。详见 B.5。

B.3　二进制数乘法

二进制数乘法与十进制数乘法相同，下面列出了 4 条规则：

$$0 \times 0 = 0 \qquad 0 \times 1 = 0$$
$$1 \times 0 = 0 \qquad 1 \times 1 = 1$$

B.4　二进制数除法

二进制数除法与十进制数除法相同。

B.5　用带符号位的二进制数实现减法运算

B.5.1　带符号位的二进制数

一个二进制数既可表示为正数，也可表示为负数，其方法是在二进制数之前加一个符号位。通常用 **0** 表示正数，而用 **1** 表示负数，其余数位表示数的大小，例如，+ 5 = **0101**，− 5 = **1101**。

B.5.2　补码的概念

补码是负数的一种表示方法。现以人们熟悉的十进制数为例来说明补码的概念。

常规减法运算	以 10 为模的减法运算	
87	87	87
−24	−24	+76
——	—— = ——	
63		1¦63
	└─►丢弃进位数

由此可见，将减数 24 变为以 10 为模（称为**模 10**）的补码 +76，然后相加并丢弃进位数，其结果与常规减法运算相同。模 10 的补码是这样求得的，模数 10 减 1 作为**底数 9**，然后将减数的每 1 位数码从底数 9 中减去，得到相应位的数码，再加 1 便得补码。在上例中

$99 - 24 + 1 = 75 + 1 = 76$。

B. 5. 3　二进制数的模 2 补码及减法运算

与模 10 的补码类似，当二进制数形成模 2 的补码时，模数 2 减 1 作为**底数 1**，然后将减数的每一位从底数 1 中减去，得到相应位的数码，然后加 1，便得到补码。例如，**011** 的模 2 补码为 **101**。实际上，一种简便的方法是将二进制数码中的 **0** 变为 **1**、**1** 变为 **0**，再加 **1** 即可得到模 2 的补码。

常规的减法运算		模 2 补码的减法运算	
被减数	7	0111	0111
减　数	−3	−0011　=	+1101
差	4	0100	10100

└→ 丢弃进位数

由上可知，模 2 补码的减法运算与常规运算的结果一致。此例中还需注意到在运算中，符号位参加运算。有关二进制数的四则运算的细节，可参阅相关文献。

附录 C　国内外常用逻辑符号对照表

逻辑器件名称	国标符号	国际符号
与门		
或门		
非门		
与非门		
或非门		
与或非门		

（续）

逻辑器件名称	国标符号	国际符号
异或门	=1	
同或门	=1	
缓冲器	1	
漏极开路与非门	& ◊	◊
三态反相器	1 ▽ EN	
集电极开路与非门	& ◊	◊
施密特触发器与非门	&	
CMOS 传输门	TG	
半加器	Σ CO	HA
全加器	Σ CI CO	HA
基本 SR 锁存器（触发器）	S R	S Q R Q̄

（续）

逻辑器件名称	国标符号	国际符号
门控 SR 锁存器		
D 触发器（CP 上升沿触发）		
JK 触发器（CP 下降沿触发）		
主从 SR 触发器		
主从 JK 触发器		

附录 D　TTL 和 CMOS 逻辑门电路主要技术参数

表 D-1　几种系列的 TTL 和 CMOS 逻辑门电路的技术参数

名称	类别（系列） 参数	TTL 逻辑门电路			CMOS 逻辑门电路	
		CT74	CT74LS	CT74ALS	CC74HC	CC74HCT
输入和输出电流	$I_{IH(max)}/mA$	0.04	0.02	0.02	0.001	0.001
	$I_{IL(max)}/mA$	1.6	0.4	0.1	0.001	0.001
	$I_{OH(max)}/mA$	0.4	0.4	0.4	4	4
	$I_{OL(max)}/mA$	16	8	8	4	4
输入和输出电压	$U_{IH(max)}/V$	2.0	2.0	2.0	3.5	2.0
	$U_{IL(max)}/V$	0.8	0.8	0.8	1.0	0.8
	$U_{OH(max)}/V$	2.4	2.7	2.7	4.9	4.9
	$U_{OL(max)}/V$	0.4	0.5	0.4	0.1	0.1
电源电压	$+V_{DD}/V$	4.75~5.25			2.0~6.0	
平均传输延迟时间	t_{PD}[①]/ns	9.5	9.5	4.0	10	13
每门功耗	P_D[②]/mW	10	2	1.2	0.8	0.5

（续）

名称	类别（系列） 参数	TTL 逻辑门电路			CMOS 逻辑门电路	
		CT74	CT74LS	CT74ALS	CC74HC	CC74HCT
扇出数	$N_O^{③}$	10	20		4000	4000
噪声容限	U_{NL}/V	0.4	0.3	0.4	0.9	0.7
	U_{NH}/V	0.4	0.7	0.7	1.4	2.9

① $t_{PD} = (t_{PLH} + t_{PHL})/2$。

② $P_D = [P_{D(静)} + P_{D(动)}]/2$。

③ N_O 指带同类门的扇出数。CC74HC 和 CC74HCT 的 N_O 均为 4000，实际上不可能有这么大的数，因为 CMOS 门的输入电容较大，约为 10pF。附录 D 参数的测量条件为 $+V_{CC} = +5V$，$C_L = 15pF$，$R_L = 500\Omega$，$T_a = 25℃$；对于 CC74HC 和 CC74HCT，测试频率为 1MHz。更详细的参数，可查阅有关集成电路手册。

附录 E　二进制逻辑单元图形符号简介（GB/T 4728.12—2008）

E.1　二进制逻辑单元图形符号的组成

在新国家标准 GB 4728.12—2008 中，二进制逻辑单元符号由方框和限定符号组成。

E.1.1　方框

方框有单元框、公共控制框和公共输出单元框 3 种，它们分别如图 E-1a、b、c 所示。方框可组合、邻接或镶嵌，尺寸任意。

E.1.2　限定符号

限定符号分为下列 3 类：① 表示逻辑单元功能的限定符号；② 与输入、输出有关的限定符号；③ 表示某些输入或输出之间特定关系的关联符号。表示逻辑单元功能的限定符号中的一部分常用图形符号和说明列于表 E-1 中，与输入、输出有关的部分限定符号则列在表 E-2 中。

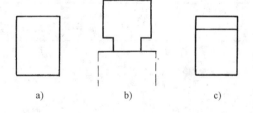

图 E-1　方框

a) 单元框　b) 公共控制框　c) 公共输出单元框

新国家标准使用"关联标注法"，它是注明输入之间、输出之间或输入和输出之间关系的一种方法。在"关联标注法"中，常使用"影响的"和"受影响的"两个术语。"影响输入"可以对"受影响的输入"或"受影响的输出"产生影响。"影响的"是主动者，"受影响的"是被动者。在实际应用中，在"影响"端标注关联符号，并在关联符号后紧跟一个标识序号；相应地，把同一标识序号注在"受影响"端。

关联符号共有 10 种，它们分别表示 10 种关联类型，均列在表 E-3 中。

表 E-1　部分表示逻辑单元功能的限定符号

图 形 符 号	说　　明	图 形 符 号	说　　明
≥1	或单元	MUX	多路选择器
&	与单元	DX	多路分配器
2K+1	奇数个单元	⊓	单稳（可重复触发）
2K	偶数个单元	1⊓	单稳（非重复触发）
=1	异或单元	G	非稳态单元（脉冲发生器）
1	缓冲单元	SRGm	移位寄存器（m 为位数）
1	非门	CTRm	计算器（模为 2^m）
▷	缓冲器（有放大能力）	ROMn	只读存储器（n 为位数）
X/Y	编码器　代码转换器	⎍	具有滞回特性的单元

表 E-2　部分与输入、输出有关的限定符号

图 形 符 号	说　　明	图 形 符 号	说　　明
	逻辑非，注在输入端	◇	开路输出（高电平低阻）
	逻辑非，注在输出端	⬦	开路输出（低电平低阻，有上拉电阻）
	动态输入	◇	开路输出（高电平低阻，有下拉电阻）
	带逻辑非的动态输入	▽	三态输出
	内部连接	D	D 输入
	具有逻辑非的内部连接	S	S 输入
	延迟输出	R	R 输入
	具有双向门槛（滞回现象）的输入	−m	从左到右移 m 位输入
◇	开路输出	+m	正计数输入（按 m 为单位）
⬦	开路输出（低电平低阻）	EN	使能输入

（续）

图形符号	说　明	图形符号	说　明
CT=*m*	内容输入		极性指示符 （示在输出端）
CT=*n*	内容输出		带极性指示符的动态输入
	极性指示符 （示在输入端）		没有逻辑信号的连接

表 E-3　关联符号

关联类型	关联符号	对"受影响输入"或"受影响输出"的影响	
		当"影响输入"=1时	当"影响输入"=0时
控制	C	允许动作	禁止动作
使能	EN	允许动作	禁止"受影响输入"动作； 置开路或三态输出于外部高阻抗条件； 置其他输出于 0 状态
方式	M	允许动作（已选方式）	禁止动作（未选方式）
复位	R	"受影响输出"复位	不起作用
置位	S	"受影响输出"置位	不起作用
与	G	允许动作	置 0 状态
或	V	置 1 状态	允许动作
非	N	求补状态	不起作用
互连	Z	置 1 状态	置 0 状态
地址	A	允许动作（已选地址）	禁止动作（未选地址）

E.2　逻辑状态及其约定

E.2.1　内部逻辑状态和外部逻辑状态

在新国家标准中，引入了"外部逻辑状态"和"内部逻辑状态"的概念，如图 E-2 所示。

内部逻辑状态指的是二进制逻辑单元图形符号框内输入、输出端处的逻辑状态。外部逻辑状态指的是二进制逻辑单元图形符号框外输入、输出端处的逻辑状态。

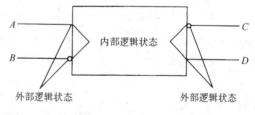

图 E-2　"内部逻辑状态"和"外部逻辑状态"
的概念图示

1）对于输入端而言，指的是在任何限定符号之前（例如图 E-2 输入 B 的逻辑**非**符号的左边）的逻辑状态。

2）对于输出端而言，指的是在任何限定符号之后（例如图 E-2 输出 C 的逻辑**非**符号的右边）的逻辑状态。

应当指出，表 E-1 列出的所有限定符号（除非门外）均表示对内部逻辑状态而言的逻辑功能。在方框内部，只存在逻辑状态的概念，而不存在逻辑电平的概念。

E.2.2　逻辑状态和逻辑电平之间的关系

关于方框外部逻辑电平与逻辑状态之间的关系，新标准中有下列两套方法可供选用。

第 1 套方法规定：凡逻辑非符号出现在输入端或输出端，就意味着该符号两边的逻辑状态相反。例如在图 E-3a 中，具有逻辑非符号的 *A* 输入端的"外部 1 状态"与其"内部 0 状态"相对应，而"外部 0 状态"与其"内部 1 状态"相对应；无逻辑非符号的 *B* 输出端的外部逻辑状态则与内部逻辑状态相同。对于采用逻辑非符号的图形符

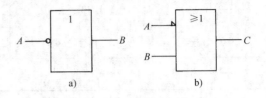

图 E-3　不同的逻辑约定
a) 采用逻辑非符号　b) 采用极性指示符号

号和逻辑图，需要确定逻辑电平与逻辑状态的对应关系，即进行逻辑约定。当然，既可以采用正逻辑约定，也可以采用负逻辑约定。但在同一张逻辑图中，只能采用一种逻辑约定，因此采用逻辑非符号的逻辑约定又称为单一逻辑约定。

第 2 套方法规定：用极性指示符号"◁"来表示输入（出）端的外部逻辑电平与内部逻辑状态之间的关系。例如在图 E-3b 中，*A* 输入端有极性指示符号，其外部 L 电平与内部 1 状态相对应；*B* 输入端和 *C* 输出端均无极性指示符号，其外部 H 电平与内部 1 状态相对应。

综上所述，在新标准中逻辑约定的分类如下所示：

$$
逻辑约定\begin{cases}
采用逻辑非符号的逻辑约定（单一逻辑约定）\begin{cases}正逻辑约定\\负逻辑约定\end{cases}\\
采用极性指示符号的逻辑约定
\end{cases}
$$

必须指出的是：在采用逻辑非符号的图形符号中，既存在外部逻辑状态，又存在外部逻辑电平；而在采用极性指示符的图形符号中，则只存在外部逻辑电平，不存在外部逻辑状态。以上要点反映在图 E-4 的图解中。

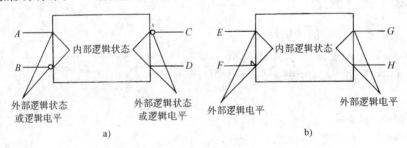

图 E-4　不同逻辑约定的图形符号
a) 采用逻辑非符号的图形符号　b) 采用极性指示符的图形符号

附录 F　国产半导体集成电路型号命名法（GB 3430—1989）

本标准适用于半导体集成电路系列和品种的国家标准所生产的半导体集成电路（以下简称器件）。

F.1　型号的组成

器件的型号由 5 个部分组成，这 5 个组成部分的符号及其意义如下：

第零部分		第一部分		第二部分	第三部分		第四部分	
用字母表示器件符合国家标准		用字母表示器件的类型		用阿拉伯数字和字母表示器件的系列和品种代号	用字母表示器件的工作温度范围		用字母表示器件的封装形式	
符号	意义	符号	意义		符号	意义	符号	意义
C	中国制造	T	TTL		C	0～70℃	W	陶瓷扁平
		H	HTL		E	−40～85℃	B	塑料扁平
		E	ECL		R	−55～85℃	F	全密封陶瓷扁平
		C	CMOS		M	−55～125℃	D	陶瓷直插
		F	线性放大器		⋮	⋮	P	塑料直插
		D	音响、电视电路				J	黑陶瓷扁平
		W	稳压器				K	金属菱形
		J	接口电路				T	金属圆形
		B	非线性电路				⋮	⋮
		M	存储器					
		μ	微型机电路					
		⋮	⋮					

F.2　示例

附例 1：肖特基 TTL 双 4 输入与非门

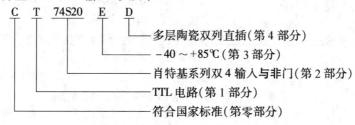

```
C  T  74S20  E  D
```
多层陶瓷双列直插（第 4 部分）
−40～+85℃（第 3 部分）
肖特基系列双 4 输入与非门（第 2 部分）
TTL 电路（第 1 部分）
符合国家标准（第零部分）

附例 2：CMOS 8 选 1 数据选择器（三态输出）

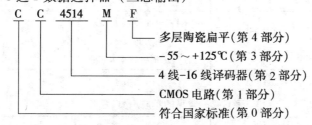

```
C  C  4514  M  F
```
多层陶瓷扁平（第 4 部分）
−55～+125℃（第 3 部分）
4 线-16 线译码器（第 2 部分）
CMOS 电路（第 1 部分）
符合国家标准（第 0 部分）

附例 3：CMOS 二 – 十进制同步加法计数器

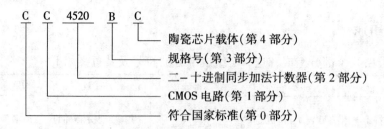

陶瓷芯片载体（第 4 部分）
规格号（第 3 部分）
二－十进制同步加法计数器（第 2 部分）
CMOS 电路（第 1 部分）
符合国家标准（第 0 部分）

附录 G　常用 ADC 和 DAC 芯片简介

表 G-1　常用的集成 ADC 芯片

型号	位数	电路类型	主　要　参　数	备　　注
ADC0804	8	CMOS 逐次逼近型	单电源供电	1 路 8 位 二进制代码输出
ADC0809	8	CMOS 逐次逼近型	时钟频率 = 1.26MHz 转换时间 = 100μs 转换误差范围 ≤ ±1LSB 内含 8 路数据选择器，以便进行 8 路 ADC	8 路 8 位二进制码 LSTTL 电平输出，28 脚封装
ADC0816	8	CMOS 逐次逼近型	$+V_{DD}$ = +5V（典型） 转换时间 = 90 ~ 114μs 时钟频率 = 10 ~ 1200（典型 640）kHz	16 路 8 位二进制码，40 脚封装
AD571	10	CMOS 双积分式	$+V_{DD(+)}$ = +5V、 $-V_{DD(-)}$ = -15V 转换误差范围 ≤ ±(1/2)LSB	
AD7552	12 位 + 1 个符号位	CMOS 双积分式	时钟频率 = 250kHz 转换时间 = 160ms 转换误差范围 ≤ ±1LSB	二进制补码输出
ADC ICL7106/7107 ADC ICL7126/7127	$3\frac{1}{2}$	CMOS 双积分式	$+V_{DD}$ = +15V（7106/26） $+V_{DD(+)}$ = +6V、 $-V_{DD(-)}$ = -9V（7107/27） 内有时钟（时钟可外接，亦可外接晶体或 RC 元件自激产生） 建议时钟频率 40、50、100、200kHz 线性度 ±0.2% ±1 个字	3 位半 7 段译码输出，7106/26 驱动 LCD，7107/27 驱动 LED，40 脚封装
MC14433（CC14433）	$3\frac{1}{2}$	CMOS 双积分式	$+V_{DD}$ = +5V（典型）， $-V_{EE}$ = -5V 线性度 ±0.05% ±1 个字 时钟频率 = 30 ~ 300kHz	BCD 码输出，24 脚封装

表 G-2　常见的集成 DAC 芯片

型号	位数	电路类型	主　要　参　数	备　　注
DAC0808	8	双极型，权电流型	$+V_{CC}$ = +4.5 ~ +18V（典型 +5V） $-V_{EE}$ = -4.5 ~ -18V（典型 -15V） $+U_{REF}$ = +18V（最大） 输出电压 = -10 ~ +18V	需外接运放和 $+U_{REF}$

（续）

型号	位数	电路类型	主 要 参 数	备 注
DAC0832	8	CMOS，倒 T 形	$V_{DD} = 5 \sim 15V$（最佳 +15V） $U_{REF} = -10 \sim +15V$ 电流建立时间 $=1\mu s$, $I_0 \leqslant 10mA$ 线性度 $<0.2\%$ 8 位微机兼容，有输入锁存功能	需外接运放和 $+U_{REF}$
MC1408 MC3408L	8	CMOS，并行转换	$+V_{DD} = +5V$, $-V_{EE} = -12V$, $+U_{REF} = +5V$，电流输出。 引脚同于 ADC0808	需外接运放和 $+U_{REF}$
AD7520 AD7530 AD7533	10	CMOS，倒 T 形 （$R = 10k\Omega$）	$+V_{DD} = +5 \sim +15V$, $U_{REF} = -10 \sim +10V$ 输入为 10 位单极性二进制码 可单极性输出，亦可双极性输出	需外接运放和 $+U_{REF}$
MAX515	10	CMOS，倒 T 形	单电源 $+V_{DD} = +5V$ 内含运放	串行输入
DAC1200 ⋮ DAC1203 DAC1210	12	CMOS，倒 T 形	可以电流输出（$0 \sim 2mA$） 亦可以电压输出（单极性或双极性） 内含运放和 U_{REF}（亦可外接 U_{REF}） 微机兼容，有输入锁存功能	不必外接其他元件

附录 H 电阻器型号、名称和标称系列

H.1 电阻器型号名称对照

表 H-1 为电阻器型号、名称对照表。

表 H-1 电阻器型号、名称对照表

型 号	名 称	型 号	名 称
RT	碳膜电阻器	RJ	金属膜电阻器
RTL	测量用碳膜电阻器	RJJ	精密金属膜电阻器
RTX	小型碳膜电阻器	RS	实芯电阻器
RTCP	超高频碳膜电阻器	RR	热敏电阻器
RTZ	高阻碳膜电阻器	RXY	玻釉线绕电阻器
RU	硅碳膜电阻器	RXJ	精密线绕电阻器
RY	氧化膜电阻器	RH	合成膜电阻器

H.2　电阻器（电位器）标称系列及其误差

表 H-2 为电阻器（电位器）标称系列及其误差表。

表 H-2　电阻器（电位器）标称系列及其误差表

标称值系列	电阻器、电位器标称值	误　差
E24	1.0　1.1　1.2　1.3　1.5　1.6　1.8　2.0　2.2　2.4　2.7 3.0　3.3　3.6　3.9　4.3　4.7　5.1　5.6　6.2　6.8　7.5 8.2　9.1	±5%
E12	1.0　1.2　1.5　1.8　2.2　2.7 3.3　3.9　4.7　5.6　6.8　8.2	±10%
E6	1.0　1.5　2.2　3.3　4.7　6.8	±20%

部分习题答案

习题 1

1-1　(1) **0101010101**。

1-2　$(29.625)_{10} = (\textbf{11101.101})_2$；$(127.0625)_{10} = (\textbf{1111111.0001})_2$；$(378.875)_{10} = (\textbf{101111010.111})_2$。

1-3　$(\textbf{101101.11010111})_2 \approx (45.839844)_{10}$；$(\textbf{101011.101101})_2 = (43.703125)_{10}$。

1-4　$(\textbf{100110.100111})_2 = (26.9\text{C})_{16}$；$(\textbf{101011101.1100111})_2 = (15\text{D.CE})_{16}$。

1-5　$(3\text{AD.6EB})_{16} = (\textbf{1110101101.011011101011})_2$；$(6\text{C2B.4A7})_{16} = (\textbf{0110110000101011.010010100111})_2$。

1-7　(1) $\overline{F_1} = \overline{\overline{A}(\overline{A} + \overline{B} + \overline{C})(A + \overline{C})}$；$F'_1 = A(A + B + C)(\overline{A} + C)$。

　　(3) $\overline{F_3} = \overline{A}\,\overline{B}\,\overline{C} + \overline{D}A + \overline{D} + B$；$F'_3 = \overline{A}\,\overline{B}\,C + D\overline{A} + D + \overline{B}$。

1-8　可化为 $F = (A \oplus B) \oplus C$，故可用两个**异或**门实现。

1-9　逻辑函数表达式为：$F = A\,\overline{B}\,C + AB\,\overline{C} + ABC = AB + AC$。

1-11　(1) $F_1 = \overline{A}\,\overline{B}$；(3) $F_3 = \textbf{0}$；(5) $F_5 = \textbf{1}$。

1-12　(2) $F_2 = AB + A\,\overline{B} + A\,\overline{C}$；(4) $F_4 = \overline{A}\,BD + \overline{A}\,\overline{B}\,\overline{C} + ABD + A\,\overline{B}\,\overline{C}$；

　　　(6) $F_6 = \overline{C}\,\overline{D} + AB + A\,\overline{C} + BCD + \overline{A}\,\overline{B}\,\overline{D}$。

1-13　(1) $F_1 = D$；(3) $F_3 = B + C$；(5) $F_5 = \textbf{1}$。

1-14　(1) VD_2 导通、VD_1 截止；由电路图求得：$I = 0$，$U \approx 3.3\text{V}$；

　　(2) 当 $u_{I1} = 0\text{V}$，$u_{I2} = 5\text{V}$ 时，$u_O = 5\text{V}$，此时 VD_1 截止、VD_2 导通。依此类推，将 u_{I1} 和 u_{I2} 的其余 3 种组合取值和输出电压值列成真值表。由表可知，图 1-41b 为**或**逻辑门电路。

1-16　A 管为 PNP 型锗管，X—发射极，Y—基极，Z—集电极。

1-17　图 1-43a：N 沟道增强型 MOS 管，$U_{TN} = 2\text{V}$；图 b：P 沟道增强型 MOS 管，$U_{TP} = -4\text{V}$。

习题 2

2-1　(2) $F = \overline{A}$。

2-2　图 2-53a：$F_1 = \overline{AB + (C + E)(D + G)}$；图 2-53b：$F_2 = A \odot B$。

2-4　$F = (A \odot B)$，CMOS **同或**门。

2-6　(1) 当 $C = \textbf{1}$ 时，$u_O = u_I R_L / (R_{TG} + R_L)$；(2) 当 $C = \textbf{0}$ 时，$u_O \approx 0\text{V}$。

2-7　图 2-57a：$F_1 = \overline{AB(CDE)}$；图 2-57b：$F_2 = \overline{A + B + (C + D + E)}$。

2-11　图 2-60：TTL **与或非**门。

2-12　BJT 能为负载提供最大电流 $I_C = 66\text{mA}$。

2-14　流过 LED 的电流 $I \approx 12.3\text{mA}$。

2-15　图 2-63a：$F_1 = \textbf{0}$，$F_2 = \textbf{0}$；图 2-63b：$F_3 = (A \odot D)(A \odot B)$；图 2-63c：$F_4 = \overline{AB + CD}$。

2-16　(1) $u_A = 0.3\text{V}$，开关 S 打开，$u_{O1} = 0.3\text{V}$，$u_{O2} = 0.3\text{V}$；

　　　(4) $u_A = 3.6\text{V}$，开关 S 闭合，$u_{O1} = 1.4\text{V}$，$u_{O2} = 0.3\text{V}$。

2-17　A 点的电压为 0.3V，B 点的电压约为 0.15V（按照 $R_1 = 2.8\text{k}\Omega$ 计算），C 点的电压：+5V。

*2-19　OC 门的扇出数 $N_O = 9$。

2-20　(1) 图 2-68 给出的两个 CMOS 逻辑门电路，其输出电压 $U_{F1} = U_{F2} \approx 6\text{V}$；

　　　(2) 图 2-68 给出的两个 TTL 逻辑门电路，其输出电压 $U_{F1} = 3.6\text{V}$，$U_{F2} = 0.3\text{V}$。

2-21　通过列真值表，分析出图 2-69 所示电路是一种 2 输入端的 BiCMOS **与非**门，故 $F = \overline{AB}$。

2-22　(1) 不需要另加接口电路；(2) 此情况的扇出数 $N_O = 10$。

习题 3

3-2　图 3-47a 为奇校验器；图 3-47b 实现了**同或**逻辑功能；图 3-47c 是 1 位数值比较器电路。

3-4　通过分析，可知图 3-49 是 8421 BCD 码的"四舍五入"电路。

3-7　$Z_1 = \overline{A}\,\overline{B}\,\overline{C}\,D + B\,\overline{C}\,\overline{D} + BCD$；$Z_2 = A\,\overline{D} + B\,\overline{C}D + \overline{B}\,C\,\overline{D}$；$Z_3 = AD + \overline{B}CD + BC\,\overline{D}$。

3-8　先得 $F = \overline{T}\,A\,\overline{B} + T\,(\overline{A}\,B\,\overline{C} + \overline{A}BC)$，再化为与非－与非逻辑表达式。

3-9　先求得最简逻辑表达式 $F = AB + BC + AC$，再化成与非－与非逻辑表达式。

3-10　$F = \overline{ABCD} + A\,B\,C\,D$。画图时注意要求：只用一个 CMOS 门实现，允许输入端有反变量出现。

3-11　注意此题目中的提示。

*3-14　（2）当 $A = B = D = 0$，且 C 由 **0** 跳变到 **1** 时，存在着竞争－冒险现象。

3-15　*（2）最后得逻辑表达式 $F = ABC + (AB + BC + CA)(D + E) + (A \oplus B \oplus C)(DE)$，因此可用一个 1 位全加器、3 个与门和两个或门构成一种 5 人表决逻辑电路。

3-16　（1）$L = \overline{\overline{\overline{A}\,\overline{B}\,C} \cdot \overline{A\,\overline{B}\,C} \cdot \overline{A\,B\,C}}$；（3）限流电阻 $R = 100\Omega$。

3-17　（1）解得 $F = \overline{\overline{AB} \cdot \overline{\overline{B}\,\overline{C}} \cdot \overline{A\,\overline{B}\,C}}$，此为与非－与非逻辑表达式。

3-18　（1）$F = \overline{\overline{\overline{A}\,B\,\overline{C}} \cdot \overline{A\,\overline{B}\,C}}$。

3-19　（1）先得 $L = \overline{\overline{\overline{A}\,B\,C} \cdot \overline{A\,\overline{B}\,C} \cdot \overline{A\,B\,\overline{C}}}$，再化为或非－或非逻辑表达式。

3-22　通过列写 1 位全减器的真值表，得到逻辑表达式为 $D_i = m_1 + m_2 + m_4 + m_7$，$B_{i+1} = m_1 + m_2 + m_3 + m_7$，式中 m_i 为 X_i、Y_i、B_i 的最小项。

3-25　提示：先利用 1 位全加器 74HC283 和补码运算的规则，构成 1 位全减器电路，再用两个数的差及借位信号判断两个 4 位二进制数的大小，最后设法画出逻辑电路图。

*3-27　$F = C \oplus (\overline{U}\,\overline{V}\,\overline{W} + UVW)$，据此可画出设计方案的连线图。

3-28　（1）$F = AC + BC$；（2）$F = \overline{A}BC + A\overline{B}C + ABC = \overline{\overline{m_3}\,\overline{m_5}\,\overline{m_7}} = \overline{m_0\,m_1 m_2 m_4 m_6}$。根据以上两式可以画出（1）、（2）两种设计方案的连线图。

习题 4

4-1　由两个与非门首尾交叉连接所构成的基本 SR 锁存器，其输入端 $\overline{S_d}$ 和 $\overline{R_d}$ 之间的约束条件是：$S_d R_d = 0$。若违反约束条件时，输出端 $Q = \overline{Q} = 1$。

4-2　用两个或非门构成的基本 SR 锁存器的特性方程式：$Q^{n+1} = S_d + \overline{R_d} Q^n$，约束条件仍为：$S_d R_d = 0$。

4-5　门控 D 锁存器的功能表：

CP	D	Q	$\overline{Q}$	功能
0	Φ	不变	不变	保持
1	**0**	**0**	**1**	置 0
1	**1**	**1**	**0**	置 1

4-15　$\varPhi_1$ 超前 $\varPhi_2$ 一个 CP 周期。

4-17　（3）Q_1 端输出单脉冲的宽度 $t_\mathrm{W} = 40\mathrm{ms}$。

习题 5

5-1　$A_3 A_2 A_1 A_0 = \mathbf{1100}$，$B_3 B_2 B_1 B_0 = \mathbf{0000}$；该电路完成了 4 位串行加法运算功能。

5-2　（1）$Q_0 \sim Q'_3$ 为 **11111111**；（2）$Q_0 \sim Q'_3$ 为 **00011011**。

5-3　（1）需要 4 个移位脉冲；（2）此移位寄存器为右移寄存器；
　　（3）$T_\mathrm{CP} = 20\mu\mathrm{s}$，完成该操作需时 $80\mu\mathrm{s}$。

5-4　能自启动的异步五进制计数器。

5-5　能自启动的同步五进制计数器。

5-6　（1）$f_0 = 4\mathrm{kHz}$；（2）需用 10 个触发器链接而成。

5-7　能自启动的同步 5 进制计数器。

5-8　6 个独立状态。

5-9　(2) $f_Z = 2\text{kHz}$。

5-12　须改圈 C^{n+1} 的卡诺图，使所设计的逻辑电路能够自启动。

5-14　(1) 8 进制计数器；(2) 7 进制计数器。

5-15　54 进制计数器。

5-16　用置位法接成了 6 进制计数器。

5-20　当 $CO=1$ 时，$\overline{LD}=0$，而 CT74LS147 为二 – 十进制优先权编码器，当 $\overline{I_1}=0$ 时，同时其余输入端为 1 时，$\overline{Y_3}\,\overline{Y_2}\,\overline{Y_1}\,\overline{Y_0}=\mathbf{1110}$，$D_3 D_2 D_1 D_0 = \mathbf{0001}$，此时 CT74LS160 为 9 进制计数器（即 9 分频器）。此时输出信号频率 f_Z 是 CP 频率 f_{CP} 的 1/9。其余依此类推。

5-22　分频比为 $f_Z/f_{\text{CP}} = 1/36$。

5-26　(1) 5 分频器；7 分频器；(2) CT74LS194 构成扭环形计数器时，从 Q_0、Q_1、Q_2、Q_3 接反馈连线可分别构成 2、4、6、8 分频器（即模 $M = 2n$）。如果将两个相邻触发器输出端加到一个与非门的输入端，共同作为反馈信号，就可使计数器的模 M 由 $2n$ 变为 $2n-1$。

习题 6

6-4　设存储器的地址线数目为 n，数据线数目为 m，则存储器的字数为 2^n，它的存储容量为 $2^n \times m$。

6-5　(1) 64K，16 根，1 根；(2) 1M，18 根，4 根；

　　(3) 1M，20 根，1 根；(4) 1M，17 根，8 根。

6-6　(1) $(7\text{FF})_{16}$；(2) $(3\text{FFF})_{16}$；(3) $(3\text{FFFF})_{16}$。

6-7　(1) ROM 实现时所需要的存储器容量为：$2^6 \times 6$；

　　(2) ROM 所需容量应为：$2^8 \times 10$。

6-11　(1) PAL；(2) GAL；(3) FPGA；(4) ISP – PLD。

6-15　(1) 采用与或阵列和可编程输入/输出电路结构；(2) 采用 CMOS SRAM 编程技术，亦即查找表（LUT）技术；(3) 在结构上由 3 种可编程逻辑单元和一个用于存放编程数据的 SRAM 组成。

习题 7

7-1　$R_F \approx 10\text{k}\Omega$。

7-2　(1) 图 7-22 所示 4 位权电阻网络 DAC 的输出电压 $u_O \approx -\dfrac{U_{\text{REF}}R_F}{R}(d_3 \times 2^3 + d_2 \times 2^2 + d_1 \times 2^1 + d_0 \times 2^0)$；

　　(2) 在题设条件下，输出电压 $u_O \approx 23.3\text{V}$。

7-3　输出电压 $u_O \approx 4.3\text{V}$。

7-4　4 位倒 T 形电阻网络 DAC：$U_m = 9.375\text{V}$；8 位倒 T 形电阻网络 DAC：$U_m \approx 9.96\text{V}$。

7-7　$d_2 d_1 d_0 = \mathbf{111}$。

7-9　(1) 完成 1 次 A – D 转换需时为 $12\mu\text{s}$；(2) 时钟频率 f_{CP} 应大于 120kHz。

7-10　完成 1 次转换需时 $120\mu\text{s}$。

7-11　此 ADC 输出的数字量 $(D)_2 = \mathbf{0100000000}$。

7-12　(1) 第 1 次积分时间 $T_1 = 100\text{ms}$；(2) 积分器的最大输出电压 $\left| U_{\text{Om}} \right| = 5\text{V}$；(3) $u_I = -5\text{V}$。

*7-14　完成 1 次转换最长需时 $T_{\max} \approx 51\text{ms}$。

习题 8

8-1　(1) $\Delta U_T = 5\text{V}$，555 定时器 3 脚输出的脉冲幅度 $U_{\text{Om}} \approx 15\text{V}$，7 脚输出 $U_{\text{Om}} \approx 5\text{V}$；

　　(2) $\Delta U_{T1} = 3\text{V}$，$\Delta U_{T2} = 6\text{V}$，555 定时器 3 脚输出的脉冲幅度 $U_{\text{Om}} \approx 12\text{V}$，7 脚输出 $U_{\text{Om}} \approx 5\text{V}$。

8-2　LED 点亮约 5.5s 的时间。

8-3　(2) 输出低电平，LED_1 点亮；

　　(3) 当 u_I 小于 1.25V 时，表示低电平输入，这时 LED_2 点亮；

(4) 两个 LED 均点亮，由于频率较高，故肉眼看不出现 LED 熄灭。

8-5 (1) 压控多谐振荡器；(2) $f_0 \approx 1.43/[(R_1 + 2R_{DS})C]$。

8-6 取固定电阻器 $R_0 = 8.2\text{k}\Omega$，可调电位器电阻 $R_P = 100\text{k}\Omega$，$V_{DD} = 12\text{V}$，可满足设计要求。

8-7 取 $C = 0.01\mu\text{F}$，上方、下方固定电阻器均为 $2.2\text{k}\Omega$，可调电位器阻值 $R_{RP} = 10\text{k}\Omega$，$V_{DD} = 6\text{V}$，可满足设计要求。

8-8 选取 $R_1 = R_2 = R = 6.8\text{k}\Omega$，$V_{DD} = 6\text{V}$。

8-9 回差电压 $\Delta U_T = U_D$。

8-10 上限阈值电压 U_{T+}、下限阈值电压 U_{T-} 和回差电压 ΔU_T 分别为 3.1V、1.4V 和 1.7V。

*8-11 定时电阻 $R = 810\Omega$，输出脉冲幅度 $U_{Om} = 3.3\text{V}$。

*8-12 $t_W \approx 0.8\mu\text{s}$。

8-13 (2) $t_W \approx 60.2\mu\text{s}$。

8-16 (1) 晶振。它的频率等于 100kHz；(2) 整个电路为模 3 计数器，具有自启动能力。

8-17 (1) 5G555(1) 构成多谐振荡器，5G555(2) 构成单稳态触发器。

(3) R_4、C_3 为微分电路，VD 作用：对正向过冲电压限幅。

8-18 选取 $R_1 \approx 910\text{M}\Omega$，$R_2 = 1.1\text{k}\Omega$。

8-19 $f_0 \approx 1.3\text{Hz}$。

8-20 该电源插座电路由降压、整流、滤波、稳压和延时控制电路等组成。

习题 9

请参阅与本教材配套使用的《数字电子技术基础（第 3 版）学习指导与习题解答》（机械工业出版社出版）的有关内容。

参 考 文 献

[1] 清华大学电子学教研组，阎石. 数字电子技术基础 [M]. 5 版. 北京：高等教育出版社，2006.

[2] 阎石，王红. 数字电子技术基础（第 5 版）习题解答 [M]. 北京：高等教育出版社，2006.

[3] 华中科技大学电子技术课程组，康华光. 电子技术基础数字部分 [M]. 6 版. 北京：高等教育出版社，2014.

[4] 华中科技大学电子技术课程组，康华光. 电子技术基础数字部分 [M]. 5 版. 北京：高等教育出版社，2006.

[5] 华中科技大学电子技术课程组，罗杰. 电子技术基础数字部分（第 5 版）习题全解 [M]. 北京：高等教育出版社，2006.

[6] 杨春玲. 数字电子技术基础学习指导及习题解答 [M]. 北京：高等教育出版社，2013.

[7] 李庆常. 数字电子技术基础 [M]. 3 版. 北京：机械工业出版社，2009.

[8] 黄正谨，徐坚，章小丽，等. CPLD 系统设计技术入门与应用 [M]. 北京：电子工业出版社，2002

[9] 刘毅坚. ABEL 硬件程序设计 [M]. 北京：电子工业出版社，2004.

[10] 赵立民，于海雁，胡庆，等. 可编程逻辑器件与数字系统设计 [M]. 北京：机械工业出版社，2003.

[11] 路而红，王曼珠，梁维铭. 可编程器件应用开发指南 [M]. 北京：人民邮电出版社，2004.

[12] 陈云洽，保延翔. CPLD 应用技术与数字系统设计 [M]. 北京：电子工业出版社，2003.

[13] 王友仁，等. 数字电子技术基础 [M]. 北京：机械工业出版社，2010.

[14] 杨志忠. 数字电子技术基础 [M]. 北京：高等教育出版社，2004.

[15] 赵莹，陈英俊. 数字电子技术基础 [M]. 北京：机械工业出版社，2013.

[16] 成立，王振宇. 模拟电子技术基础 [M]. 2 版. 南京：东南大学出版社，2014.